Structures innovantes en bois

Yves Weinand (éd.)

Structures innovantes en bois

Conception architecturale et dimensionnement numérique

Birkhäuser
Basel

Table des matières

Introduction

Comment l'innovation formelle et technologique peut-elle inscrire le secteur du bâtiment dans la perspective du développement durable ?

Yves Weinand

La construction en bois a de beaux jours devant elle. Il suffit de penser aux défis climatiques auxquels doit faire face notre planète et à la nécessité de rechercher et de mettre en œuvre des solutions durables, y compris pour le marché du bâtiment et les matériaux qu'il utilise. Or, on sait depuis des années qu'il faut moins d'énergie pour fabriquer le bois destiné au bâtiment que pour d'autres matériaux de construction. Mais les défis de l'industrie du bâtiment en termes de durabilité touchent également la question de la forme architecturale. Au laboratoire de Construction Bois de l'École polytechnique fédérale de Lausanne, IBOIS/EPFL, nous nous sommes demandé comment utiliser l'innovation formelle et technologique pour engager le bâtiment sur la voie du développement durable. Le renouveau des technologies de construction et des procédés techniques dans la construction bois peut, en tenant compte des qualités traditionnelles de ce matériau, conduire à une utilisation accrue de celui-ci dans la construction contemporaine. Et cette démarche répond aussi au principe de longue durée ou de longévité, qui est la base de la modernité : est moderne ce qui dure ou ce qui résiste au temps.

Le bois est généralement considéré comme un matériau de construction traditionnel. Cette image est un atout quand il s'agit de légitimer socialement la recherche sur des formes complexes ou la création de surfaces libres qui font appel à ce matériau.

S'approcher de géométries complexes (en bois) dans l'optique du constructeur, et pas seulement dans l'optique de créer des formes, peut être compris comme une volonté affichée de prendre ses distances avec les tendances à la mode, comme par exemple ce qu'on appelle la blob architecture –une architecture qui présente des formes libres et molles. De nombreuses constructions qualifiées de blob architecture ignorent complètement le problème de la durabilité, d'une part en raison des matériaux utilisés et d'autre part en raison de leur consommation énergétique et de leurs frais d'entretien.

Néanmoins, nul ne peut plus ignorer le gain énergétique que procure l'utilisation du bois comme matériau de construction, y compris en termes d'analyse du cycle de vie et de démolition des bâtiments. Matériau de construction naturel, le bois requiert moins d'énergie que d'autres matériaux pour sa production, sa transformation ainsi que pour l'assemblage et la durabilité de ses constructions. Ce processus d'innovation technologique et formelle est une attente du public. Les clients publics et privés sont de plus en plus demandeurs de solutions de construction qui soient à la fois durables et de grande qualité architecturale. Les architectes et les maîtres d'œuvres doivent répondre à cette demande, en initiant et en pilotant des processus innovants comme ceux dont il est question ici. Il faut également trouver des solutions adaptées pour des formes d'architecture « atypiques » à la fois durables et économiques.

Durabilité

Avec le changement climatique, le concept de durabilité est définitivement devenu une problématique centrale pour notre société du 21ème siècle. À cet égard, les résultats de recherche présentés ici reposent sur la réflexion suivante : l'extension des possibilités d'utilisation du bois pourrait-elle augmenter l'usage de ce matériau dans la construction de bâtiments publics ?

Un édifice – quel qu'en soit le type ou la fonction – est toujours composé d'une grande quantité de petits éléments. Le bois et ses dérivés résultent de l'assemblage de petits morceaux : bois massif, bois équarris, contreplaqué et panneaux en lamibois sont toujours issus de la découpe et/ou de l'assemblage de plusieurs éléments plus petits. D'où la nécessité, quand on réunit ces matériaux pour réaliser un bâtiment, de prendre aussi en compte les techniques d'assemblage utilisées. La diversité des dérivés du bois existants et la quantité considérable de possibilités d'utilisation devraient déterminer les procédés de fabrication et de préfabrication.

Les résultats de recherche présentés ci-après ont pour objectif de répondre à ces questions. Ce qui nous intéresse, c'est de proposer de nouvelles solutions de construction susceptibles d'être adoptées directement par les magasins de bricolage pour faciliter la réalisation d'une architecture non conventionnelle accessible.

Les outils de conception numérique figurent parmi les instruments les plus précieux pour réduire les coûts de construction. Il paraît donc de plus en plus nécessaire de concevoir des outils informatiques spécifiques à orientation pratique. Nos outils doivent s'insérer à la croisée de l'architecture / du génie civil, du dimensionnement mécanique / de la configuration géométrique, de la recherche formelle / de la préfabrication numérique paramétrique à toutes les étapes spécifiques d'un projet.

ILL. 1 Panneaux tricouche

Le Laboratoire de construction en bois, IBOIS/EPFL

Dans les diverses recherches lancées par le Laboratoire de construction en bois, IBOIS, les relations entre sciences de l'ingénieur et conception architecturale font l'objet d'un questionnement approfondi. L'IBOIS fait partie intégrante de l'Institut d'ingénierie civile ENAC/EPFL mais il entretient également des liens forts avec la section architecture par le biais d'un atelier de conception architecturale proposé dans le cadre du programme de master. La coopération entre architectes et ingénieurs y est encouragée afin de créer un environnement propice à l'élargissement de la communauté scientifique au sein des écoles d'architecture à l'échelle européenne.[1]

Les résultats de recherche présentés ici portent sur des questions de construction et les difficultés que représentent la réalisation de formes libres et de surfaces complexes. Quel lien existe-t-il entre recherche fondamentale et recherche appliquée ? Quelle relation y a-t-il entre la recherche pure et la recherche appliquée – ou entre une recherche mue par la soif de connaissance et une recherche axée sur la résolution de problèmes (« problem oriented ») ? Et pour finir : comment concilier la dimension scientifique de la recherche en architecture avec la pratique artistique du travail sur le projet architectural ?

L'IBOIS est un lieu d'innovation, où la fascination de l'approche expérimentale inductive s'allie à la clarté des méthodes de déduction scientifiques. L'objectif est de créer de nouvelles formes et nouveaux types de structures – notamment en bois. Outre ses qualités durables, le bois possède également des propriétés mécaniques exceptionnelles qui peuvent être mobilisées dans des formes spécifiques d'ouvrages porteurs.

Les charpentes formées d'éléments rectilignes ont marqué la construction en bois pendant des siècles. Mais contrairement à l'acier et plus tard au béton armé – matériaux dominants aux 19ème et 20ème siècles – les ingénieurs n'ont pas cherché à développer le bois comme matériau de construction. Avec le développement des outils informatiques, il est désormais possible d'élargir considérablement le champ d'application de ce matériau. Ces nouveaux outils permettent d'envisager de nouvelles géométries ainsi que des matériaux et des modes de construction innovants. Bref, il s'agit là d'un nouveau champ d'investigation en ingénierie de la construction en bois. Ici, la possibilité d'utiliser des matériaux dérivés du bois à surface portante, par exemple les panneaux grand format multicouche, en contreplaqué de planche ou en lamibois, joue un rôle essentiel.

Qualités intrinsèques du bois de construction

Aujourd'hui encore, on peut considérer la construction en bois comme une continuation des formes et des méthodes de construction traditionnelles. Dans la plupart des cas, on continue d'utiliser des ouvrages porteurs ou des systèmes de construction traditionnels, par exemple la construction à ossature ou les poutres en treillis. Mais

Propriétés caractéristiques	Petit objet de test	Élément de construction	Différence par rapport au petit objet
Résistance de flexion (valeur moyenne, N/mm²)	68	37	46 %
Résistance en traction parallèlement aux fibres (valeur moyenne, N/mm²)	80	30	63 %
Résistance en compression parallèlement aux fibres (valeur moyenne, N/mm²)	40	32	20 %

Tableau 1

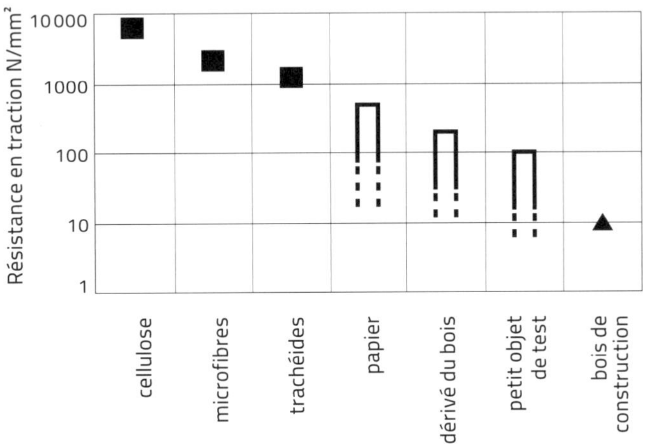

Ill. 2

Tableau 1 Valeurs de résistance de petits objets de test en sapin

Ill. 2 Évolution des valeurs de résistance de la cellulose (f_y = 100 N/mm²) au matériau de construction bois (f_y = 10 N/mm²)

avec les nouveaux matériaux dérivés du bois, il est temps d'inventer de nouveaux systèmes de construction à la fois adaptés et innovants. Le lien entre la construction en bois et le développement et la conception de coupes et de techniques d'assemblage est plus direct que dans le cas de l'acier et surtout du béton armé. Par exemple, il n'est pas possible de concevoir une structure portante en bois sans concevoir également tous les nœuds de raccordement et intégrer ces deux aspects – la structure portante et ses nœuds – dans l'appel d'offre.

Dans la formulation de leurs modèles statiques et de leurs conditions d'appuis, les ingénieurs qui travaillent avec le bois doivent nécessairement clarifier au préalable les moindres détails de construction et intégrer avec toute la précision locale requise les modèles statiques correspondants à leur modèle de calcul global. Par là même, ces ingénieurs retrouvent leur rôle de constructeurs proprement dit. Le bois offre ainsi, dès le début du processus de planification, une ouverture interdisciplinaire hors du commun, avec la nécessité pour l'ingénieur, l'architecte et l'entreprise exécutante de vérifier d'emblée qu'ils partagent une même vision des choses. Notons à cet égard que le choix des types de panneaux peut et devrait être déterminant dans celui de la forme et du type du système porteur.

Voici les observations plus spécifiques que l'on peut faire à propos du bois :

La question de l'échelle

La taille de la pièce de bois utilisée détermine sa résistance et donc aussi le champ de ses applications. En comparaison, lorsqu'un petit objet (« clear wood ») est testé, il présente des caractéristiques mécaniques nettement supérieures à celles d'une planche aux dimensions normales. Par exemple, dans le tableau 1 ci-dessous, les valeurs étonnamment élevées d'un petit objet de test pour le sapin ont été classées par Peter Niemz[2]. On peut donc constater qu'il y a d'importantes déperditions dans le processus de dimensionnement car des valeurs nettement inférieures ont été sélectionnées ici.

Anatomie du bois

L'illustration 3 montre les trois axes principaux du bois en prenant l'exemple d'un tronc vu en coupe : l'axe longitudinal, l'axe tangentiel et l'axe radial de la fibre. En pratique, on ne fait guère de différence entre axe radial et axe tangentiel et l'on choisit généralement une valeur moyenne. En outre, ces trois axes sont placés dans un système d'axes cartésien conforme à la géométrie descriptive utilisée dans l'histoire de la construction. C'est sur cette géométrie que reposent les principes de la science de la résistance des matériaux. Le repère cartésien est efficace pour décrire un matériau isotrope mais il l'est moins pour un matériau anisotrope comme le bois. Par exemple, l'axe longitudinal de la fibre est considéré comme parfaitement rectiligne. Or cela n'est qu'en partie vrai pour l'axe longitudinal du bois naturel, qui converge vers la cime du tronc, suivant une forme de cône. Une modélisation plus perfectionnée ou plus précise devrait donc tenir compte de ces propriétés spécifiques du matériau. Il serait intéressant d'envisager des modèles mécaniques spécifiques à chaque essence d'arbre, par exemple en numérisant la configuration exacte des fibres d'un tronc donné, pour ensuite l'exploiter mécaniquement dans le cadre d'une application particulière déterminée.

Le problème de l'anisotropie du bois a déjà été traité, par exemple lors de l'invention du contreplaqué, qui, comme son nom l'indique, plaque les fibres les unes contre les autres. Quand on superpose plusieurs couches en les entrecroisant, on obtient une structure homogène ou quasi-isotrope.

Le facteur système

Une chaîne se casse quand son maillon le plus faible défaille. En revanche, ce qu'on appelle un système continue de fonctionner même après la rupture de l'élément le plus faible.

Un matériau en bois – système Duo, lamellé-collé ou panneau en lamibois –, formé de plusieurs éléments collés les uns aux autres, peut donc être qualifié de système. On parle alors de systèmes multicouches.

Ce principe peut être appliqué à un matériau spécifique mais aussi à un système porteur. Le lamellé-collé, composé de plusieurs lamelles superposées, en est un exemple courant. Le calcul de la résistance varie avec le nombre de couches ou de lamelles. Si le nombre de couches ne dépasse pas quatre, les dimensions de la poutre sont calculées comme celles d'une poutre classique. S'il est supérieur à quatre, un facteur système peut être appliqué. Il augmente selon un rapport défini la résistance de la poutre. En termes de probabilité, la probabilité de défaillance d'une lamelle diminue avec l'augmentation du nombre de lamelles.

Le système réciproque, par exemple celui de Zollinger, est un autre exemple courant. Quand un élément de la configuration rhomboïdale d'une charpente en nid d'abeille de type Zollinger se casse– par exemple sous l'effet d'un vent particulièrement fort –, il ne cause pas la rupture du système tout entier. On parle alors de structure porteuse sociale : le membre le plus faible est soutenu par les membres situés à proximité immédiate.

Ces remarques nous conduisent à deux principes :

- Il est intéressant de produire ce type de matériaux dérivés du bois où l'effet système influence au maximum la résistance générale de l'élément.
- Il est intéressant de développer de tels systèmes porteurs, dans lesquels l'interdépendance maximale des éléments est la plus forte.

Si aujourd'hui on applique ces réflexions aux dérivés du bois, par exemple au lamellé-collé, on constate que leur application prospective à des systèmes porteurs entiers pourrait permettre à ces derniers de bénéficier également d'un facteur système.

Les réalisations classiques des charpentiers profitent très rarement d'un effet système ; dans la plupart des cas, la défaillance d'une panne ou d'une poutre maîtresse provoque l'effondrement de la charpente ou des combles. Il en va de même dans la construction en bois recourant aux assemblages classiques. La défaillance locale d'un raccordement cause l'effondrement de l'élément maintenu en position au moyen de ce raccordement.

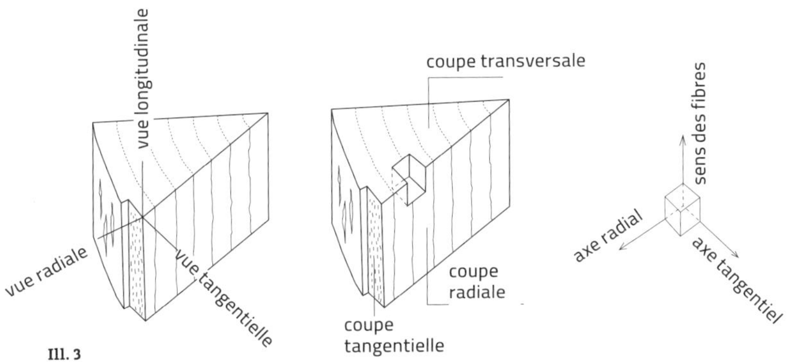

Ill. 3

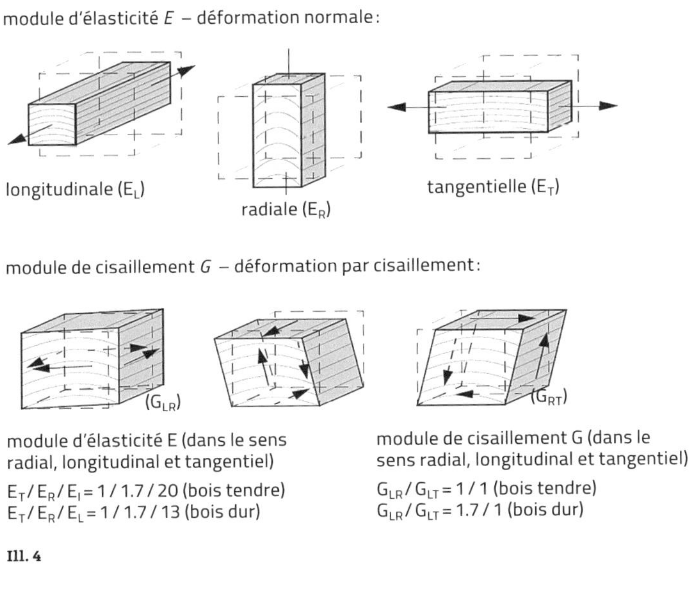

Ill. 4

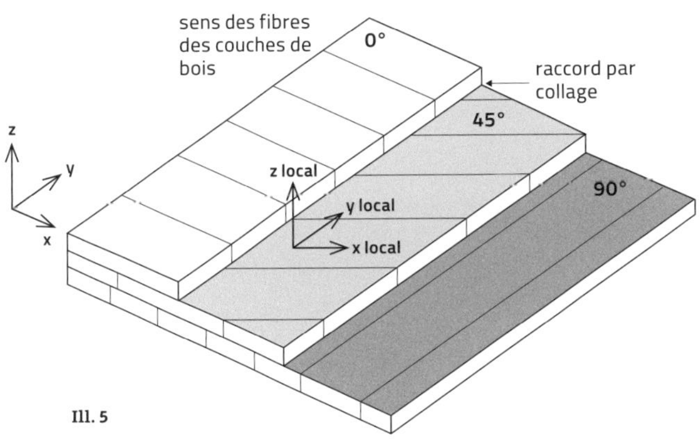

Ill. 5

Ill. 3 Les trois directions des fibres de bois sont placées dans un système d'axes cartésien.

Ill. 4 Le module d'élasticité et le module tangentiel varient énormément.

Ill. 5 Principe du contreplaqué

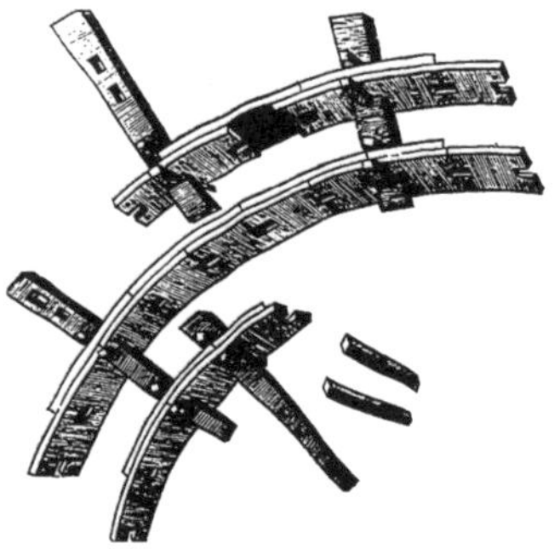

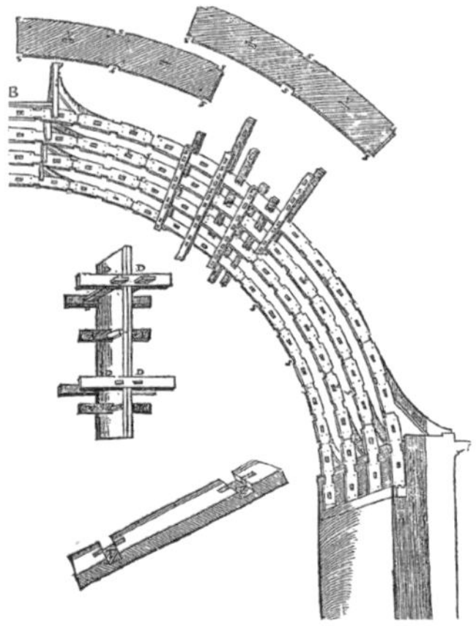

Ill. 6 Philibert de l'Orme : les planches décrivent une partie de l'arc et sont montées sur chant. Par conséquent, le bord de chaque planche décrit une partie de l'arc. Une proportion importante des fibres de bois de la planche aboutit donc dans le vide ou dans le bord de la planche, car elles ne suivent pas l'orientation principale de la courbure comme l'exigerait le comportement sous charge d'un arc.

Ill. 6

Ill. 7

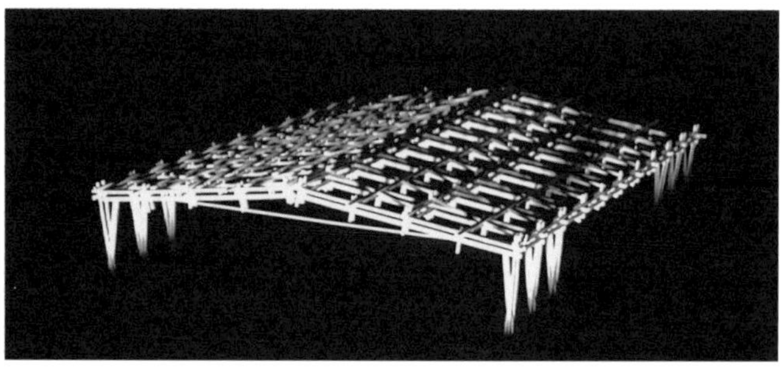

Ill. 8

Ill. 7 Multihalle Mannheim : vue d'ensemble de la structure en coque d'une portée de 60 m. Quatre couches de nervures sont reliées entre elles dans les nœuds.

Ill. 8 Étude de concours pour une halle industrielle à Botrange, Belgique

Les structures portantes présentées dans le paragraphe suivant se composent d'un grand nombre d'éléments plus petits. La nécessité de développer ce type de systèmes porteurs, qui assurent une interdépendance particulièrement forte des éléments, concerne toutes les structures portantes présentées ci-dessous.

Une nouvelle génération de structures portantes

Le bois peut-il en faire plus que ce que l'histoire de la construction a montré jusqu'à aujourd'hui ? Les constructions en bois peuvent-elles trouver une expression architecturale plus contemporaine ? On est tenté de répondre par l'affirmative à ces questions quand on observe les édifices présentés dès 1615 par Philibert de l'Orme. Se fondant sur des recherches, de l'Orme proposait d'utiliser de petites pièces en bois de second choix. Il conjuguait ce principe avec des innovations géométriques qui permettaient d'obtenir de plus grandes portées. Mais ses idées novatrices ne s'imposèrent pas car leur mise en œuvre était trop laborieuse : en effet, il fallait découper à la main individuellement et chacune des planches et chacun des raccordements.

Aujourd'hui, les structures portantes de de l'Orme pourraient être usinées en CNC et préfabriquées industriellement à moindre coût ; les difficultés de son époque ne se poseraient donc plus. Quant à l'aspect architectural d'un système en réseau, il peut tout-à-fait être considéré comme contemporain.

Les idées de de l'Orme ont notamment influencé les ouvrages militaires de l'armée française. Pour couvrir les manèges d'équitation, le colonel Armand Rose Émy proposa des structures portantes construites par assemblage d'une grande quantité de petits éléments en bois de second choix. Mais cette fois, les planches étaient montées en position horizontale ou plutôt dans une position horizontale activement cintrée. De cette façon, le cintrage local de chaque planche suivait la courbure générale de la construction en arc. Ce système évite d'une part les chutes de bois et, d'autre part, d'un point de vue mécanique, ces planches travaillent nettement mieux car leurs fibres longitudinales suivent la ligne de force de l'arc.

La Multihalle de Mannheim, objet de nombreuses publications, (Otto/Mutschler, 1975) est l'un des exemples les plus extraordinaires de structures portantes spatiales assemblées à partir de structures réticulées. La structure réticulaire double couche se compose de lattes de bois cintrées activement de section transversale carrée qui absorbent très bien les forces normales et épousent également la courbe des pressions.

Comme troisième et dernier exemple de système porteur particulièrement novateur, on ne manquera pas d'évoquer le projet de halle industrielle de Botrange, en Belgique. La structure portante se compose de simples planches sur plusieurs couches qui se croisent et qui forment une résille. Les planches traversent les points nodaux au niveau desquels elles sont simplement reliées sur les côtés par des chevilles insérées verticalement. Il en résulte un ouvrage porteur spatial composé d'un grand nombre de petits éléments. La rigidité locale des nœuds peut être accrue en insérant des chevilles supplémentaires, ce qui augmente aussi la rigidité globale du système.

Les constructions à ossature ainsi que les systèmes de poteaux-poutres restent très répandus dans la construction bois. Dans la mise en œuvre de ces systèmes, des raccordements sont ajoutés individuellement sur le chantier. En outre, des éléments de plancher et des structures de cloison semi-finis sont apparus depuis et ont réussi à s'imposer.

Par la suite, nous essaierons de créer des systèmes préfabriqués sur mesure qui recourront à des séquences d'assemblage, des techniques de raccordement et des éléments préfabriqués parfaitement précis. Du fait de leur forme ou de leur géométrie spécifique, ces pièces spécialement fabriquées ne pourront être insérées qu'à un seul endroit du système et seulement dans une position bien particulière. L'objectif est ici d'éviter les erreurs, courantes sur les chantiers.

L'organisation actuelle de nos chantiers ressemble encore largement à celle du 19ème siècle. La nécessité pour le chef de chantier de lire et de comprendre le plan d'exécution et de le relier aux éléments livrés sur le chantier doit être remplacée par une planification préalable différente, plus efficace. Le déroulement des travaux devrait être déterminé par des systèmes de raccordement sur mesure, des séquences d'assemblage prédéfinies et des techniques de raccordement entièrement mécaniques. Voilà pourquoi, dans la suite de l'ouvrage, nous nous intéresserons à des domaines aussi divers que la mathématique des surfaces, les algorithmes géométriques, les processus de subdivision, les procédés de planarisation, les séquences de raccordement, les techniques de fraisage automatisées, le développement des outils, les tests mécaniques ainsi que la mise en œuvre de processus d'assemblage manuels et robotisés. Le schéma reproduit ici permet de visualiser les domaines d'interaction des activités de recherche de l'IBOIS. Nous présenterons des systèmes de pliage, des surfaces libres discrétisées, des structures portantes tissées et cintrées activement ainsi que des systèmes porteurs mécaniques. Les raccordements feront eux aussi l'objet d'une attention particulière.

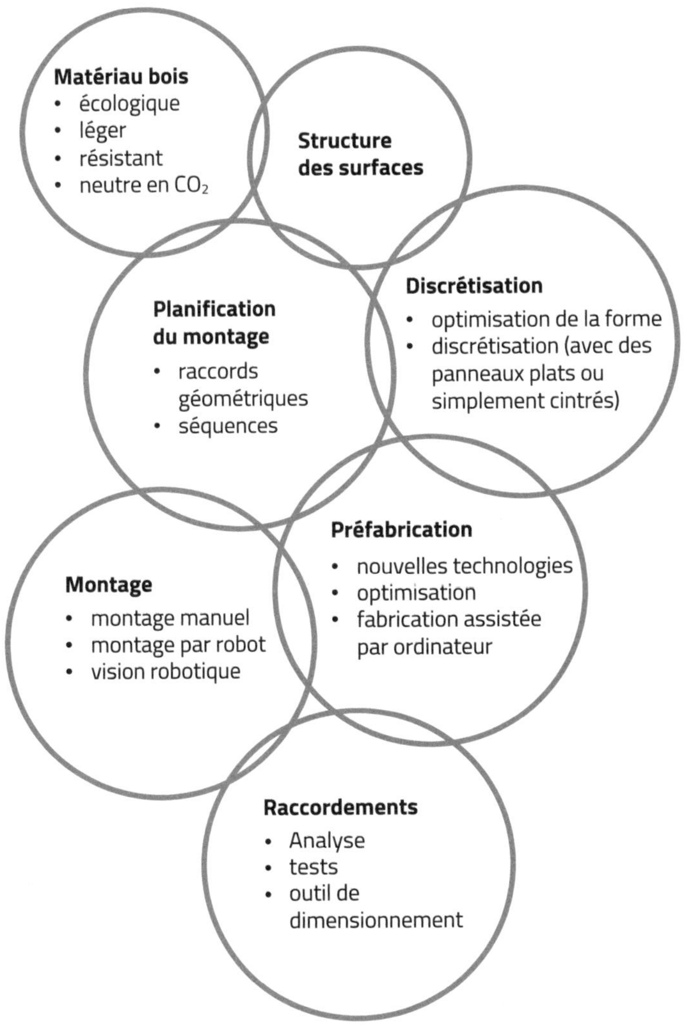

Ill. 12 Interactions entre les activités de recherche de l'IBOIS

Remarques

1 Je remercie le professeur Pierre-Alain Croset pour ses remarques critiques et ses suggestions.

2 Keunecke, D. et Niemz P., Axial stiffness and selected structural properties of yew and spruce microtensile specimens, Wood Research, 53, p. 1–14, 2008.

1 Structures plissées

1.1

Structures plissées en panneaux de bois

Yves Weinand

Les structures plissées sont des constructions étonnantes où forme et ossature entretiennent une relation étroite et se conditionnent réciproquement. Ces structures plissées peuvent prendre des formes ou des silhouettes variées. Le pliage confère une grande rigidité à ces structures porteuses alors que l'épaisseur des panneaux reste faible par rapport à la portée des éléments. Ces constructions sont en outre très économiques du fait des matériaux employés, et se caractérisent par une grande légèreté.

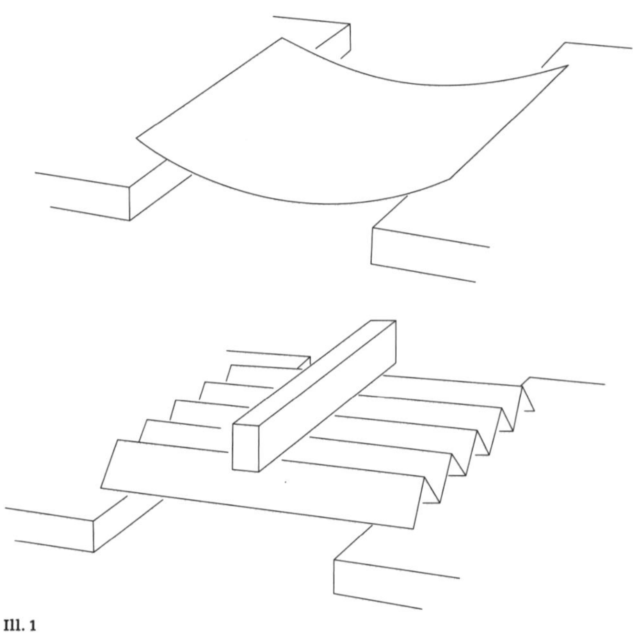

Ill. 1

Les structures plissées fabriquées en panneaux de bois ne se sont pas encore imposées dans l'univers du bâtiment. Dès les années 1930, on a imaginé des enveloppes associées à des structures porteuses en béton armé. À cette époque, il était important d'utiliser des supports prismatiques préfabriqués identiques afin de limiter le coût des coffrages en panneaux de bois. Dans les années 1970, des structures plissées entièrement réalisées en panneaux de bois furent conçues, mais l'initiative resta sans suite.

Cet ouvrage se propose d'étudier la manière dont les structures plissées en panneaux de bois pourraient trouver leur place sur le marché. Nous présentons ci-après trois projets qui permettent de cerner une évolution possible des constructions plissées en panneaux de bois. Ils mettent en évidence différents aspects de ces structures, d'un point de vue formel, mécanique et relatif aux conditions de fabrication. Comme on l'a déjà dit, le pouvoir d'attraction des constructions plissées vient tout d'abord de l'adéquation parfaite entre forme et structure. On peut réaliser des expériences avec des surfaces ou des

Ill. 2

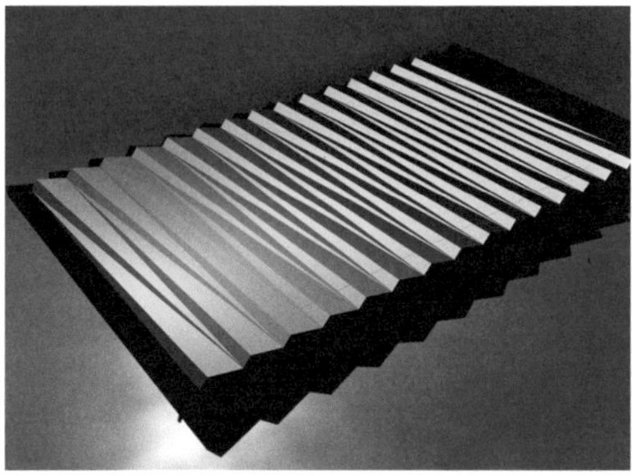

Ill. 3 a

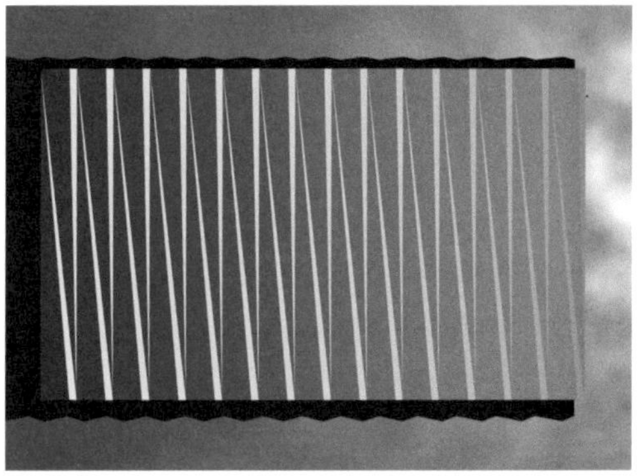

Ill. 3 b

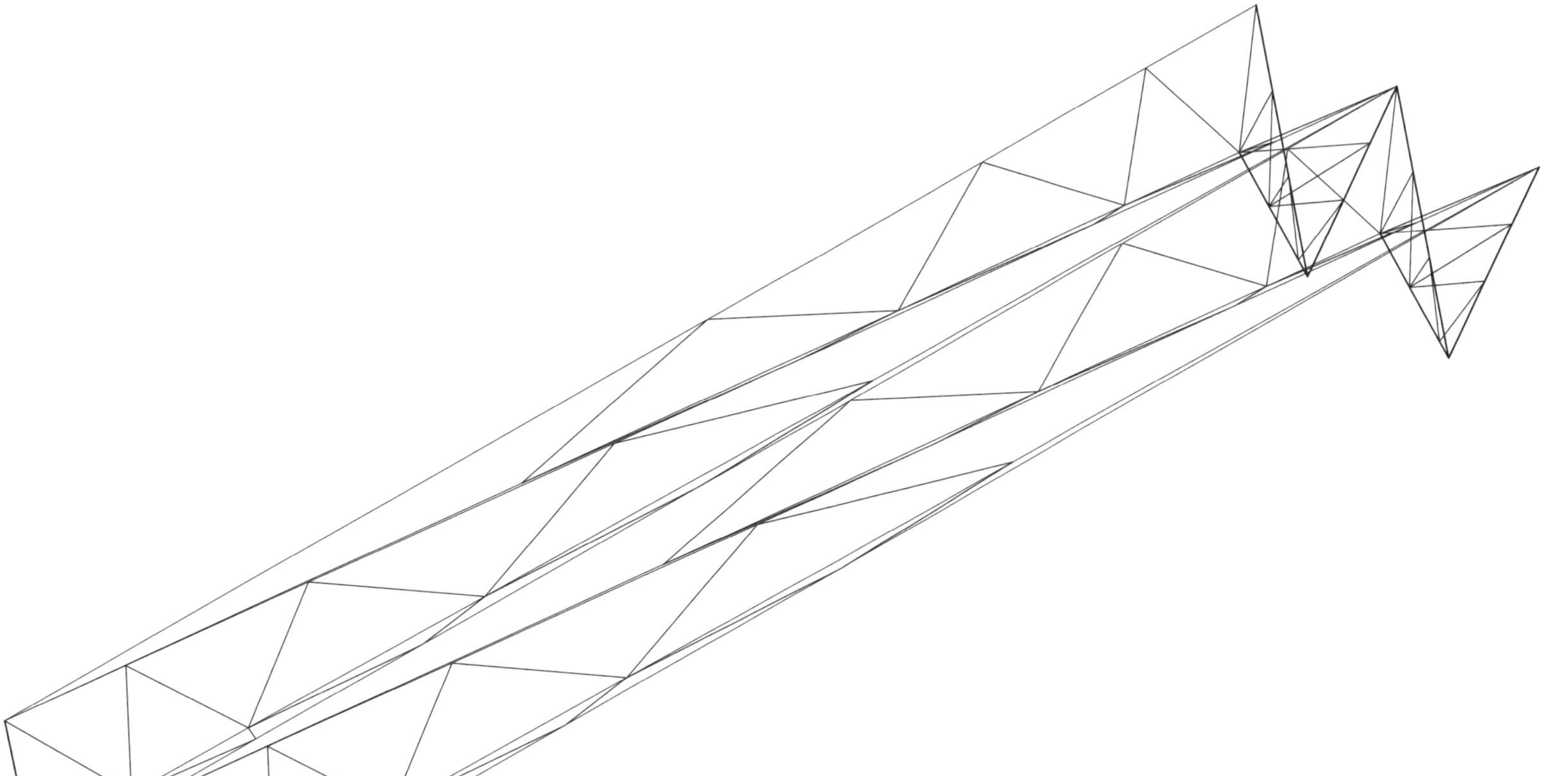

Ill. 4

Ill. 1 Principe du pliage : ce sont les plis qui créent la rigidité.

Ill. 2 Structure plissée expérimentale

Ill. 3 a et b Représentation axonométrique et en plan d'une structure plissée

Ill. 4 Représentation axonométrique de l'élément de base selon la géométrie initiale

Ill. 5 Plan de l'élément de base de la géométrie initiale

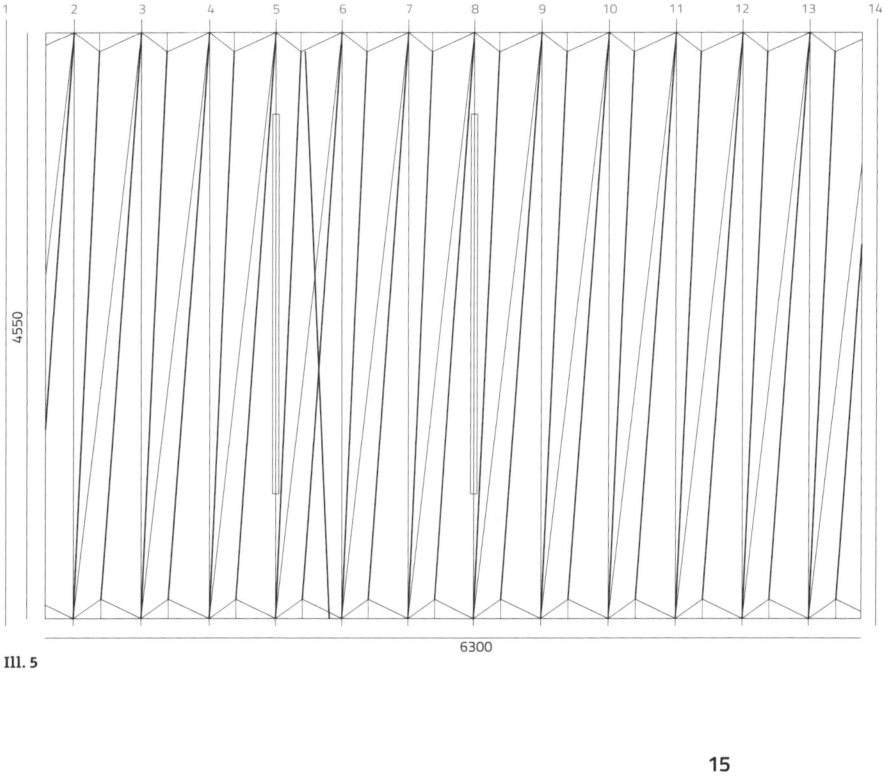

Ill. 5

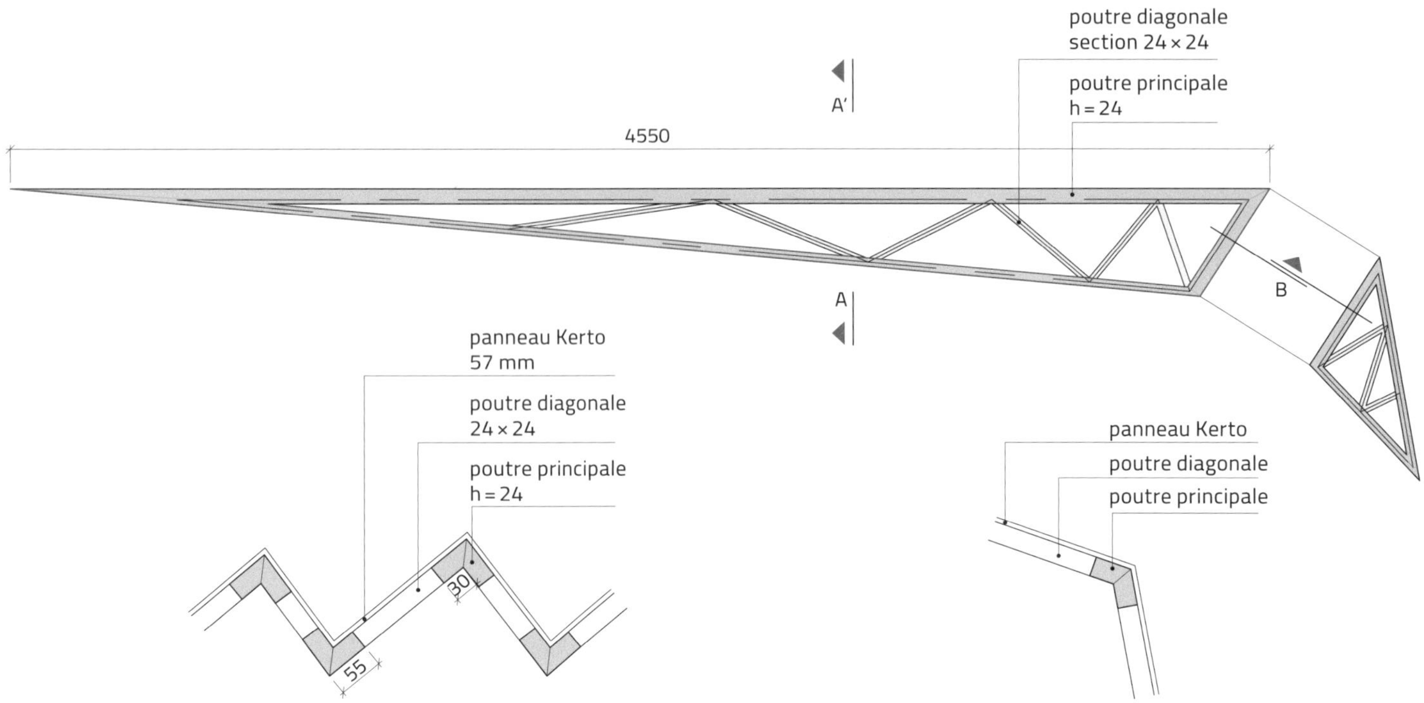

ill. 6 Transformation du système porteur : le panneau est remplacé par une poutre en treillis recouverte de panneaux nettement moins épais.

panneaux de grand format relativement souples en les assemblant le long de leurs arêtes de manière à former des « plis ». L'arrangement géométrique des plis et la « fixation » d'une position spatiale déterminée et arbitrairement choisie pendant le processus de pliage ouvrent un vaste potentiel pour l'optimisation structurelle de ces ossatures porteuses.

Le premier exemple retenu est le toit du centre sportif des Isles, à Yverdon, prévu à l'origine pour être une structure plissée. Les études préalables portaient sur la définition géométrique d'un toit plissé autoporteur d'environ 45 mètres de portée Pour la géométrie présentée sur la figure 3a, qui devait constituer la structure membranaire porteuse en panneaux de lamibois, les calculs ont déterminé que les panneaux devaient avoir une épaisseur de près de 14 cm. Or les panneaux disponibles dans cette épaisseur sont coûteux.

Cela étant, la difficulté réelle de cette construction ne réside pas dans la découpe ni dans le montage des panneaux mais plutôt dans l'exécution de leurs liaisons mutuelles. C'est pourquoi on s'est rapidement tourné vers d'autres types de réalisations visant à la fois à diminuer l'épaisseur des panneaux et à offrir une solution concluante pour leur assemblage. L'une de ces solutions est présentée sur l'illustration 6.

Les éléments de bois lamellé-collé forment une ferme en treillis triangulée dont les vides sont recouverts à l'extérieur de panneaux. De ce fait, la poutre en treillis est visible de l'intérieur du gymnase tandis qu'à l'extérieur elle offre la surface nécessaire à la pose de l'isolation thermique et de l'enveloppe de toit. Le raccord est possible grâce à la découpe des poutres de rives : Les poutres lamellées-collées sur les côtés doivent être découpées en angle puis boulonnées entre elles. En conséquence, la géométrie globale du pliage crée localement un problème géométrique, le long de la pliure. Il est résolu dans ce cas par une découpe appropriée.
En termes de statique, il résulte de cette évolution que grâce à l'ajout de renforts latéraux, la structure porteuse plissée, dont la fonction devait au départ être assurée principalement par les éléments surfaciques, concentre sa rigidité sur les bords nervurés. Elle devient de fait une ossature porteuse. L'ajout d'éléments linéaires et de renforcements triangulaires à la géométrie du pliage fait perdre son unité visuelle à la structure plissée.
Lors de l'appel d'offres pour le gymnase d'Yverdon, ce système de pliage, même revu et corrigé, a été jugé trop cher par les entreprises soumissionnaires. Finalement, on a définitivement abandonné l'efficacité statique de la structure plissée et opté pour un système-cadre dont la rigidité est néanmoins toujours assurée par les plis du toit et des murs.

En résumé, on peut donc constater que :

- lorsque les calculs de charge imposent l'emploi de panneaux de 14 cm d'épaisseur, on est inévitablement amené à réfléchir aux possibilités existantes pour diminuer les coûts, et donc à utiliser des panneaux plus fins.
- l'amincissement des panneaux entraîne la nécessité de les renforcer. La géométrie des poutres de rives qui vient se superposer à celle du pliage « naturel » d'origine et les renforcements atténuent l'efficacité conceptuelle de la structure initiale.
- la structure plissée à surface active devient de fait une ossature porteuse après transfert de la majeure partie des efforts tranchants vers les barres latérales.

Nous avons fait ensuite une autre tentative, fructueuse celle-là, pour construire une structure plissée : la chapelle de Saint-Loup. Il convient toutefois de préciser d'emblée que dans ce cas, la portée n'était que de 9,5 mètres, soit nettement moins qu'à Yverdon où elle était de 45 mètres. Des panneaux trois plis de 60 mm d'épaisseur enjambent toute la largeur de la chapelle avec un élancement de 1/158. Les plis se retrouvent dans la géométrie du toit mais aussi des murs. En effet, l'efficience statique du pliage en toiture est exploitée aussi pour les parois verticales.

L'outil développé par Hans Ulrich Buri au laboratoire IBOIS permet de déterminer non seulement la géométrie d'ensemble mais aussi la découpe et le chanfreinage des panneaux. Les images du montage montrent un système cadre autoporteur, efficient même avec un pli unique.

Notre souhait était de laisser la structure porteuse (les panneaux) visible, au moins à l'intérieur de l'édifice. Les plaques ont donc été assemblées les unes aux autres depuis l'extérieur au moyen de plaques métalliques de 2 mm d'épaisseur, perforées et clouées. La transmission des forces d'un panneau au suivant peut ainsi être réalisée au travers de ces connecteurs. Les efforts tranchants à reprendre ont permis d'identifier cinq familles. Les plaques perforées sont toujours identiques, seul le nombre de clous par panneau varie d'une famille à l'autre.

Les valeurs maximales de moment, qui se retrouvent habituellement aux angles, peuvent ici être évitées : ces moments sont répartis le long des arêtes et ne doivent pas être absorbés exclusivement dans les coins. Dans le cas de la chapelle, aux états-limites ultimes, les moments de flexion d'environ 10 kNm/m sont réduits de moitié.

Le détail proposé correspond donc à la surface porteuse de grande étendue de cette structure plissée. Contrairement aux constructions bois classiques, dans lesquelles des sections prismatiques sont assemblées par chevillage (clous, vis, tourillons) qui affaiblissent systématiquement la section, une structure plissée comme celle de Saint-Loup utilise de manière optimale l'épaisseur des panneaux comme système porteur.

En résumé, on peut donc constater que :

- une épaisseur de 40 mm pour les parois et de 60 mm pour la toiture constitue un système efficace et économe en matériau dans cette catégorie de portées.
- la technique d'assemblage choisie évite l'affaiblissement de la section transversale du panneau.
- la technique d'assemblage s'adapte bien au comportement sous charge des éléments à surface porteuse.

De manière générale, il convient de remarquer que le concept géométrique de la chapelle de Saint-Loup est le fruit d'une création arbitraire dont la condition fondamentale était que l'enveloppe théorique de la chapelle reprenne le principe d'une feuille de papier pliée. Il n'y a donc théoriquement pas de chutes dues aux découpes. On a seulement créé une pente, différente pour chaque pli, afin de permettre l'écoulement des eaux pluviales.

Le point faible manifeste de la construction est le bord libre présentant la plus grande portée, c'est-à-dire le dernier pli se trouvant au-dessus de l'entrée.

Dans l'histoire de la construction, la recherche de rigidité par le pliage est à l'origine de solutions variées et efficaces.

Ill. 7 Modélisation MEF de la structure plissée monolithique réalisée en panneaux contrecollés : conditions d'appuis et articulations le long des arêtes

Ill. 8 Modélisation MEF de la structure plissée monolithique avec charges ;
a) charges permanentes, **b)** poids propre, **c)** neige, **d)** vent

Ill. 9 Modélisation MEF de la structure plissée monolithique en panneaux contrecollés : déformations et efforts de membrane

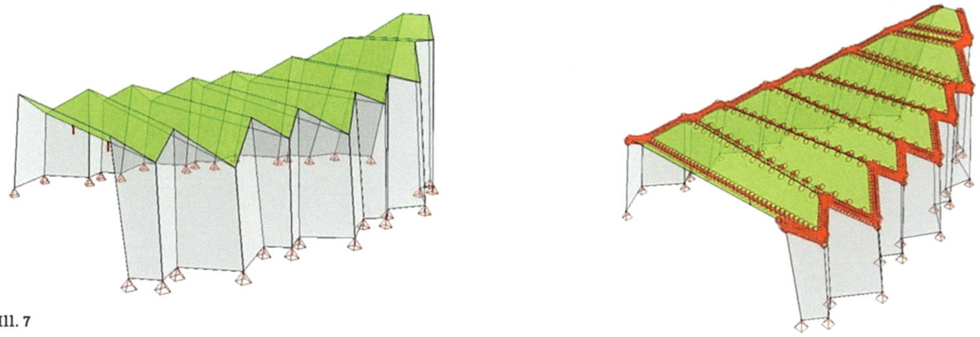

Ill. 7

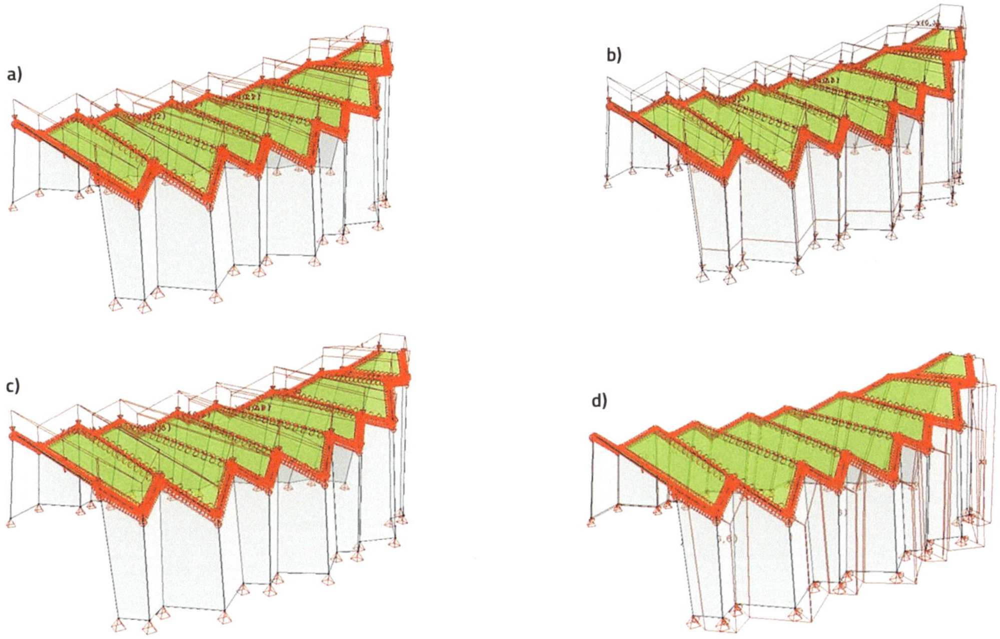

Ill. 8

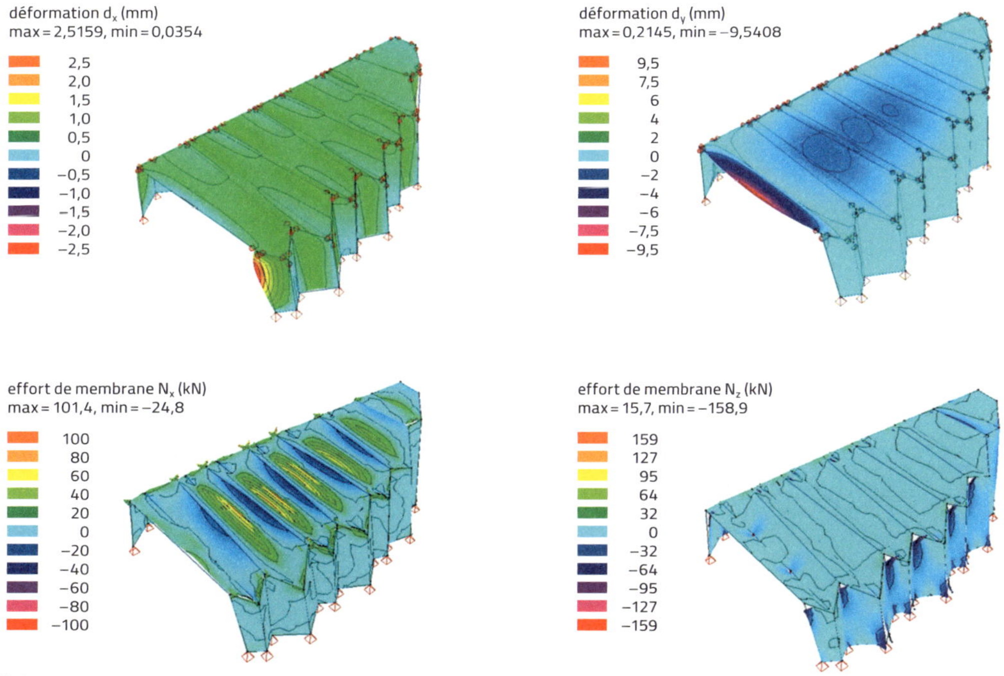

Ill. 9

Ill. 10 a

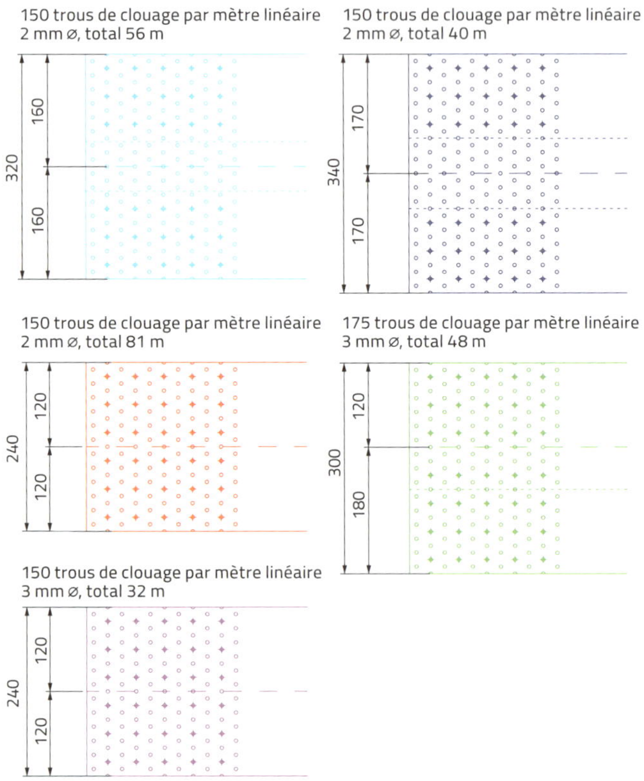

Ill. 10 b

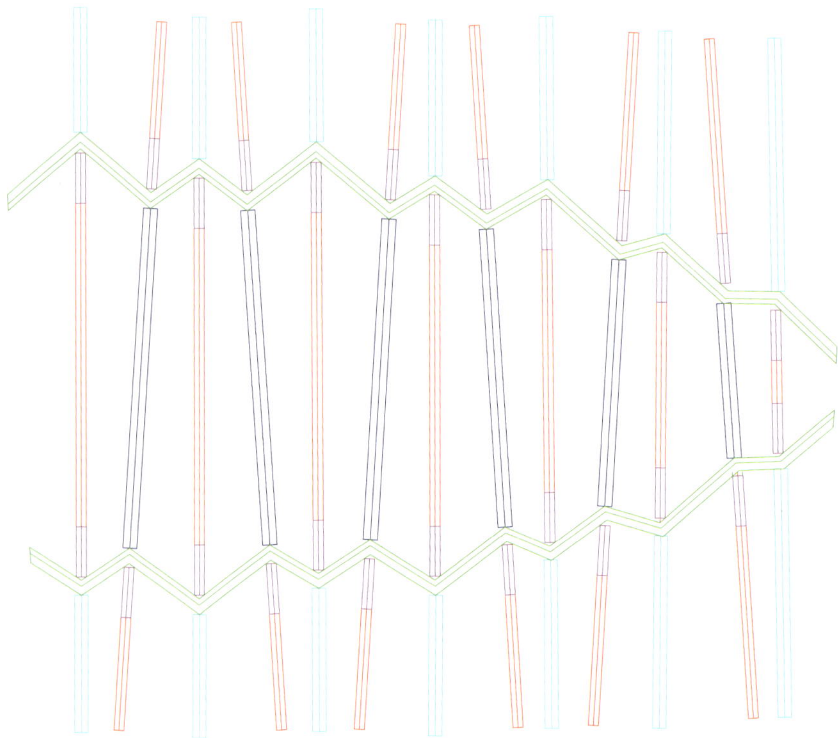

Ill. 10 c

Ill. 10 a–c Détail de la jonction entre les panneaux. Des plaques perforées de 2 mm d'épaisseur sont réparties en cinq familles dans lesquelles seul le nombre de clous à poser varie. Les plaques perforées elles-mêmes ont été pliées au préalable.

Ill. 11 Détail de l'assemblage réalisé

Ill. 12 Détail du panneau au niveau du pied

Ill. 13 Détail de l'arête du toit pendant la construction

Ill. 14 Plan de fabrication des panneaux. Les dimensions et les chanfreins sont enregistrés en tant que paramètres et transmis à la fraiseuse sous forme de code.

Ill. 15 Contrainte imposée par l'outil basé sur la technique de l'origami. Théoriquement, chaque pli créé à l'aide de cet outil peut être aplati et ramené à sur un plan unique (dans la tradition japonaise, une seule feuille de papier est utilisée).

Ill. 11

Ill. 12

Ill. 13

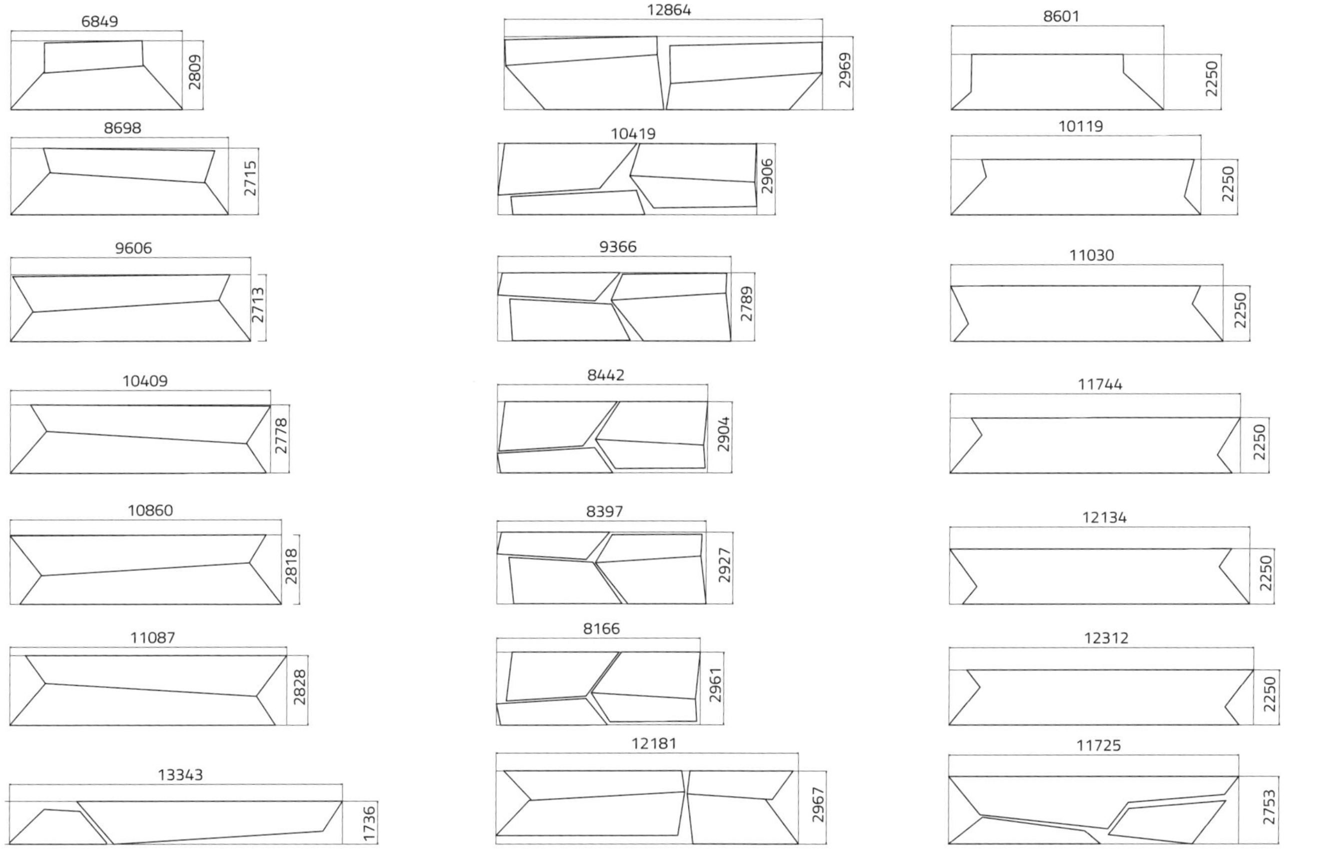
6849
2809
8698
2715
9606
2713
10409
2778
10860
2818
11087
2828
13343
1736
12864
2969
10419
2906
9366
2789
8442
2904
8397
2927
8166
2961
12181
2967
8601
2250
10119
2250
11030
2250
11744
2250
12134
2250
12312
2250
11725
2753

Ill. 14

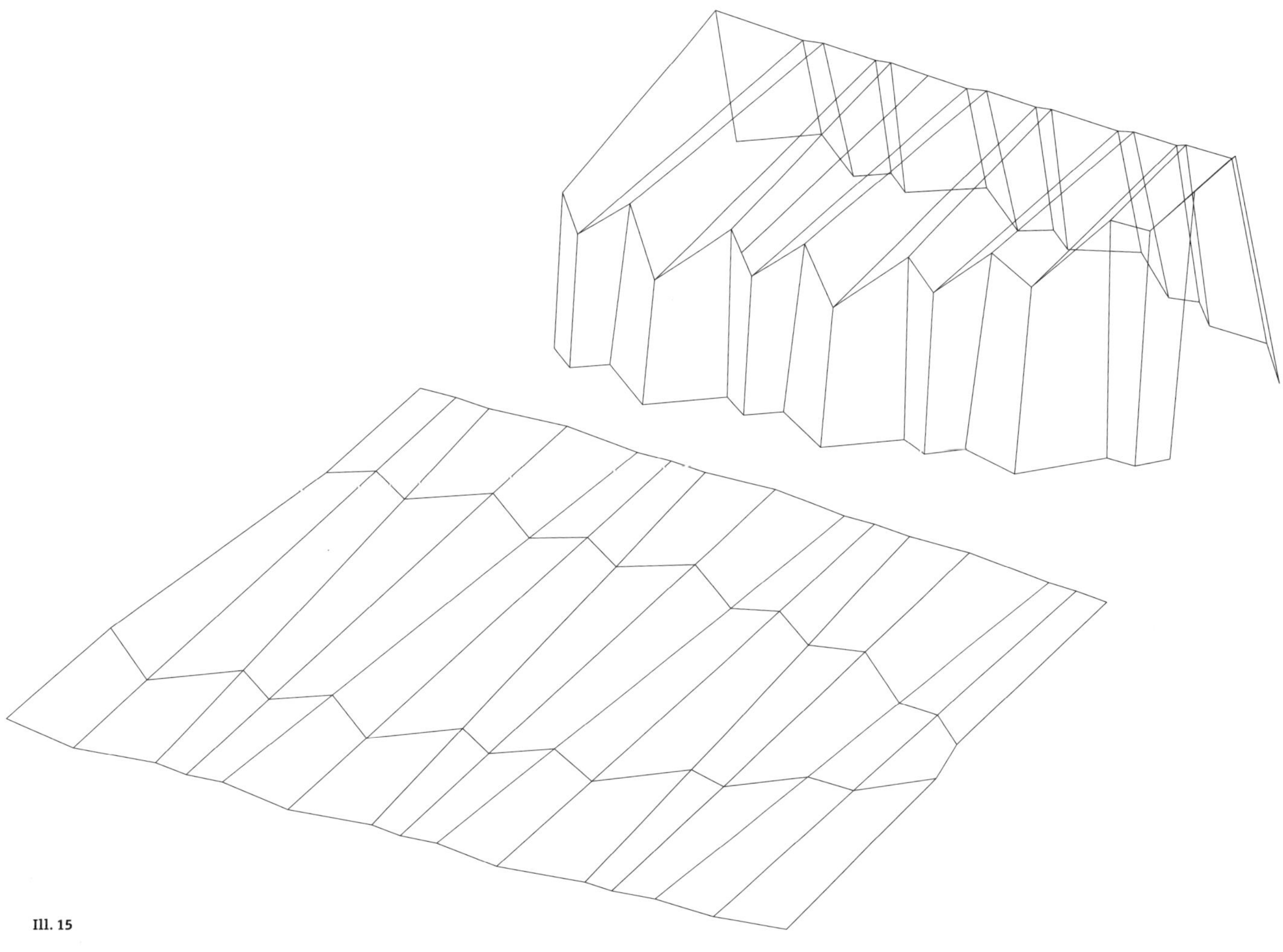

Ill. 15

Ill. 16

Ill. 17

Ill. 18

Ill. 16 Montage des panneaux. Chaque tronçon est autoporteur.

Ill. 17 La chapelle en construction

Ill. 18 Pose de l'enveloppe de toiture et du lattis

Ill. 19 a et b La chapelle achevée

Ill. 19 a

Ill. 19 b

Cette recherche de rigidité mécanique par pliage, dans la géométrie globale, n'a pas débouché sur une proposition unique, comme on le voit dans l'évolution présentée ici. Dans son travail, Hans Ulrich Buri présente au contraire de nombreuses possibilités géométriques.

Mais au bout du compte, les profils créés sur un axe transversal ou longitudinal restent des éléments purement géométriques. L'outil proposé par Hans Ulrich Buri reste donc un outil formel de nature architecturale et constructive. Il permet également une optimisation mécanique qui reste toutefois intuitive. Une étude de cas (ill. 24) peut montrer comment une géométrie pliée donnée peut aussi être optimisée du point de vue mécanique. En relevant de manière variable les plis ou en réduisant la largeur des plis vers le bord de la coque, on peut obtenir des effets positifs en termes de statique.

Ill. 20

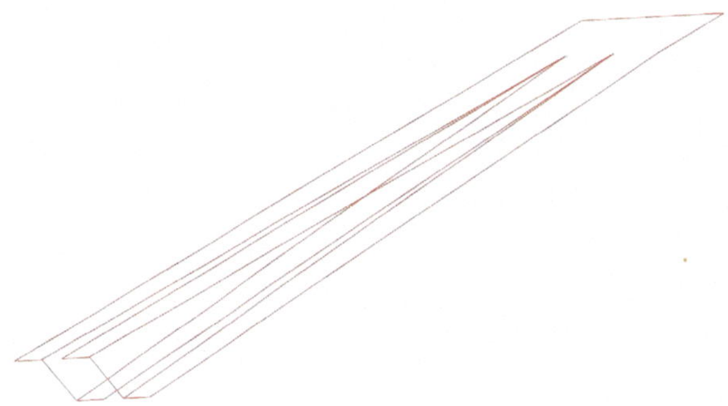

Ill. 21

Ill. 20 La coupe transversale trapézoïdale est aussi une forme de pli.

Ill. 21 L'échelle du pliage peut être adaptée au bâtiment (ici au toit de la Stadthalle de Graz).

Ill. 22 a et b Évolution géométrique des pliages possibles

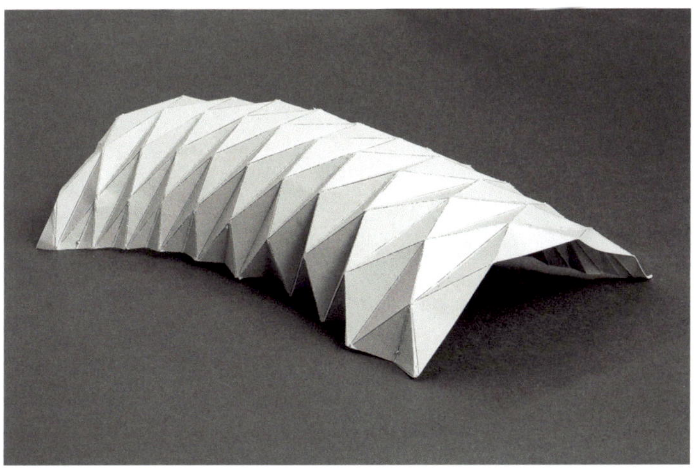

Ill. 22 a

Ill. 22 b

III. 23 Les profils créés sur un axe transversal ou longitudinal permettent l'élaboration de géométries pliées très différentes.

Les ajustements géométriques peuvent donc contribuer à la rigidité de l'ensemble :

- une profondeur de plis plus importante augmente le moment d'inertie.
- quand la fréquence des plis est rapprochée vers les bords de la coque, de simples ajustements géométriques permettent d'obtenir des rigidités horizontales supplémentaires dans ces zones.

Ces ajustements se révèlent convaincants : contrairement à la réponse constructive traditionnellement apportée par les ingénieurs et consistant à renforcer les bords de telles constructions en coque, on a ici la possibilité d'utiliser mécaniquement la variété des pliages, ce qui évite l'ajout d'une pièce supplémentaire de nature différente.

- On peut prévenir le risque de flambement local en réduisant la superficie des panneaux et en diminuant

Ill. 24 Manipulation géométrique des plis

Ill. 25 Améliorations statiques obtenues : les déformations peuvent être réduites jusqu'à un tiers de leur valeur.

Ill. 26 Prototype

Ill. 27 Une géométrie typique de pli renversé. Les profils créés sur un axe transversal ou longitudinal permettent la réalisation de différents pliages.

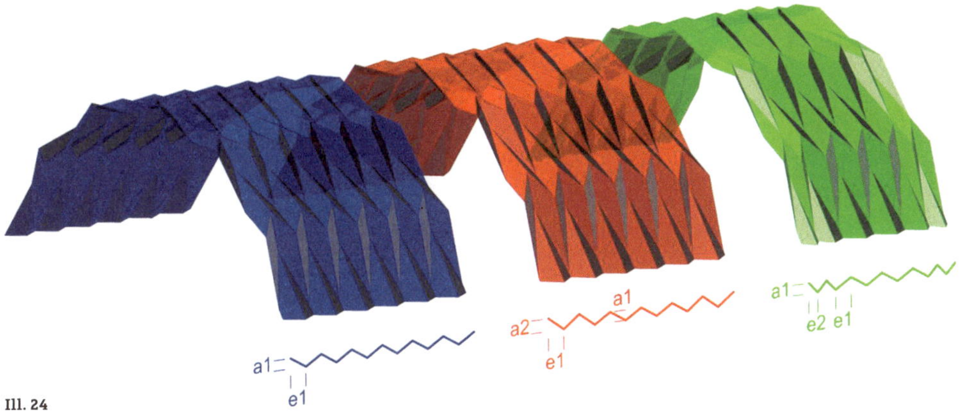

Ill. 24

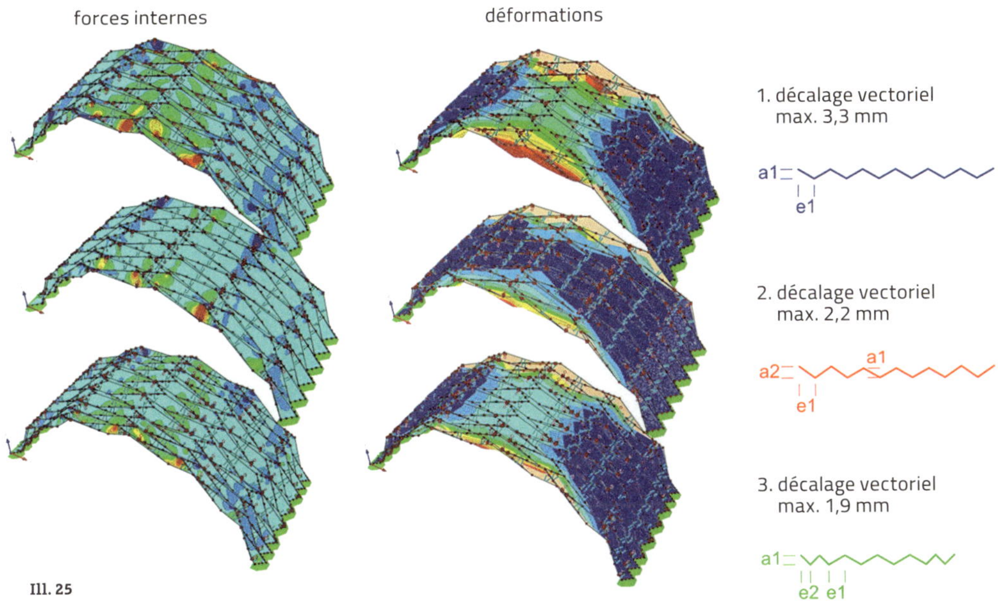

Ill. 25

Ill. 26

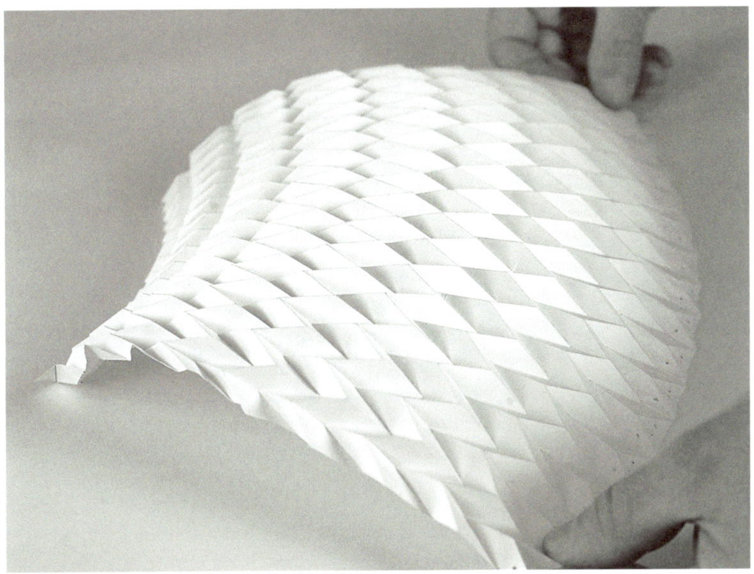

Ill. 27

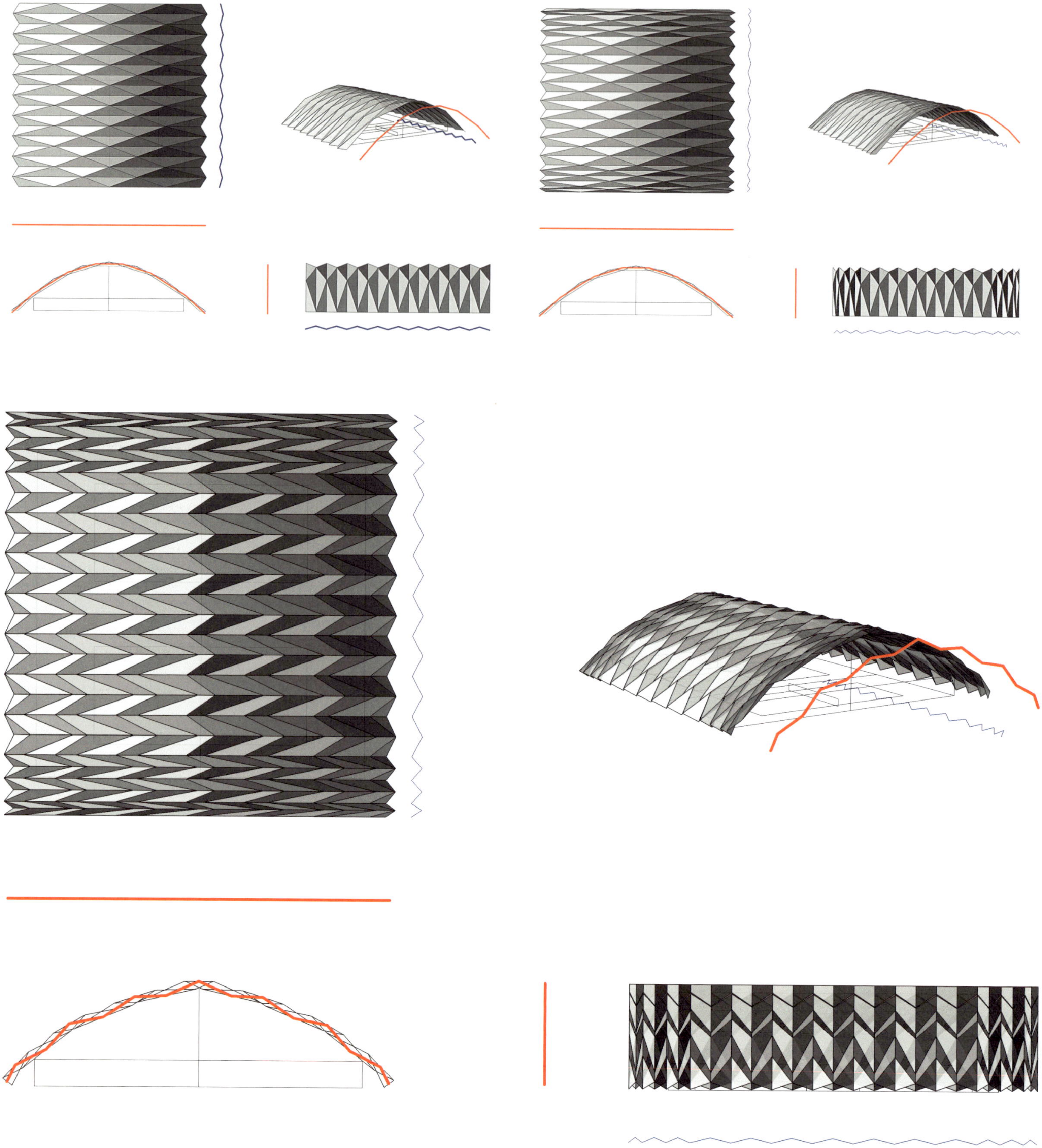

Ill. 28 Optimisation du pliage d'un court de tennis :
Les plis situés vers les bords de la coque sont rapprochés.

le rythme des plis en utilisant une autre forme de pliage. (Comme les arêtes des plis sont nettement plus rigides que les panneaux, ceux-ci se déformeraient en premier, avant toute défaillance de l'arête pour cause d'instabilité.)

- La réduction de la surface des panneaux présente aussi un avantage économique, étant donné que le prix des panneaux de bois dépend de leurs dimensions : plus le panneau est petit, plus son prix au m² est réduit, et plus les coûts de transport sont faibles.

L'outil présenté ici s'adresse donc aussi aux ingénieurs, qui commencent à s'intéresser à la forme globale et à son optimisation mécanique. D'autre part, les manipulations géométriques évoquées augmentent les rigidités de la coque pour absorber à la fois forces horizontales et verticales.

Le dimensionnement d'un prototype a été réalisé avec les caractéristiques géométriques suivantes :

La surface porteuse est constituée des éléments suivants :

- un profil transversal en plis en V
- une pliure en triangle en profil longitudinal (pliure inversée)
- un pliage en diamant
- un pliage en arêtes de poisson

Les paramètres comparatifs sont les suivants :

- flèche verticale au centre
- flèche verticale sur les bords
- contraintes de traction sous poids propre
- répartition des efforts en cas de pression du vent asymétrique

Ici, un potentiel d'optimisation mécanique de facteur 5 peut être constaté.

Comme dans les projets précédents, il a fallu réfléchir ici aussi aux moyens d'assemblage. Pour la chapelle de Saint-Loup, les systèmes d'assemblage choisis représentaient une solution pertinente, mais les plaques perforées ne faisaient pas partie intégrante de la géométrie d'ensemble. Des premiers essais ont été réalisés avec des assemblages vissés non conformes aux normes en vigueur. Il n'était pas possible de respecter la distance par rapport au bord exigée par la norme car les panneaux utilisés étaient relativement fins. On a ensuite étudié différents positionnements possibles pour les plaques perforées au-dessus de la hauteur de section du panneau. Toutes les configurations testées sont potentiellement réalisables et présentent les avantages des assemblages par plaques perforées décrits plus haut à partir de l'exemple de la chapelle.

Ces assemblages restent néanmoins coûteux et perpétuent la répartition classique des coûts en quantité de bois, systèmes d'assemblages et frais de montage. Il n'y a pas réellement de rupture techno-

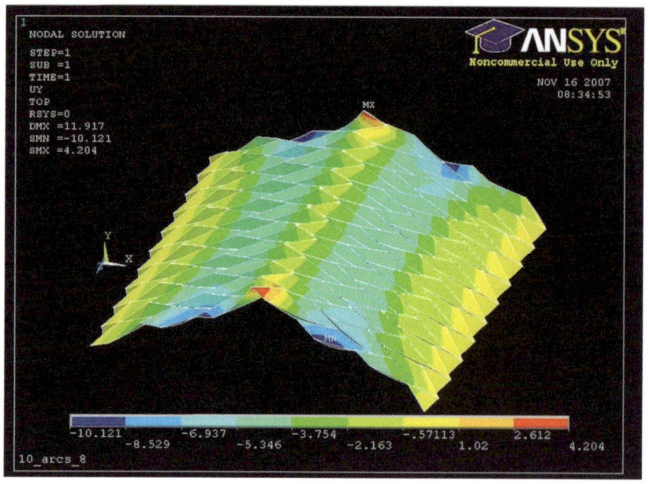

Ill. 29

Ill. 30 a

Ill. 30 b

Ill. 30 c

Ill. 30 d

Ill. 29 Modélisation MEF d'une structure plissée

Ill. 30 a–d Réalisation du prototype qui a aussi été utilisé pour des essais techniques

Ill. 31 Variations de pliages : ici, un avant-projet de salle de concert pour le Verbier Festival

Ill. 32 Création d'une structure plissée double épaisseur. Visualisation de la maquette paramétrique virtuelle

Ill. 33 Réalisation du prototype. La construction à double coque se compose de panneaux de 8 mm d'épaisseur placés à 10 cm les uns des autres.

logique. C'est pourquoi la clé de toutes les réflexions suivantes réside non seulement dans la conception de la géométrie d'ensemble envisagée sous l'angle formel, topologique et mécanique, mais aussi dans l'intégration des systèmes d'assemblage. Le travail d'Andrea Stitic le montrera.

Un troisième projet rassemble et met en œuvre les réflexions engagées autour de la salle de sport d'Yverdon et de la chapelle de Saint-Loup. Il a été l'occasion de continuer à développer et d'intégrer une nouvelle conception d'assemblage. Il s'agit de la nouvelle salle du théâtre de Vidy, où un système plissé constitué de petits éléments a été retenu. La structure plissée est ici doublée : deux panneaux de 40 mm d'épaisseur ont été positionnés à 25 cm de distance, formant ainsi une double coque.

Le principe d'assemblage des deux coques est montré à l'illustration 34. Au niveau des plis, les deux surfaces de l'enveloppe intérieure se prolongent jusqu'à croiser la coque extérieure. Il en résulte un pli plus

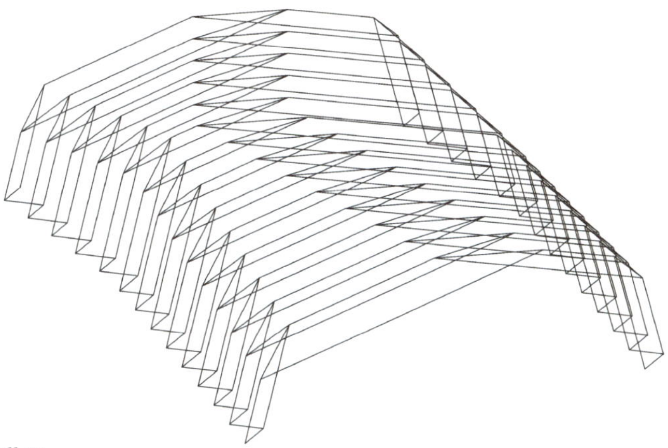

Ill. 31

Ill. 32

Ill. 33

Ill. 34

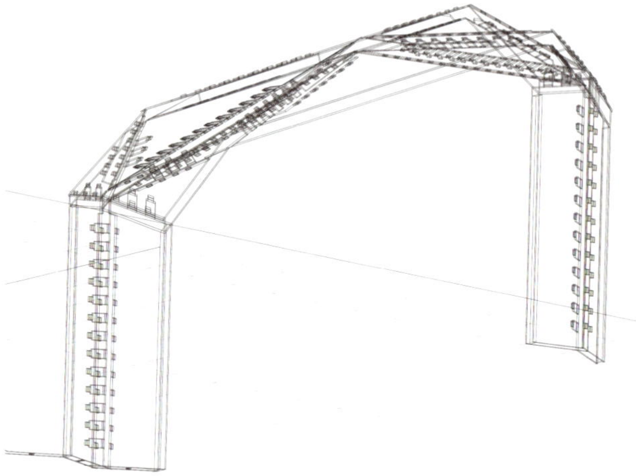

Ill. 35

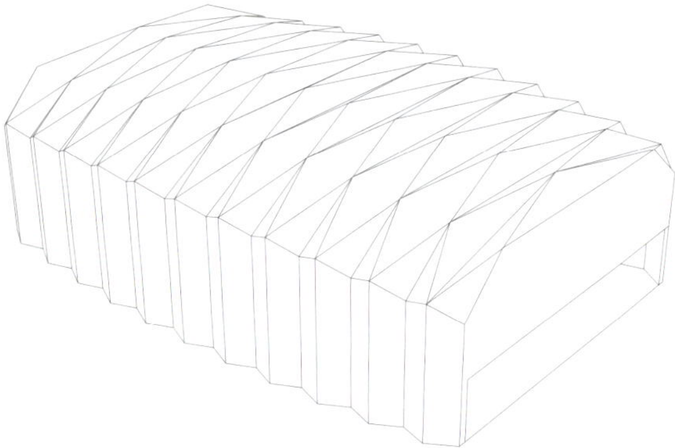

Ill. 36

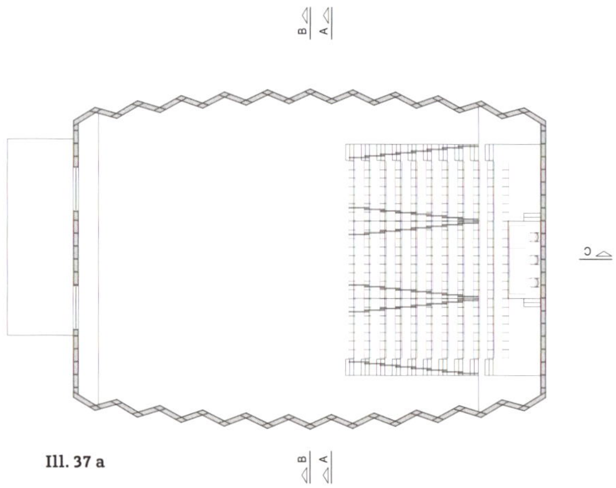

Ill. 37 a

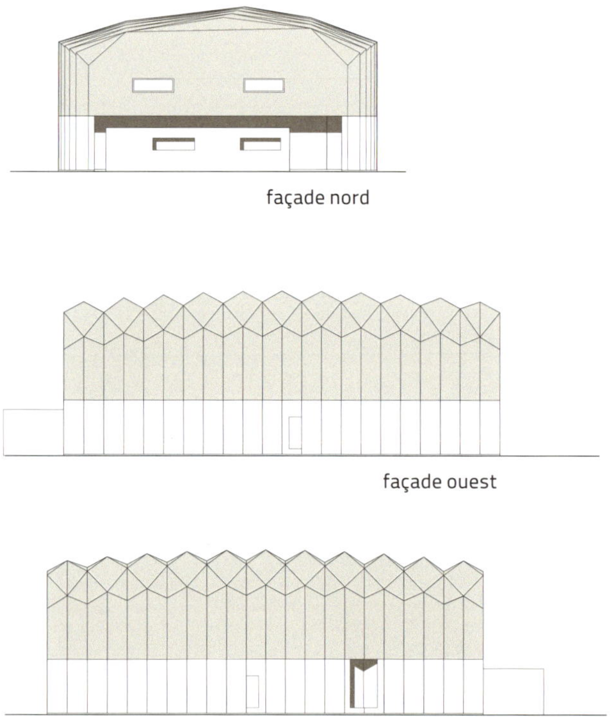

Ill. 37 b

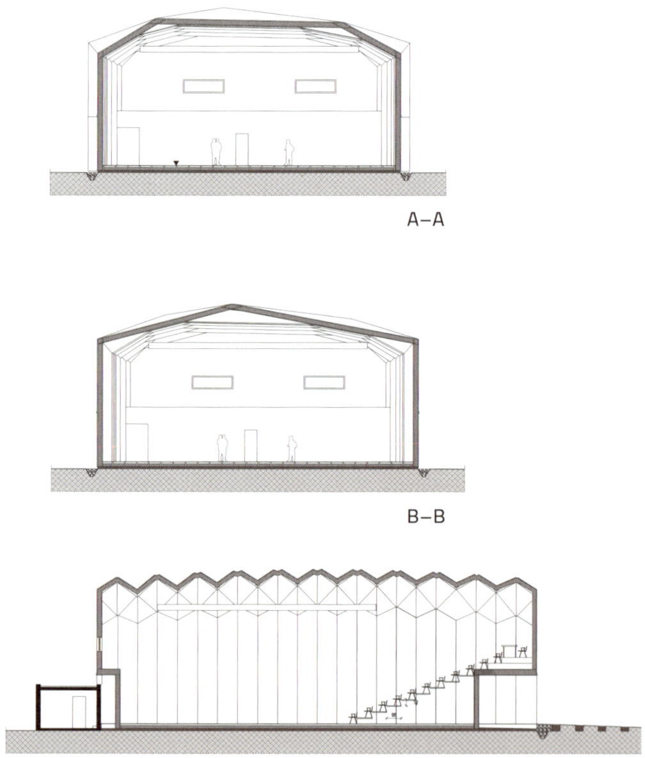

Ill. 37 c

rigide, une sorte d'angle indéformable. Plus besoin de pannes ni de charpentes traditionnelles. C'est un assemblage d'un genre nouveau qui voit le jour, qui découle directement de la géométrie des éléments.

Le blocage des panneaux le long des plis ou la rigidification des arêtes mis en œuvre ici ont aussi pour effet de diminuer le risque de déformation des panneaux. La surface de gauchissement d'un élément trapézoïdal est réduite par l'effet des rigides arêtes. D'autre part, toutes les jonctions entre panneaux sont des assemblages bois-bois.

Ill. 34 Principe de l'assemblage d'angle dans chaque pli. Les deux niveaux de la coque intérieure continuent jusqu'à la coque extérieure, avec laquelle ils sont assemblés.

Ill. 35 Des motifs se dessinent le long des arêtes étant donné que les panneaux sont assemblés les uns aux autres à l'aide de tenons et de mortaises.

Ill. 36 Représentation axonométrique et plan de la structure plissée, théâtre de Vidy, Lausanne

Ill. 37 a–c Plan au sol, vues extérieures et en coupe, pavillon du théâtre de Vidy, Lausanne, échelle 1: 5000

Ill. 38 Visualisation du théâtre de Vidy, Lausanne

Ill. 38

1.2

Optimisation structurale des structures en plaques de bois plissées

Andrea Stitic et Yves Weinand

Cet article analyse le potentiel de différentes topologies de formes plissées pour la création de structures en bois à surfaces plissées. L'intérêt de ces structures réside en premier lieu dans leur aspect écologique et durable. L'utilisation d'une méthode de construction intégrée qui remplisse à la fois des fonctions de soutien et de couverture permet d'obtenir des structures extrêmement légères. Un degré supérieur de préfabrication est également possible, avec pour conséquence une réduction du coût global. Les structures à surface plissée en bois sont composées d'un grand nombre d'éléments plans discrets et fins, assemblés pour former une surface globale plissée. Pour être efficace, un système porteur nécessite des détails de raccordement sur chant adaptés. Pour les structures en dérivés du bois, le défi est immense. Leur assemblage exige l'utilisation de techniques de pointe. Cela explique que, jusqu'à présent, les plaques en bois plissées aient été très peu utilisées dans les applications de génie civil. Or de nouvelles solutions techniques ont été récemment proposées pour un assemblage latéral efficace de panneaux de bois fins. Cet article se concentre sur les techniques de fixation mécanique intégrée qui utilisent la préfabrication numérique pour intégrer des connecteurs à la géométrie des panneaux. En tenant compte des contraintes de matériau, de fabrication et de raccordement, nous examinerons plusieurs topologies pour l'application envisagée. Par ailleurs, nous étudierons le comportement structural de systèmes plissés et comparerons trois formes réalisables à travers l'analyse des éléments finis. Enfin, nous livrerons nos observations sur une étude de cas d'un prototype de structure construite et donnerons un aperçu du potentiel structural des systèmes proposés.

Mots-clés ***structures à surface plissée, topologie des formes plissées, fixations mécaniques intégrées, comportement structural des plaques plissées***

1 Introduction

Les applications architecturales et techniques des structures inspirées par l'origami (il n'est pas nécessaire que les formes obtenues soient développables) exploitent le potentiel structural du pliage pour utiliser moins de matériau et accroître l'efficacité structurale. En éloignant le matériau de l'axe de flexion, c'est-à-dire du pliage, on augmente le moment d'inertie, induisant ainsi intrinsèquement une rigidité structurale supérieure. Le présent article se concentre sur les structures plissées constituées de panneaux en bois d'ingénierie. La terminologie communément utilisée pour décrire ces structures qui exploitent les avantages du pliage recouvre des termes comme « plaques pliées », « dalles pliées » et « structures ondulées. » Toutefois, les structures étudiées se composent de multiples surfaces structurales à plan incliné assemblées en une forme globale plissée dont le comportement porteur combine à la fois un mécanisme de dalles et un mécanisme de plaques (ill. 1). En l'occurrence, on préfèrera parler de « structures à surface plissée ».[1]

Plusieurs structures en panneaux de bois d'ingénierie ont été réalisées. Elles ont été décrites par Hans Ulrich Buri[2] et Regine Schineis[3]. Dans ces exemples, la largeur de la structure était couverte par un seul élément. Mais du fait des contraintes de fabrication et de transport, les éléments en bois ne sont disponibles qu'en dimensions limitées. Par conséquent, pour couvrir des distances plus longues, il est nécessaire de disposer de raccordements efficaces entre les éléments plans adjacents tout le long de la structure. Une structure à surface plissée composée de grands panneaux préfabriqués en lamellé-croisé et assemblée par des raccords à onglet vissés a été imaginée.[4] La géométrie du pliage choisi reposait sur des éléments rhomboïdaux plissés. Après examen de sa force portante, il a été conclu que les liaisons par raccords à onglet vissés n'étaient pas assez résistantes pour supporter les moments de flexion transversaux résultants et que les fixations utilisées pour assembler des panneaux de cette taille devaient être améliorées.

Concevoir des éléments d'assemblage sur chant pour des panneaux minces représente un défi majeur dans l'ingénierie du bois, difficile à résoudre en utilisant des techniques standards d'assemblage de panneaux en bois. Toutefois, en termes de comportement structural, les performances des structures à surface plissée dépendent de ces raccords bord à bord linéaires des panneaux. Ils sont considérés comme un élément clé de la conception. Le collage sur site n'est pas possible car les conditions ne sont pas assez stables pour permettre le durcissement du solvant. Les raccords sont donc généralement assurés par des fixations métalliques. Toutefois, la réglementation en vigueur fixe la distance minimum entre la vis et le bord des panneaux à 4d (d = diamètre de la vis). L'épaisseur minimale du panneau est donc limitée par la taille de la fixation.[5] Par conséquent, le dimensionnement de l'épaisseur finale du panneau ne suit généralement pas les exigences structurales en matière de capacité de charge, mais davantage les exigences minimales imposées par le détail de raccordement. La récente redécouverte des fixations mécaniques intégrées représente une approche innovante d'assemblage sur chant de panneaux en bois.[6,7]

Dans le présent article, nous nous intéressons particulièrement à une technique de fixation mécanique intégrée mise au point par Robeller et al.[8], qui utilise la préfabrication numérique pour intégrer des connecteurs dans la géométrie des panneaux. Le principal avantage de ces liaisons par complémentarité de forme, outre leur fonction portante, est qu'elles intègrent également des fonctionnalités permettant un positionnement rapide et précis d'éléments fins. Qui plus est, elles n'imposent aucune contrainte quant à l'épaisseur des panneaux. Dans cet article, nous nous proposons d'abord de présenter différentes topologies de formes plissées connues et d'étudier leur potentiel structural en vue d'une utilisation dans des structures en bois à surface plissée. Nous en tirerons ensuite des formes réalisables, en tenant compte des contraintes posées par le matériau, la fabrication du détail de raccordement choisi et l'assemblage. Nous étudierons le comportement structural des plaques en bois plissées et comparerons les formes choisies en recourant à l'analyse par éléments finis. Pour finir, nous présenterons une étude de cas d'un prototype de structure construite, accompagnée d'observations importantes relatives au matériau, à la fabrication et à l'assemblage des éléments.

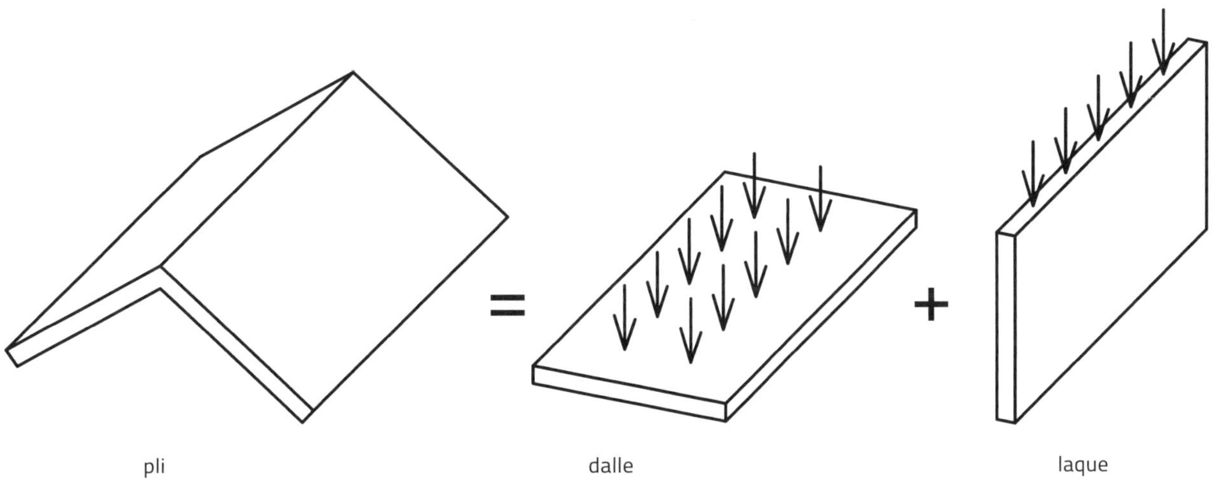

Ill. 1 Portance d'un pli simple, combinaison de l'effet dalle et de l'effet plaque

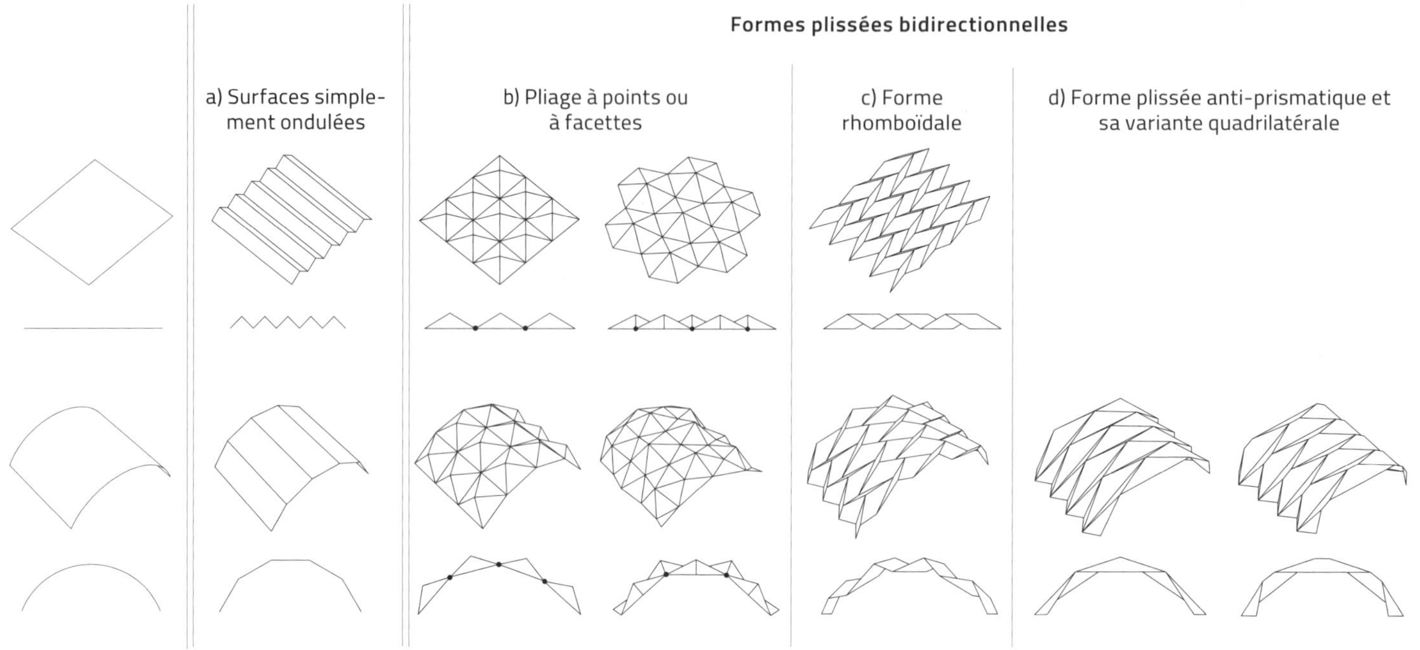

III. 2 Typologie des structures à surface plissée ; perspective et vue en coupe transversale

2 Topologie de la forme plissée

La figure 2 répertorie les différentes topologies de formes plissées d'après leur capacité à discrétiser des surfaces planes et à courbure simple. Pour représenter ces formes, nous emploierons la terminologie dérivée de l'infographie, qui représente une surface par un maillage polygonal.[9] On définit la topologie de ce type de maillage en utilisant un ensemble de sommets et d'autres informations relatives à la nature des raccordements. Le caractère de ces derniers détermine en outre les arêtes limites des surfaces de la forme. L'agencement spatial des sommets et la façon dont ils sont connectés peuvent être réguliers ou irréguliers, créant ainsi une forme dont la géométrie repose sur des polygones identiques ou différents.

Le premier groupe **(ill. 2a)** contient des surfaces ondulées simples. Elles sont composées de faces quadrilatérales avec des arêtes limites qui forment une succession de lignes parallèles ou obliques. Des formes plissées comme celles-là sont communément mises en pratique. Toutefois, du fait des contraintes de taille auxquelles sont soumis les éléments de panneaux en bois, la surface couverte de ces structures est limitée. Pour surmonter cette contrainte, on utilise des topologies où les sommets et leurs connexions forment une grille spatiale. Ce faisant, on obtient des formes pliées bidirectionnelles **(ill. 2b, c, d)**. Ces formes se composent d'éléments multiples orientés dans deux directions différentes de la structure.

La première forme plissée bidirectionnelle étudiée **(ill. 2b)** comprend des formes plissées à points ou à facettes constituées de sommets où plusieurs faces convergent en un seul point.[10] On obtient ces formes à partir d'un polygone élémentaire dont on rehausse verticalement le centre de gravité. Ce sommet est ensuite relié aux sommets du polygone de départ pour former des facettes triangulaires. Pour ce type de formes, trois types de polygones seulement permettent d'obtenir un pavage régulier de la surface: les triangles équilatéraux, les carrés et les hexagones réguliers. Les autres nécessitent l'utilisation de pavages semi-réguliers ou d'une géométrie polygonale irrégulière. Dans notre classification, nous ne montrons que les pavages réguliers, car les pavages irréguliers présentent une multitude de topologies différentes. Le deuxième groupe **(ill. 2c)** est constitué de formes à surface plissée rhomboïdales. Dans la littérature origamique, cette forme est aussi connue sous le nom de *Miura-Ori* ou module à chevrons (ou arêtes de poisson). La troisième et dernière forme plissée bidirectionnelle étudiée est créée à partir de l'anti-prisme. Elle se compose de faces de triangle isocèle et est aussi connue sous le nom de *Yoshimura* ou motif diamant. Nous présentons également une variation de cette forme qui utilise des faces quadrilatérales **(ill. 2d)**. On obtient ce résultat en dupliquant les sommets anti-prismatiques et en introduisant entre eux une ligne de raccordement supplémentaire, ce qui donne des facettes trapézoïdales. Aucune de ces formes ne pouvant discrétiser des surfaces planes, elles sont donc limitées à des sections transversales incurvées.[11]

Les formes pliées bidirectionnelles répertoriées ci-dessus sont ensuite comparées d'après leur principe de pliage, qui les prête plus ou moins à une application structurale dans les structures à surface plissée en bois. Toutes les structures sont prévues pour être dotées d'appuis fixés sur les côtés tandis que les liaisons entre les plaques doivent prendre la forme de charnières linéaires, autorisant les rotations autour de la direction du rebord des faces. Un plan de coupe est placé perpendiculairement à l'axe longitudinal pour observer le profil de section transversale (**ill. 2**). À noter que pour les formes plissées à facettes quadrilatérales, à la fois plates et séparément cintrées, une ligne de charnières longitudinale continue apparaît sur un sommet sur deux de la section transversale. Même en augmentant suffisamment le nombre de charnières pour couvrir toute l'étendue de la structure, ce nombre ne doit pas dépasser trois (y compris les charnières situées sur les appuis latéraux).[12] En effet, au-delà de trois charnières, le système se transforme en un mécanisme et sa stabilité n'est plus assurée pour plus de deux polygones quadrilatéraux par portée. Quant à la hauteur statique de la structure à ce point de section, elle est très basse et n'est égale qu'à l'épaisseur des panneaux. Par rapport à d'autres formes plissées à facettes polygonales, le système reste stable quel que soit le nombre de charnières du fait du décalage de chaque corde transversale d'éléments polygonaux par rapport à la précédente. Chacune des cordes reste un mécanisme à part entière, mais sa stabilité est maintenue par la corde d'éléments voisine. Par ailleurs, si le nombre d'arêtes du polygone augmente dans les formes plissées à facettes, l'angle dièdre entre les faces entourant le centre de gravité rehaussé augmente lui aussi. On considère que des angles proches de 90° se prêtent particulièrement bien aux systèmes à surfaces plissées, mais la structure manque de rigidité quand l'angle augmente progressivement.[13] De plus, dans les structures en bois intégralement fixées, les valeurs de l'angle dièdre sont limitées aux angles compris entre 50° et 130° par le choix des détails de raccordement (voir chapitre 3.1 ci-dessous). Par conséquent, comme les angles dièdres deviennent très obtus pour les polygones à cinq côtés, ce type de formes ne peut rentrer dans le cadre de cette étude.

C'est pourquoi seule la forme pliée rhomboïdale et la forme anti-prismatique, tout comme sa variation trapézoïdale, ont été jugées dignes d'examens plus approfondis. Ces trois formes offrent un avantage structural particulier. En effet, elles présentent des plis adjacents à la fois dans un sens longitudinal et dans un sens transversal. Ensemble ces plis assurent la hauteur structurale nécessaire le long de toute la section transversale.

3 Considérations structurales

Les formes bidirectionnelles choisies ont fait l'objet d'examens plus poussés consistant à comparer leur aptitude à discrétiser un segment cylindrique creux doté d'un ensemble de paramètres prédéfinis. Son rayon extérieur a été fixé à R_{ext}= 2,5 m et la longueur de la corde, c'est-à-dire la portée, à *P*= 3 m afin d'obtenir une hauteur de structure optimale de *h* = 0,5 m ainsi qu'un rapport hauteur/portée avantageux de 1 : 6. De plus, pour limiter la hauteur statique maximale du système plissé, hs, le rayon intérieur a été fixé à R_{int} = 2,3 m.

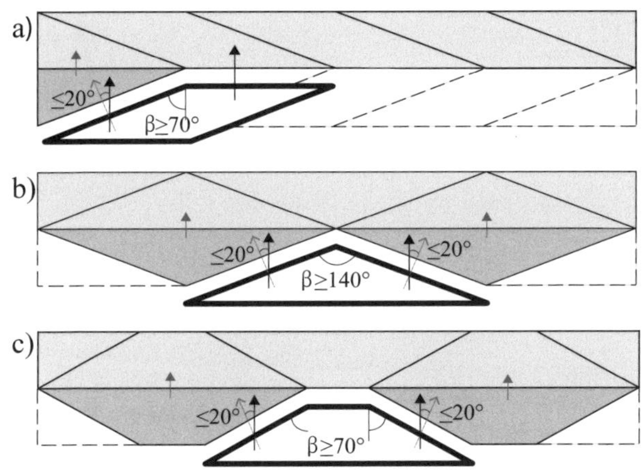

Ill. 3 Valeur minimum de l'angle d'apex, β, et valeur maximum pour la déviation du sens d'assemblage par rapport au plan perpendiculaire aux arêtes assemblées pour les formes **a)** rhomboïdales, **b)** anti-prismatiques et **c)** trapézoïdales

3.1 Contraintes d'attache

La technique de fixation intégrale choisie pour relier les panneaux impose un certain nombre de contraintes à prendre en compte lors de la conception de la géométrie des surfaces plissées. L'accessibilité aux outils robotisés a été une des principales contraintes étudiées : du fait du degré d'inclinaison limité des outils, l'angle dièdre entre les panneaux reliés, φ, ne peut être compris qu'entre 50° et 130°. Par ailleurs, du fait de la géométrie locale du raccord, l'assemblage orthogonal et non-orthogonal des éléments individuels impose aussi des restrictions particulières en matière de géométrie et de nombre d'arêtes de panneaux pouvant être reliées simultanément. L'assemblage simultané de plusieurs arêtes oblige à choisir le sens d'assemblage des panneaux à l'intersection de ce qu'on appelle les « fenêtres individuelles de rotation des arêtes ». Ces « fenêtres » représentent l'ensemble des sens d'assemblage possibles pour chaque arête. L'étendue de cette intersection dépend du nombre d'arêtes assemblées, des limites d'inclinaison des outils et de l'angle dièdre entre les plaques.[14] Pour rendre possible l'assemblage, autrement dit l'intersection des fenêtres de rotation correspondantes, la géométrie des panneaux doit être choisie de manière à ce que le sens final de l'assemblage ne dévie pas de plus de 20° du plan perpendiculaire à chaque arête assemblée (**ill. 3**).

3.2 Géométrie des structures

Pour chaque forme plissée, la géométrie des éléments de base a été conservée dans l'ensemble du système pour que la forme reste régulière. Les angles d'apex, β, ont été maintenus dans les limites imposées par les contraintes d'assemblage, soit un minimum de 70° pour les formes pliées rhomboïdales et trapézoïdales et de 140° pour la forme anti-prismatique (**ill. 3**). L'épaisseur des panneaux *t*, les largeurs des éléments *w* et l'angle dièdre φ, sont également restés invariables pour toutes les formes.

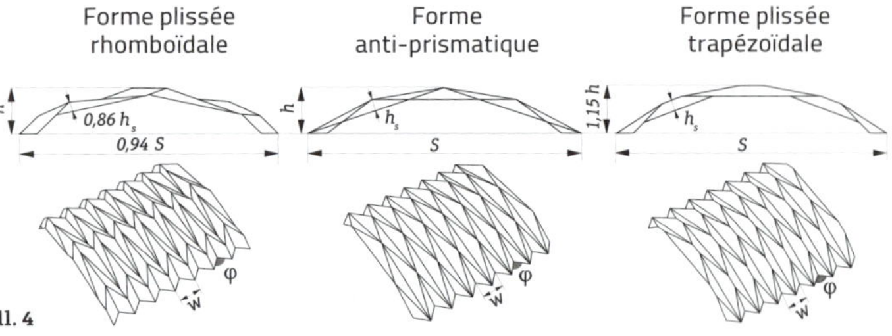

Ill. 4

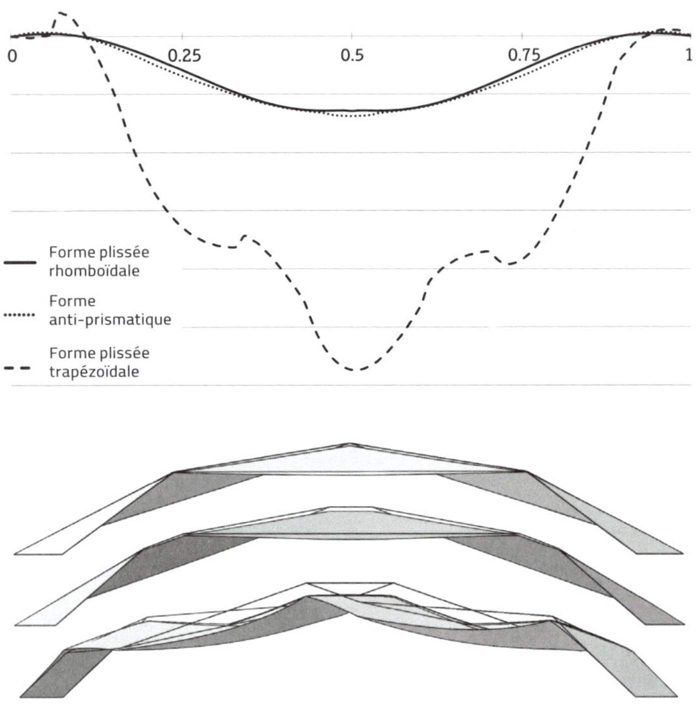

Ill. 5

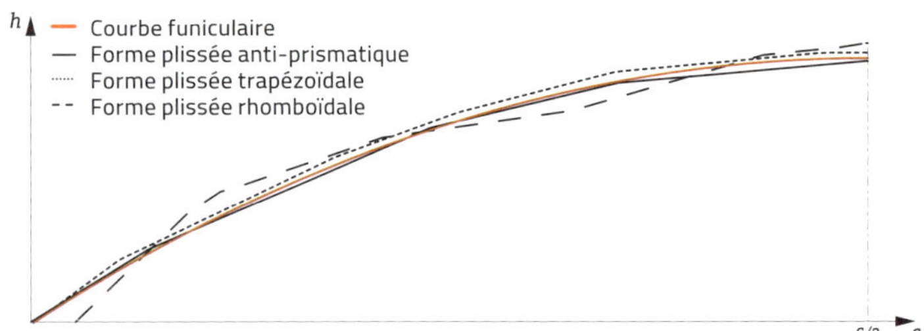

Ill. 6

Ill. 4 Coupe transversale et vue en perspective des trois structures étudiées

Ill. 5 Déplacements verticaux le long d'une portée normalisée (en haut) et superposition de l'état déformé et de l'état non déformé, avec un facteur d'échelle uniforme pour toutes les structures (en bas)

Ill. 6 Déviation de la ligne centrale de la forme plissée par rapport à la courbe funiculaire d'une coquille lisse analogue

Le nombre d'éléments individuels le long d'une section transversale, qui peuvent être utilisés pour se rapprocher d'une courbe donnée avec une hauteur statique et une portée maximales définies a été calculé d'après les formules suivantes :

$$n = \left[\frac{\psi_{tot}}{\cos^{-1}\left(\frac{R_{ext} - h_s}{R_{ext}} \right)} \right] \qquad \text{équ. 1}$$

$$\tilde{n} = \left[\frac{\psi_{tot}}{\cos^{-1}\left(\frac{R_{ext} - h_s}{R_{ext} - (h_s/2)} \right)} \right] \qquad \text{équ. 2}$$

$$n \geq \begin{cases} \tilde{n} & \textit{quand } \tilde{n} \textit{ est pair} \\ \tilde{n} + 1 & \textit{quand } \tilde{n} \textit{ est impair} \end{cases}$$

Où ψ_{tot} est l'angle central du segment circulaire examiné, R_{ext} est le rayon extérieur du cylindre creux approximatif et h_s est la hauteur statique. Pour les formes à base anti-prismatique et trapézoïdale, il y a un résultat unique pour un nombre requis d'éléments triangulaires entiers, non coupés **(équ. 1)**. D'autre part, pour les formes plissées à base de rhombe, le résultat est défini comme le minimum nécessaire. En outre, seul un nombre pair d'éléments est pris en considération. En effet, les nombres impairs produisent des segments d'extrémité d'orientations différentes, avec pour conséquence une différence de hauteur entre les appuis latéraux. Le résultat est donc arrondi au nombre pair le plus proche **(équ. 2)**. Avec les paramètres définis, nous avons obtenu trois segments pour la forme anti-prismatique et trapézoïdale et un minimum de six segments pour la forme rhomboïdale **(ill. 4)**. On notera que la même courbe d'une hauteur définie, obtenue en utilisant la forme rhomboïdale plissée, a induit une portée légèrement inférieure ainsi qu'une réduction de la hauteur statique maximale du système. Dans le cas de la forme à base trapézoïdale, la hauteur globale du système a dû être augmentée afin d'éviter la coupure des segments transversaux latéraux et les ondulations inutiles au niveau des appuis.

3.3 Analyse structurale

Les structures à surface plissée bidirectionnelles supportent la charge grâce à des actions d'étirement et de flexion combinées. L'importance de ces effets d'étirement et de flexion dépend de plusieurs facteurs : la forme globale de la structure, la rigidité des éléments de raccordement, les conditions d'appui et la configuration de la charge. L'action d'étirement, caractéristique d'une coque, résiste à la charge transversale externe par l'action de forces situées dans le plan. C'est un effet de la forme de coque globale des structures mais aussi de la position de chacune des plaques par rapport à la force opérante. Le comportement structural de ce type de plaque inclinée répond à deux mécanismes de résistance différents et à leurs combinaisons. D'abord, les mécanismes de plaques, où l'élément de la force opérante parallèle à la surface s'oppose à des forces situées dans le plan et ensuite les mécanismes de dalles, où l'élément de la force opérante perpendiculaire à la surface s'oppose à des moments de flexion et de torsion. Ce mécanisme de flexion locale des plaques constitue la composante flexurale de la résistance générale des structures à la charge.

La conversion d'une charge externe hors plan en une action d'étirement dans le plan est expliquée ci-dessous. La charge perpendiculaire à la plaque est transmise par flexion aux arêtes, où elle se diffuse dans les éléments situés dans les plans des plaques reliées. Quand ces forces dans le plan ne sont pas en équilibre, la force qui en résulte se propage aux plaques porteuses par un cisaillement dans le plan le long de certaines arêtes. L'intensité de ce cisaillement dans le plan dépend d'un certain nombre de facteurs, comme la régularité de l'angle dièdre entre la plaque concernée et ses plaques porteuses, la rigidité des plaques ainsi que le système de raccordement des arêtes et la nature de la charge.

Le comportement local en flexion des plaques dépend aussi de facteurs similaires. Toutefois, la valeur des moments de flexion causant la rotation des arêtes dépend en premier lieu de la rigidité rotationnelle du détail de raccordement.

Les trois structures obtenues ont été modélisées grâce à un logiciel d'analyse par éléments finis (ABAQUS) et leurs performances observées sous poids structurel propre. Nous en avons conclu que le comportement structural local du système et sa rigidité structurale globale dépendaient largement de la capacité des détails de raccordement à transférer les forces de cisaillement et les moments de flexion entre les plaques adjacentes. Nous avons décidé de modéliser le comportement semi-rigide réel des attaches comme s'il était complètement rigide. Cette simplification nous a permis d'obtenir des valeurs maximales pour les forces des arêtes de chaque forme plissée et de les comparer. En outre, les conditions limites ont été modélisées comme si elles étaient fixes, permettant donc une rotation mais aucun mouvement dans les trois directions. Les plaques ont été modélisées comme des éléments coque conventionnels et leur géométrie a été définie sur la surface de référence, qui correspond à la surface médiane de chaque plaque. Nous avons pu ainsi obtenir un continuum globalement tridimensionnel à partir de paramètres bidimensionnels car l'épaisseur de la plaque était faible par rapport à ses autres dimensions. Les propriétés matérielles des panneaux structuraux en lamibois, de 21 mm d'épaisseur, orthotropes, à comportement linéaire élastique simplifié, ont été intégrées au modèle avec des valeurs conformes au VTT n° 184.[15]

La figure 5 montre des déplacements verticaux le long d'une portée normalisée de la section transversale médiane des structures observées. La superposition de la forme des structures déformées et non déformées, avec un facteur d'échelle uniforme pour les trois formes, est montrée ci-dessous. C'est la structure à base anti-prismatique qui présentait les déplacements verticaux les plus faibles sous charge statique. Le rapport entre les valeurs obtenues pour les deux autres structures observées et la forme anti-prismatique était d'environ 1,5 pour la structure trapézoïdale et atteignait 3,5 pour la structure rhomboïdale. Des écarts de valeurs encore plus grands ont été constatés pour les moments de flexion touchant chacune des arêtes. Le rapport entre la structure à base rhomboïdale et la structure anti-prismatique s'élevait à 5. Avec un rapport de 3 : 1 par rapport aux valeurs de la structure anti-prismatique, c'est la structure à base rhomboïdale qui présentait les valeurs de forces de cisaillement les plus élevées.

Le rapport entre la structure trapézoïdale et la structure anti-prismatique était pratiquement égal à 1 : 3. En comparant la structure rhomboïdale avec les deux autres structures, nous avons pu constater une nette différence dans la distribution des forces de cisaillement. Si ces dernières apparaissent sur toutes les arêtes de la structure rhomboïdale, sur la structure anti-prismatique et sur la structure trapézoïdale, elles ne sont présentes que sur les arêtes qui ne sont pas parallèles à l'axe principal de la structure. La structure trapézoïdale a des arêtes plus courtes que la structure anti-prismatique. Cela explique l'augmentation du cisaillement mentionnée plus haut.

L'analyse ici présentée nous a permis de conclure que le choix de la forme plissée influence considérablement les exigences de portance des liaisons entre arêtes et que la semi-rigidité du raccord joue certainement un rôle important dans le comportement des systèmes en question. On constate par ailleurs que la structure à surface plissée affiche ses meilleures performances structurales quand la charge externe s'oppose surtout à la résistance de l'action d'étirement caractéristique d'une coque. Pour obtenir ce résultat, il faut choisir une forme se rapprochant au maximum d'un segment de cylindre creux, c'est-à-dire une coque lisse. Dans cet objectif, on compare la ligne centrale de chaque section transversale plissée avec la courbe funiculaire d'une coque lisse. On constate alors que la ligne centrale de la forme anti-prismatique est celle qui se rapproche le plus de la solution funiculaire (ill. 6). L'importance de l'action de flexion produite pour résister à la charge dépend du degré de déviation de la forme plissée par rapport à la courbe funiculaire. L'écart considérable qui apparaît entre la forme rhomboïdale et les deux autres structures est dû à leur différence topologique fondamentale. La forme rhomboïdale se compose de faces quadrilatérales dont les sommets se trouvent alternativement à l'intérieur et à l'extérieur de la surface du cylindre creux. Autrement dit, la distance entre ces deux surfaces est égale à la hauteur statique maximum du système. En revanche, les formes anti-prismatique et trapézoïdale se composent de faces dont tous les sommets se trouvent sur la surface externe. Cette différence topologique permet une répartition plus homogène de la hauteur structurale des deux dernières formes le long de la section transversale et assure par conséquent une rigidité d'ensemble supérieure.

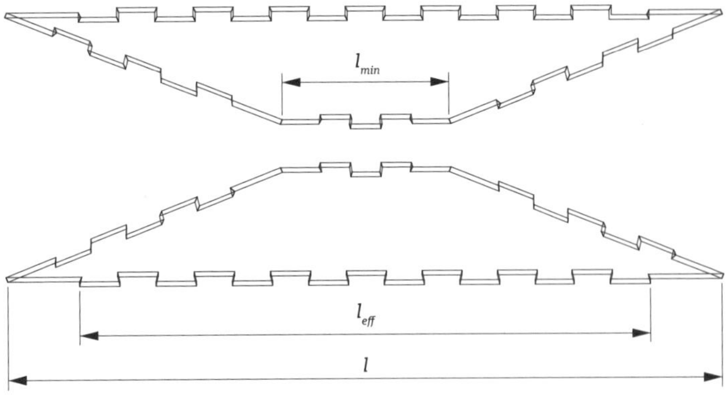

Ill. 7

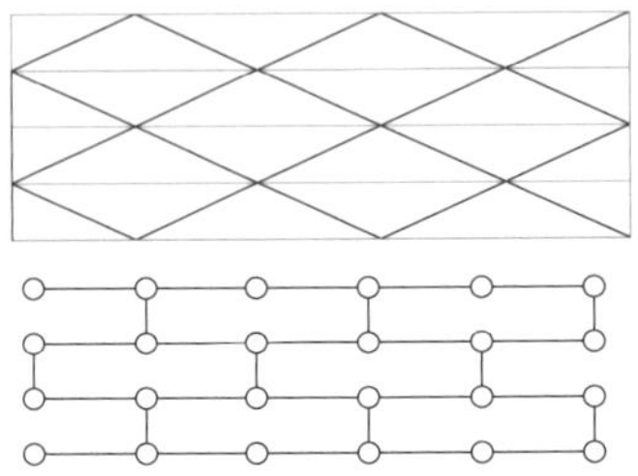

Ill. 8 a

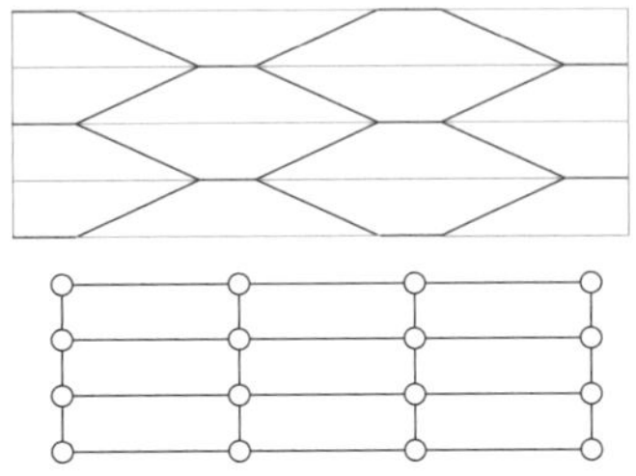

Ill. 8 b

Ill. 7 Détail de raccordement sur un assemblage de deux panneaux

Ill. 8 Fixation bord-à-bord entre les faces a) d'une forme pliée anti-prismatique et b) la version trapézoïdale isocèle

Ill. 9 Prototype à surface plissée en bois

Ill. 10 Courbe de déplacement de charge obtenue lors du test de charge

4 Observations sur un prototype de structure

Un prototype a été construit pour étudier le comportement sous charge des structures à surfaces plissées en bois. Les tests ont permis de recueillir un premier ensemble de résultats sur la fabrication et l'assemblage des éléments constitutifs de la structure. Nous avons utilisé des fixations mécaniques intégrales pour les raccords, dont la géométrie a été conçue à partir de certains exemples existants.[16,17,18] Concernant le matériau, deux types de bois d'ingénierie ont été étudiés: le Kerto-Q, un lamibois (LVL) structurel et les panneaux en contreplaqué lamellé-croisé (CLT). Nous avons remarqué que les contreplaqués stratifiés obtenus par déroulage, plus homogènes et d'une meilleure résistance mécanique, présentaient des avantages particuliers par rapport aux panneaux CLT. D'abord, ils permettent de réaliser des sections transversales beaucoup plus fines et donc des structures plus légères. Ensuite, un grave défaut a été découvert avec le CLT lors du fraisage des arêtes de panneaux. Les panneaux CLT sont constitués de plusieurs couches de planches de bois longitudinales non collées les unes aux autres sur les côtés. Selon l'angle de l'attache par rapport à l'orientation des panneaux multicouches, des éléments importants de l'attache risquent tout simplement de se détacher après usinage. Lors de la conception du prototype, nous avons rapidement identifié un autre problème lié à l'utilisation de fixations mécaniques intégrales. Du fait de la géométrie particulière des attaches, la longueur effective de raccordement de chaque arête est toujours plus courte que sa longueur totale. Cela peut poser un problème quand on essaie de raccorder efficacement un certain nombre d'éléments plats convergeant vers un sommet. Pour réduire le nombre de sommets, le prototype a été conçu à partir de la forme pliée trapézoïdale isocèle (valence des sommets = 4) plutôt qu'à partir de la forme anti-prismatique (valence des sommets = 6).

La longueur minimum des arêtes de l'élément trapézoïdal a été réduite afin d'assurer une liaison minimum entre les panneaux et de placer au moins une cheville sur chaque arête adjacente des plaques (ill. 7). Nous avons ainsi identifié un autre avantage de la forme plissée à base trapézoïdale: elle permet des liaisons bord-à-bord entre chacun des éléments répartis sur la portée et l'élément voisin de la corde transversale (ill. 8b). En revanche, le triangle isocèle ne permet d'effectuer une liaison que sur un élément sur deux (ill. 8a). Ajoutons qu'en utilisant des trapèzes isocèles, on peut obtenir une portée supérieure avec le même nombre d'éléments répartis le long d'une section transversale.

Ill. 9

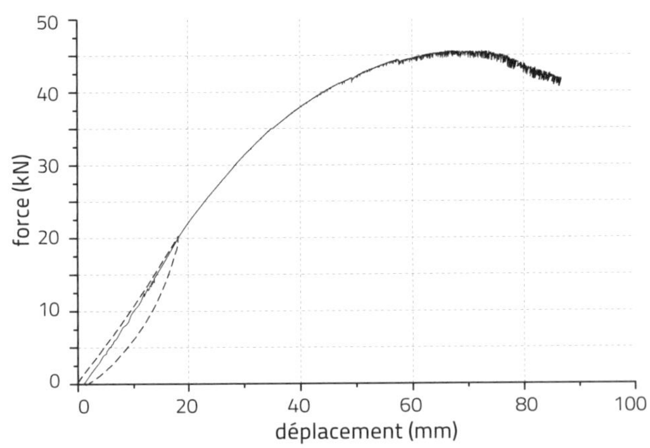

Ill. 10

Grâce au logiciel Rhino et à l'interface de programmation applicative Python, nous avons mis au point un outil de calcul qui génère instantanément à la fois la géométrie des composants individuels et le code d'usinage G nécessaire à la fabrication. Forts de cette liberté géométrique, nous avons testé notre outil de calcul avec un prototype de surface plissée à double courbure dont la courbe transversale est alternativement convexe et concave (ill. 9). La structure, construite avec des panneaux en lamibois (LVL) structurel Kerto-Q de 21 mm d'épaisseur (7-layer, I-III-I), avait une portée de trois mètres. Son poids total ne s'élevait qu'à 192 kg. Des conditions limites restreignant les déplacements transversaux des appuis ont été appliquées sur les deux côtés. Pour ce faire, nous avons fabriqué des appuis latéraux en bois fonctionnant par complémentarité de forme. Ils permettent de redresser les arêtes afin de placer deux larges blocs de béton de chaque côté de la structure. Une charge linéaire longitudinale a été progressivement introduite à travers la pression exercée sur une poutre horizontale en acier placée au sommet de la structure. Des déplacements verticaux ont été mesurés au point central de la section transversale. La figure 10 montre la courbe de déplacement de charge obtenue lors du test. La ligne en pointillés représente le premier cycle de charge appliquée, où la charge maximale atteignait la limite proportionnelle approximative de la courbe.

On constate que la charge de 20 kN correspond à un déplacement vertical de 18 mm. Ensuite, une charge a été appliquée jusqu'à la rupture de la structure, démontrant l'efficacité structurale élevée (rapport charge maximale/poids propre de la structure) du prototype testé, qui a atteint 23,44 pour une charge de 45 kN.

La rupture de la structure s'est produite au niveau du raccordement quand la rotation hors plan des arêtes les plus proches de la charge linéaire appliquée a dépassé les capacités de l'attache. Ce mode de défaillance était un signe que les attaches utilisées pouvaient offrir une certaine ductilité au système à surface plissée constitué d'éléments en bois tendre. Pour évaluer la ductilité globale de la structure et l'influence de la semi-rigidité de l'attache, le prototype a été modélisé par le logiciel d'analyse EF avec des attaches complètement rigides, comme expliqué au chap. 3.3. La charge a été appliquée comme dans le test jusqu'à 20 kN. Elle a créé un déplacement vertical de 2 mm. Ainsi, l'introduction de raccords semi-rigides a une influence significative sur le comportement structural général. Elle est susceptible d'apporter une ductilité profitable aux structures à surface plissée en bois sous charge. Toutefois, des études supplémentaires sont nécessaires pour en quantifier précisément les effets.

5 Conclusion

Le prototype présenté ici a mis en évidence qu'on pouvait réaliser une structure très légère avec un rapport poids/surface de seulement 11,5 kg/m². Il a combiné avec succès les avantages structuraux des panneaux de bois avec l'efficacité des plaques plissées tout en respectant les contraintes des fixations mécaniques intégrées. Il a par ailleurs prouvé la grande capacité structurale de la forme plissée choisie et validé les méthodes de fabrication et d'assemblage utilisées. Les liaisons physiques doivent encore faire l'objet de recherches supplémentaires. Leur comportement mécanique et leur portance restent à confirmer. Quoi qu'il en soit, les systèmes structuraux à panneaux de bois proposés révèlent un grand potentiel structural et pourront jouer un grand rôle dans la réalisation de ces structures à l'échelle d'un bâtiment.

Références

1 Sedlak, V., « Folded surface structures », *Architectural science review*, 1978, 21(3), p. 58–59.

2 Buri, H. U., *Origami-Folded Plate Structures*, thèse de doctorat, EPF Lausanne, 2010.

3 Schineis, R., « Gefalteter Klangkörper Musikprobensaal Thannhausen (Thannhausen Rehearsal Room) », in *10. Internationales Holzbau Forum*, Forum-Holzbau, CH-Biel, Garmisch-Partenkirchen, 2004.

4 Voir note 2. 5 EN 1995-1-1. Eurocode

5 *Design of timber structures – part 1-1: general-common rules and rules for buildings*, Comité européen de standardisation, Bruxelles, 2004.

6 La Magna, R. et al., « From nature to fabrication : Biomimetic design principles for the production of complex spatial structures », *International Journal of Space Structures*, 2013, 28(1), p. 27–40.

7 Robeller, C., Stitic, A., Mayencourt, P. et Weinand, Y., « Interlocking folded plate, integrated mechanical attachment for structural timber panels », in Block, P., Knippers J., Mitra N. J., et Wang W. (éd.), *Advances in architectural geometry 2014 : Proceedings of the AAG'14 Conference*, Springer, Londres, 2014, p. 281–294.

8 Ibid.

9 Botsch, M. et al., *Polygon Mesh Processing*, AK Peters, 2010.

10 Trautz, M. et Herkrath, R., « The application of folded plate principles on spatial structures with regular, irregular and free-form geometries », in Domingo, A. et Lazaro, C. (éd.), *International Association for Shell and Spatial Structures : Proceedings of the IASS Symposium on Evolution and Trends in Design, Analysis and Construction of Shell and Spatial Structures*, Valence, 2009.

11 Frostick, P., « Antiprism Based Form Possibilities for Folded Surface Structures. », *Architectural science review*, 1978, 21(3), p. 59–67.

12 Huybers, P., *See-through structuring : A method of construction for large span plastic roofs*, thèse de doctorat, TU Delft, 1972.

13 Bechthold, M., *Innovative Surface Structures : Technology and Applications*, Taylor et Francis, 2008.

14 Mattoni, G., *Folded Plate Structure – Design and Analysis of Woodworking Joints for Structural Timber Panels*, thèse de master, ENCP et EPFL, 2014.

15 « VTT certificate for structural laminated veneer lumber », n° 184–03, 24 mars 2009, organisme de certification (S017, EN 45011) accrédité par FINAS.

16 Voir note 6.

17 Voir note 14.

18 Roche, S., Robeller, C., Humbert, L. et Weinand, Y., « On the semi-rigidity of dovetail joint for the joinery of LVL panels », *European Journal of Wood and Wood Products*, 2015.

Article publié dans *International Journal of Space Structures*, vol. 30, n° 2, 2015.

1.3

« La recherche doit conduire à la réalisation d'un produit »

Entretien entre Ueli Brauen (Brauen & Wälchli Architectes, Lausanne) et Yves Weinand
21 avril 2015

Yves Weinand: Commençons par un retour sur l'histoire de l'IBOIS, que vous connaissez bien. Lorsque j'ai été nommé directeur du laboratoire, nous avons commencé par mettre l'accent sur l'architecture et la création de formes. Les premières thèses de Hans Ulrich Buri[1] et d'Ivo Stotz[2] traitaient de la création de formes globales. Dans sa thèse « Structures pliées en origami », Hans Ulrich Buri traite des structures plissées. Il a mis en place un outil qui permettait d'en créer tout en respectant un certain nombre de contraintes géométriques. C'est un travail intuitif, inspiré de l'art japonais du pliage.
Ce travail très graphique est une illustration de la grande variété de géométries utilisables pour créer des structures plissées. Mais cette approche reste purement géométrique, les questions d'optimisation mécanique ou structurale ne sont pas abordées. Ensuite, avec la thèse de l'architecte Christopher Robeller[3], nous nous sommes intéressés aux assemblages bois-bois. Les structures plissées que nous avions étudiées auparavant étaient très rigides. Or, lors des tests de rupture, ce sont les assemblages ou les raccordements des panneaux qui sont les premiers à céder. Tant que nous continuerons à travailler avec des panneaux minces, il ne sera pas possible de respecter les normes existantes puisqu'il faut respecter des distances minimums entre l'axe de la vis et le bord du panneau.[4] La question des raccords est donc d'un grand intérêt pour nous. Dans le cadre de sa thèse, l'ingénieure en génie civil Andrea Stitic s'est intéressée à la typologie des formes. Ses recherches portent sur l'intégration des joints et des raccordements tout en prenant en compte les contraintes de fabrication. Elle a su mettre au point des modèles de calcul qui tiennent compte de la rigidité élastique des assemblages bois-bois. Elle s'intéresse à la typologie des formes, chose peu fréquente chez les ingénieurs. Cette démarche relève à la fois du génie civil et de l'architecture. En termes d'innovation, l'ingénieur peut largement contribuer à l'évaluation d'une forme globale. D'où ma première question : quel est, selon vous, le potentiel des structures plissées ? Pensez-vous qu'elles pourraient être utilisées pour d'autres bâtiments que des pavillons ?

Ueli Brauen : Je voudrais commencer par parler de vos recherches et rappeler comment vous en êtes venu à travailler sur les structures plissées. Vous avez une formation en ingénierie et en architecture. Hans Ulrich Buri a entrepris ces premières recherches sur les structures plissées en tant qu'architecte. Prendre un élément comme le pli – dont tout le monde est familier – comme objet de recherche est très intéressant d'un point de vue architectural. Cela ouvre de nouveaux horizons. À un moment donné, l'ingénieur intervient et entreprend des recherches à un niveau structural et mathématique pour appréhender les formes et déterminer leur potentiel structural. Je ne suis pas étonné qu'on vous trouve « insolite ». Il y a pléthore de spécialistes qui sont très compétents uniquement dans leur domaine.
Le grand défi tient dans la capacité à voir les liens entre les différents domaines. Ce qui est vraiment intéressant dans vos recherches, c'est qu'elles associent la culture de l'architecture avec celle de l'ingénierie.
La démarche architecturale est très prégnante dans votre travail. Quand vous travaillez sur une forme, il faut qu'elle soit pure. Cela vaut également pour l'ensemble de la structure. Vous vous intéressez aux assemblages bois-bois qui ne nécessitent aucun autre matériau de fixation. C'est votre sens de l'esthétique et de l'élégance qui s'exprime. L'intérêt de vos recherches ne serait pas le même si vous n'aviez qu'une formation d'ingénieur. Pour moi, il est clair qu'il vous faudra du temps pour parvenir à combiner les exigences statiques et fonctionnelles avec les exigences de forme (qu'il s'agisse de plis ou d'assemblages). Soit vous réussirez à trouver une structure avec des fonctions étendues qui convaincra par sa forme, soit vous trouverez une forme qui convaincra pas sa construction. Pour cette dernière, le facteur prix sera déterminant. Un système peut être intéressant à une certaine échelle mais ne plus l'être à une autre. Chaque structure a son échelle optimale. Vous rêvez de grandes structures plissées, comme celles

de la chapelle Saint-Loup. Cette augmentation d'échelle, qui va de pair avec le besoin de rigidité, sera un défi difficile à relever.

Y. W. : Nous ne parlons pas ici de mégastructures, mais de structures d'une étendue de 40 à 45 mètres. Une structure plissée pourrait être suffisamment solide pour un bâtiment de la taille d'un centre sportif, comme celui d'Yverdon.[5] Nous avons remarqué – et ce fut également le cas pour le Centre sportif des Isles d'Yverdon – que lorsque l'épaisseur du bois devient trop importante, les coûts explosent. Nous avons par conséquent reconsidéré le projet et conçu une structure hybride : une poutre en treillis renforcée par un panneau continu. C'est pour cette raison que nous aimerions résoudre le problème des assemblages et, ce faisant, celui du coût. Mais en 2006–2007, à l'époque du projet d'Yverdon, nos recherches n'étaient pas suffisamment avancées pour cela.

U. B. : Et aujourd'hui, avez-vous trouvé une solution moins coûteuse qui fonctionne ?

Y. W. : La réponse doit être nuancée. Nous n'arrivons toujours pas à convaincre les entreprises de s'ouvrir entièrement à la production automatisée et donc à réduire les coûts de production des structures plissées. Mais comme le bois est de plus en plus utilisé dans le bâtiment, de plus en plus d'entreprises se spécialisent dans la construction bois et la situation pourrait changer. Le plus souvent, les sociétés facturent la coupe en fonction du nombre de panneaux plutôt qu'en comptant les heures de fonctionnement des machines. Si l'on considère le coût des panneaux et le coût du temps de travail, alors oui, je pense que les coûts de production peuvent être réduits. Donc, pour répondre à votre question, oui il existe une solution moins chère, mais à condition de produire en interne. Malheureusement, à ce jour, nous n'avons pas encore trouvé d'entreprise prête à produire à un coût inférieur.

U. B. : Oui, en fait elles protègent leur marché. Elles n'ont pas besoin d'aller plus loin, puisque de toute façon la demande est là. Le lamellé-collé est efficace et automatisé. Je crois que nous avons tout à gagner à susciter l'intérêt d'une entreprise qui développerait le pliage et l'assemblage avec vous et qui, à l'avenir, réaliserait un retour sur investissement. Mais je pense aussi que l'assemblage bois-bois pourrait être très intéressant pour les bâtiments résidentiels, pour des raisons à la fois économiques et écologiques (pas de colle, pas d'éléments ou de matériaux ajoutés). L'utilisation d'éléments préfabriqués faciliterait grandement l'assemblage et le démontage. Il y a là un formidable potentiel.

Y. W. : Je suis fasciné par l'architecture vernaculaire. Je participe à un projet d'aéroport de drones en Afrique, qui comprend deux volets : l'un médical, l'autre commercial. La coupole construite sur pilotis fait environ 15 × 50 mètres. Elle doit abriter les drones. J'ai proposé de fournir des données d'outils exhaustives aux gens sur place, qui pourront alors utiliser des dérivés du bois local pour la production. J'ai toujours aimé les angles très marqués, les motifs reproduits de manière très répétitive qu'on trouve souvent sur les tapis africains. En transférant nos techniques de coupe en Afrique, adaptables localement, l'expression architecturale pourrait trouver son modèle local. Il ne s'agit pas d'imposer ici notre conception de la modernité. Au contraire, nous voulons transférer un outil qui permette de trouver des solutions adaptées ou spécifiques à partir du contexte culturel, en tenant compte des essences d'arbres disponibles ainsi que de l'architecture locale. Nous pourrions créer des sections de colonnes avec des angles aigus, d'environ 15 mètres de haut, en utilisant des raccords simplement clipsés. Et ce, grâce à l'utilisation sur site d'une machine de découpe automatique (CNC). Aujourd'hui, d'un point de vue architectural, la mise en œuvre des détails de construction est devenue difficile à cause de la multiplicité des niveaux de construction. Les raccordements ne sont plus représentés à grande échelle, comme c'était le cas par le passé. J'ai l'impression que le développement des raccords bois-bois, tel que nous le pratiquons, représente un retour aux fondamentaux.

U. B. : L'attention aux détails existe toujours aujourd'hui, mais dans des bâtiments spécifiques, où l'on investit de l'argent pour des raisons culturelles ou symboliques. Mais dans la plupart des réalisations architecturales, le détail technique se doit d'être efficace, c'est-à-dire économique et durable. La valeur esthétique a peu d'importance. Nous avons beaucoup à apprendre aujourd'hui des artisans. Le souci du détail est quelque chose d'important. En termes de performance, de coûts et de durabilité, il est même primordial. Je comprends qu'en tant qu'architecte, vous soyez à la recherche d'une forme définie, reflétée par l'élégance de l'assemblage. Mais en Afrique, utiliser un drone et le faire fonctionner est de loin plus important que le bâtiment qui l'abrite. Dans ce cas précis, je ne parlerais pas de l'idée de forme comme d'une valeur culturelle. Cela donne l'impression qu'un surcoût est généré pour quelque chose de superflu. En tout cas, la forme évolue avec le temps. L'aqueduc romain est une construction cent pour cent utilitaire, dédiée au transport de l'eau. Aujourd'hui, la plupart des gens éprouvent de l'affection pour ces formes, dans la mesure où l'arc nous est devenu quelque chose de familier. À mes yeux, un pylône de ligne à haute tension a la même valeur esthétique, mais sa structure n'émeut personne parce que nous n'avons pas encore adopté sa forme comme une valeur culturelle. L'architecture doit aller de soi pour l'utilisateur. Il est essentiel d'en arriver à cette évidence et d'être en prise avec la culture collective de l'utilisateur.

Y. W. : Les détails de construction peuvent-ils reprendre une valeur culturelle ? Dans certains cas, le détail architectural revêt une importance particulière. Mais dans l'architecture ordinaire – comme vous l'avez fort bien exposé – c'est rarement le cas. Pour moi, le détail de construction a un rôle essentiel à jouer dans l'expression architecturale. Sa mise en œuvre devrait être un enjeu prioritaire. Cela a été le cas et ça l'est encore pour l'architecture au Japon, ou pour des architectes comme Mies van der Rohe.

U. B. : En effet, ce serait formidable. Mais il y a d'autres exemples, comme celui d'Apple, où tout a été le fait d'un seul homme qui avait une sensibilité esthétique, un extraordinaire sens du détail et un don pour les affaires. C'était la première fois qu'on essayait d'adapter les machines aux humains. Autrement dit, la culture commune des humains permettait désormais l'utilisation instantanée d'une machine complexe. Pour moi, l'architecture doit inspirer cette même confiance ; il faut trouver le point d'entrée le plus évident et, une fois qu'on y sera parvenu, savoir immédiatement quelle direction prendre. J'espère que le souci du détail se développera avec ce même sens d'évidence fonctionnelle.

Y. W. : Nous avons récemment présenté notre travail à Francfort[6], où nous avons été contactés par la revue d'architecture DETAIL. Ils voulaient que nous mettions l'accent sur les détails de construction, tout en exposant et en expliquant la structure dans sa globalité. D'ailleurs, nous préparons actuellement un livre dans lequel nous présentons le détail dans sa relation avec la forme complète.

U. B. : J'admire le travail que vous faites depuis des années avec les moyens d'ingénieur qui sont les vôtres, les mathématiques et les outils. J'ai l'impression qu'à l'IBOIS, vous êtes sur une sorte de terrain de jeu où vous avez la possibilité d'explorer les propriétés et le potentiel de vos « jouets ».

Y. W. : Nous travaillons toujours sur des programmes très spécifiques, mais je ne sais pas bien comment nous pourrions passer à des applications plus généralistes.

U. B. : Il faut reconnaître que vous êtes engagés dans la recherche fondamentale, et non dans celle du profit. Il est important de partir de la recherche fondamentale pour aboutir un jour à un produit, dont le résultat n'aura pas été déformé par les contraintes économiques ou politiques. Vous êtes libres, comme le sont vos recherches, et il est normal que cela prenne du temps. J'aime travailler et rêver avec vous. J'apprécie votre savoir et votre aspiration à une architecture pure et élégante, chose de plus en plus rare de nos jours.

Y. W. : En fin de compte, quelque chose me dit que nous devrions concevoir des bâtiments de plus grande taille pour être convaincants. Je m'efforce activement de construire à plus grande échelle mais, pour ce faire, il nous faut créer des partenariats avec l'industrie. Nous avons la possibilité de poursuivre nos recherches dans le cadre d'un PRN[7]. Cela nous permet de passer à la recherche appliquée, avec le soutien financier du FNS[8], et de collaborer avec des partenaires industriels.

Références

1 Buri, H. U., Origami – Folded Plate Structures, thèse n° 4714, EPFL, Lausanne, 2010.

2 Stotz, I., Iterative geometric design for architecture, thèse n° 4572, EPFL, Lausanne, 2009.

3 Robeller, C., Integral Mechanical Attachment for Timber Folded Plate Structures, thèse n° 6564, EPFL, Lausanne, 2015.

4 EN 1995–1-1 : 2004+A1, Eurocode 5 Design of Timber Structures.

5 Centre sportif des Isles, Yverdon-les-Bains ; architectes : Brauen & Wälchli et Yves Weinand ; ingénieurs : Bureau d'études Weinand ; client : ville d'Yverdon-les-Bains ; concours : 1991 ; projet : 2006–2009 ; dates de mise en œuvre : 2010–2011.

6 Advancing Wood of Architecture, Deutsches Architekturmuseum, Francfort, 27.03.2015.

7 Pôle de recherche national spécialisé en fabrication numérique (PRN). Les Pôles de recherche nationaux – PRN – sont des outils de recherche du Fonds National Suisse de la Recherche scientifique. Ils apportent leur soutien à des projets de recherche à long terme dans des domaines d'importance stratégique pour l'avenir de la science, de l'économie et de la société suisses (http://www.dfab.ch)

8 FNS/SNF Fonds National Suisse de la Recherche scientifique (www.snf.ch)

1.4

La chapelle des diaconesses de Saint-Loup à Pompaples (Suisse)

Marielle Savoyat

Conception	**Localarchitecture / Danilo Mondada et SHEL Architecture, Engineering and Production Design**
Maître d'ouvrage	**Institut des diaconesses de Saint-Loup, 1318 Pompaples, Suisse. Contact : sœur Marianne Morel**
Achèvement	**2008**
Lieu	**Pompaples, Suisse**

Durant l'été 2007, les diaconesses de Saint-Loup ont organisé un concours pour la rénovation des bâtiments qu'elles occupent à Pompaples. Une chapelle en bois tout en plis a alors été réalisée en 2008. Conçu comme lieu d'accueil temporaire (la chapelle originale située dans l'un des bâtiments des diaconesses ne devant être à nouveau accessible que début 2010), cet espace innovant a pourtant été pleinement adopté par les sœurs qui ont tenu à conserver leur chapelle en bois, même après l'achèvement des travaux de rénovation. Ce lieu de culte éphémère, mais chaleureux et accueillant, construit à partir de matériaux de grande qualité et de surcroît peu coûteux, s'est imposé comme solution privilégiée. Cette structure innovante a été créée en collaboration avec le Laboratoire de construction en bois (IBOIS) de l'École polytechnique fédérale de Lausanne (EPFL). Composée de panneaux de bois contrecollés, elle s'appuie sur les recherches entreprises par Hans Ulrich Buri et Yves Weinand sur les structures en bois plissées inspirées de l'origami, l'art japonais du papier plié. L'audace des sœurs a été récompensée : la cha-

Ill. 1 Détail

Ill. 2 Panneaux de structure vus de l'intérieur ; échelle 1 : 20

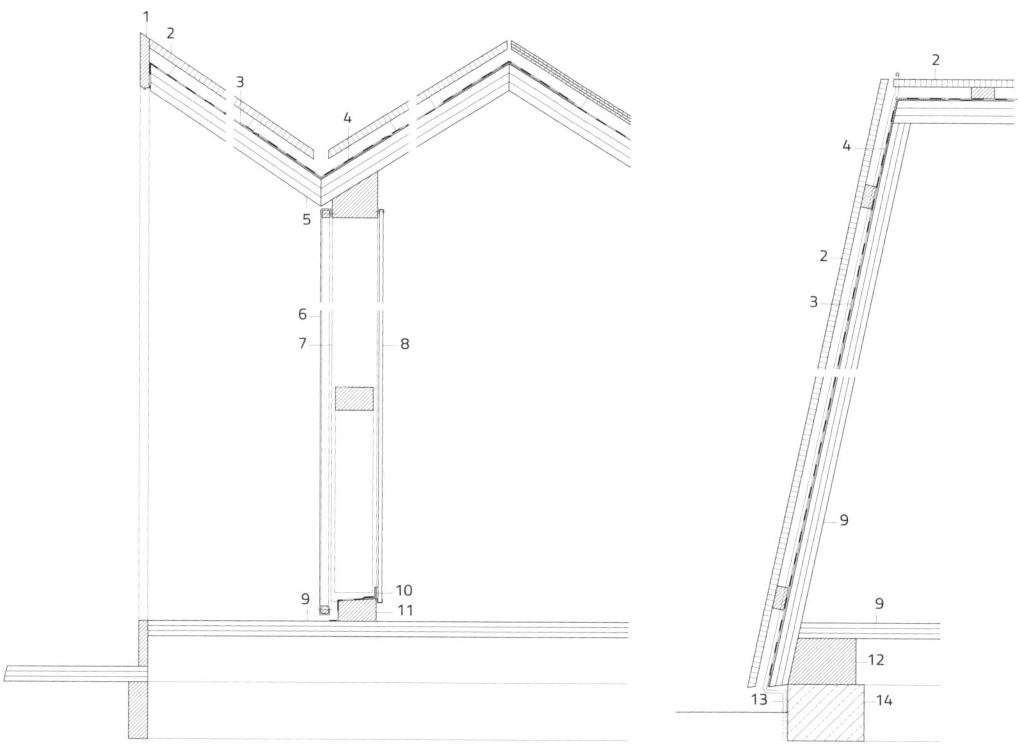

Ill. 1

1 planche de protection de 24 mm en pin
2 panneau trois plis 20 mm gris vieilli, vissé sur des écarteurs en pin de 30/60 mm
3 membrane d'étanchéité bitumineuse
4 plaque d'acier chanfreinée de 2 mm
5 panneau bois contrecollé 60 mm, face extérieure finition industrielle, face intérieure finition brute
6 textile tendu sur cadre de lattes en bois 20/20 mm
7 poteau en pin 60/120 mm
8 entretoise en polycarbonate 10 mm dans profilé aluminium 10 mm
9 panneau bois contrecollé 40 mm
10 raccord d'angle en aluminium 30/30 mm
11 tasseau en pin 100/60 mm
12 lambourde
13 paratonnerre en cuivre Ø 8 mm
14 bloc de béton 200/150 mm

Ill. 2

Ill. 3

Ill. 3 Jeux de plis et d'ombres sur la façade latérale
Ill. 4 L'entrée, habillée de panneaux translucides
Ill. 5 La construction dans son environnement rural

Ill. 4

Ill. 5

pelle en bois n'a au final pas coûté plus cher que la location d'une structure provisoire.

Hans Ulrich Buri, chercheur à l'IBOIS, a conçu un outil numérique permettant de créer des géométries inspirées de l'art du pliage. SHEL a analysé le comportement structurel et fourni les plans de construction. Grâce à cette invention, la chapelle a été réalisée en un temps record de deux mois. Auparavant, seuls des prototypes à petite échelle avaient été réalisés à l'IBOIS.

La structure est une application du principe selon lequel une surface mince devient plus rigide lorsqu'elle est pliée. L'enveloppe de la chapelle, qui est aussi sa structure porteuse, a pu être construite à partir de larges panneaux en bois et non à partir d'une structure poteaux-poutres. Cette technique a été rendue possible grâce aux avancées de l'industrie du bois : il est désormais possible de fabriquer sans surcoûts des panneaux massifs de forme irrégulière, avec des dimensions différentes d'une pièce à l'autre. Les panneaux sont découpés à l'aide d'une machine à commande numérique respectant précisément les dessins 3D, permettant de réaliser des formes extrêmement complexes. Dans le cas de la chapelle de Saint-Loup, tous les éléments ont des formes différentes, qu'il s'agisse des panneaux massifs trois couches de 45 mm d'épaisseur des murs ou des panneaux de 60 mm de la toiture en épicéa. Les panneaux ont été simplement assemblés par des plaques de métal perforées et maintenus à leur place par des vis, avant d'être recouverts d'un lé d'étanchéité bitumineux et revêtus de panneaux trois couches. Détail important : une arête sur deux est verticale, ce qui facilite l'assemblage sur site. Les panneaux horizontaux sont agencés de manière à laisser les eaux pluviales s'écouler de part et d'autre de la toiture. Les deux façades à pignon, composées d'une membrane textile tendue sur une ossature de bois à dessins diagonaux, rappellent la structure des vitraux et laissent la lumière naturelle entrer dans la chapelle.

La cohérence entre forme et structure et le choix du bois comme matériau de construction donnent à ce lieu une sérénité exceptionnelle et soulignent sa grande qualité architecturale.

Ill. 6

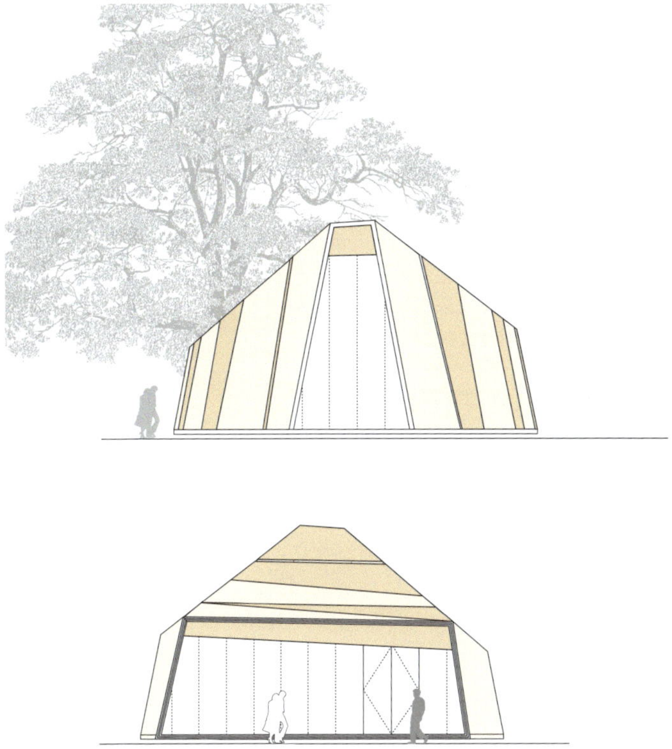

Ill. 7

Ill. 6 Vue de l'autel

Ill. 7 Élévations

Ill. 8 Plan et coupe, échelle 1 : 250

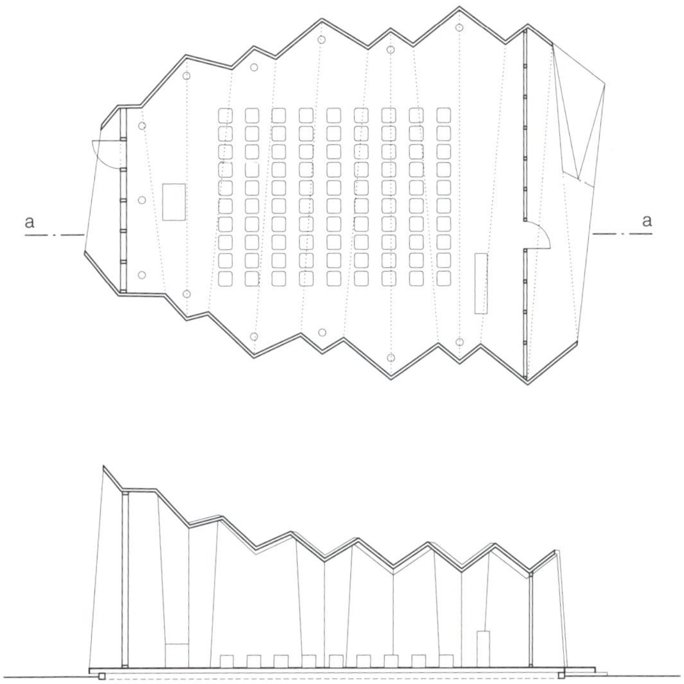

Ill. 8

2 **Géométries modernes en architecture**

2.1

Structures à surface porteuse discrétisées de formes régulières ou fractales

Yves Weinand

Nous avons montré au chapitre précédent comment le pliage augmentait la rigidité d'ensemble d'une géométrie. L'« outil origami » crée des plis tout en respectant la condition suivante : la géométrie et le pliage obtenus peuvent toujours être ramenés à une surface plane. Le projet présenté ci-après prévoit d'intégrer des plis à des surfaces libres.

On sait que les constructions en coques ont un très bon comportement sous poids propre et charges verticales. En effet, ces forces sont reprises comme forces de membranes et ne produisent pas de flexion dans les coques (à l'exception des points d'appui). Mais on sait aussi que les charges horizontales, produites par exemple par les vents ou les séismes, entraînent sur la coque des efforts de flexion plus difficiles à absorber. Dans l'histoire de l'ingénierie en bâtiment, on a surtout proposé des surfaces standardisées pour les constructions en coques. Certaines réalisations de Félix Candela et Eduardo Torroja en sont des exemples célèbres. Pier Luigi Nervi a lui aussi intégré des plis dans des surfaces standardisées. Les plis permettent à ces dernières de mieux répondre aux sollicitations horizontales et asymétriques, tout en laissant entrer la lumière à l'intérieur.

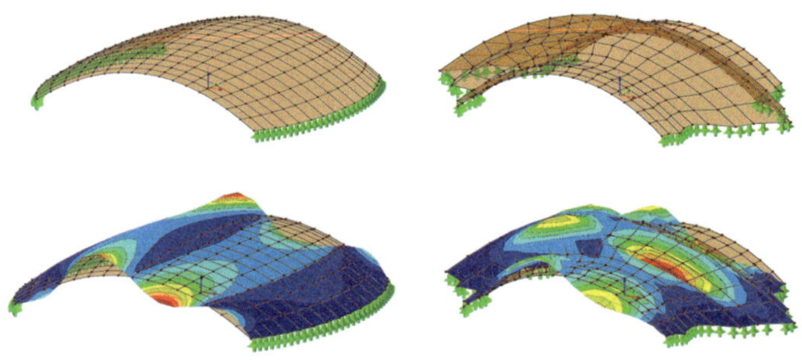

d_{Zmax} = 220 mm d_{Zmax} = 45 mm

Ill. 1

Ill. 1 Comparaison entre une surface réglée et une surface plissée [avec charge de neige] : la surface réglée et la même surface réglée mais plissée sont évaluées dans les mêmes conditions de dimension et d'appuis.

Ill. 2 Forme libre obtenue grâce à l'outil développé. Il permet de créer des surfaces réglées et des surfaces plissées ou fractales. Le motif de subdivision apparaît lui aussi.

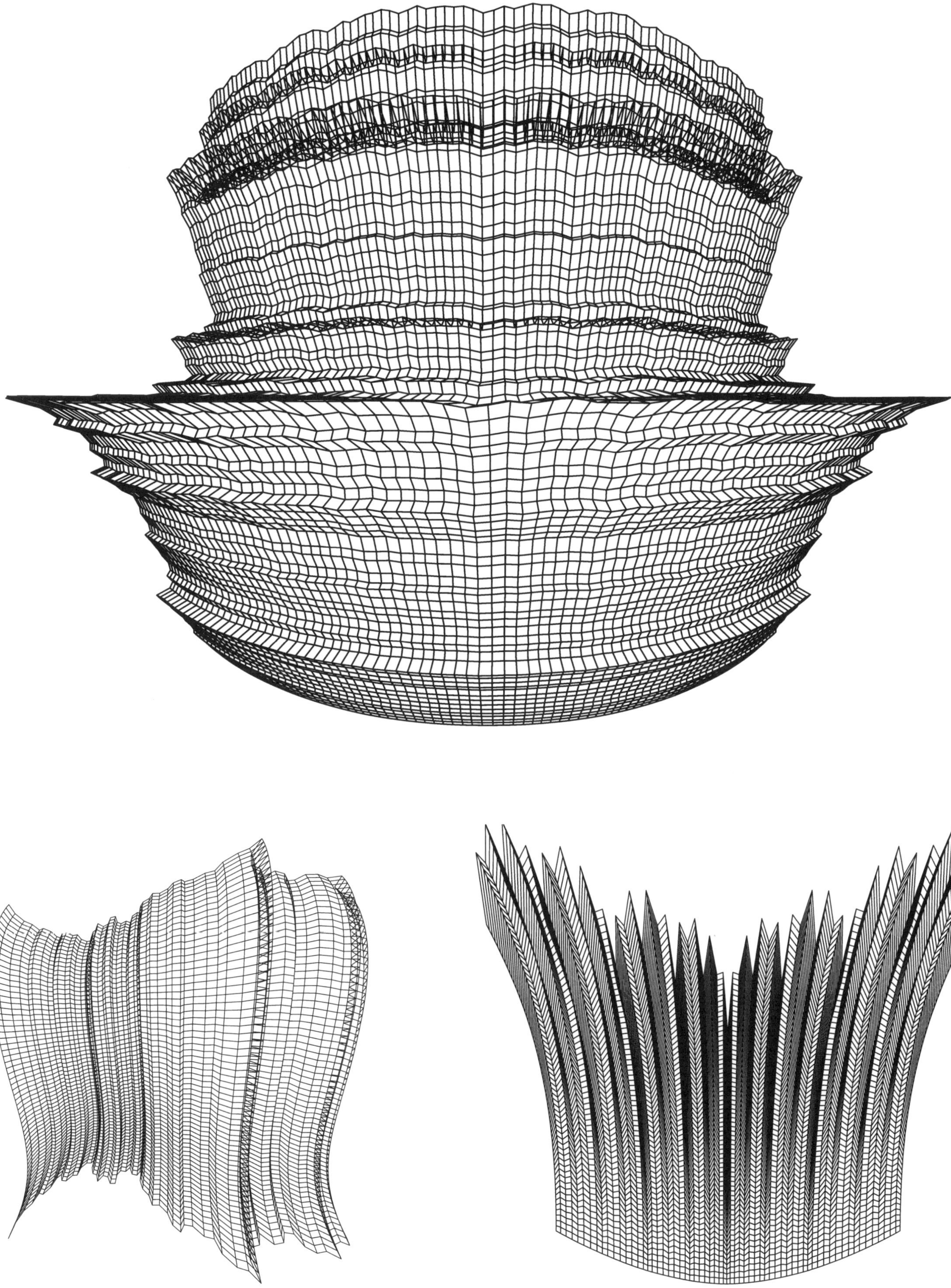

Ill. 2

L'objectif du travail présenté ici était de développer un outil capable de créer des plis tant sur des surfaces réglées que sur des surfaces libres. Par ailleurs, nous avons tenu à intégrer le processus de subdivision de la surface dans le processus de recherche de forme.

Au point de départ et à la base de notre travail se trouvent des fonctions itératives qui ont la propriété de conserver la forme de base topologique choisie, indépendamment des transformations que l'on fait subir à cette géométrie. On a donc la possibilité d'utiliser les courbes réglées ou fractales comme éléments de transformation. Les surfaces fractales produites ont l'avantage d'introduire des plis dans la géométrie globale. En fonction des points de charge, les plis créés peuvent être encore renforcés. Le processus de subdivision peut être appliqué à toute la surface de manière homogène, ou seulement localement.

Cela permet de prendre en compte les impératifs de construction. L'outil de définition de forme peut donc aussi être utilisé comme outil d'optimisation mécanique : les plis peuvent être décalés ou accentués. Les renforcements nécessaires des coques sur leurs bords, évoqués au premier chapitre, peuvent eux aussi être traités au moyen de plis. L'utilisateur est libre de proposer et de générer des modifications de forme selon des considérations à la fois architectoniques et techniques. De ce fait, il n'est plus nécessaire d'importer des sous-éléments étrangers au projet.

L'illustration 1 montre une surface réglée retravaillée par subdivision mais aussi par pliage de la géométrie globale. Les deux géométries obtenues (la plissée et la non plissée) sont ensuite testées sous l'angle de leur comportement mécanique. La rigidité de la géométrie plissée s'améliore de 5, soit une diminution des déformations de 20 % par rapport à celles de la

Ill. 3

Ill. 4

Ill. 3 L'outil présente la géométrie globale. Après division en éléments, la description géométrique exacte de chaque facette est elle aussi fournie.

Ill. 4 Les données sont ensuite converties en un code machine qui commande la tête de fraisage.

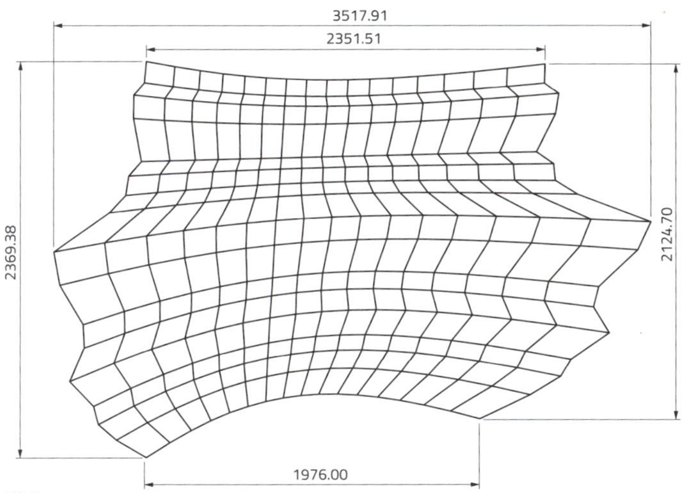

Ill. 5

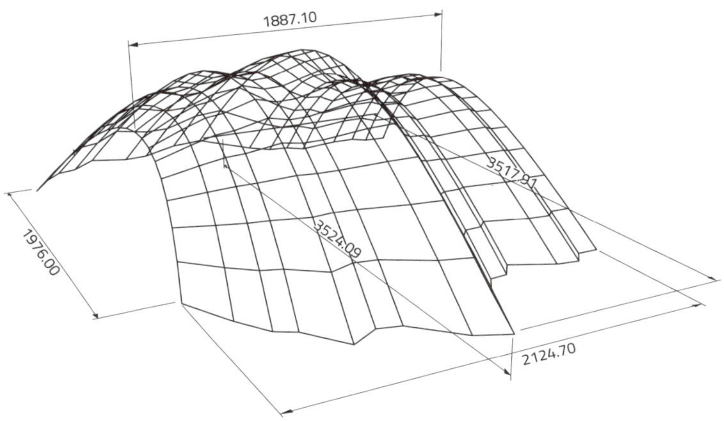

Ill. 6

Ill. 5 Plan de la structure en coque créée

Ill. 6 Représentation axonométrique de la structure en coque créée

Ill. 7 Prototype de la structure en coque créée

coque réglée non plissée. La fonction de subdivision définit elle aussi localement la géométrie des arêtes ou des bords de chaque élément, qui peuvent d'ailleurs être exportés.

Le prototype décrit à la fin de ce chapitre est le fruit des réflexions d'Ivo Stotz et de Gilles Gouaty, qui s'attachent à développer des structures porteuses à partir d'éléments discrets. Cette forme a été créée à l'aide de l'outil décrit dans cette même partie. Là encore, l'utilisateur garde le contrôle des critères formels et des paramètres déterminant la forme.

Comment assembler les panneaux ? L'outil numérique comporte une description géométrique des angles entre les panneaux. Ce descriptif peut aussi servir à fabriquer les systèmes d'assemblage. La structure doit pouvoir résister aux forces transversales, aux forces normales ainsi qu'aux moments de flexion. En construction bois, la nature de ces assemblages est d'une grande importance. Ils représentent un poste crucial des coûts de construction.

Quatre types d'assemblages ont été réalisés et soumis à des tests mécaniques. Pour les premiers essais, on a exclusivement utilisé des vis autoperceuses disposées en croix. Dans ce cas, les torsions le long de l'arête ne sont que très faiblement bloquées. Dans la deuxième série de tests, une tôle pliée est placée dans l'axe des panneaux. Un bras de levier peut être utilisé ici à mi-épaisseur.

Dans la troisième série de tests, deux tôles pliées sont placées à hauteur des deux tiers de l'épaisseur des panneaux. La rigidité en flexion est augmentée.

La quatrième série de tests associe tôles et vis. C'est de cette manière qu'on obtient la rigidité maximale en flexion.

L'exemple précédent se présente sous la forme d'une structure à facettes dont la réalisation nécessite une technologie d'assemblage. L'étude du comportement structurel de la géométrie globale a montré que des arêtes libres de pivoter étaient suffisantes pour assurer la rigidité d'ensemble du système. Il n'en reste pas moins que les assemblages demeurent nécessaires. Or, ceux qui sont présentés ici ne permettent pas de résoudre le problème à l'échelle de la géométrie globale et de sa complexité.

Ces réflexions ont conduit à imaginer une autre structure en coque, d'un genre différent, mais composée elle aussi de facettes. La question des assemblages a été prise en compte dès la phase de conception. Si on avait repris le processus d'assemblage du prototype précédent, élaboré par Stotz et Gouaty, des entailles auraient été prévues dans les panneaux afin de permettre l'assemblage des éléments par zones de contact.

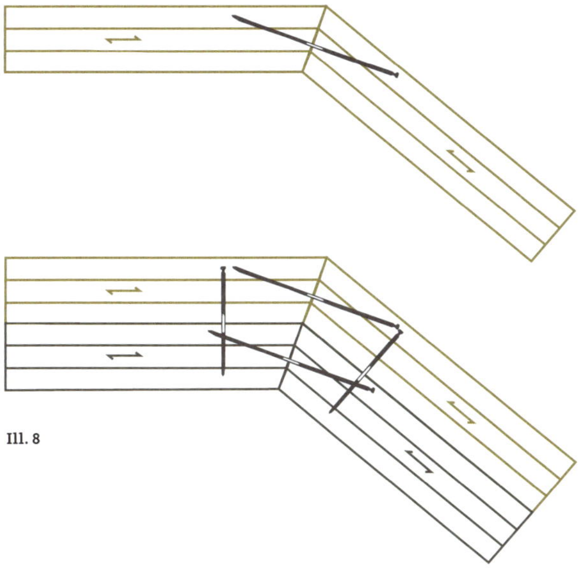

Ill. 8

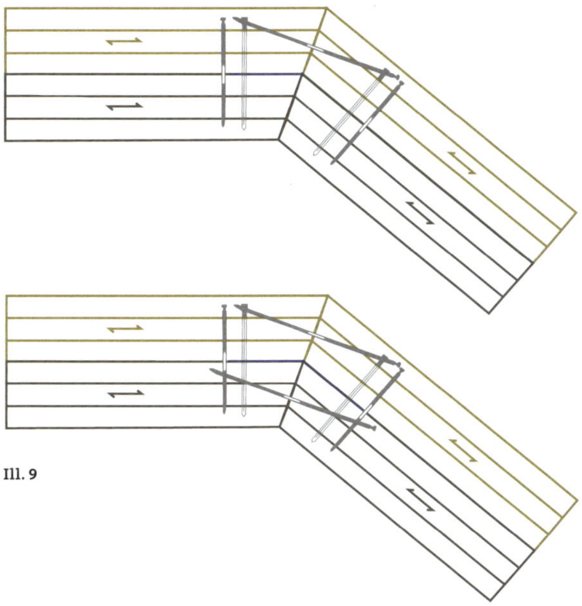

Ill. 9

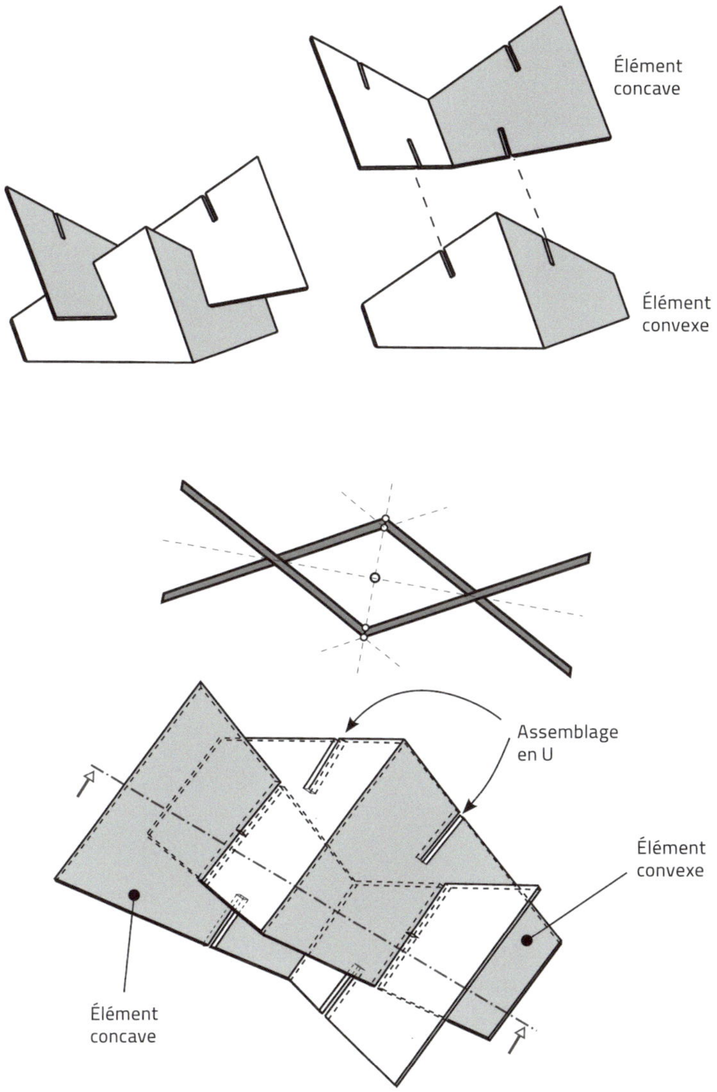

Ill. 10

Ill. 11

Ill. 8 Prototype de corps d'épreuve dans lequel deux panneaux de bois massif reconstitué de 10 cm d'épaisseur sont assemblés par vis autoperceuses orientées en biais. Sur la figure du bas, quatre panneaux de bois massif reconstitué sont assemblés par ces mêmes vis. En outre, les panneaux sont vissés verticalement deux à deux.

Ill. 9 Prototype de corps d'épreuve. Des tôles sont en plus insérées entre les panneaux.

Ill. 10 Représentation axonométrique des zones de contact

Ill. 11 Détail de la construction en coque : les panneaux sont imbriqués ou entrecroisés.

ILL. 12 Prototype de coque (campus de l'EPFL 2009)

Les assemblages intégraux entre panneaux proposés ici ont l'avantage de ne pas nécessiter d'autres manipulations ou technologies d'assemblage extérieures. La liaison fait partie intégrante du panneau, elle est réalisée en même temps que la découpe de celui-ci. Cette structure porteuse est prometteuse mais des améliorations mécaniques sont encore possibles, et même souhaitables.

Deux séries de calculs ont été réalisées avec les étudiants en génie civil de la faculté ENAC/EPFL : tout d'abord, on a analysé les points nodaux de cette géométrie et on a procédé à leur calibrage mécanique. Dans ce cadre, la résistance au frottement a été modélisée, mesurée et calibrée. Pour la deuxième étape, on a proposé de manipuler la géométrie globale. Les manipulations ont été notées et modélisées, comme nous le montrerons par la suite. Ce n'est qu'après avoir retravaillé la géométrie d'ensemble qu'on est parvenu à une solution d'assemblage satisfaisante. L'optimisation structurelle de Sina Nabaei a recouru elle aussi à une modification locale de l'assemblage, laquelle n'a cependant pu être effectuée qu'après manipulation de la géométrie dans son ensemble.

L'une des questions fondamentales qui nous occupent depuis longtemps dans le cadre de cette problématique porte justement sur ce point : comment initier un processus d'optimisation qui prenne en compte simultanément les questions liées à la géométrie dans son ensemble et les exigences localisées de la technologie d'assemblage ? Pour y parvenir, il faut intégrer des critères géométriques et mécaniques ainsi que les exigences de fabrication.

Comme le montrera un peu plus loin l'entretien avec Mark Pauly, il est intéressant d'élargir l'interaction des contraintes. Dans l'outil de recherche de forme développé par Stotz et Gouaty, seules les contraintes géométriques jouent un rôle, la détermination mécanique de la forme reste intuitive. La production de plis ainsi que leur localisation relèvent de l'intuition. Il n'y a pas de contrôle quantitatif.

Le pavillon présenté à l'illustration 12 fait appel à une technologie d'assemblage qui sera discutée au chapitre 4. Aujourd'hui, il est effectivement possible d'enrichir l'outil numérique de détermination de la forme et d'ajouter ainsi aux contraintes géométriques les contraintes liées au matériau et les contraintes mécaniques. Le travail de recherche de forme mécanique évoqué au chapitre 4 en est un exemple.

2.2

Maillages surfaciques itératifs en architecture

Ivo Stotz, Gilles Gouaty et Yves Weinand

Ce projet de recherche interdisciplinaire est présenté par un groupe d'architectes, de mathématiciens et d'informaticiens en quête de nouvelles méthodes pour la réalisation de formes architectoniques complexes. La présente contribution présente des méthodes de création de maillages surfaciques itératifs qui trouvent leur inspiration dans le travail de Michael Fielding Barnsley. Cette présentation se penche sur plusieurs formes géométriques construites par itération afin de donner un aperçu complet du concept de création de maillage surfacique basée sur des transformations. Grâce à la méthode de calcul étudiée, il est possible d'interagir avec la forme à travers des transformations affines, qui donnent naissance à des géométries discrètes.

Cette contribution aborde aussi la prise en compte de contraintes déterminées. Certaines contraintes géométriques et topologiques doivent faciliter la fabrication d'objets architectoniques de forme libre. La méthode étudiée est basée sur des sommes vectorielles et permet de créer des surfaces de forme libre composées exclusivement de quadrilatères plans. L'association de la méthode choisie et du design de maillage surfacique par transformations ouvre de toutes nouvelles possibilités de design. Ces dernières présentent l'avantage de respecter de nombreuses contraintes imposées par le matériau et la construction. Les résultats obtenus sont testés par diverses applications. Ces tests ont pour but d'étudier les avantages de la création de maillages surfaciques discrets dans la perspective d'une fabrication intégrée de formes architecturales libres.

Mots clés *architecture, géométrie discrète appliquée, IFS, construction bois*

1 Introduction

Pour pouvoir présenter la méthode de création de maillage surfacique étudiée, il faut commencer par expliquer l'arrière-plan mathématique du projet. Nous nous proposons de préciser les bases du design de surfaces à partir de quelques exemples historiques, qui donneront un aperçu des méthodes de création de maillage surfacique itératif. Les rapports entre la méthode mathématique du design surfacique et le bâtiment réel seront exposés dans la deuxième partie de cette contribution.

2 Bases mathématiques

2.1 Courbes « monstrueuses »

L'ensemble de Cantor (ill. 2), appelé aussi poussière de Cantor, tient son nom du mathématicien allemand Georg Cantor qui l'a découvert. Il désigne une quantité de points appartenant à une droite. À la fin du 19ème siècle, de nombreux mathématiciens étaient fascinés par cet ensemble de Cantor, qui présentait des propriétés apparemment contradictoires. Cantor lui-même le décrivait comme un ensemble parfait et nulle part dense.[1] D'autres qualités de cet ensemble, l'autosimilarité, la compacité et la continuité, n'ont été étudiées que bien des années plus tard.

La construction géométrique de l'ensemble de Cantor peut être décrite de la manière suivante : on prend un segment de droite, on le divise en trois parties égales, et on retire la partie du milieu. Puis on divise de nouveau en trois parties chacun des segments obtenus, toujours en retirant le tiers du milieu. En répétant l'opération pour chaque nouveau segment, on obtient l'ensemble de Cantor.

La courbe de Koch est l'une des premières courbes fractales découvertes, et l'une des plus connues. Elle a été décrite pour la première fois par le mathématicien suédois Helge von Koch.[2] Cette courbe se construit par étapes. À partir d'une droite, on obtient une courbe en méandres aux propriétés surprenantes :

- elle ne possède pas de pente et ne peut donc être dérivée.
- la longueur de chaque morceau est infinie.

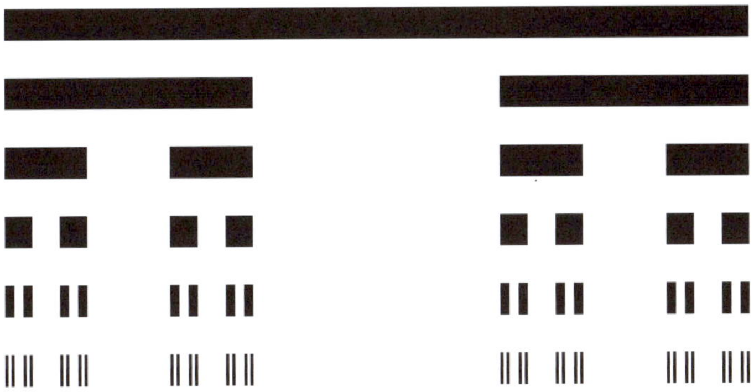

Ill. 1

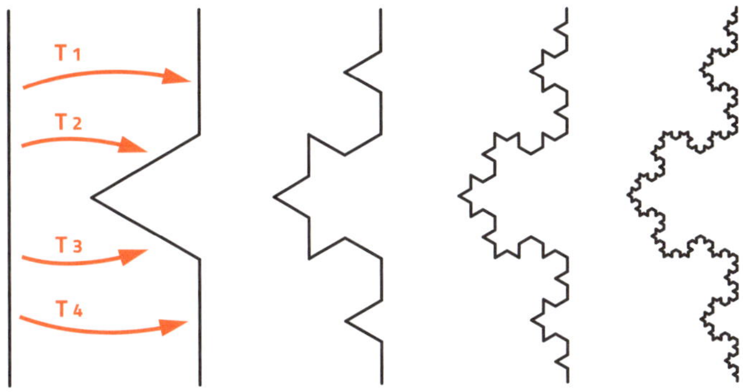

Ill. 2

Ill. 1 Ensemble de Cantor

Ill. 2 Courbe de Koch

Ill. 3 Exemple d'objet de forme libre créé à l'aide de la méthode de design surfacique décrite

La construction géométrique de la courbe de Koch se fait par itération, chaque étape comportant quatre transformations géométriques affines. La forme de base est une droite que chaque transformation {T1 … T4} redimensionne, fait pivoter et décale. À chaque étape de la construction, on obtient quatre duplicatas. À l'étape suivante, ils donnent à leur tour quatre duplicatas **(cf. ill. 3)**.

2.2 Objets géométriques itératifs

Les propriétés singulières des exemples évoqués ont conduit certains mathématiciens à qualifier ces courbes de « monstruosités ». Ce n'est qu'en 1981 que Barnsley, s'appuyant sur le théorème du point fixe de Hutchinson[3], est parvenu à définir un formalisme capable de décrire ces courbes de manière déterministe.[4] Sa méthode IFS **(cf. paragraphe 2.3)** comporte un ensemble de fonctions contractives appliquées de manière itérative. Dans notre cas, une fonction correspond à une transformation géométrique affine. L'itération indique qu'il s'agit d'une construction par étapes. À chaque étape de la construction, le résultat de l'étape précédente est utilisé comme valeur de départ.

Ce qu'il y a de nouveau dans le constat de Barnsley, c'est que les formes géométriques obtenues ne sont pas définies par l'élément originel mais uniquement par ses transformations. Pour la construction d'un triangle de Sierpinski, par exemple, on peut utiliser un poisson comme

Ill. 3

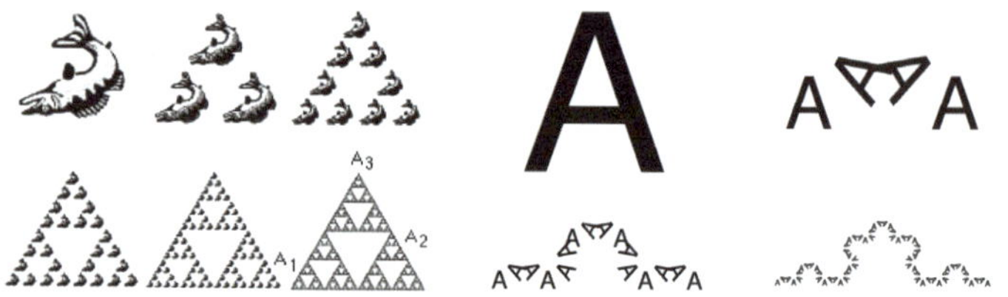

Ill. 4

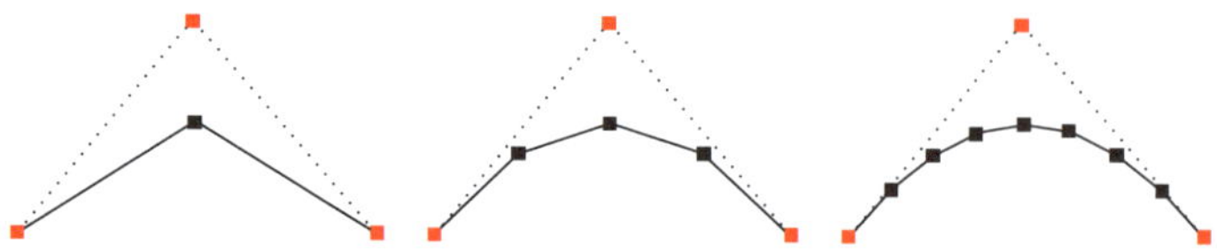

Ill. 5

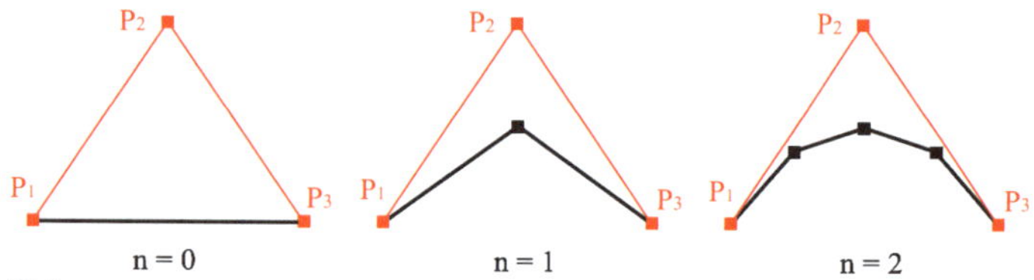

Ill. 6

Ill. 4 Triangle de Sierpinski et courbe de Koch selon le formalisme IFS de Barnsley

Ill. 5 Construction itérative d'une courbe de Bézier

Ill. 6 Premières étapes de construction d'une courbe de Bézier

fonction de base, ce que montre l'illustration 4. De même, à partir de la lettre A, on peut construire une courbe de Koch. On aboutit toujours au même résultat.

Il en résulte que théoriquement, toutes les formes de base peuvent être utilisées pour la construction d'objets géométriques. D'où l'hypothèse suivante : des éléments de construction peuvent eux aussi être pris comme éléments de base pour les transformations. Au lieu d'utiliser des poissons comme Barnsley, nous choisissons d'utiliser des pièces de construction telles que des poutres ou des panneaux.

Pour en terminer avec ces exemples introductifs, nous aborderons brièvement la courbe de Bézier. En 1959, Paul de Faget de Casteljau a trouvé une méthode permettant de construire l'objet connu aujourd'hui sous le nom de courbe de Bézier. La méthode de Casteljau[5] se fonde sur un principe constructif itératif **(cf. ill. 5)** qui ressemble fortement à une courbe de Koch. La courbe de Bézier à proprement parler a été décrite analytiquement en 1961 par Pierre Bézier comme une fonction polynomiale. Ses découvertes fondamentales ont ouvert la voie à la création des logiciels de CAO tels que nous les connaissons aujourd'hui.

2.3 Systèmes de fonctions itérées (IFS)

Les figures géométriques décrites au début de ce chapitre sont toutes définies par une série de transformations $\{T_i\}$. Comme nous l'a démontré Barnsley, le résultat est indépendant de l'objet de départ auquel les transformations sont appliquées. C'est le cas pour l'état-limite, appelé l'attracteur A, à savoir la forme qui apparaît lorsque la série de transformations $\{T_i\}$ est appliquée un nombre infini de fois. L'attracteur A est un ensemble partiel unique, non-vide, compact, qui obéit à la formule suivante :

$$A = \bigcup_i T_i A$$

L'attracteur est un objet théorique que nous n'analyserons pas plus précisément ici. Nous nous intéresserons plutôt aux étapes intermédiaires de construction, qui peuvent être décrites par la formule suivante :

$$K_{n+1} = \bigcup_i T_i K_n$$

K désigne ici l'objet de départ, appelé « germe ». K peut être n'importe quel objet, par exemple un poisson comme sur l'illustration 4 ou une droite telle que celles utilisées pour la construction de la courbe de Koch ou de la courbe de Bézier (cf. ill. 3 et 5). On obtient finalement l'équation suivante qui décrit la relation entre l'objet géométrique K pendant l'étape de construction $n \to \infty$ et l'attracteur A:

$$\lim_{n \to \infty} (K_n) = A$$

Par la suite, les objets modélisés sont définis comme la projection d'un IFS à l'aide d'un opérateur de projection P

3 Maillages surfaciques itératifs discrets

Les propriétés inhabituelles des figures géométriques présentées dans les paragraphes 2.1 et 2.2 se rapportent à l'état-limite, l'attracteur. Mais pour les applications pratiques, l'objet théorique qu'est l'attracteur est bien moins important que son état constructif K. Dans le cadre de cette contribution, on attribue à l'état constructif K les propriétés suivantes, avantageuses en architecture pour les géométries à base de formes libres :

- K est calculable point à point.
- La géométrie qui en résulte est toujours composée d'un nombre fini d'éléments.

3.1 Maillage surfacique créé par transformations

Comme nous l'avons déjà évoqué au paragraphe 2.3, l'aspect final d'une forme géométrique construite par itération est le fruit d'une série de transformations. Pour pouvoir influencer la forme résultant de ce processus, la méthode de création doit permettre d'effectuer des modifications sur les transformations.

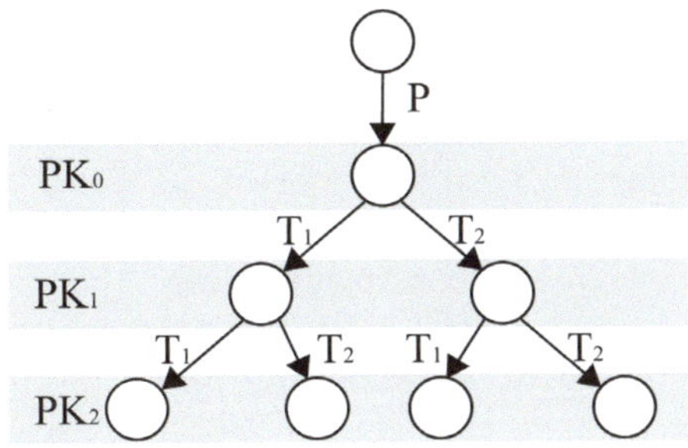

Ill. 7

Analysons à titre d'exemple la courbe de Bézier **(ill. 6)** construite par itération. L'illustration montre les premières étapes de construction, avec trois points de contrôle *P* en rouge.

$$P=(p_1,\ p_2,\ p_3)=\begin{pmatrix} p_{1,x} & p_{2,x} & p_{3,x} \\ p_{1,y} & p_{2,y} & p_{3,y} \\ p_{1,z} & p_{2,z} & p_{3,z} \end{pmatrix}$$

Au début (n=0), l'objet de départ *K* est la ligne qui relie les extrémités du polygone de contrôle $[p_1, p_3]$. À chaque étape de construction, deux transformations $\{T_1,\ T_2\}$ sont appliquées à chaque élément. Les trois premières étapes de construction sont décrites ci-après.

$$PK_0=PK$$
$$PK_1=PT_1K_0 \cup PT_2K_0=PT_1K \cup PT_2K$$
$$PK_2=PT_1K_1 \cup PT_2K_1=PT_1T_1K \cup PT_1T_2K \cup PT_2T_1K \cup PT_2T_2K$$
$$PK_3=PT_1K_2 \cup PT_2K_2=PT_1T_1T_1K \cup \ldots \cup PT_2T_2T_2K$$

Chaque élément PK_i peut être calculé à l'aide de l'arbre de construction représenté sur l'illustration 7.

Pour décrire des transformations géométriques affines, nous utilisons des matrices de transformations. Nous travaillons avec des coordonnées barycentriques, ce qui signifie que chaque point calculé est le résultat d'une combinaison des points de départ. Dans l'exemple présent, celui de la courbe de Bézier, où l'on a trois points de contrôle, chaque transformation peut être décrite par une matrice 3 × 3 :

$$T_1=(c_1,\ c_2,\ c_3)=\begin{pmatrix} 1 & 0{,}5 & 0{,}25 \\ 0 & 0{,}5 & 0{,}5 \\ 0 & 0 & 0{,}25 \end{pmatrix}$$

$$T_2=(c_4,\ c_5,\ c_6)=\begin{pmatrix} 0{,}25 & 0 & 0 \\ 0{,}5 & 0.5 & 0 \\ 0{,}25 & 0.5 & 1 \end{pmatrix}$$

Ce sont là des matrices de transformation courantes. Elles traitent des valeurs fixes, qui aboutissent toujours au même résultat : une courbe de Bézier lisse, avec trois points de contrôle.

Si l'on observe de plus près les matrices de transformation de la courbe de Bézier, on constate que certaines valeurs sont identiques. Par exemple, la colonne C_1 de T_1 ainsi que la dernière colonne C_6 de T_2 sont occupées par des valeurs fixes. De plus, la dernière colonne de T_1 est identique à la première colonne de T_2. Le fait que ces valeurs soient dépendantes les unes des autres garantit la continuité de la courbe finale. Les autres éléments sont indépendants et peuvent être modifiés au gré du concepteur.

En généralisant les conclusions qui précèdent, on peut dire que certains éléments des matrices de transformation sont fixes et d'autres variables. Selon l'exemple d'une courbe continue construite par itération avec deux transformations et trois points de contrôle, on constate que les matrices de transformation présentent la forme générale suivante :

$$T_1=\begin{pmatrix} 1 & c_{2,1} & c_{3,1} \\ 0 & c_{2,2} & c_{3,2} \\ 0 & c_{2,3} & c_{3,3} \end{pmatrix}, \quad T_2=\begin{pmatrix} c_{3,1} & c_{5,1} & 0 \\ c_{3,2} & c_{5,2} & 0 \\ c_{3,3} & c_{5,3} & 1 \end{pmatrix}$$

Pour pouvoir modifier les valeurs variables des matrices de transformation, nous avons défini une méthode de saisie pour les données graphiques. À cet effet, nous avons introduit un ensemble de points s_i, appelés « points de subdivision » **(cf. ill. 8)**. Chaque point s_i correspond à la projection de la colonne c_i par *P*.

$$S_i=Pc_i$$

Ill. 7 Séquence de construction : représentation en arbre

Ill. 8 Représentation des points de contrôle et de subdivision

Ill. 9 Action sur les matrices de transformation par manipulation des points de subdivision (en bleu)

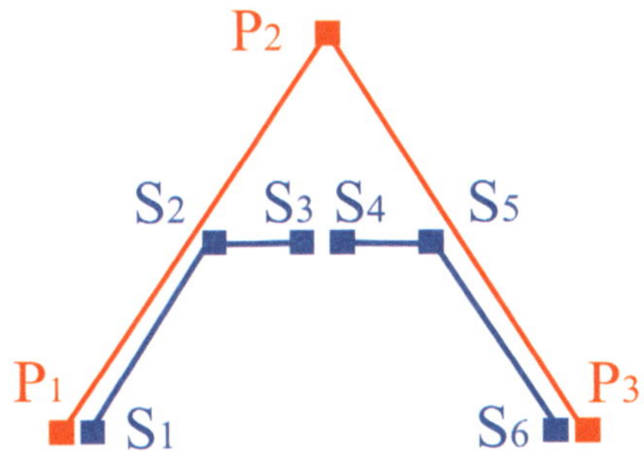

Ill. 8

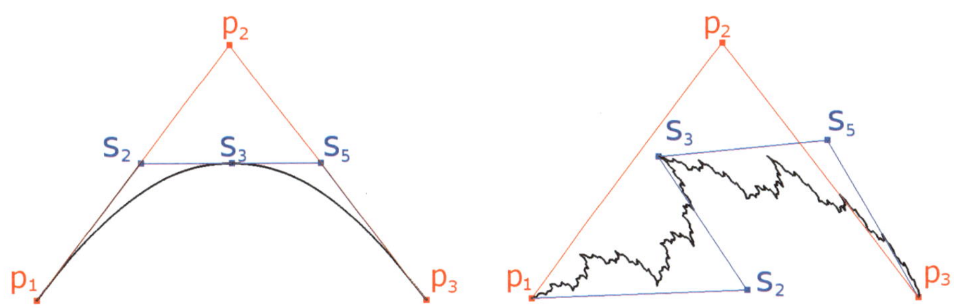

Ill. 9

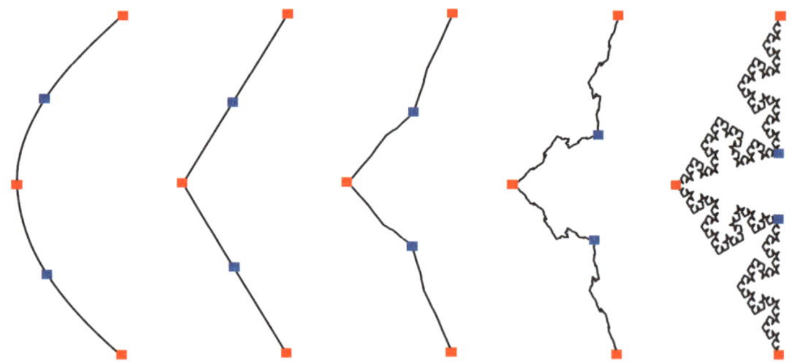

Ill. 10

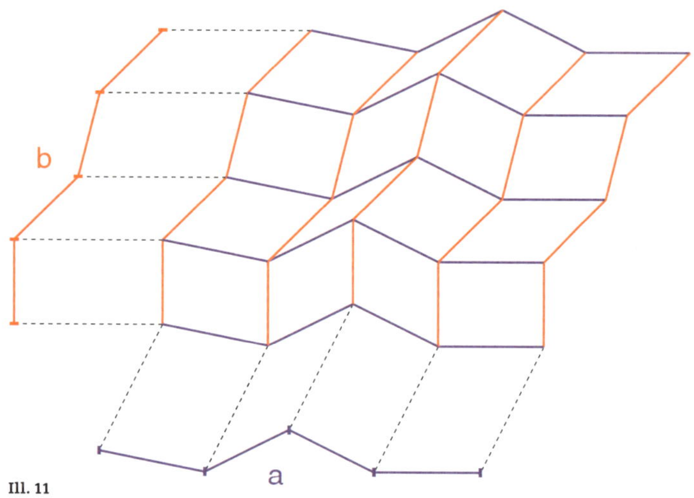

Ill. 11

Ill. 10 Design de courbe IFS : ajustement du caractère lisse / rugueux

Ill. 11 Construction d'un maillage par somme vectorielle

Compte tenu de cette formule, les valeurs de la colonne c_i peuvent être calculées en fonction de la position des points de subdivision *s* et de la position des points de contrôle *P*. L'équation suivante permet d'obtenir ces valeurs **(cf. ill. 9)** :

$$c_i = P^{-1} s_j$$

3.2 Potentiel du design géométrique basé sur des transformations

Le fait qu'un objet soit lisse ou rugueux dépend uniquement des transformations géométriques affines. La même courbe peut ainsi être lisse ou rugueuse. Il suffit de modifier les paramètres de subdivision pour moduler l'aspect, le rendre plus lisse ou plus rugueux **(cf. ill. 10)**. La prise en compte des paramètres de subdivision se fait par le biais de la position des points de subdivision. À côté des points de contrôle, bien connus dans les logiciels classiques de CAO, ces points de subdivision ouvrent de nouvelles possibilités de design. Ils permettent de manipuler graphiquement les transformations géométriques affines exprimées sous la forme peu conviviale des matrices à n dimensions. Ces points agissent en arrière-plan de l'interface graphique.

3.3 Design géométrique contraint

L'objectif est de déterminer des stratégies facilitant la création et la construction de surfaces de forme libre. Pour cela, la surface à créer doit répondre à certains critères topologiques et géométriques, qui sont principalement dictés par des données physiques et par les conditions de fabrication dans le secteur de la construction. Nous présentons ci-après quelques exemples de conditions.

Il peut être important, par exemple, de savoir si l'objet de forme libre sera construit en panneaux de bois plans. Le cas échéant, la contrainte géométrique exige que la maquette virtuelle 3D soit entièrement composée d'éléments plans. Nous nous pencherons sur cette contrainte aux paragraphes 3.4 et 4.2.

Au paragraphe 2, nous avons présenté une série d'objets construits par itération. Tous ne sont pas réalisables. L'ensemble de Cantor, par exemple, se compose simplement des différentes parties d'une droite coupée en morceaux. Or une surface doit généralement être continue (à moins de prévoir des ornements, ou des détails similaires). Il faut donc faire en sorte que les éléments de l'objet géométrique à réaliser soient liés entre eux. La continuité est une condition topologique.

Pour réduire la complexité d'un nœud dans une construction en treillis métallique, il est utile de connaître le nombre de barres qui convergent dans ce nœud. Si le nombre de barres par nœud est fixé à 6, on peut imaginer des surfaces entièrement composées de triangles réguliers. C'est là une autre condition topologique.

Des conditions de ce type facilitent la réalisation d'objets de formes libres mais elles peuvent aussi restreindre les possibilités de design et de recherche de forme, ce qu'il faut éviter au maximum.

3.4 Modèles de surfaces contraints

Afin de créer des surfaces itératives entièrement composées d'éléments plans, nous travaillerons sur ce qu'on appelle des « sommes vectorielles ». Généralement, les logiciels de CAO calculent des surfaces NURBS avec des produits tensoriels. Ces derniers présentent l'inconvénient d'être construits à partir de surfaces doublement courbées, dont la fabrication est coûteuse et difficile. Le principe de la création de surfaces de formes libres à partir de sommes vectorielles (ou plus exactement de sommes de Minkowski[6]) a déjà été étudié par Schlaich[7] et Glymph[8]. Ces surfaces résultent de la combinaison de deux courbes : l'illustration 11 montre ces courbes *a* et *b*. La somme vectorielle de deux segments quelconques des courbes *(a,b)* crée un parallélogramme plan qui appartient à la surface globale. La surface se compose exclusivement de parallélogrammes et remplit ainsi la condition géométrique de planéité de ses différents éléments.

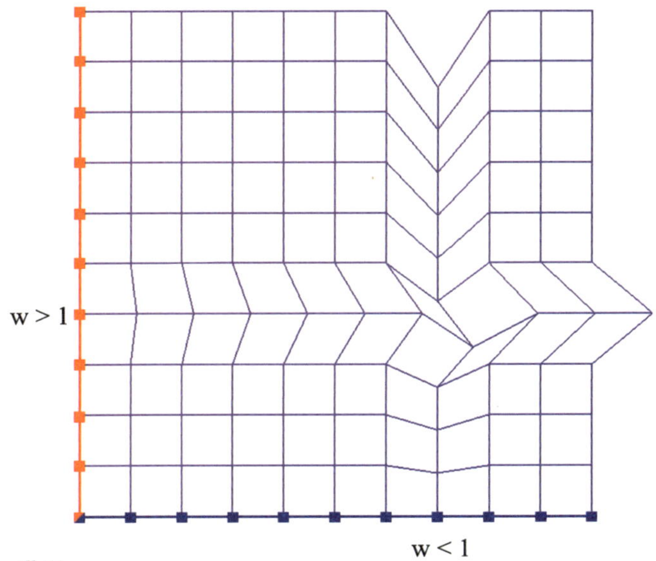

Ill. 12

Les courbes discrètes *a* et *b* utilisées pour construire la surface sont décrites par les deux séries de points A et B. La surface résultant de la somme vectorielle est exprimée par le réseau de quadrilatères *M* :

$$M_{i,j} = M_{0,0} + \overrightarrow{A_0A_i} + \overrightarrow{B_0B_i}$$

Remarque : $M_{0,0}$ est l'origine du réseau de quadrilatères. Il peut s'agir de n'importe quel point choisi arbitrairement sur la surface.

Les possibilités de design par sommes vectorielles sont cependant limitées par rapport aux surfaces NURBS. En effet, le maillage obtenu par sommes vectorielles est composé exclusivement de parallélogrammes. Afin d'étendre les possibilités de création, Schlaich[7] et Glymph[8] ont modifié cette méthode pour que le maillage obtenu comprenne également des trapèzes et des parallélogrammes. À cet effet, on utilise le principe de la géométrie projective. Au formalisme IFS, on ajoute une possibilité supplémentaire qui consiste à donner un poids différent aux points de contrôle et de subdivision. Chaque point est défini par quatre coordonnées *(w, x, y, z)*. Le poids différent donné à chaque point *(w)* induit une déformation locale plus ou moins forte du réseau de quadrilatères. Le maillage qui en résulte ne se compose plus uniquement de parallélogrammes, mais en grande partie aussi de quadrilatères planaires décrivant des surfaces convexes. L'illustration 12 est un exemple simple de la manière dont la pondération des points se répercute sur les sommes vectorielles : dans un maillage régulier de quadrilatères, le poids de deux points a été modifié. L'illustration 13 montre l'application de ce même principe à des maillages un peu plus complexes.

En géométrie projective, les coordonnées *(w, x, y, z)* sont dites homogènes. Un point *(x, y, z)* de l'espace $\mathbf{R}^3$, ayant un poids w, a donc les coordonnées homogènes *(w, xw, yw, zw)*. Inversement, chaque point des coordonnées homogènes *(w, x, y, z)* présente dans $\mathbf{R}^3$ les coordonnées correspondantes *(x/w, y/w, z/w)*. La conversion des coordonnées homogènes en coordonnées dans $\mathbf{R}^3$ s'appelle une projection.

Pour pouvoir traiter des coordonnées homogènes par subdivision, les points de contrôle *P* doivent être indiqués en coordonnées homogènes. On peut alors effectuer la subdivision et le calcul du maillage M avec des coordonnées homogènes. À la fin, le résultat est reprojeté vers l'espace $\mathbf{R}^3$.

Cette méthode de design surfacique peut être mise en œuvre avec n'importe quelle paire de courbes discrètes. Mais l'utilisation des courbes IFS offre la possibilité de jouer sur la forme globale à travers les points de contrôle. De plus, il est possible de changer la texture de la surface (lisse/rugueuse) par simple modification des points de subdivision.

Cette méthode offre un large potentiel pour le design de surfaces. Elle réunit en un même formalisme les deux propriétés « lisse » et « rugueux », considérées jusqu'alors comme contradictoires. En outre, elle respecte certaines conditions géométriques, ouvrant la porte à l'optimisation de la construction d'objets architecturaux de forme libre. C'est ce que nous allons démontrer dans la section suivante à partir de quelques exemples.

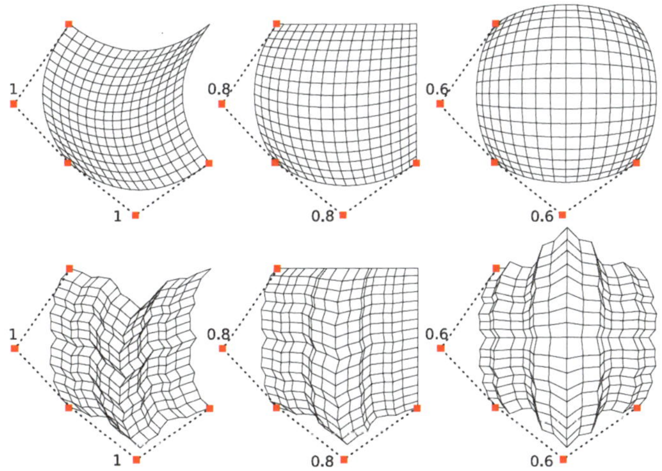

Ill. 13

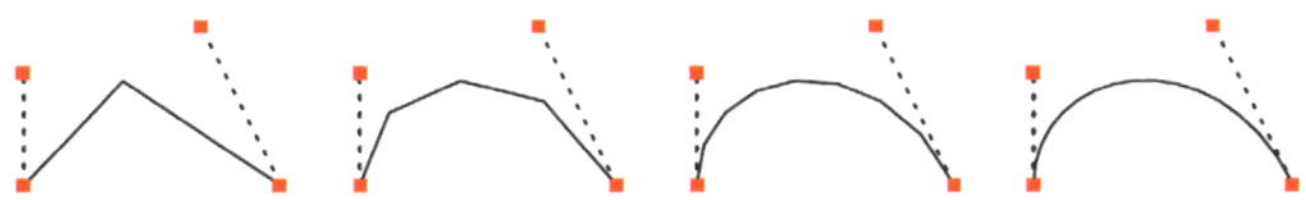

Ill. 14

Ill. 12 Déformation du maillage obtenu par somme vectorielle par augmentation ou diminution du poids de certains points

Ill. 13 Modification du poids des points dans des surfaces lisses et fractales obtenues par somme de courbes

Ill. 14 Courbe de Bézier itérative

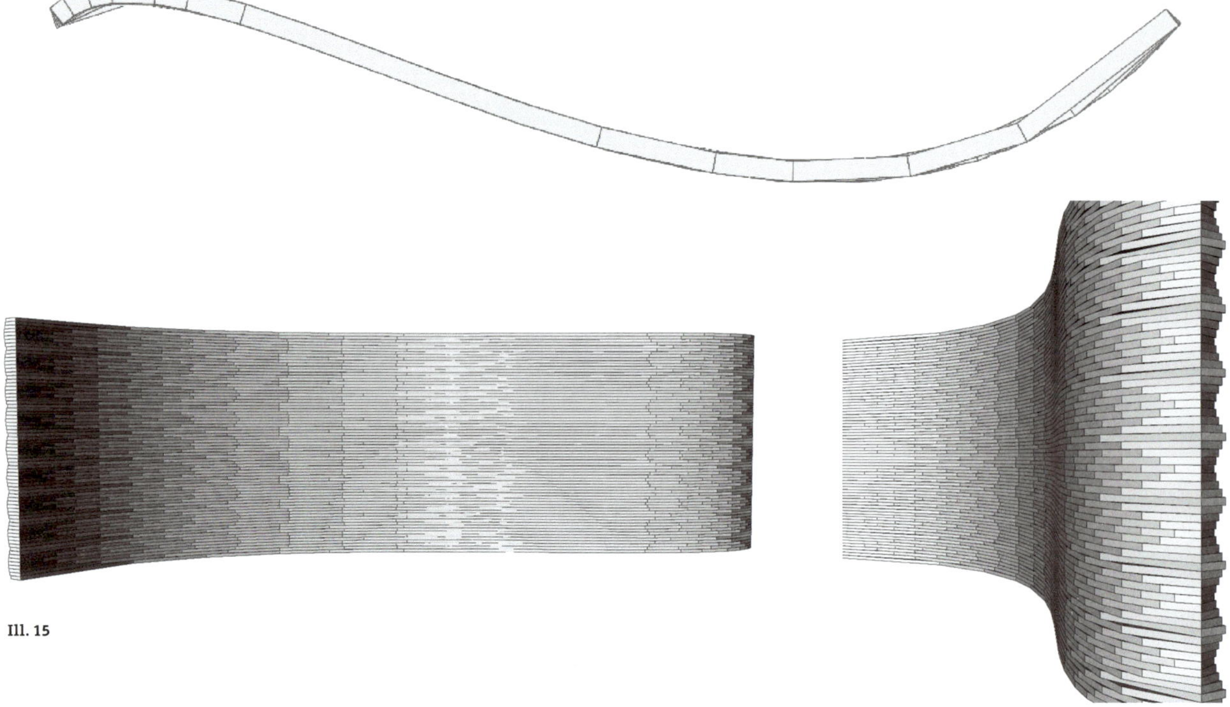

Ill. 15

Ill. 15 Études de formes

Ill. 16 Maquette à petite échelle

4 Applications

Pour transformer les géométries virtuelles discrètes en constructions réelles, il suffit de remplacer les éléments géométriques composant les maquettes 3D par des éléments de construction. Dans le cas d'une courbe construite par itération, on peut utiliser pour les segments de droites des éléments de construction linéaires tels que des planches ou des poutres. Dans le cas d'une surface discrète, les différents éléments sont remplacés par des éléments de construction plats (panneaux). Le remplacement d'éléments géométriques par des éléments de construction soulève quelques questions dans la mesure où les constructions géométriques sont dépourvues de dimensions physiques (par exemple l'épaisseur). Pour rendre ce propos plus compréhensible, nous allons d'abord nous pencher sur un objet bidimensionnel, en l'occurrence la courbe de Bézier.

Ill. 16

4.1 Construction d'une voûte à partir d'une courbe de Bézier discrète

Dans l'exemple suivant, nous construisons une structure voûtée basée sur une courbe de Bézier obtenue par itération, avec quatre points de contrôle (ill. 14). Les sections rectilignes qui composent la courbe sont remplacées par des planches brutes de sciage. La voûte se compose de plusieurs arcs alignés sans joints. Les planches sont ensuite vissées les unes aux autres pour obtenir une voûte de bois massive. Les points de contrôle de la courbe de Bézier permettent de jouer sur la forme de la voûte. L'illustration 15 présente une étude de forme dans laquelle ces points de contrôle ont été modifiés de manière à obtenir une forme sinueuse, avec des points d'inflexion. Les segments de droites de la courbe de Bézier discrète ont été remplacés par des éléments de construction.

Après détermination de la forme, la courbe est subdivisée en segments de plus en plus petits, jusqu'à obtenir une taille d'élément de construction adaptée. Les éléments ne doivent pas être d'une longueur supérieure aux planches disponibles sur le marché, mais la subdivision doit être assez fine pour que la courbe soit suffisamment lisse.

Les cotes nécessaires à la fabrication sont directement relevées sur le modèle géométrique. Les longueurs des planches correspondent à celles des différents segments de la courbe. L'angle d'onglet peut lui aussi être relevé sur le modèle géométrique (il correspond à la bissectrice de l'angle formé par deux segments voisins). La réalisation ne comporte donc que deux étapes :

- le contrôle de la forme à l'aide des points de contrôle ;
- le choix du niveau d'itération pour obtenir le nombre souhaité de subdivisions.

L'illustration 16 montre une maquette d'une voûte massive en bois de ce type. Les planches ont été coupées à l'aide d'une fraiseuse CNC. Diviser un objet de forme libre en éléments de construction adaptés n'est plus un problème puisque la méthode de construction géométrique itérative fournit une solution immédiate. Cette dernière a donc permis d'établir un lien direct entre conception et fabrication des éléments de construction, ce qui en termes de coûts et de temps représente un gain important pour la création de formes architecturales libres.

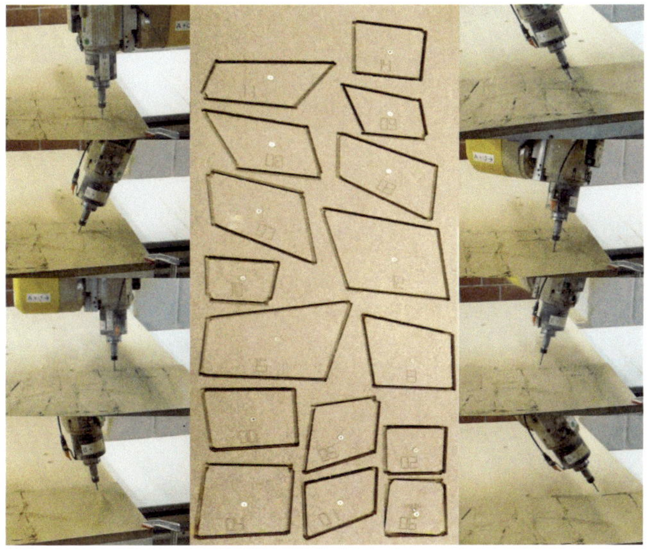

Ill. 17 Fabrication intégrée des éléments de construction

4.2 Coque–test de faisabilité

Cette partie présente la mise en œuvre d'une forme libre construite par itération à partir de panneaux. La méthode de création utilisée ici a été présentée dans la partie 3.4. Pour la réalisation du grand prototype (cf. ill. 21, partie 4.3), les principaux paramètres étaient les suivants : notre objectif était de créer un dôme de petite taille, légèrement voûté dans sa longueur, et présentant dans sa largeur une courbe au relief plus marqué au moyen de plis.

Ill. 18 Superposition d'un maillage parallèle

Ill. 19 Modèle 3D d'une surface à forme libre construite par itération

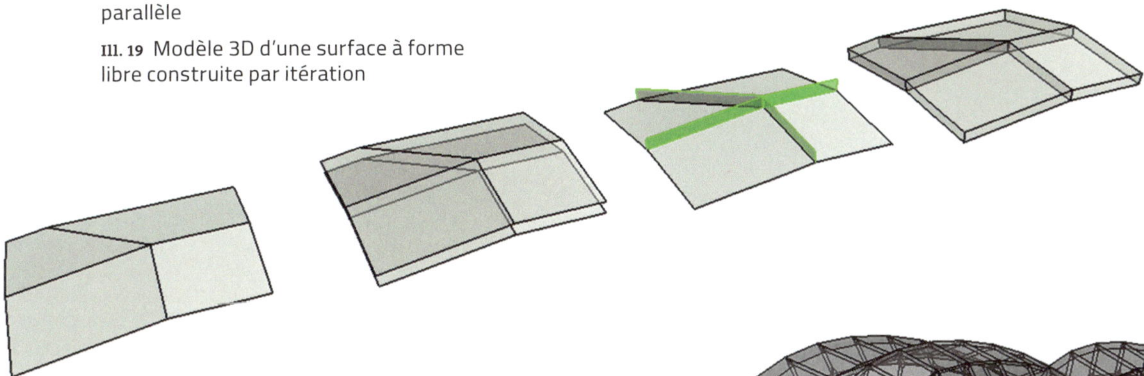

Ill. 18

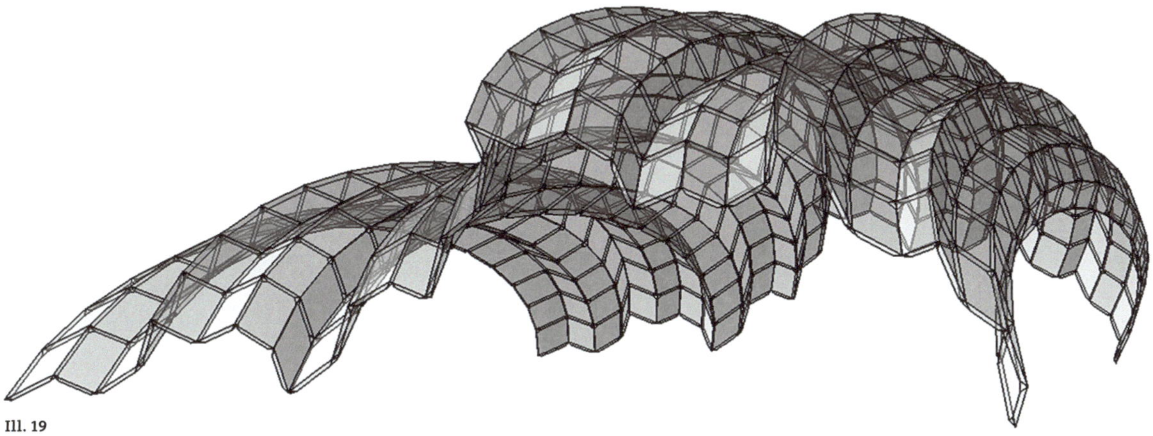

Ill. 19

Ill. 20 a

Ill. 20 b

Ill. 20 a et b Assemblage du prototype partiel
Ill. 21 a et b Prototype de la structure créée

Dans cet exemple, les éléments de la surface sont constitués de panneaux de bois plans. Comme la surface virtuelle en 3D est dépourvue d'épaisseur, il faut tout d'abord déterminer l'épaisseur des panneaux. Pour ce faire, il faut créer un modèle en volume à partir du modèle en surface. Ce processus est représenté sur l'ill. 18. On crée tout d'abord une deuxième surface parallèle à la première, située à une distance invariable de la surface modélisée. Cet écart correspond à l'épaisseur des panneaux de bois. Puis on calcule les bissectrices qui permettront ensuite de déterminer l'angle d'onglet des panneaux. On obtient un objet de forme libre entièrement construit avec des éléments plans. L'illustration 19 montre une forme libre construite par itération, dont les éléments ont été remplacés par des éléments de construction en 3D.

4.3 Fabrication intégrée

Afin de tester la chaîne de fabrication numérique mise au point, une section d'une surface à forme libre construite par itération a été fabriquée à l'aide d'une fraiseuse CNC à cinq axes. Les procédés permettant de transformer les données géométriques des éléments de construction en code machine ont été en grande partie automatisés. Les étapes suivantes sont nécessaires pour réaliser des éléments aux formes aussi complexes :

- pour des raisons logistiques, il est indispensable qu'il n'y ait qu'un adressage possible pour chaque élément de construction, afin que les différents morceaux puissent être placés au bon endroit.
- chaque élément doit être orienté en fonction du système de coordonnées de la fraiseuse CNC, des dimensions du matériau brut, et de la direction des fibres du panneau de bois.
- la production automatique du code machine propre à chaque élément (tenant compte des propriétés du matériau, du type de machine et du type d'outil de coupe) est d'une importance capitale pour la fabrication intégrée des différents éléments, qui sont tous de taille et de forme différentes.

L'illustration 17 montre une séquence du processus de découpe. La fabrication de chaque panneau de plusieurs éléments est subdivisée en trois étapes :

- perçage des trous de fixation ; chaque élément est vissé sur la table d'usinage.
- gravure de l'adressage de chaque élément.
- découpe du contour : usinage de chaque élément.

Les éléments manufacturés s'assemblent parfaitement pour former la surface créée sur ordinateur, preuve que la réalisation concrète de surfaces créées par itération est possible.

Après avoir réalisé un premier prototype partiel (ill. 20), nous avons continué à tester la méthode sur une structure plus complexe composée de 256 éléments. La

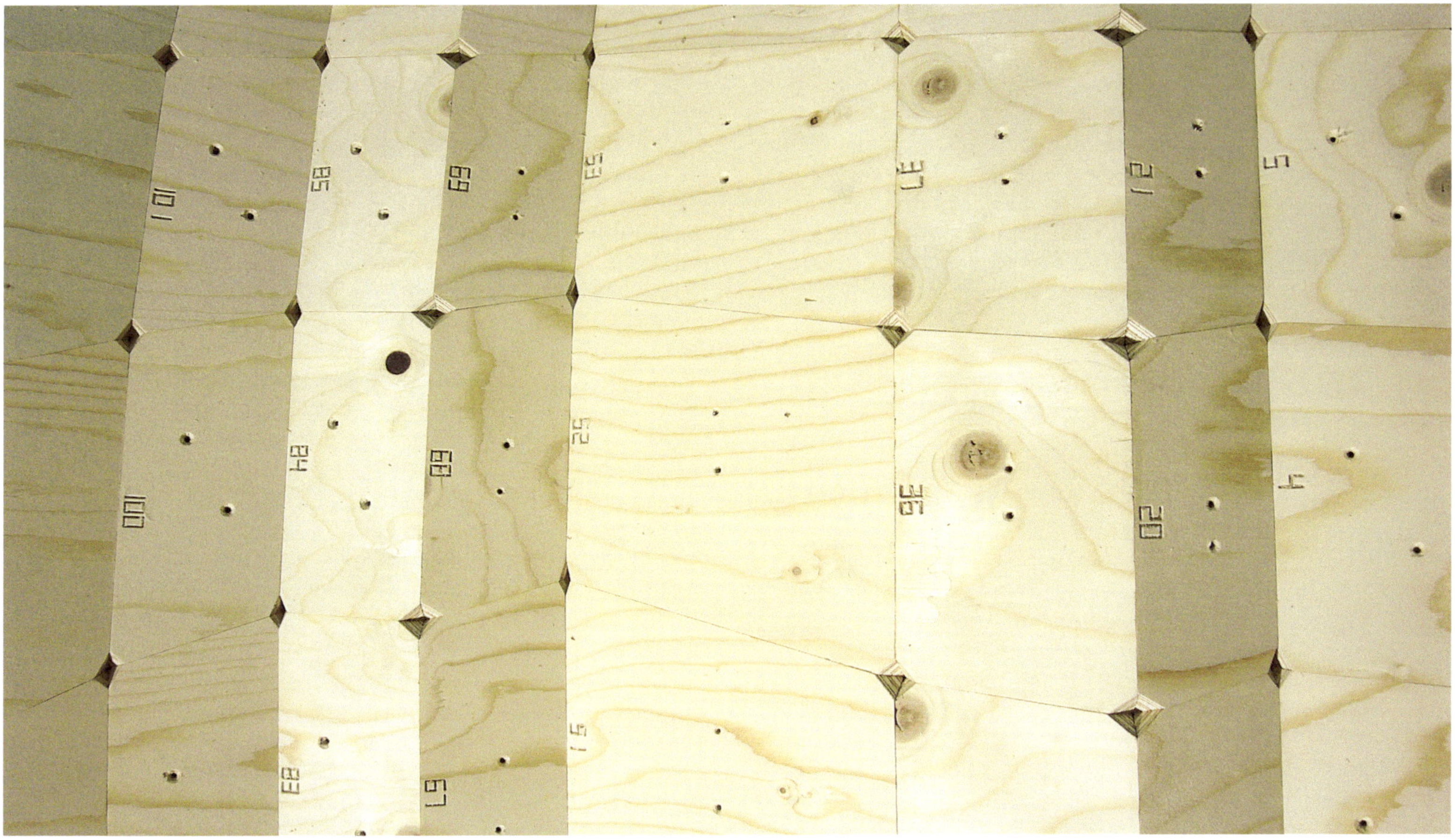

Ill. 21 a

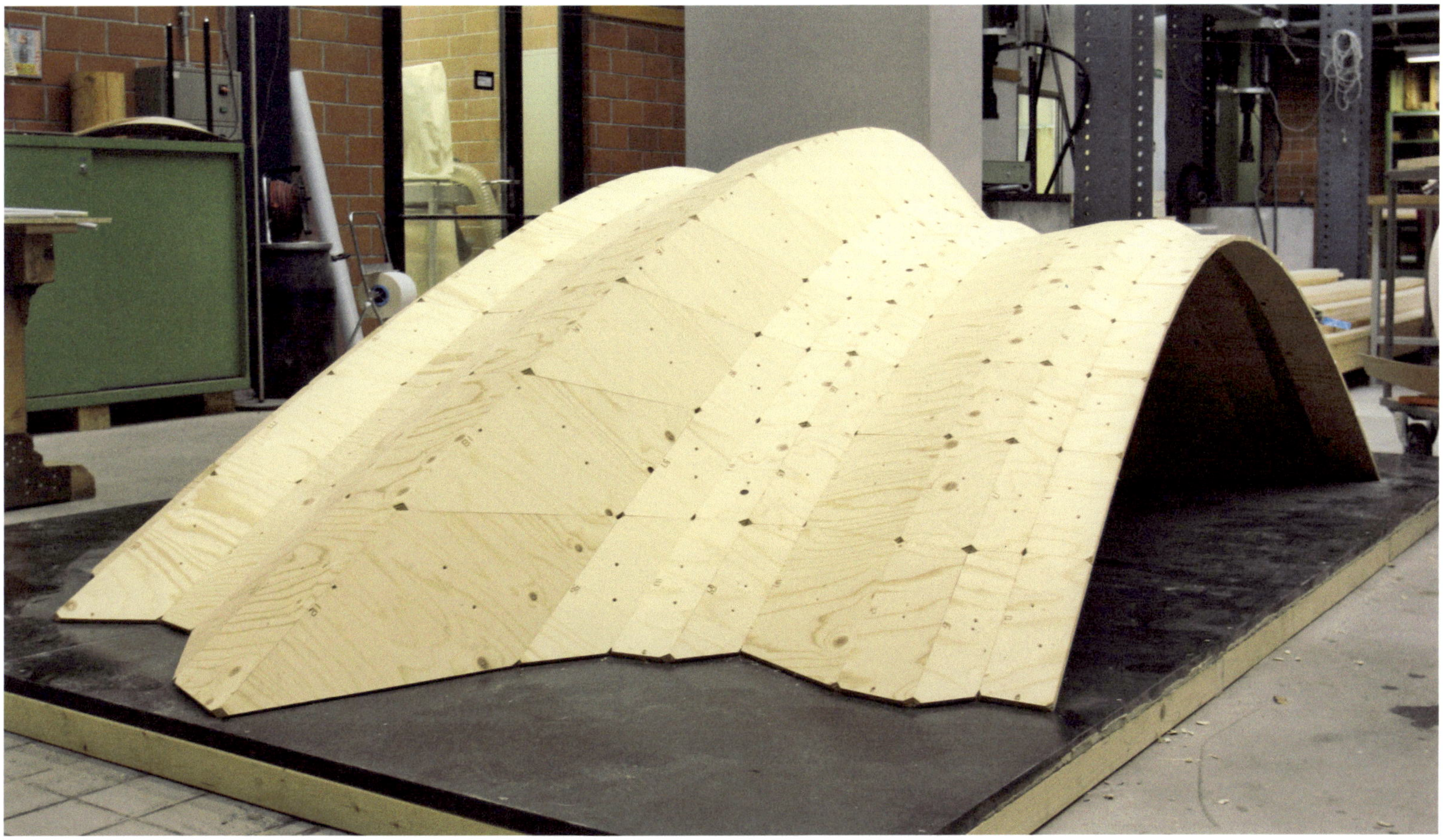

Ill. 21 b

structure en coque visible sur l'illustration 21 se compose d'une petite voûte d'une portée de plus de 4,5 mètres construite à partir de panneaux de contreplaqué de bouleau. Même si, jusqu'à cette étape, les objets réalisés sont restés relativement petits, ils nous ont permis de vérifier la validité de la méthode de design proposée. Les techniques de fabrication utilisées se sont révélées applicables à des éléments de construction à l'échelle 1:1.

5 Discussion et perspectives

Les applications présentées ici montrent qu'en utilisant notre méthode, la conception et la construction de surfaces de forme libre ne nécessitent qu'une planification plutôt réduite. Quelques problèmes sont apparus au cours du processus de fabrication, dus notamment au fait que les éléments étant parfaitement ajustés, la marge de tolérance est très faible. Dans les constructions de grande dimension, ces marges de tolérance seront probablement supérieures. En revanche, la logistique et l'assemblage seront sans doute plus complexes. Quoi qu'il en soit, l'efficacité de la méthode présentée est démontrée. En effet, le traitement des données, de la conception à la fabrication, ne dure que quelques instants.

Nous avons également montré que cette méthode, qui permet de créer des surfaces lisses ou rugueuses, peut être utilisée pour concevoir des structures porteuses. La rigidité des plis peut servir à améliorer la solidité globale des surfaces à forme libre.

L'illustration 22 représente sous forme graphique les résultats d'une étude préalable sur la portance d'ouvrages plissés de ce type. On peut voir à gauche une construction symétrique et lisse ; à droite, quelques plis ont été ajoutés au projet. Pour nous faire une idée globale du comportement structurel de l'ensemble, nous avons imaginé une structure d'une portée de 12 mètres, composée de panneaux de contreplaqué (bouleau) de 20 mm d'épaisseur. Nous avons tout d'abord créé une structure en coque semblable à un dôme. Nous y avons appliqué une charge asymétrique de $Fz = 1500\ N/m^2$, ce qui correspond à une charge de neige typique en Suisse centrale. La déflexion maximale (266 mm) a été constatée le long de l'axe z. Après ajout des plis, la déflexion maximale calculée selon la méthode des éléments finis n'était plus que de 15 mm.

Remarque : cette analyse partait du principe que les différents éléments étaient reliés par des jonctions articulées. En réalité, les jonctions présentent une certaine rigidité en flexion. Mais comme les éléments de construction sont fixés sur leurs quatre côtés (sauf ceux du bord), le système limite fortement toute possibilité de rotation. Pour des applications grandeur nature, il sera à notre sens impératif d'élaborer des détails de construction sur mesure et adaptés. On trouvera de plus amples informations sur l'assemblage des panneaux de bois dans les ouvrages plissés dans les travaux de Buri[9] et Haasis[10]. Buri et al.[9] ont utilisé des plaques perforées en acier plié de 2 mm d'épaisseur pour assembler des panneaux de bois de 40 mm d'épaisseur. Haasis et al.[10] ont quant à eux étudié la rigidité en flexion des assemblages vissés.

Les considérations précédentes sur les détails de construction et les propriétés structurelles des ouvrages présentés pourraient faire l'objet de futures recherches. À l'avenir, nous continuerons à développer des objets plus grands et plus complexes. Le potentiel de cette nouvelle méthode de conception de surfaces à forme libre est loin d'être épuisé. Nous espérons avoir d'autres occasions de tester notre méthode sur de nouvelles applications, par exemple des plafonds suspendus, des façades à forme libre, des murs d'escalade, des halles et des structures en coque.

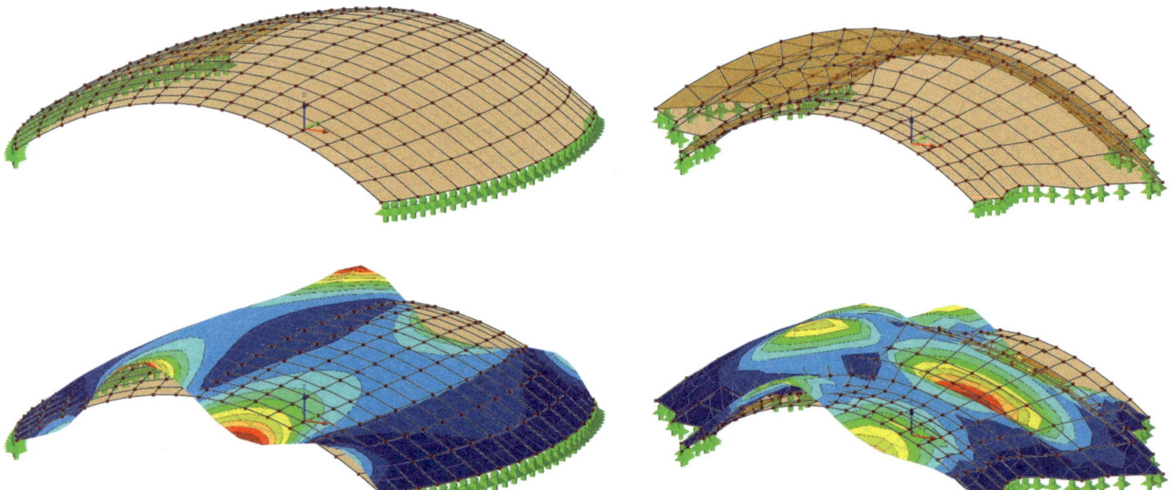

$d_{Zmax} = 220$ mm

$d_{Zmax} = 45$ mm

Ill. 22 Comparaison entre deux surfaces IFS lisse et rugueuse sous charge asymétrique

Remerciements

Ces recherches ont bénéficié du soutien du Fonds national suisse (200021–112103) et (200020– 120037/1). Nous tenons aussi à remercier notre partenaire de projet, Éric Tosan du LIRIS, Université Lyon I, France, pour l'aide qu'il nous a apportée dans le développement du modèle mathématique. Enfin, notre gratitude va à Johannes Natterer pour ses travaux préliminaires sur les capacités portantes des surfaces IFS.

Références

1 Cantor, G., « De la puissance des ensembles parfaits de points », *Acta Mathematica 1884,* p. 381–392.

2 von Koch, H., « Sur une courbe continue sans tangente, obtenue par une construction géométrique élémentaire », *Arkiv för Matematik I,* 1904, p. 681–704.

3 Hutchinson, J. E., « Fractals and self-similarity », *Indiana University Mathematics Journal 30,* 1981, p. 713–747.

4 Barnsley, M. F., *Fractals Everywhere,* Academic Press, 1988.

5 De Casteljau, P., « Courbes à pôles », *INPI,* 1959.

6 Minkowski, H., *Geometrie der Zahlen,* Leipzig, Teubner, 1896.

7 Schlaich, J., Schober, H., « Filigrane Kuppeln. Beispiele, Tendenzen und Entwicklungen », *TEC21,* 2002, vol. 128, n° 12, p. 21–27.

8 Glymph, J., Shelden, D., Ceccato, C., Mussel, J. et Schober, H., « A parametric strategy for freeform glass structures using quadrilateral planar facets », *Automation in Construction,* 2004.

9 Buri, H., Weinand, Y., « Gefaltet. Holztragwerke », *TEC21,* 2009, n° 8, p.18–22.

10 Haasis, M., Weinand, Y., « Origami-folded plate structures », *Engineering. 10th World Conference on Timber Engineering,* 2008, Miyazaki, Japon.

Cet article est initialement paru dans *Journal of the International Association for Shell and Spatial Structures,* vol. 50, n° 1, 2009, p. 11–20.

2.3

Description géométrique et analyse structurale d'une construction modulaire en bois

Sina Nabaei, Yves Weinand et Olivier Baverel

L'objectif ambitieux des recherches actuellement menées à l'IBOIS, le laboratoire de construction bois de l'École polytechnique fédérale de Lausanne (EPFL), est de développer la prochaine génération de constructions utilisant des dérivés innovants du bois en appliquant les principes du textile à l'échelle de bâtiments entiers. La structure présentée ici est une structure porteuse modulaire constituée de panneaux de bois pliés : elle nous servira d'exemple pour illustrer l'utilisation de méthodes géométriques pour la conception de motifs modulaires et de maillages de constructions en bois. Nous montrerons qu'il est possible de créer des structures spatiales complexes grâce à une technologie simple d'assemblage d'éléments. Les procédés modernes de PAO permettent en outre de découper à grande échelle des éléments plans complexes et de les assembler avec une grande précision, comme c'est le cas avec le prototype de la structure présentée dans cet article. Le principe de pliage correspond à une structure réciproque plane. Le module de base se compose de deux plaques de bois pliées et solidarisées, imbriquées l'une dans l'autre pour former un arc. La stabilité de l'assemblage est assurée par le contact le long des encoches. Les propriétés mécaniques fondamentales de la structure sont étudiées à l'aide de la méthode des éléments finis, en tenant compte des conditions limites de contact non-linéaires. L'étude porte aussi sur le comportement statique sous charge propre ainsi que sur le comportement dynamique du modèle. En fonction de ces résultats d'analyses, et avec l'aide d'un modèle de paramètres CAO, des alternatives structurelles et géométriques sont proposées afin d'améliorer la portance. Un prototype a été conçu à partir de ce principe géométrique. Il a ensuite été assemblé afin de tester la faisabilité de l'ouvrage à l'échelle d'un bâtiment.

Mots clés ***structure porteuse en bois, structure réciproque, amélioration structurelle, méthode des éléments finis, design paramétrique***

1 Introduction

1.1 L'IBOIS ou la réinterprétation de la construction bois

Ces dernières années, la nécessité d'utiliser des ressources durables et renouvelables dans le secteur de la construction est devenue de plus en plus évidente et l'intérêt pour le bois comme matériau de construction n'a cessé d'augmenter.[1, 2, 3] De nouveaux produits dérivés du bois sont apparus, par exemple les panneaux de bois massif. Leur utilisation connaît un succès grandissant.[4, 5] L'objectif ambitieux des recherches actuellement menées à l'IBOIS, le laboratoire de construction bois de l'École polytechnique fédérale de Lausanne (EPFL), est de développer la prochaine génération de constructions utilisant des dérivés innovants du bois en appliquant les principes du textile à l'échelle de bâtiments entiers.[6, 7] L'étude des constructions bois et leur analyse statique, des territoires encore inexplorés, tient compte des principes mécaniques et structurels connus dans le secteur textile. On peut considérer que le bois est un matériau composé de fibres, il y a donc peut-être des analogies à découvrir entre d'une part les structures en fibres textiles et d'autre part les micro- et macro-structures en bois. La clé de notre approche est l'hypothèse selon laquelle la nature fibreuse du bois, historiquement perçue comme un point faible pour un matériau de construction, serait en réalité un atout qui devrait être exploité pour accroître sa valeur fonctionnelle et esthétique. Sa flexibilité intrinsèque lui permet d'être plié pour produire des structures solides et ultralégères, très économes en matériaux. En associant l'observation précise des techniques textiles existantes et des procédés de fabrication, notamment des méthodes géométriques de fabrication de schémas modulaires (tels que Clare Horne[8] les a décrits) avec l'étude de la structure modulaire présentée ici, une nouvelle famille de constructions en bois reposant sur la logique et les principes des produits textiles doit pouvoir être développée.

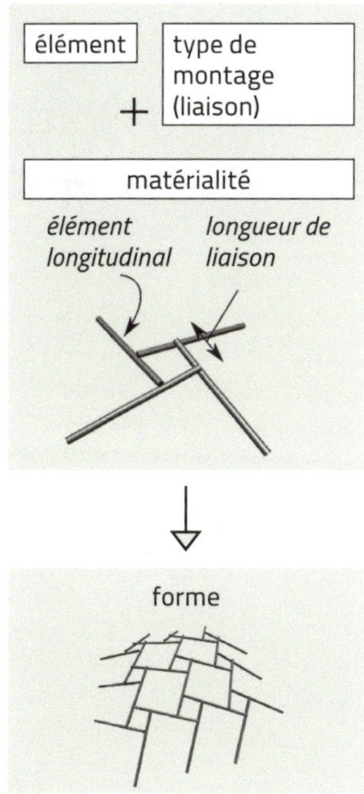

Ill. 1 a

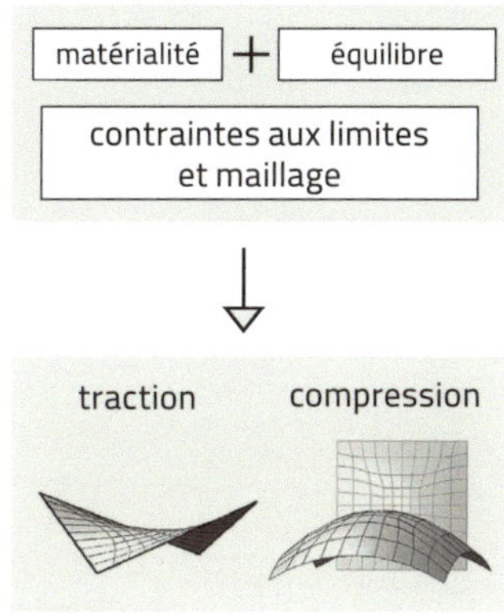

Ill. 1 b

Ill. 1 Formes de structures spatiales : a) structures réciproques[19] b) formes à l'équilibre en traction ou en compression[20]

Ill. 2 Concept de pliage de la structure modulaire conçue à l'Atelier Weinand

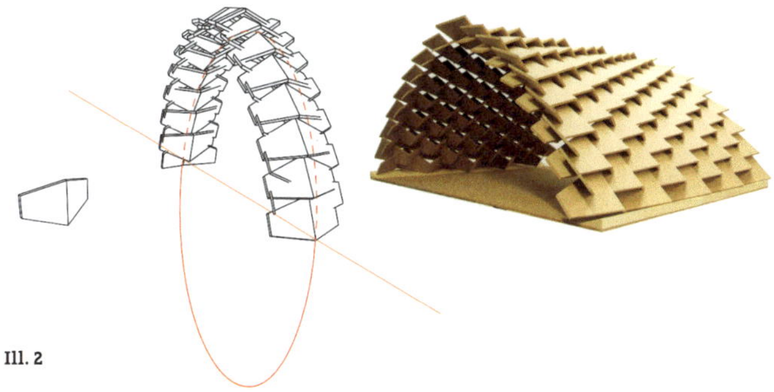

Ill. 2

1.2 Géométrie des structures en volume : une étude des relations forme-éléments

Au cours des dix dernières années, la géométrie des structures porteuses en volume s'est développée dans quatre directions différentes, qui ont donné lieu à de nombreuses études. L'illustration 1 présente un exemple extrait d'une publication sur ce thème. Les différentes approches sont exposées et analysées ci-après.

- *Structures réciproques (nexorades) :* cette famille de structures porteuses modulaires se compose d'éléments linéaires entrelacés. La forme finale est le résultat d'un module de base et d'une technologie d'assemblage (ill. 1a).[9, 10, 11, 12]

- *Recherche pratique de forme :* ce procédé concerne essentiellement des membranes tendues ou des murs maçonnés voûtés, pour lesquels on a développé une géométrie permettant de résister aux forces de traction et de compression. Ici, la forme finale résulte directement de la position d'équilibre. Elle est grandement influencée par le choix des matériaux employés et les contraintes imposées à la structure (ill. 1b).[13–15]

- *Optimisation topologique :* la dernière série peut être qualifiée d'optimisation de la topologie et de la forme. Elle rassemble des méthodes qui, combinées à des algorithmes évolutifs, produisent souvent des objets spatiaux de forme libre, créés sur la base de critères structuraux. Ils relèvent de la première catégorie. Leur construction est rendue possible par un procédé d'approximation géométrique.

- *Formes libres :* ici, la surface de conception libre est le point de départ. À l'aide de modèles mathématiques géométriques, on tente de s'en approcher par des approximations pour former un maillage d'éléments plans uniformes (ou de même type). La création du maillage se fait dans les contraintes imposées par la procédure d'approximation ainsi que par l'analyse de sensibilité économique. Comme la structure porteuse suit de près ce maillage obtenu par approximation, la forme spatiale est peu influencée par la matérialité, les réactions mécaniques à l'état d'équilibre et les lois mécaniques. La matérialité et la technologie d'assemblage sont d'une grande importance pour la surface de forme libre.[16–18]

En fait, la conception d'une forme libre commence généralement par une « forme complexe » qui aboutit, par une procédure top-down, à de multiples types d'éléments et à des « technologies d'assemblage complexes », où les éléments structurels suivent les mouvements de la forme extérieure. Mais il faut se demander si cette pratique de la forme libre peut être transposée à la création de constructions en bois. Pour cela, la matérialité et la complexité de la technologie d'assemblage doivent être considérées comme des aspects importants. Ils permettent de distinguer entre les quatre approches décrites plus haut. Au centre de notre étude, on trouve la recherche sur les familles de structures

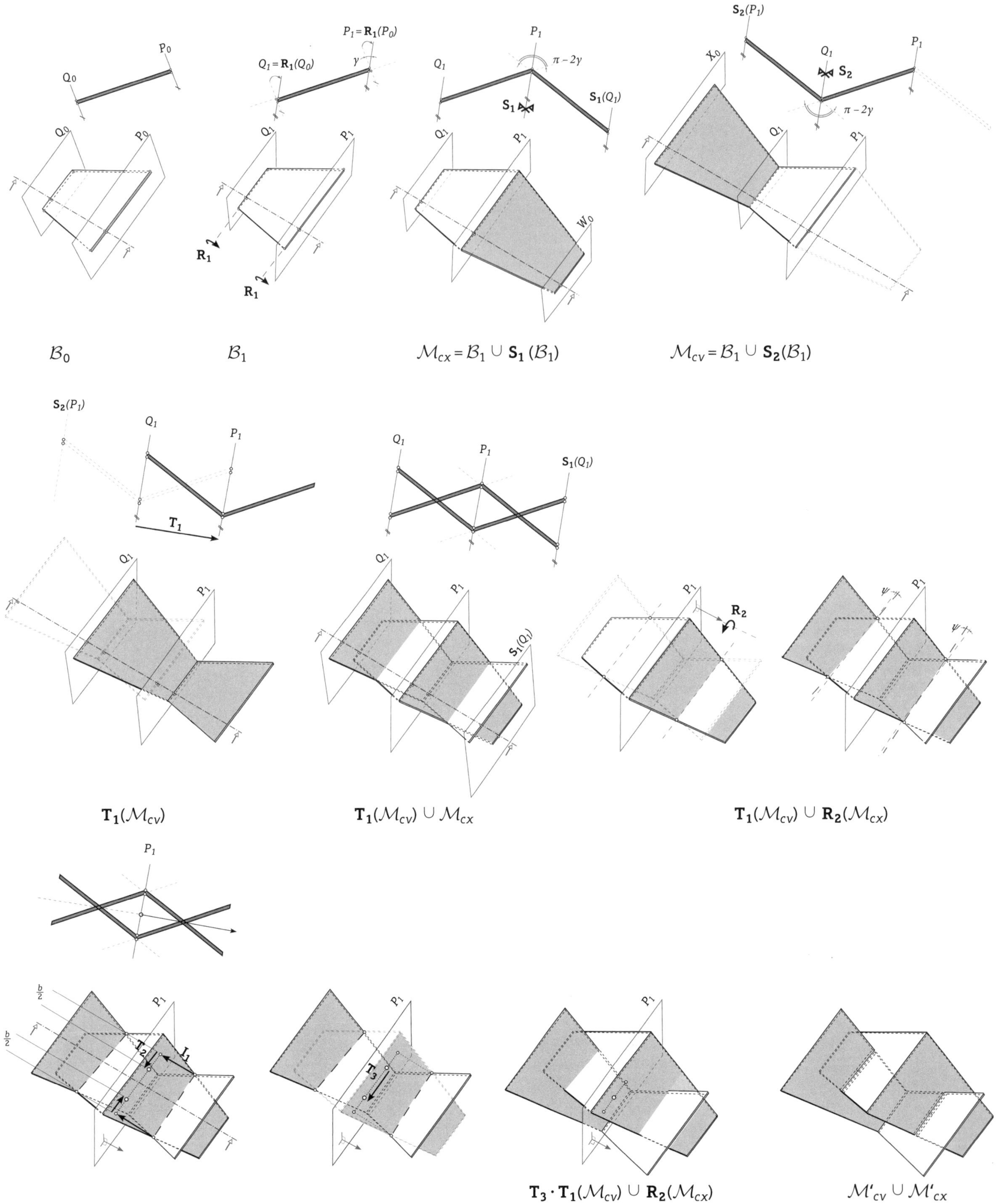

III. 3 Transformation géométrique du panneau trapézoïdal de base ($\mathcal{B}_0$) en deux modules en forme de V imbriqués l'un dans l'autre ($\mathcal{M}_{cv} \cup \mathcal{M}_{cx}$)

spatiales. L'accent est mis sur la matérialité et la technologie d'assemblage plutôt que sur une approximation de surfaces irrégulières. Selon cette approche, la forme finale résulte de la géométrie des éléments assemblés et de la technologie d'assemblage utilisée. Dans l'ingénierie de la construction bois, on utilise en général des machines de PAO capables de découper des géométries complexes dans de minces panneaux et des tasseaux de bois et on opte pour des assemblages simples, adaptés au bois.

La structure modulaire proposée dans cet article est le fruit de l'exploration des relations qui existent entre l'élément et la forme. Son comportement structurel a été étudié du point de vue géométrique mais aussi mécanique. Un prototype a été réalisé pour compléter l'étude.

ill. 4 Réalisation du prototype à l'EPFL

2 Présentation de la structure

2.1 Le concept de pliage

À l'origine, le concept de pliage présenté dans cette étude a été étudié à l'occasion de l'atelier d'architecture de l'IBOIS intitulé « Atelier Weinand » à l'EPFL, consacré à la géométrie discrète en architecture, sous la direction d'Yves Weinand. Un module de base en forme de V a été fabriqué à partir de deux éléments plans de bois. Il a ensuite été multiplié pour obtenir une arche par rotations consécutives (ill. 2).

Cette structure peut être divisée en quatre types d'éléments principaux, composés chacun de deux panneaux de bois placés en miroir et assemblés par deux chevilles en bois dur le long de leur axe pour former un module en V. Les chevilles sont placées au milieu comme des clavettes de cisaillement et deux vis à tête fraisée bombée sont insérées près des bords pour éviter les translations et les rotations relatives. Les fixations sont placées verticalement par rapport au plan médian. Les modules ainsi créés sont ensuite imbriqués les uns dans les autres grâce à leurs encoches. On obtient une arche. La stabilité entre les différents éléments est assurée par la rigidité de torsion des connexions et le contact axial des panneaux placés en face à face.

2.2 Analyse géométrique et paramétrique des formes globales

L'élément de départ de la forme est un panneau B1 de forme trapézoïdale, appelé « panneau de base ». En général, ce panneau unique est transformé par deux classes d'opérateurs afin de créer la forme globale. Il s'agit en premier lieu des opérateurs booléens, c'est-à-dire les processus de fabrication, d'assemblage et de montage. Le second type d'opérateurs, appelés opérateurs géométriques, intègre les mouvements structurels rigides et se compose de plans congruents permettant de positionner l'objet dans l'espace. Parmi les opérateurs booléens, on utilise l'union, l'intersection et l'exclusion. Parmi les opérateurs géométriques que nous pourrions utiliser, on trouve la rotation autour d'un vecteur de l'espace, la réflexion sur un plan, l'inversion par rapport à un point de l'espace ou la translation dans la direction d'un vecteur de l'espace. Ce sont autant d'isomorphismes simples.

La transformation géométrique qui permet de déterminer les encoches destinées à deux modules voisins est décrite dans l'illustration 3. Les majuscules en écriture cursive ($\mathcal{B}$, $\mathcal{M}$, etc.) représentent des objets géométriques, tandis que les majuscules en gras (**S, R, T,** etc.) désignent des isomorphismes (symétrie, rotation et translation). Les opérateurs booléens sont représentés par leurs symboles mathématiques. En répétant la même transformation géométrique, on obtient un module à deux encoches. Ce « module de base », présenté sur l'illustration 4, est l'unité de base de la structure modulaire.

Une fois la transformation géométrique décrite ci-dessus intégrée à un programme de CAO, on obtient un modèle paramétrique de la structure porteuse modulaire dont la géométrie est définie par un ensemble de grandeurs scalaires.

2.3 Réalisation du prototype

Afin de tester la faisabilité structurelle du concept et de mieux visualiser sa qualité architecturale, un prototype de cette structure a été réalisé à l'EPFL. Deux photos illustrant le projet sont présentées dans l'illustration 4. Le projet incluait le développement d'un code machine pour fraiseuse CNC à cinq axes, la conception des détails de construction et le montage de la structure en vue de son exposition. Tous les modules pliés en forme de V ont été fabriqués dans des panneaux trois plis de 21 mm d'épaisseur et découpés à l'aide de machines CNC sur le campus de l'EPFL.

3 Analyse structurale

En raison de sa non-linéarité géométrique, il a fallu recourir à des modèles numériques appropriés afin d'étudier et d'améliorer le système structural. Les diagnostics réalisés pour vérifier la rigidité comprennent l'analyse statique linéaire de la structure sous charge propre et l'analyse modale dynamique. À partir de ces observations, des améliorations ont été proposées (voir section 4).

3.1 Hypothèses de modélisation et analyse des contraintes locales

Selon l'approche choisie, l'épaisseur des panneaux devient un facteur important lors de la modélisation. Elle permet de modéliser correctement la géométrie des encoches, définie par la configuration géométrique. Pour chaque encoche, on définit cinq contacts normaux entre deux paires de surfaces : la surface maître et la surface esclave. On suppose que le contact est dénué de frottements. Les contraintes liées aux surfaces de contact doivent être satisfaites le long des raccordements exposés à des déformations finies. Pour l'élaboration du modèle du continuum, on utilise un tétraèdre modifié de forme carrée à 10 nœuds. On le désigne sous la référence élément solide C310DM ABAQUS®.

Le bois est considéré comme un matériau élastique et homogène sur toute son épaisseur. Le module d'élasticité, E = 8000 Mpa, le coefficient de Poisson, $\upsilon = 0,3$ et la densité du matériau sont calculés à partir de la documentation fournie par le fabricant industriel des panneaux trois plis.[21]

3.2 Analyse statique d'une arche

Les résultats relatifs au champ de déformation global et à la contrainte de comparaison de von Mises pour une arche simple soumise à son propre poids sont présentés dans l'illustration 6. Il apparaît que la configuration géométrique des modules imbriqués entraîne une concentration des tensions au niveau des encoches, ce qui s'explique avant tout par le comportement en flexion de la structure porteuse. Par ailleurs, on a réalisé une analyse modale du comportement dynamique de cette arche isolée afin de déterminer une première valeur estimative de la rigidité de la structure porteuse en conditions de charges latérales et longitudinales. Les fréquences propres ont donc été comparées. Le premier mode global est latéral et a une fréquence propre de 0,59 Hz, assez peu élevée par rapport aux lignes directrices dont la fréquence propre minimale est comprise entre 1 et 4 Hz.[22]

4 Propositions d'améliorations structurelles

À partir des résultats obtenus ci-dessus, nous nous fixons à présent un double objectif. Le premier est d'obtenir une meilleure répartition des tensions dans le panneau et de réduire la concentration des tensions au niveau des encoches. Le second est d'augmenter la rigidité structurelle, calculée à l'aide de la fréquence propre du premier mode global.

4.1 Vers un système de treillis

Même si le système obtenu s'apparente déjà à une superposition géométrique, on constate immédiatement que le système existant, basé sur des poutres, pourrait évoluer vers un système plutôt apparenté à une structure à treillis. Les recherches vont dans deux directions :

- ajout d'éléments intermédiaires : cela pourrait se faire en insérant avec précaution des éléments intermédiaires supplémentaires au niveau du plan médian de l'arche, de manière à connecter des modules CX-CX et CV-CV consécutifs.
- ouverture de l'encoche : dans la configuration géométrique initiale, la stabilité de chaque module est assurée par le clavage des panneaux assemblés par leurs encoches. Dans un système de treillis, avec panneaux intermédiaires supplémentaires, fixés entre eux et fixés aux modules porteurs d'encoches, il serait possible d'agrandir l'angle des raccordements par encoches. Cela contribuerait à réduire la concentration des tensions (ill. 6a). En appliquant ces deux principales modifications à la structure originale, la valeur maximale du critère de von Mises sous charge propre est fortement réduite. Elle passe de 14,1 Mpa pour la configuration originale à 1,66 Mpa, tout en conservant une déformation globale maximale du même ordre de grandeur. Par ailleurs, la tension est transférée sur les éléments intermédiaires et non plus sur les panneaux, ce qui réduit la forte concentration de tensions sur les panneaux. Il en résulte une augmentation de la première fréquence propre globale de la structure, qui passe à 0,98 Hz.

4.2 Mieux solidariser les panneaux

Soit un module CX quelconque de l'arche : l'emplacement de ce module est indiqué dans l'équation 1 et l'illustration 7a. Selon le principe géométrique présenté dans l'illustration 4, CX_1 est assemblé à CV_1 et CV_2 par deux jonctions par encoches. L'idée est d'augmenter la longueur de ces jonctions de manière à ce que CX_1 puisse être assemblé aussi à CV_{-1}. (ill. 7b) Les deux cubes d'intersection des panneaux sont ensuite retirés de CV_{-1} et l'on obtient deux encoches supplémentaires sur le bord externe des panneaux. En conséquence, CV_1, qui n'était jusqu'alors assemblé qu'à CX_0 et CX_1, présente désormais une intersection avec CX_{-1}. Si l'on retire les deux nouvelles intersections de CV_{-1}, on obtient deux liaisons par encoches supplémentaires, placées cette fois sur le bord interne du module CV.

En résumé, l'idée consiste à garder le même schéma de découpe pour les modules CX et à réaliser quatre encoches supplémentaires pour les modules CV : deux sur le bord externe et deux sur le bord interne (ill. 7c).

Pour atteindre cet objectif, la géométrie originale a été saisie dans un programme de CAO paramétrique. Les paramètres importants déterminant la géométrie de chaque type de module dans leur forme originale ont été identifiés. Ensuite, la configuration géométrique des modules de base a été ajustée en fonction de la hauteur et de la portée de la structure porteuse d'origine.

$$CV_{-2} - CX_{-1} - CV_{-1} - CX_0 - CV_1 - CX_1 - CV_2 \quad \text{équ. 1}$$

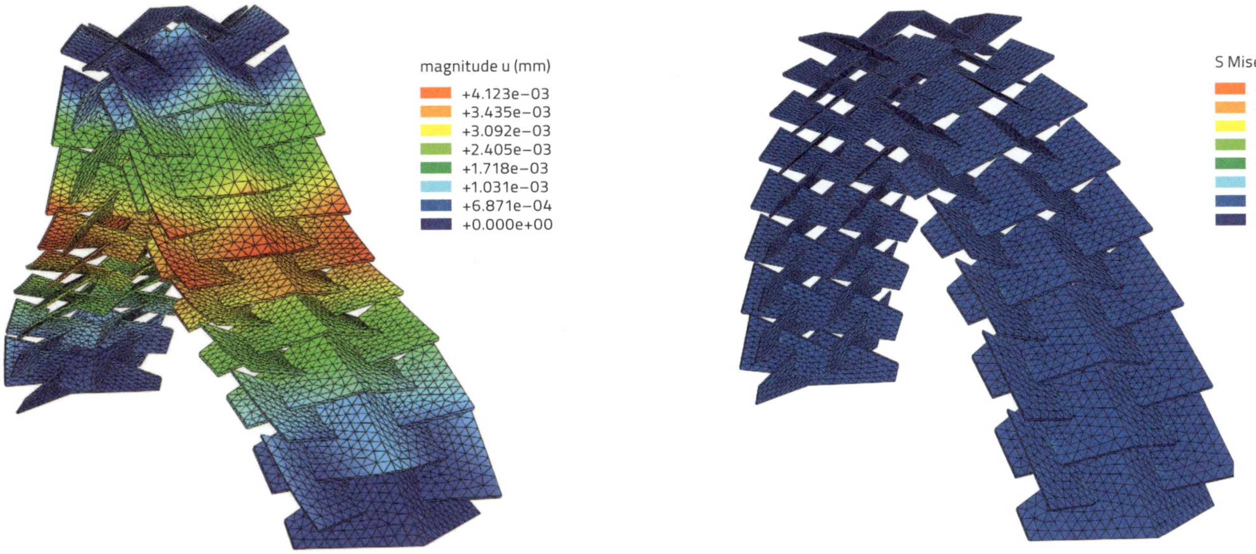

Ill. 5 Champ global de déformation et contrainte de Von Mises sur un modèle d'arche isolée

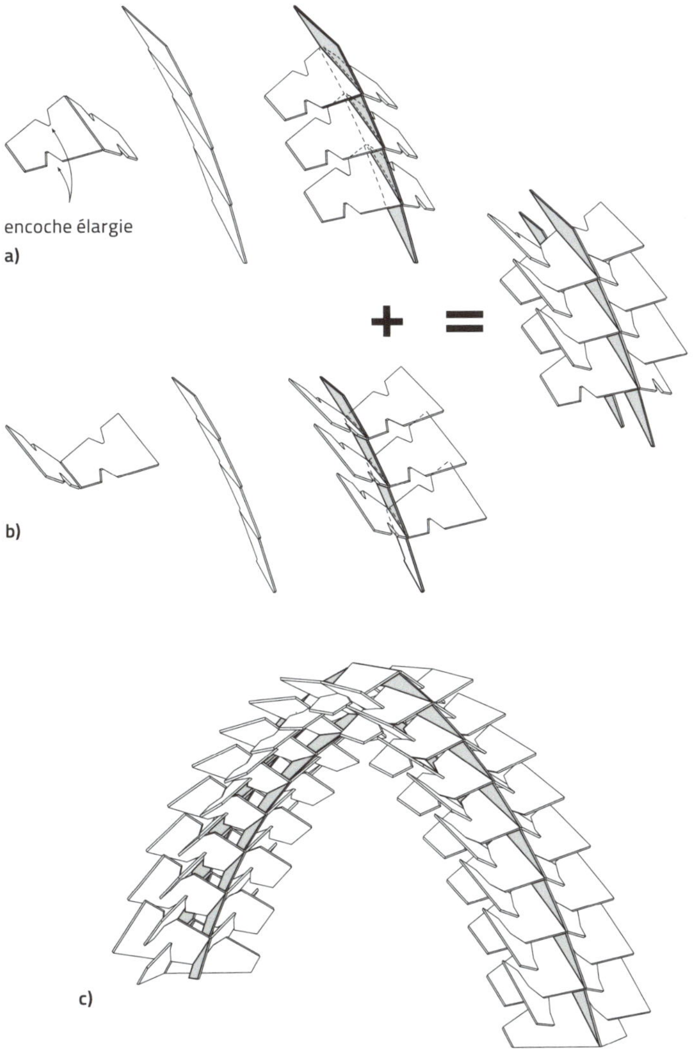

Ill. 6 Obtention d'un comportement apparenté aux structures en treillis : **a)** modification des modules CX et ajout d'éléments intermédiaires, **b)** modification des modules CV et ajout d'éléments intermédiaires, **c)** arche simple renforcée par des éléments intermédiaires en haut et en bas

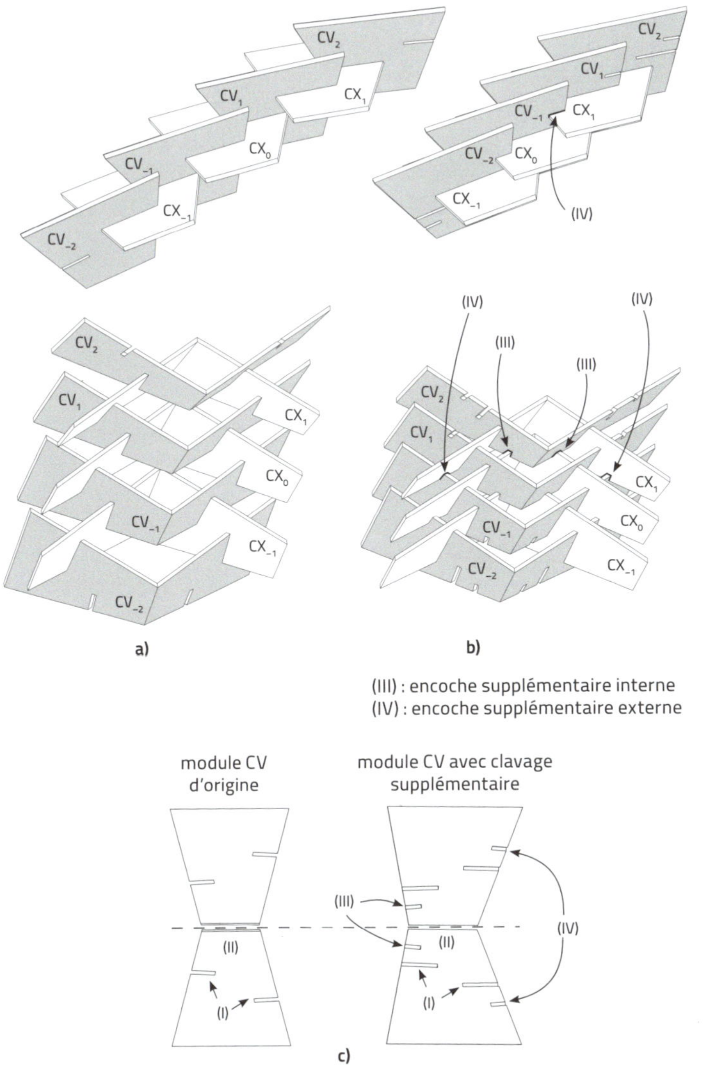

Ill. 7 Renforcement du clavage des panneaux : deux configurations géométriques, **a)** originelle, **b)** consolidée, **c)** comparaison des modifications géométriques apportées au modules CV et à ses liaisons

Si l'on augmente la longueur des encoches tout en conservant la portée et la hauteur de la structure porteuse, il faut alors augmenter le nombre de modules. La structure d'origine se composait de 33 modules à encoches. Mais si l'on rallonge les encoches de 103 mm pour créer plus de points de jonction entre les éléments, il faut passer à 53 modules de mêmes dimensions pour réaliser une structure de taille et de portée identiques à la construction originelle. Il en résulte que la version consolidée sera 53/33 = 1,7 fois plus lourde que celle d'origine. En augmentant le nombre de jonctions et en les répartissant sur toute la longueur du panneau, on peut s'attendre à un transfert des charges plus uniforme entre les modules. Et de fait, les valeurs du critère de von Mises résultant de l'analyse élastique non-linéaire de la structure confirment cette hypothèse. La valeur maximale du critère de von Mises en condition de charge propre se réduit à 1,15 MPa pour une déformation globale maximale de 1,3 mm, ce qui est encore acceptable, alors que la variante consolidée est 1,7 fois plus lourde que la structure d'origine. Le principal bénéfice est la rigidité structurelle accrue de la structure, où la fréquence propre minimale, calculée par analyse modale du comportement dynamique, est estimée à 5,99 Hz. En utilisant les valeurs de la fréquence propre *(f)* et de la masse totale *(m)* de la structure d'origine (signalée par un 0 en indice dans l'équation 2) et de la structure consolidée (signalée par l'indice 2), on peut comparer la rigidité équivalente *(k)* de la structure porteuse de ces deux configurations **(voir ill. 3)**. En conclusion, la structure porteuse consolidée est 165 fois plus rigide que la structure d'origine le long des nouvelles encoches.

$$\frac{k_2}{k_0} = \frac{m_2}{m_0}\left(\frac{f_2}{f_0}\right)^2 \cong 165 \qquad \text{équ. 2}$$

5 Conclusion

Nous avons présenté dans cet article un concept de structure modulaire composée d'éléments plans de bois pliés et assemblés. La forme de la structure spatiale est déterminée par la géométrie de son module de base et l'assemblage des panneaux entre eux. Cette structure représente une nouvelle famille de structures en volume que l'on peut qualifier de structures réciproques planes. L'analyse de la mise en œuvre paramétrique du concept a établi que ce modèle paramétrique pouvait être utilisé pour proposer des améliorations structurelles, notamment ici en augmentant le clavage des éléments grâce aux jonctions. Les recherches ultérieures viseront à généraliser ce travail à travers une exploration mathématique de formes de structures porteuses modulaires pouvant être utilisées dans la construction bois.

Remerciements

Les auteurs tiennent à remercier Olivier Baverel du laboratoire Navier de l'École Nationale des Ponts et Chaussées pour sa contribution importante à cette étude.

Bibliographie

1 Thun, M., *DETAIL Zeitschrift für Architektur + Baudetail,* 2010, 50(10), p. 982–988.

2 Weinand, Y., « Innovative timber constructions », *Journal of the International Association for Shell and Spatial Structures,* 2009, 50(161), p. 111–120.

3 Herzog, T., Natterer, J. et Volz, M., *Timber Construction Manual,* DETAIL éd. 2000, Birkhäuser Architecture.

4 Dunky, M. et Niemz, P., *Holzwerkstoffe und Leime : Technologie und Einflussfaktoren,* 2002, Springer-Verlag Berlin Heidelberg.

5 Buri, H. et Weinand, Y., « Übersicht Massivholzplatten », *39. Fortbildungskurs Schweizerische Arbeitsgemeinschaft für Holzforschung,* 2007, SAH Schweizerische Arbeitsgemeinschaft für Holzforschung, Weinfelden, p. 63–84.

6 Voir note 4.

7 Weinand, Y. et Hudert, M., « Timberfabric : Applying textile principles on a building scale », *Architectural Design,* 2010, 80(4), p. 102–107.

8 Horne, C.E., *Geometric symmetry in patterns and tilings,* 2000, Woodhead Publishing.

9 Baverel, O., Nooshin, H. and Kuroiwa, Y., « Configuration processing of nexorades using genetic algorithms », *Journal of the International Association for Shell and Spatial Structures,* 2004, 45(145), p. 99–108.

10 Popovic Larsen, O., *Reciprocal Frame Architecture,* 2008, Architectural Press.

11 Douthe, C. et Baverel, O., « Design of nexorades or reciprocal frame systems with the dynamic relaxation method », *Computers and Structures,* 2009, 87(21–22), p. 1296–1307.

12 Baverel, O. et Nooshin, H., « Nexorades based on regular polyhedra », *Nexus Network Journal,* 2007, 9(2), p. 281–298.

13 Bletzinger, K.-U. et al., « Optimal shapes of mechanically motivated surfaces », *Computer Methods in Applied Mechanics and Engineering,* 2010, 199 (5–8), p. 324–333.

14 Block, P. et Ochsendorf, J., « Thrust network analysis : A new methodology for three-dimensional equilibrium », *Journal of the International Association for Shell and Spatial Structures,* 2007, 48(155), p. 167–173.

15 Tibert, A. G. et al., « Review of Form-Finding Methods for Tensegrity Structures », *International Journal of Space Structures,* 2003, 18(4), p. 209–223.

16 Eigensatz, M. et al., « Paneling architectural freeform surfaces », *ACM Transactions on Graphics,* 2010, 29(4).

17 Pottmann, H. et al., « Freeform surfaces from single curved panels », *ACM Transactions on Graphics,* 2008, 27(3).

18 Glymph, J. et al., « A parametric strategy for free-form glass structures using quadrilateral planar facets », *Automation in Construction,* 2004, 13(2), p. 187–202.

19 Voir note 9.

20 Voir note 16.

21 Voir note 5.

22 Bachmann, H., *Vibration problems in structures : practical guidelines,* Birkhäuser, 1995.

2.4

« Découvrir des processus pour lesquels les paramètres choisis ne sont pas adaptés »

Entretien entre Mark Pauly (Laboratoire d'informatique graphique et géométrique LGG, EPFL, Lausanne) et Yves Weinand, 10 février 2015

Yves Weinand : Je voudrais parler avec vous du prototype présenté dans ce chapitre consacré aux constructions modulaires en bois et qui n'a encore jamais fait l'objet d'une publication. Je pense aussi à la thèse d'Ivo Stotz sur le thème de la conception fractale et itérative de détails, qui repose sur un projet développé par des architectes et des informaticiens de l'IBOIS. Nous avons créé ce pavillon avec des étudiants en génie civil, en modifiant simplement quelques paramètres géométriques. En fait, c'est toujours comme cela que nous procédons : nous essayons, nous échouons et nous recommençons. Le travail des ingénieurs en bâtiment est donc un processus itératif. C'est un aspect sur lequel nous pourrions insister dans notre discussion. La première question est la suivante : qu'avons-nous fait ici ? Nous avons développé cette structure en tant qu'architectes, puis nous avons contrôlé les zones de contact avec des moyens mécaniques grâce à nos maquettes. Ensuite, nous avons amélioré la géométrie en rallongeant les encoches pour créer des zones de contact supplémentaires, ce qui a modifié la géométrie globale et augmenté la rigidité de la structure. Je peux le faire quand je travaille avec les étudiants mais il est rare qu'ils atteignent ce niveau. Sina Nabaei, qui au début collaborait à ce projet, en avait conscience parce qu'il avait compris la géométrie. Il l'a clairement établi dès le début, et depuis nous n'avons pas avancé d'un pouce. Ce que j'aimerais savoir, c'est comment vous aborderiez le problème. Il ne s'agit là que d'une solution, il n'y a pas de concept universel pour cette géométrie. Elle repose sur la vision d'un ingénieur en bâtiment qui voulait rigidifier un peu la structure. Nous avons déjà quelque chose : une étude de cas. Pensez-vous que la description et l'optimisation de cette géométrie définissent un concept général ?

Mark Pauly : Tout d'abord, c'est un processus itératif : nous nous fions à notre intuition et nous essayons. Je crois que ça ne changera pas et c'est sans doute une bonne chose, car quand on conçoit ce genre de structure, on ne veut pas seulement résoudre un problème mais aussi le définir. Souvent, on ne sait pas exactement ce qu'on cherche et ça complique la tâche. On essaie de trouver les bonnes contraintes et les bons paramètres. Je crois que ce genre de problèmes est appelé à changer complètement car ils nécessitent des preuves d'efficacité. On comprend bien la problématique quand on a un espace continu et une énergie continue et qu'on veut les optimiser. Mais quand il y a des liaisons et qu'on peut réaliser ces liaisons de multiples manières, je ne pense pas qu'il y ait une manière de faire universelle qui permettrait de jouer simplement sur le système pour trouver la solution optimale. Éventuellement, on pourra optimiser localement tel ou tel élément, mais il y a une interaction entre la forme locale et la géométrie globale. Il faut absolument la garder à l'esprit. Pour l'instant, je ne vois pas de solution à ce problème. Nous travaillons toujours sur des solutions très spécifiques : les preuves d'efficacité ne peuvent être fournies à l'avance et elles ne peuvent pas non plus être reliées à la forme, à la géométrie, à la taille des éléments, au type de liaisons ou à l'interaction entre les éléments. Je ne pense pas qu'il existe un système permettant de modifier ces choses de manière dynamique tout en obtenant des résultats probants. On est toujours confronté à une certaine fragilité. Je veux dire par là que d'infimes transformations sur les liaisons peuvent avoir des répercussions considérables sur la portance.

Y. W. : Nous n'avons sans doute pas réussi à modéliser correctement les zones de contact. C'était plutôt un changement global de géométrie. Nous avons ajouté des points de contact et ça nous a permis d'obtenir des améliorations structurales. En tant qu'informaticien, diriez-vous qu'il s'agit d'une étude de cas ? À vrai dire, j'aimerais aller encore plus loin dans ce projet. Il est là et rien n'a été fait, mais je crois que ce type de construction - composée uniquement de panneaux - pourrait être très intéressant pour des applications architecturales, par exemple dans le domaine de l'éclairage. Pourrions-nous, en tant que directeurs d'instituts de recherches, définir une sorte de plan de recherche qui pourrait intéresser l'un de vos doctorants en informatique ? Encourageriez-vous ce type de sujets, ou comment procéderiez-vous ? J'aimerais montrer ce projet à un ingénieur en bâtiment. Il répéterait sans doute la démarche jusqu'à obtenir la rigidité nécessaire. Je pense que nous sommes un peu perdus parce que nous n'avons pas de cadre général, comme vous le disiez. Et nous n'avons pas encore abordé les questions topologiques.

M. P. : La première chose que je vois - peut-être parce que je suis un scientifique -, c'est la possibilité d'extrapoler à partir de cette structure. Au fond, ce que je vois ici, c'est un cadre assez contraint. On a beaucoup de petits éléments isolés qui interagissent, ces interactions sont locales mais elles créent une dépendance globale. Supposons qu'on ait des centaines de panneaux ou des centaines d'éléments, on peut ensuite coder leurs relations d'interdépendance dans la topologie du système. On peut définir leurs interactions locales, même de manière expérimentale, en fonction des forces de contact existantes. Le but, ce serait d'avoir un système qui permette de changer de manière interactive la forme des éléments individuels, la forme de la structure globale et toutes les liaisons, tout en obtenant des informations sur la performance structurale et les contraintes d'assemblage.
Je chercherais pour ma part à réaliser une description générale de ce type d'élément ; c'est-à-dire à trouver une manière d'assembler deux éléments ayant certaines propriétés géométriques et structurales, sachant évidemment qu'il existe de nombreuses méthodes d'assemblage. Je commencerais par présenter les choses en termes plus abstraits. D'un côté, ce type de constructions repose sur une structure très générale ; d'un autre côté, il est important aussi de la développer pour pouvoir étudier un exemple concret. Vous ne voulez pas étudier toutes les manières possibles d'assembler les éléments ni essayer de résoudre tous les problèmes à la fois. Je pense qu'à ce stade, comme nous n'avons pas encore de solution éprouvée pour ces structures topologiques, il faudrait partir d'un cas concret et peut-être restreindre le nombre de variations possibles. On peut par exemple redessiner les panneaux en les redimensionnant. On peut paramétrer les liaisons de manière à obtenir un espace fixe dans lequel on peut travailler. Les paramètres sont fixes, mais le nombre et le type de paramètres ne sont pas fixés. C'est un travail de conception. Commencez par un nombre fixe de variables et construisez un système capable de fonctionner avec elles. Progressivement, vous découvrirez des processus auxquels les paramètres que vous avez choisis ne sont pas adaptés. On doit construire un tel système graduellement de bas en haut, dans une approche ascendante, en commençant par quelque chose de simple qu'on complexifie au fur et à mesure. En même temps, il est important de garder à l'esprit la perspective opposée, cette représentation abstraite dont on pourrait avoir besoin, et ne pas oublier qu'on ne veut pas résoudre un problème particulier mais des problèmes généraux, plus utiles pour l'application. J'utiliserais une approche double : travailler d'un point de vue très général avec des éléments reliés dans un langage très abstrait, qui peuvent facilement être représentés mathématiquement, et en même temps, adopter une approche ascendante en utilisant des panneaux de bois ou des éléments reliés de manière abstraite, pour ensuite combiner ces deux approches. Il y a des choses à apprendre du point de vue abstrait comme du point de vue général, mais aussi du système de l'interaction et des propriétés concrètes de votre projet. On ne pense pas forcément dès le début à tous les facteurs importants. Vous comprendrez peut-être certaines choses en commençant à jouer avec elles, à décomposer certains éléments, à tester certains matériaux. Vous réaliserez alors qu'il y a des paramètres auxquels vous n'avez pas du tout pensé, mais que vous devez intégrer dans votre système. Voilà la démarche que j'adopterais. Souvent, c'est difficile de l'imposer aux étudiants. D'après mon expérience, les étudiants ont tendance à penser soit « de bas en haut », soit « de haut en bas », mais pas les deux à la fois. En général, ils veulent aller droit au but et ils ont beaucoup de mal à envisager les problèmes sous différents angles. Je pense qu'en votre qualité de tuteur, vous pouvez les orienter dans ce sens.

Y. W. : Quand vous parlez de paramètres, pensez-vous à des paramètres de nature géométrique ou à d'autres types de paramètres ?

M. P. : Bien sûr, beaucoup de ces paramètres sont de nature géométrique : la taille, l'épaisseur des panneaux, les angles… Mais vous pouvez aussi intégrer certaines propriétés des matériaux : la rigidité, les paramètres de frottements entre matériaux, etc.

Y. W. : En l'occurrence, ces paramètres correspondent-ils à des contraintes ? Quand vous parlez de contraintes mécaniques, par exemple ?

M. P. : J'entends par paramètres des données qu'on peut faire varier ; l'épaisseur d'un panneau, par exemple, est une variable. Parmi les contraintes géométriques, il y aurait notamment l'angle entre deux panneaux, qui ne doit pas être supérieur à 45° à cause des limites imposées par la technologie de fabrication. Les contraintes simples sont des exemples de paramètres fixes. Si l'on veut ajouter des éléments qui imposent des contraintes plus complexes, on ne peut assembler les pièces qu'en respectant un ordre bien déterminé. Il y a peut-être même une dépendance globale. Pour ce qui est des matériaux, on peut dire que la tension maximale qu'une pièce peut absorber est une contrainte mécanique. Pour moi, ce sont là les paramètres qui définissent un espace. Voilà un exemple simple (dit-il en faisant un dessin) : vous prenez un espace bidimensionnel, avec une variable x et une variable y. Vous définissez les contraintes comme une fonction dans laquelle toutes les valeurs peuvent être librement choisies, puis vous fixez une contrainte simple, par exemple : la somme des deux doit être égale à 1. Et ça vous donne cet espace bidimensionnel. Vous commencez avec deux degrés de liberté et une contrainte. Bien sûr, les degrés de liberté ne sont pas toujours indépendants, et les contraintes non plus.
Ce travail de modélisation est un vrai défi. Vous devez tout d'abord définir votre degré de liberté et vos contraintes, et ensuite en effectuer une modélisation mathématique pour pouvoir procéder à une optimisation. Le problème, c'est que ni les degrés de liberté ni les contraintes ne sont entièrement connus. Vous commencez par quelque chose qui vous semble raisonnable, vous construisez votre solution, vous explorez tout et en avançant, vous découvrez qu'il manque peut-être une contrainte ou qu'au contraire les contraintes sont peut-être trop nombreuses, ou encore qu'il faut introduire de nouveaux degrés de liberté. Par exemple, vous décidez au départ que l'épaisseur du panneau est fixe, mais vous réalisez ensuite que cela vous empêche d'atteindre votre objectif et que vous devez donc introduire un nouveau paramètre, l'épaisseur du panneau, pour avoir plus de liberté au cours de la conception. Comme vous l'avez dit au début, l'ensemble du processus doit être itératif. Vous ne connaissez pas d'emblée les degrés de liberté, ni toutes les contraintes. Si ces deux éléments ne sont pas modélisés correctement, votre modèle sera soit trop contraint et vous n'aurez plus assez de liberté de conception, soit il ne le sera pas assez et toutes les solutions seront possibles – alors, vous ne saurez plus laquelle est la bonne. Vous aurez besoin du critère supplémentaire de l'épaisseur pour faire votre choix. Si les contraintes ne limitent pas votre liberté de conception, le processus d'optimisation ne donnera rien parce qu'il n'apportera pas de réponses.
Si votre projet présente bien mais qu'il ne fonctionne pas du point de vue mécanique, comment saurez-vous ce que vous devez changer pour qu'il fonctionne ? C'est là tout le défi, parce qu'avec un espace multidimensionnel, on peut avoir des milliers de degrés de liberté. Beaucoup des projets développés seront problématiques. Ce sont des choses complètement différentes. Comment concevoir un système qui vous permette de savoir comment mettre en œuvre un projet pertinent ? Faut-il prendre des panneaux plus épais, réduire la hauteur, modifier les degrés de liberté, ou encore autre chose ? Il n'y a pas de réponse à ces questions. Par ce processus itératif, je voudrais mieux comprendre à l'avenir les conséquences de l'introduction ou de la suppression de certaines contraintes. Parfois, on a des contraintes qui entrent en conflit et on ne voit pas de solution. Comment savoir quelles contraintes doivent être supprimées ou gardées ? Si vous avez des centaines de contraintes, vous ne pouvez pas toutes les modifier individuellement. Il est difficile d'optimiser dans ces conditions. Il faut trouver une autre solution. C'est vraiment un défi, et c'est pourquoi je crois

que nous devons construire ce système pas à pas. Ce pavillon est un bon exemple pour commencer. Il n'est pas trop complexe, il ne combine pas trop d'éléments différents. Il possède une certaine régularité et sa taille est bien adaptée à ce genre de projet. Je crois que nous devons commencer modestement.

Y. W. : Bien entendu, la définition des contraintes mécaniques m'intéresse et je voudrais voir comment vous comparez les deux systèmes : l'un qui transmet nettement mieux les charges verticales et l'autre qui absorbe très mal les charges horizontales. Pour l'optimisation, ce sont des choses difficiles à voir car chaque cas de charge a des conséquences structurales très différentes. Différentes structures réagissent différemment à différents cas de charge. Il s'agirait plutôt d'une étude géométrique visant à déterminer la portance. J'ai l'impression que le problème géométrique est plus facile à résoudre que le problème mécanique.

M. P. : Oui, parce que la topologie est fixée. Disons par exemple que vous voulez optimiser une construction comme celle-ci pour les charges verticales. Vous avez ce prototype et vous voyez qu'il résiste mal à des charges de longue durée. Que devez-vous faire ? C'est exactement en ces termes que vous réfléchissez quand vous voulez déterminer les contraintes et les charges verticales tolérables. Les liaisons ne sont pas suffisamment solides, donc elles doivent être rigidifiées pour pouvoir absorber des charges supérieures. C'est une contrainte très complexe parce qu'elle ne concerne pas forcément tous les éléments de la construction. Supposons que la fonction mathématique que vous utilisez pour étudier votre projet et ses propriétés vous permette de calculer la charge verticale maximale acceptable. Ce serait une fonction très compliquée, mais elle vous permettrait de soumettre votre projet à une simulation et de connaître le résultat. Pour modifier votre projet, vous devez aussi modifier cette fonction, et trouver comment modifier x pour augmenter la charge. Ce serait un exemple de contrainte complexe, qui n'est pas aussi facile à résoudre qu'un simple calcul. Il est extrêmement difficile de trouver comment modifier un axe pour augmenter la charge de manière optimale. Actuellement, cela se ferait sans doute intuitivement, en modifiant les données. Avec un outil numérique de recherche de forme, ce serait automatique. C'est très difficile, à moins de fixer clairement les paramètres. Si l'on n'autorise qu'un petit nombre de paramètres, par exemple quelques paramètres géométriques comme la dimension des panneaux ou éventuellement l'épaisseur, alors on a un outil utile parce qu'on se réfère à un espace continu. Mais si l'on veut aussi autoriser des modifications topologiques, alors là, je n'ai pas la moindre idée de la façon dont on peut s'y prendre.

Y. W. : Il serait plus prudent de commencer par essayer de définir certains paramètres. À votre avis, serait-il possible d'établir un plan de recherches ?

M. P. : La première question est la suivante : quels sont vos objectifs en termes de design ? En l'occurrence, peut-être que vous voulez avant tout une bonne portance. Vous avez quelques contraintes, par exemple la charge totale que vous voulez tolérer. Vous pouvez faire varier certaines choses en fonction de ce qui vous intéresse au départ. Vous avez une liste de paramètres que vous pouvez modifier. Est-il difficile de spécifier d'emblée que vous voulez par exemple trouver l'angle optimal pour une portance maximale ?

Y. W. : Au début, on ne le sait pas, c'est ça le hic.

M. P. : Donc vous n'avez pas de modèle physique pour effectuer une simulation ?

Y. W. : Non. Je sais que c'est le paramètre le plus important, mais je n'ai pas de solution.

M. P. : Mais vous avez fait des simulations, non ?

Y. W. : Oui, et c'est à partir de leurs résultats qu'on calcule par exemple la déformation. Ça nous permet ensuite d'identifier la base structurale, par exemple la plus rigide. Mais c'est tout. Même les interactions entre paramètres ne sont pas très claires.

M. P. : Donc actuellement, ce que vous avez, c'est un programme que vous pouvez utiliser après avoir modifié les paramètres, et qui vous donne un résultat ?

Y. W. : C'est ça.

M. P. : Donc en fait, vous avez un oracle. Ce que je veux dire, c'est que vous choisissez un point dans votre espace de paramètres et le programme vous donne une valeur qui indique si ce point est bien ou pas. En théorie, vous pourriez tester toutes les combinaisons de paramètres possibles et sélectionner la valeur qui convient le mieux. Mais en théorie seulement, pas en pratique.

Y. W. : Exactement.

M. P. : C'est déjà beaucoup, parce que vous pouvez évaluer la fonction, mais vous ne pouvez pas l'inverser, vous ne pouvez pas dire quel est le meilleur paramètre. En matière d'optimisation mathématique, l'objectif est de trouver l'argument qui maximise ou minimise une fonction. Actuellement, tout ce que vous pouvez faire, c'est évaluer f. Si x a de nombreuses dimensions, ça devient intéressant du point de vue informatique. S'il n'y a qu'un seul paramètre, il est facile de lancer vingt simulations. Cette fonction est pourtant déjà bien là, même si souvent elle n'est pas donnée ou qu'on ne la connaît pas. Dans ce genre de cas, on peut utiliser plusieurs stratégies. Il faut rendre l'analyse de la fonction suffisamment efficace pour montrer que le projet mérite d'être étudié. Ou alors il faut essayer de simplifier cette fonction, par exemple en cherchant des propriétés géométriques plus faciles à analyser. Je pense que cette dernière stratégie est une alternative intéressante. La question est la suivante : les simulations permettent-elles d'améliorer vos intuitions géométriques ? Prenons une hypothèse : votre fonction d'énergie est très complexe (il dessine), mais vous pouvez trouver une fonction plus simple et décider plus tard de revenir à votre fonction de départ. Vous pouvez commencer par une formulation géométrique plus simple, que vous pouvez optimiser, puis revenir à une fonction complexe. Cela dit, vous n'aurez aucune garantie de trouver la valeur optimale. Vous en trouverez peut-être d'autres qui ne seront pas aussi bonnes, mais en procédant avec précaution vous pourrez au moins prouver que les valeurs restent à l'intérieur d'une zone optimale. Pour de nombreuses optimisations, les étapes itératives sont exponentielles. On ne peut donc pas espérer trouver LA bonne solution. Mais on obtient certaines approximations qui garantissent qu'on reste dans certaines limites. Ce qui veut dire que même en étant sûr d'être dans les cinq pour cent de résultats optimaux, vous ne saurez pas si vous êtes parvenu au meilleur résultat. Au moins, vous savez que ce n'est pas le pire. Simplifier un tel modèle est une tâche difficile, très exigeante sur le plan intellectuel. L'automatiser n'a rien d'évident.

Y. W. : Quand vous parlez de recherche de forme et d'optimisation au sens mécanique, vous devez savoir que le Block Research Group, par exemple, a défini une fonction idéale pour les cas de charge spéciaux. Mais quand on change le cas de charge, il faut changer de forme. Nous opterions donc plutôt pour une parabole ou une forme similaire, si notre objectif principal était la transmission efficace des charges verticales. Toutefois, les points de charge étant plus nombreux, l'optimisation de la forme augmenterait la rigidité à la flexion pour les charges horizontales. Autrement dit, les modifications géométriques d'une forme donnée peuvent varier en fonction de la capacité des structures porteuses modifiées à absorber plutôt les forces horizontales ou plutôt les forces verticales. Les paramètres à prendre en compte peuvent différer selon le cas de charge. Même si vous affirmez poursuivre une approche globale (stabilité d'ensemble) et une approche locale (pas de rigidité). Je ne vois toujours pas exactement comment je pourrais avoir ici une approche globale en termes d'ingénierie des structures. Une autre thèse a été soutenue à l'ETH de Zurich par Thomas Kohlhammer, sur les structures réciproques, et là le processus d'optimisation consistait à retirer les moments de flexion.

M. P. : Abstraire certaines propriétés physiques et les projeter dans un espace géométrique serait à mon sens une bonne approche. On généralise le modèle pour l'optimiser. C'est formidable, mais il faut passer le cap de la première étape d'abstraction. On trouve alors la surface optimale pour une charge parfaitement verticale. Mais je suppose qu'en pratique, si la charge n'est pas parfaitement verticale, ça ne marche plus. Il faut vérifier ce point. Le seul avantage que j'y vois, c'est que ça vous donne un point de départ pour poursuivre vos investigations. Ca ne résout pas tout le problème, mais dans certains cas le problème doit être suffisamment attractif. Cette attractivité est en soi intéressante. On peut résoudre graphiquement des problèmes de contraintes en vingt ou trente étapes itératives, mais quand il y en a mille, c'est impossible. Il y a beaucoup de solutions qui semblent bien fonctionner sur vingt exemples mais on ne peut pas passer à l'échelle supérieure. L'ordinateur est plus rapide et vous pouvez procéder à toutes les optimisations possibles. Le problème c'est qu'il faut répéter l'opération un million de fois avant que quelque chose ne fonctionne. C'est un vrai défi. Il est intéressant d'étudier le problème de l'échelle de modélisation. C'est ce que je veux dire quand je parle de conserver la perspective globale. Vous pouvez résoudre un problème à petite échelle et en tirer des enseignements, mais vous ne comprendrez pas l'aspect global de la chose. Vous ne verrez pas, par exemple, que votre solution est d'une complexité exponentielle. Et donc vous ne pourrez jamais transposer cette solution à échelle réelle. Vous pouvez bien sûr argumenter que cet examen est quand même instructif, mais la solution n'est pas précise. C'est pourquoi il est judicieux de revenir à la fonction globale : ce que vous traitez, c'est un problème réel. Les paramètres spatiaux peuvent avoir de deux à cinq cents degrés de liberté et cela vous oblige à vous demander si cette approche reste pertinente. Beaucoup de formes sont magnifiques à deux dimensions mais ne fonctionnent plus quand on multiplie leur échelle par 10, 50 ou 200. C'est difficile, mais il serait peut-être important de rendre compte de la complexité de certaines tâches. Dans d'autres cas, il faut accepter la simplification et parfois, simplement espérer que tout se passe au mieux. Il faut espérer que le résultat - vérifié- soit assez bon. Je ne crois pas qu'il soit possible de simuler les propriétés formelles, mécaniques et statiques d'une forme de façon à pouvoir inverser la simulation et l'utiliser pour la recherche de forme. De toute façon, ce sera toujours une approximation. La question est de savoir si vos approximations sont pertinentes. Vous devez vérifier votre expérience.
Je crois qu'il y a un moment où il faut en revenir aux tests physiques. Bien sûr, l'idéal serait de pouvoir optimiser ce lien entre expérimentations physiques et designs virtuels pour mieux les faire coïncider. Si votre production virtuelle n'a rien à voir avec vos tests physiques, alors votre maquette ne sert à rien.

Y. W. : En fait, nous avons une motivation subjective. Son design de projet est un petit peu différent et nous voudrions objectiviser nos résultats de recherche pour le présent ouvrage. Nous voulons donner plus d'objectivité à notre démarche. Je ne sais toujours pas si c'est possible.

M. P. : À notre avis, ça ne l'est pas du tout. Qu'entendez-vous exactement par « objectivité » ? Disons que nous avons une forme, avec certaines performances, par exemple structurales. On pourrait montrer que ces performances sont meilleures que celles de toutes les alternatives. Dans certains cas, on pourrait même prouver que ce sont des performances optimales. Mais il faudrait quand même encore concevoir la structure porteuse. Pour moi, les performances structurales ne sont qu'un critère parmi d'autres. Il peut arriver que ce critère passe au second plan par rapport à d'autres comme l'esthétique, les coûts, etc., mais moi, je vois les choses du point de vue de l'ingénieur. Au final, ce qui compte, c'est de savoir si cette structure a de bonnes performances ou pas. Vous ne voulez pas seulement les évaluer en la regardant - même si j'ignore s'il y a une meilleure solution. C'est un aspect que j'aimerais comprendre correctement. Je pense que c'est important, parce que si on savait vraiment ce qu'il en est, on pourrait prendre des décisions sensées. On pourrait dire « bon, j'accepte une moindre portance parce que je sais que ça m'apporte quelque chose en contrepartie et que je ne sacrifie pas les performances structurales pour rien, par exemple parce que je n'ai pas le bon outil de design. » C'est quelque chose que vous comprendriez lors de l'élaboration du projet : vous sacrifieriez quelque chose pour avoir autre chose en contrepartie. Pour cela, vous devez vous faire une idée plus précise de la forme de base et de ses performances.

Y. W. : On a souvent une forte corrélation entre forme et structure. En tout cas, c'est l'impression que nous avons. Mais nous ne pouvons pas l'expliquer plus précisément.

M. P. : Vraiment ? Nous pouvons dire par exemple qu'une arche a des performances structurales supérieures à toute autre forme.

Y. W. : Effectivement, il y a là quelque chose qui peut expliquer la relation entre structure et forme, mais ce n'est qu'une interprétation tirée d'une immense quantité de possibilités topologiques et ce n'est pas si clair que ça. Justement, j'aimerais bien un peu plus de clarté.

M. P. : Ce que vous voulez dire, c'est qu'il existe certains principes de base qui entraînent de meilleures performances, mais que ce ne sont que des principes généraux.

Y. W. : C'est ça, et on peut voir cohabiter différents systèmes porteurs en un seul, etc., mais nous sélectionnons une forme hybride qui respecte certains critères en matière de performances et de design. Au bout du compte, nous obtenons des formes sans vraiment comprendre comment elles ont vu le jour. Trouvez-vous cette approche plus intéressante ? Ou repose-t-elle selon vous sur la même problématique de recherche, si l'on en considère les différents aspects scientifiques ?

M. P. : Pour moi, il y a une différence, parce qu'ici la structure est fixée. Dans ce cas, la question est de savoir si vous voulez seulement optimiser la forme, ou aussi la topologie.

Y. W. : Je voudrais aussi avoir plus d'informations sur la taille idéale de ces éléments.

M. P. : Là aussi, c'est une question d'abstraction. Mais quand on passe de l'abstraction à des dimensions plus concrètes, d'autres questions peuvent se poser. Les liaisons, la topologie ou les paramètres évoluent.

Y. W. : Il y a quelques années, nous étions fascinés par tout ce qu'on peut faire en introduisant de nouveaux facteurs visuels ou géométriques comme les nœuds et les maillages. Mais cette fascination n'a pas duré parce que nous obtenions des quantités inimaginables d'images aléatoires, qui n'avaient pas de sens. Nous n'avons pas voulu continuer dans cette direction. Maintenant, nous savons que nous avons une sorte d'outil universel. Nous sélectionnons très subjectivement certaines modifications, auxquelles nous nous tenons par la suite. Mais c'est un processus très subjectif. Cet outil nous permet par exemple d'ajouter des solutions architectoniques ou structurales. Nous sommes beaucoup moins intéressés par la diversité des types de courbes que nous pouvons réellement fabriquer. Pour ce pavillon, nous avons voulu emprunter des voies très universelles. Le choix de certaines images permet cependant de réinterpréter une arche existante. Vous obtenez une vision atypique sur quelque chose que vous connaissez ou qui vous est familier. C'est pour cette raison, je crois, que cette image marche si bien dans la communication. Quand il s'agit de créer un objet plus original, cette table par exemple, l'effet n'est pas le même, alors qu'on utilise le même outil. Pour commencer, j'aimerais avoir des documents sur ces questions.

M. P. : En fonction de certaines contraintes, les surfaces décalées sont des « supports exempts de torsions », mathématiquement parlant. On obtient alors un maillage très évident. Les théories mathématiques sont des aides à la conception. Mais dès qu'on s'éloigne de ce type de surfaces, on se heurte à des problèmes. Si vous n'en avez pas conscience, même un programme de CAO ne vous servira à rien. Il faut vraiment une procédure d'optimisation qui vous ramène à cet espace pour éviter ces pro-

blèmes. Cela se vérifie pour de nombreux exemples. Il y a des considérations locales qui entrainent des dépendances globales. Exemple : vous voulez changer la position ou l'orientation de l'un des panneaux parce que la forme ne vous plaît pas. Mais c'est très difficile de modifier quoi que ce soit, car en général, on fait cela d'un point de vue local. La forme vous plaît, et vous voulez juste changer quelques détails, mais c'est impossible parce que cela a des répercussions sur l'objet entier. Si vous procédez de cette manière, sans optimisation globale du contexte, vos résultats deviennent très aléatoires : pour une raison ou une autre, cela peut fonctionner, ou alors vous savez que quelque chose peut changer, sans comprendre pourquoi. Et vous ne savez pas ce que vous pouvez faire pour éviter cela. Ce dont vous parlez est donc aussi une question de perception. Pour être franc, ce problème requiert une approche interdisciplinaire, qui en soi représente toujours un défi. Pour donner vraiment du sens à cette démarche, on pourrait ignorer tous les aspects physiques et structurels, toutes les contraintes imposées par les matériaux, et considérer le problème d'un point de vue purement géométrique. À l'échelle d'un jouet, cela peut fonctionner. Les maquettes en bois fin ont une structure solide, pas de souci. Mais bien sûr, cela limite un peu l'approche, puisqu'on ne peut pas la généraliser à des constructions à grande échelle. Je pense qu'il faut une personne pour traiter les aspects structuraux, une autre pour les aspects géométriques globaux, une troisième pour les propriétés des matériaux, en espérant qu'une quatrième personne parviendra à résoudre le problème de l'optimisation. Il sera sans doute très difficile de trouver les bonnes personnes pour constituer cette équipe et faire en sorte que les doctorants puissent écrire leur thèse, le tout dans des conditions répondant au niveau universitaire. Mais si voulez obtenir des résultats applicables à une plus grande échelle, vous ne pourrez pas faire autrement. Le travail à l'échelle des jouets, où la physique peut s'abstraire en pure géométrie, ne peut pas être transposé à plus grande échelle. C'est pratique, parce que cela supprime toute une série de problèmes et que vous pouvez créer des modèles mathématiques ou informatiques, mais c'est frustrant parce que vous restez prisonnier de cette échelle miniature. À mon avis, l'idéal serait de réunir les bonnes personnes et de mener le projet jusqu'au bout malgré sa grande complexité – sa taille, le fait qu'il rassemble des experts d'horizons différents, entre autres facteurs de succès. C'est la seule manière d'y parvenir. Je ne pense pas qu'il existe de modèle en la matière. Je ne connais que quelques rares cas dans lesquels on a réuni un ingénieur structure, un architecte, un informaticien et des étudiants pour travailler ensemble et assurer la réussite d'un projet.
Peut-être que les exemples sont plus nombreux dans l'industrie. Je ne sais pas. Mais je ne pense pas qu'il y en ait beaucoup. C'est peut-être le défi que nous devons relever. Nous devons apprendre aux gens à maîtriser ce type de projets de recherches.

Y. W. : En discutant avec vous et Helmut Pottmann, j'ai eu l'impression que vous préféreriez commencer vos études en partant d'une situation spécifique, avec ses contraintes propres et ses éventuelles limitations physiques.

M. P. : Effectivement, nous nous sommes efforcés d'intégrer davantage de physique, mais nous n'en sommes qu'aux balbutiements. Du point de vue de l'ingénierie, il ne suffit pas d'intégrer des modèles d'élasticité ou des forces de gravité.

Y. W. : C'est précisément ce qu'a fait Sina Nabaei.

M. P. : Nous voulons continuer à recevoir du feed-back en temps réel. Quand on dispose d'un système peu performant qui oblige à attendre des heures avant d'obtenir un résultat lors du processus d'optimisation, alors qu'on a besoin que le résultat arrive en dix millisecondes, on doit pouvoir inverser cette fonction. Notre point de départ est un projet purement géométrique et notre objectif est de le rendre interactif et plus rapide. Maintenant, nous y ajoutons de la physique, mais sans trop nous éloigner des méthodes de calcul hors ligne. Les modifications que nous voulons effectuer restent inspirées de la physique ou de comportements physiques plausibles. On peut dire qu'il s'agit de véritables processus physiques qui sont trop lents et qu'il faut rendre plus rapides ou simplifier dans un processus interactif. Nous lançons donc le pro-

cessus interactif, en y ajoutant tout ce que nous pouvons sans perdre l'interactivité. On n'en est encore qu'aux premières phases de la conception du projet et on veut simplement trouver une forme qui puisse servir de point de départ pour concevoir la structure finale. Nous essayons de donner autant de feedback que possible sur le plan de la physique, sans prétendre que ces informations aient à ce stade une importance pour les propriétés structurales.
C'est intéressant de voir ce qu'on peut ajouter et de quelle manière afin d'intégrer dans le projet et dans la recherche de forme un maximum d'informations sur la physique structurale. Mais là encore, tout dépend de votre méthode de conception et de ce que vous voulez. En ce moment, nous nous intéressons probablement surtout à cette toute première phase de la recherche de forme. Nous explorons différentes formes au lieu d'essayer de les trouver à partir de certaines propriétés structurales. Mais cela reste notre objectif. Au final, ce que l'on veut, c'est disposer de tous les outils d'analyse, notamment de la portance, peut-être de l'efficacité énergétique ou des gains de chaleur, bref de tout ce qu'on ne peut prédire dans un projet final. D'une manière ou d'une autre, on aimerait bien intégrer toutes ces données dans les premières étapes de la conception, mais cela représente beaucoup de travail.

Y. W. : Je sais, pour en avoir discuté avec Matthias Kohler, qu'il existe quantité de processus intéressants. Les étudiants essaient d'en tirer des leçons, mais nous avons besoin d'un objectif global ou d'une sorte de synthèse. Nous nous concentrons davantage sur la synthèse ou sur le produit fini. Dans de nombreux cas, les observations portent sur des processus additifs. Ici, nous voulons obtenir une synthèse qui permette d'envisager la forme globale.

M. P. : C'est exact, mais je trouve intéressant d'envisager l'approche sous l'angle processuel. Le processus que vous développez ou que vous voulez créer pourrait être formidable, mais il n'est tout simplement pas réalisable. Il est intéressant, mais aussi très complexe. Vous développez une logique de liaison qui d'une certaine manière rend le problème très abstrait lorsque vous dites : « Voilà ma logique de liaison, elle me permet de déterminer exactement ce qui est nécessaire pour qu'une structure porteuse soit réalisable. » Quand vous construisez une maquette Lego, vous savez précisément comment assembler les briques. Si vous changez un tant soit peu le design, la structure peut devenir instable. Je le répète, c'est très difficile à étudier.

Y. W. : Eh bien, nous allons probablement envisager ces deux aspects, le processus, mais aussi la synthèse. Je suis impatient de poursuivre ces investigations avec vous dans le cadre de notre programme de recherche commun PRN.

2.5

Pavillon modulaire : une structure pour le Paléo Festival

Marielle Savoyat

Conception et réalisation IBOIS, Laboratoire de construction bois, EPFL, École polytechnique fédérale de Lausanne, Suisse
Bastien Thorel, étudiant, Pr Yves Weinand et Sina Nabaei, chercheurs

Réalisation 2008–2009

Lieu Paléo Festival, Nyon, Suisse

Ill. 1 Axonométrie de l'arche complète

Ill. 2 Campus de l'EPFL, 2009 : le prototype achevé

Ill. 3 Section d'une demi-arche

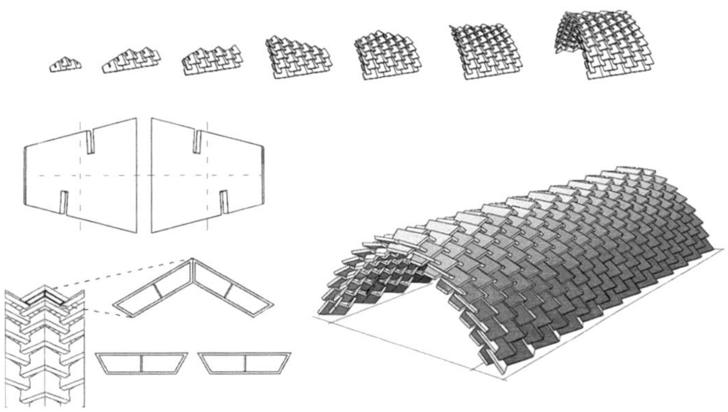

Ill. 1

À l'origine, cette structure a été conçue par Bastien Thorel, étudiant, à l'Atelier Weinand de l'IBOIS (Laboratoire de construction bois de l'École polytechnique fédérale de Lausanne) pendant l'année universitaire 2008/2009. L'objectif de l'exercice était de concevoir, dans le cadre d'un programme architectural, une structure porteuse inspirée par le maillage textile et de soumettre ensuite cette proposition de pavillon au Paléo Festival de Nyon, sur les rives du lac Léman, en Suisse. Bastien Thorel a proposé une structure reposant sur une géométrie discrète composée de panneaux de bois imbriqués les uns dans les autres. Seuls deux types de panneaux ont été utilisés pour créer cette structure, qui sert en même temps d'enveloppe. Un module de base en forme de V a été assemblé à un autre module de même forme, placé en miroir. Chacun d'entre eux comporte quatre encoches en forme de U leur permettant de s'imbriquer pour former une arche.

La structure porteuse obtenue est légère, mince, esthétique, simple à monter et convient donc très bien pour une utilisation temporaire comme au Paléo festival.

Un prototype de cette structure a d'abord été construit à l'EPFL pour tester la faisabilité du concept et l'effet architectural produit. Le projet nécessitait la création d'un code machine numérique pour fraiseuse cinq axes pour réaliser les encoches et élaborer les détails de raccordement et la structure globale. Le module de base a été réalisé dans des panneaux trois plis de 21 mm d'épaisseur.

À partir d'une maquette numérique en trois dimensions, Sina Nabaei, chercheur à l'IBOIS, a étudié la portance de cette arche modulaire. Cette structure est un bon exemple de forme globale complexe construite en utilisant des techniques simples d'assemblage bois-bois et des panneaux modulaires imbriqués. Sa subtilité vient clairement du fait que les modules se soutiennent réciproquement. La forme d'ensemble est déterminée par la géométrie locale des liaisons.

Ill. 2

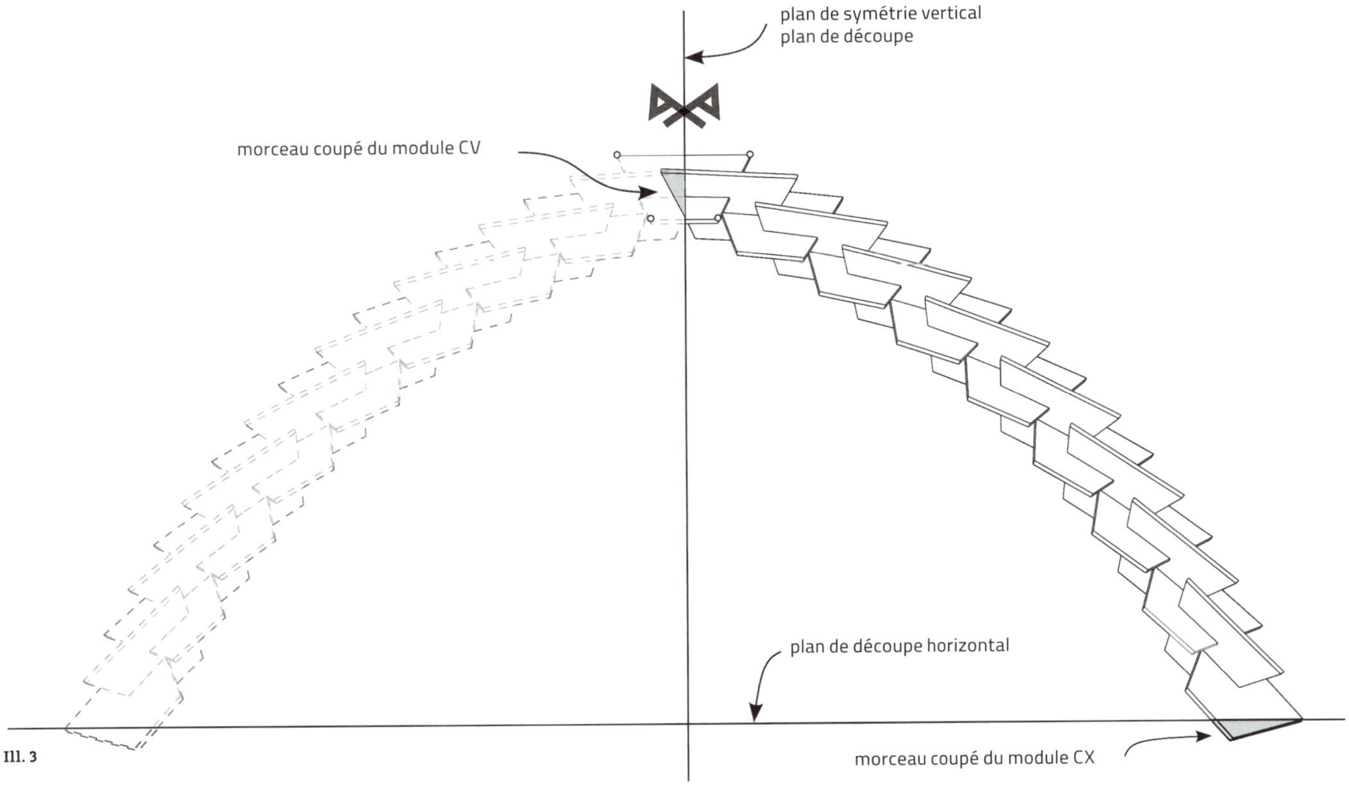
plan de symétrie vertical
plan de découpe
morceau coupé du module CV
plan de découpe horizontal
morceau coupé du module CX

Ill. 3

3 Flexion active

3.1

Structures porteuses à courbure et à tissage actifs

Yves Weinand

Les recherches menées à l'IBOIS se divisent grosso modo en quatre types de structures porteuses :

les structures porteuses créées à partir de panneaux plans :

- structures plissées déterminées par la géométrie, par exemple de type origami.
- structures plissées libres, développées par exemple à partir de fonctions itératives.

les structures porteuses à courbure active :

- structures créées à partir d'éléments linéaires, par exemple les coques nervurées.
- structures créées à partir d'éléments surfaciques, par exemple les structures tressées.

Les structures porteuses mentionnées ci-dessus permettent de créer des surfaces courbes ou à double courbure. Dans l'avancement de la conception d'une struture, il faut nécessairement prendre en compte les techniques de connexion entre les éléments. Pour les structures à courbure active en particulier, il existe de nouveaux types de liaison qu'il serait impossible de mettre en œuvre dans les systèmes structurels évoqués précédemment. La liaison nodale peut être modifiée, voire complètement supprimée.

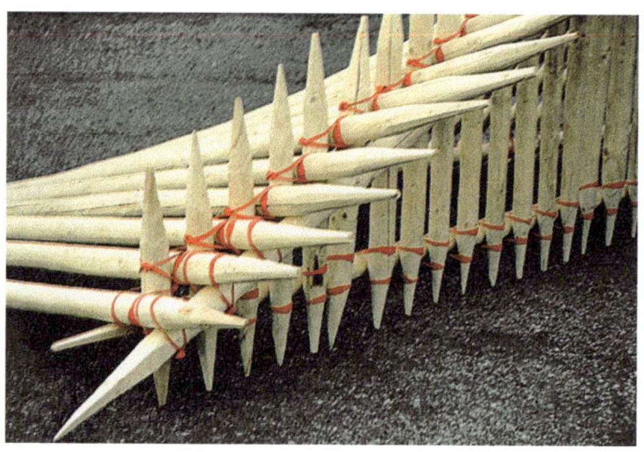

Ill. 1 a et b Paraboloïde en piquets de clôture

Ill. 2 Cône de verre créé à partir de triangles

Ill. 3 Diagramme 3D du système de tour et d'axes des profils : en vert, la section transversale du cadre triangulaire ; en rouge, la section transversale interne du tube. La représentation axonométrique montre des raccords linéaires (qui ne sont plus intégrées dans les nœuds), le cadre porteur triangulaire indépendant ainsi que la structure collée du cadre des vitres.

Ill. 4 Vue du système de cadre achevé

Ill. 2

Ill. 3

Ill. 4

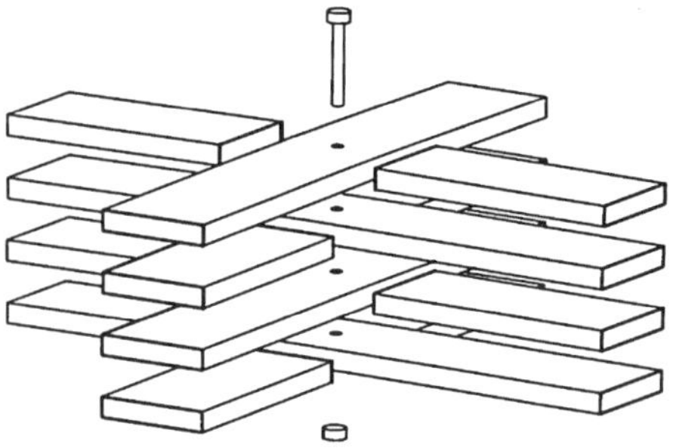

Ill. 5 a

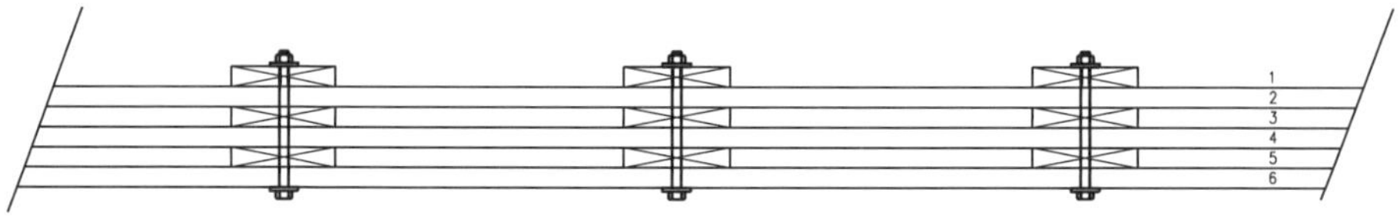

Ill. 5 b

Ill. 5 a et b Schéma de la liaison nodale d'une coque nervurée

Ill. 6 La nervure est composée de plusieurs couches. Quand celles-ci sont reliées par une liaison active, elles tendent à glisser les unes contre les autres. Des raccords doivent permettre d'éviter ou du moins de réduire ce déplacement.

Ill. 7 La rigidité des raccords doit être calibrée. Le décalage des couches les unes par rapport aux autres génère des forces transversales dans les raccords, qui font ici l'objet de tests.

Ill. 6

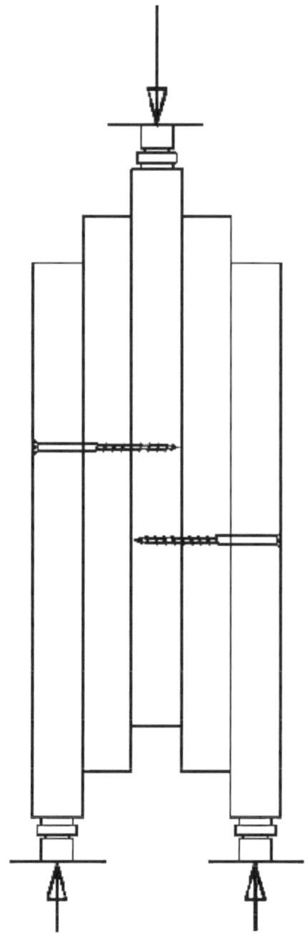

Ill. 7

Dans le paraboloïde en piquets de clôture (ill. 1), le pivotage de l'élément linéaire produit une surface à double courbure. En conséquence, les points de liaison sont tous de nature différente. Dans l'exemple présenté ici, la liaison est en caoutchouc, matière qui par son élasticité s'adapte à la forme nécessaire à chaque intersection.

Le cône vitré de la Maison de Verre de Lommel, en Belgique, est un autre exemple de développement de la configuration nodale. Les liaisons nodales aux sommets des triangles sont supprimées (voir illustrations 5 a, 6, 7 et 5 b) et remplacées par des fixations transversales le long des côtés des triangles. Le passage des forces ne traverse donc plus un point nodal physique, elle en est déviée et le contourne. L'effet des forces à l'intérieur des surfaces et leur propagation le long des arêtes des surfaces est préféré à la transmission de ces forces à travers des points nodaux précis.

Le système décrit ici met en évidence la relation entre principe de construction et détail de raccordement. Le type de liaison varie en fonction du système global choisi.

Pour commencer, nous avons distingué les systèmes porteurs composés d'éléments linéaires et les systèmes composés de surfaces. Ces deux types de structures induisent des types de liaison différents. Ce point est capital pour comprendre les structures expliquées ci-dessous. La structure porteuse la plus répandue dans la catégorie des systèmes à courbure active est la coque nervurée. Les halls de l'exposition horticole fédérale allemande de Mannheim (Otto/Mutschler), le Polydôme de l'université de Lausanne (Natterer) ou le Savill Garden de Londres (Happold) en sont des exemples bien connus.
Les éléments porteurs principaux ou nervures sont des éléments continus à courbure active qui ne s'arrêtent pas au niveau des points de liaison mais les traversent de part en part. Leur longueur peut atteindre 50 mètres. Leurs sections transversales conservent donc toute leur solidité et ne subissent aucun affaiblissement. Les coques nervurées se composent aussi d'éléments porteurs continus, à la différence des systèmes porteurs discrets. Par exemple, dans le cas des systèmes réciproques, certaines parties porteuses sont interrompues et les nœuds doivent être reliés les uns aux autres. Les illustrations 5 a et b présentent une variante possible de liaison pour coque nervurée.

Les exemples présentés ici reposent sur des surfaces réglées. Nous nous sommes ensuite demandé comment une surface imaginée par un architecte pourrait être construite en recourant directement au système de coque nervurée.

Ce travail sera décrit plus loin par Claudio Pirazzi. Les figures 10 a et b de la page 97 illustrent la construction d'un prototype. Les constructions en coque nervurée représentées ici rappellent d'une part les tissus feutrés et d'autre part des textures tricotées, avec tressages et torsades.

Un examen géométrique de ces motifs révèle que ces structures sont renforcées par un effet système stabilisateur. La proximité immédiate des éléments les uns par rapport aux autres génère des frottements importants avant que le système ne puisse se déformer. C'est cette propriété qui nous a particulièrement intéressés. Elle soulevait la question suivante : était-il possible, d'un point de vue d'ingénierie, d'exploiter les observations que nous avions faites sur ces matériaux pour stabiliser et renforcer les structures porteuses ? Quand on commence à « tisser » avec des produits dérivés du bois, on se retrouve face à divers systèmes. L'illustration 13 montre une structure tressée dé-

Ill. 8

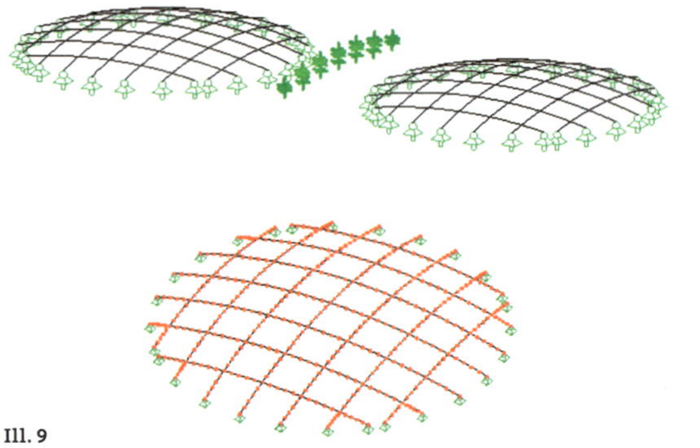

Ill. 9

Ill. 8 La continuité des nervures de la coque expérimentale construite à l'IBOIS/EPFL a fait l'objet d'une attention particulière.

Ill. 9 Modélisation par éléments finis de la géométrie avec prise en compte de la rigidité des liaisons entre les couches

veloppée dans le plan. Les illustrations 20 a et b représentent cette structure dans l'espace.

Un motif spatial de tricot apparaît avec l'utilisation du motif tressé le long du fond ou le long du troisième axe. Cependant, la reprise de ce principe local dans une structure incurvée s'écarte du concept de départ. À cette échelle, le treillis voûté présenté à l'illustration 21 ne parvient pas à reproduire la rigidité du tressage de base.

La défaillance de l'exemple présenté ici est notamment due à l'emploi exclusif d'éléments linéaires. C'est la raison pour laquelle on a aussi utilisé par la suite des éléments soumis à courbure et à torsion actives, comme l'expliquent les illustrations 16 a et b. Le système d'auto-stabilisation réciproque déjà proposé par Léonard de Vinci apparaît en haut l'image.
En bas de l'image, on voit que les éléments sont contraints d'adopter des formes à la fois activement courbées et planes.
Ici, la structure se divise entre direction de tissage principale et direction transversale, représentée par un élément linéaire.

L'objectif reste l'optimisation structurale de la géométrie. La structure tissée présentée ici montre que les baguettes rectilignes situées en profondeur sont non seulement interrompues, mais aussi décalées. Ce décalage se produit spontanément et entraîne le décalage des « brins » les uns par rapport aux autres.

Les illustrations 20 a, b et c expliquent le principe de l'optimisation spatiale. Quand les éléments linéaires s'étendent sur toute la profondeur de la structure, des articulations apparaissent – et par conséquent des points faibles. En décalant les trames principales d'une rangée vers la suivante, on supprime les articulations. Dans le cas présent, le décalage des éléments linéaires qui couvrent toute la structure ne s'impose pas, contrairement à l'exemple précédent.

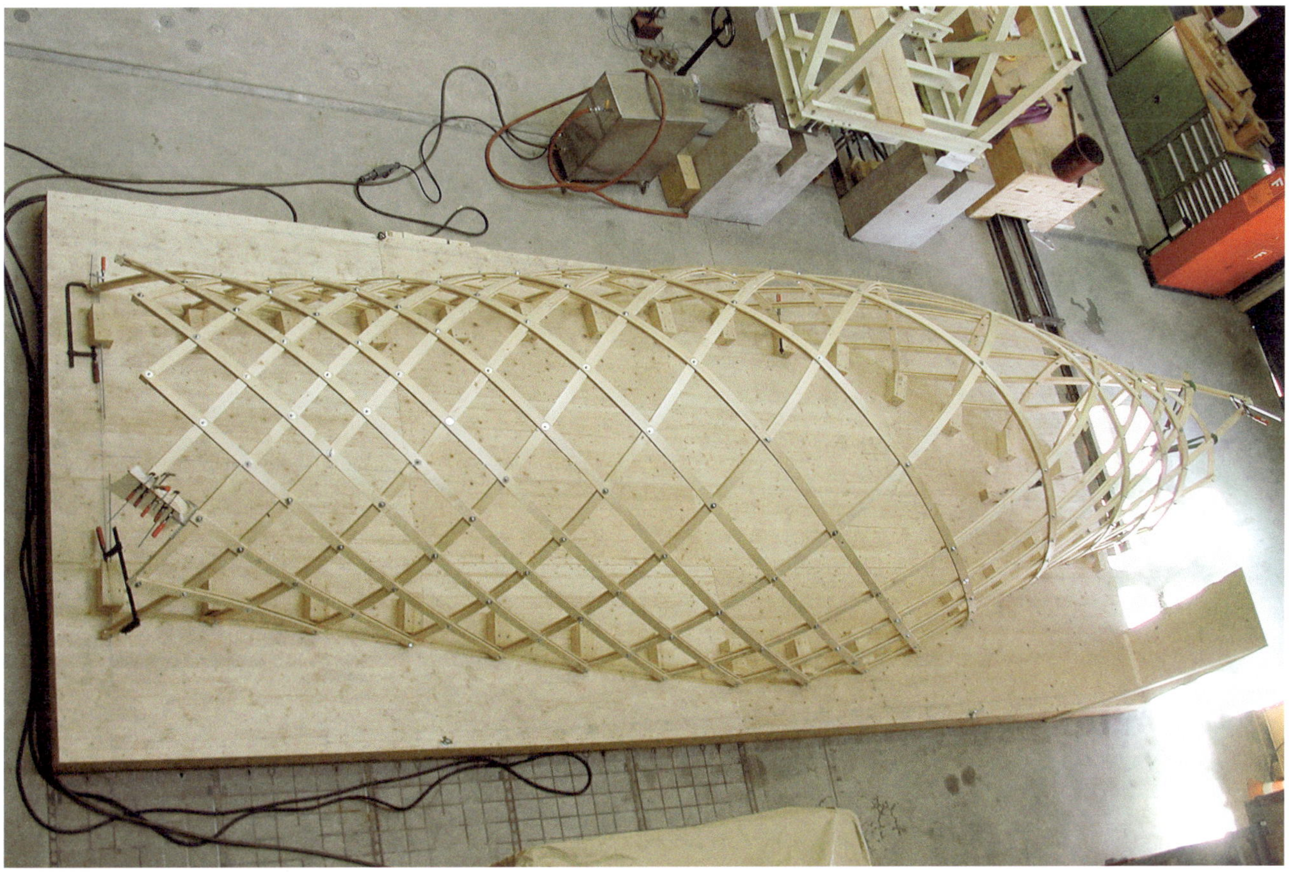

Ill. 10 a et b Construction à l'IBOIS/EPFL d'une coque nervurée de forme libre reposant sur l'application de lignes géodésiques à une surface libre

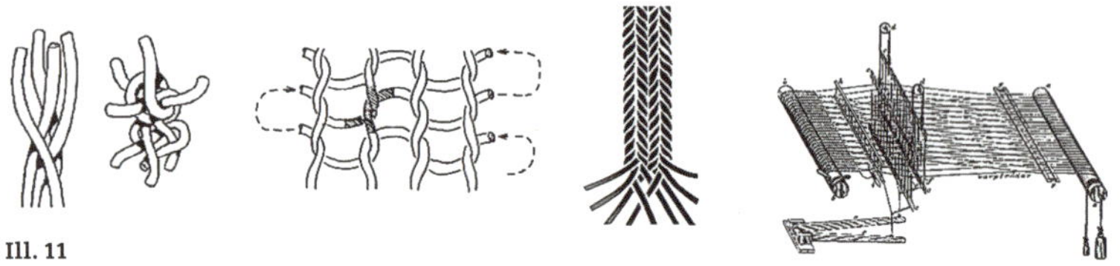

Ill. 11

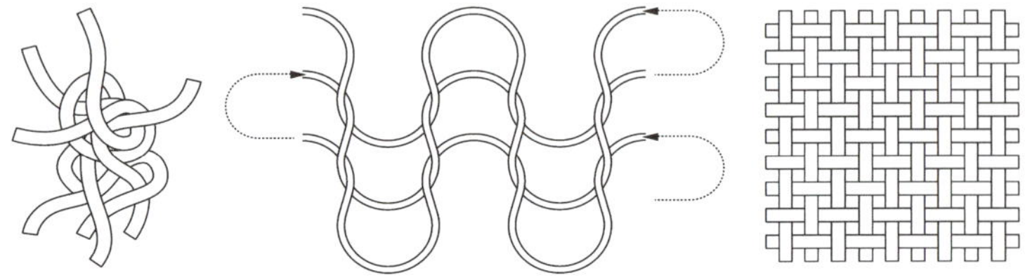

Ill. 12

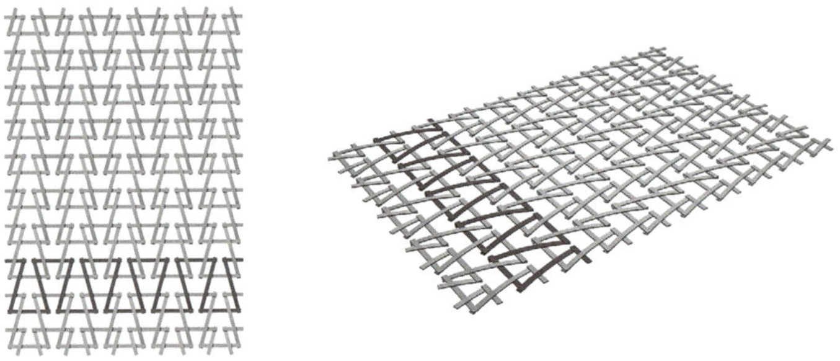

Ill. 13

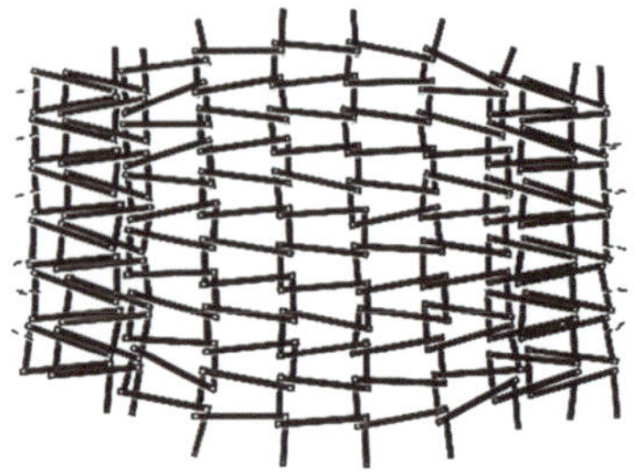

Ill. 14

Ill. 15

Ill. 11 Récapitulatif des motifs de tressage et de tissage

Ill. 12 Schéma des trois motifs étudiés

Ill. 13 Représentations dans le plan du motif de tressage de base

Ill. 14 Représentation dans l'espace du motif de tressage de base

Ill. 15 Représentation d'un treillis voûté reposant sur le motif de tressage

Ill. 16 a et b Système réciproque : structure tissée à courbure active

Ill. 17 Marché aux poissons de Tokyo : structure de toit tressée en panneaux Kerto : portée de 21 m ; Atelier Weinand/EPFL 2009 ; étudiante : Sophie Carpienteri

Ill. 18 Exemple de résultat obtenu dans le cadre de l'atelier « structures tissées », EPFL Lausanne, 2008

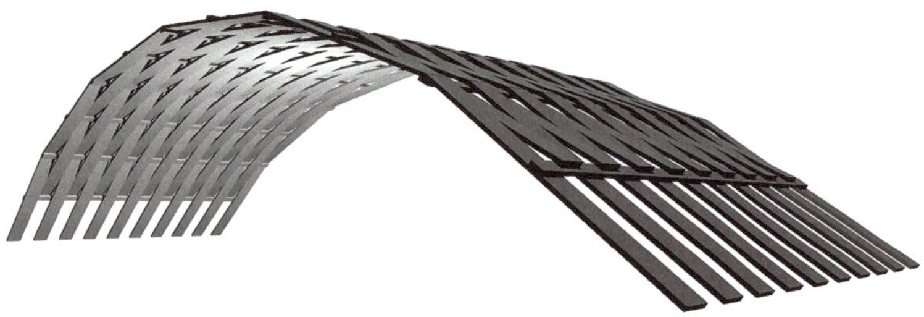

Ill. 16 a

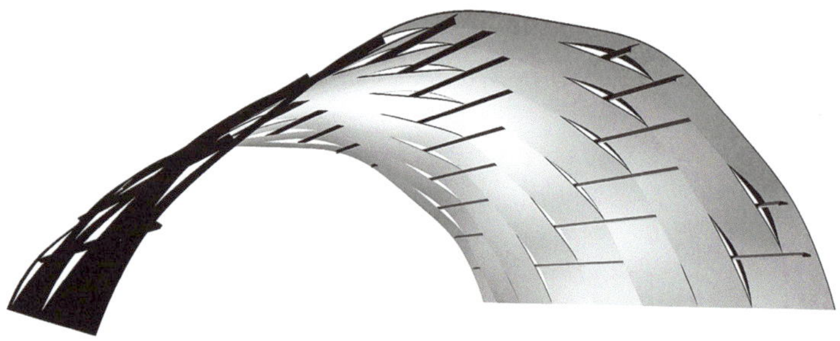

Ill. 16 b

Ill. 17

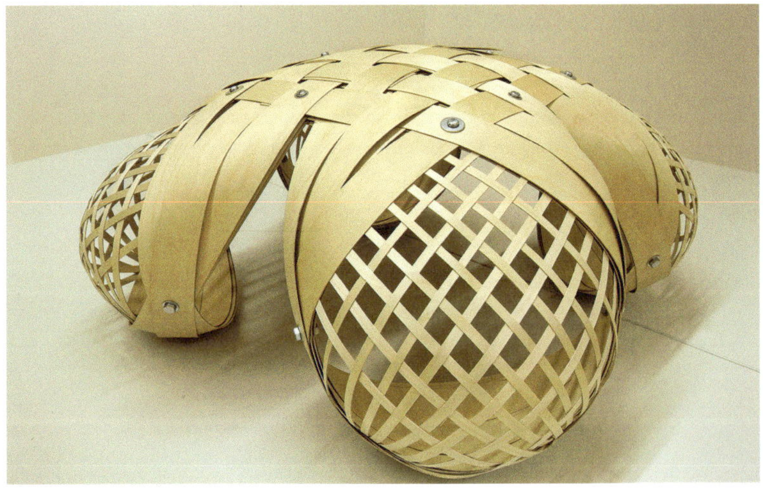

Ill. 18

Ill. 19 a

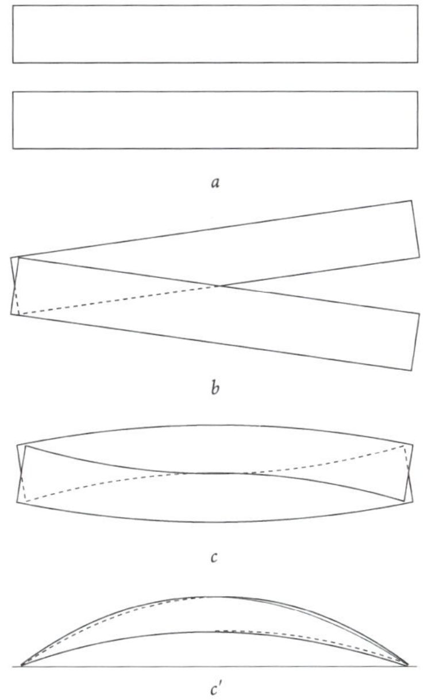

Ill. 19 b

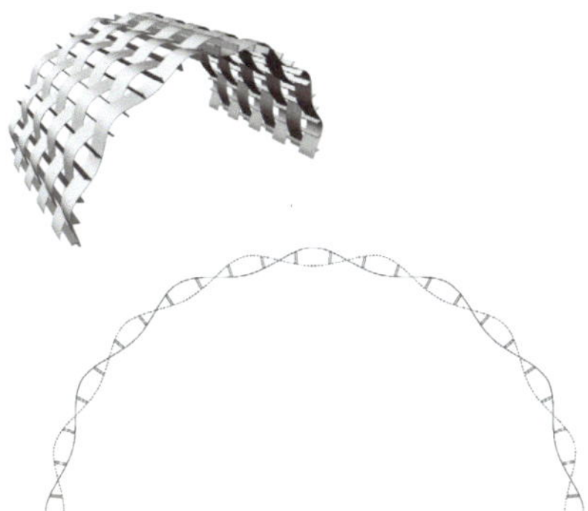

Ill. 20 a

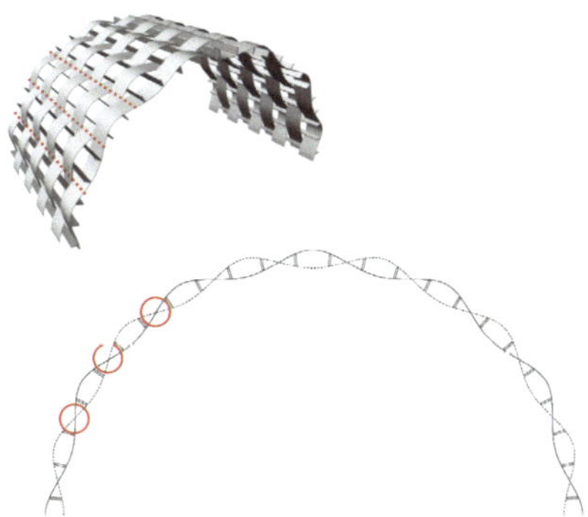

Ill. 20 b

Ill. 20 c

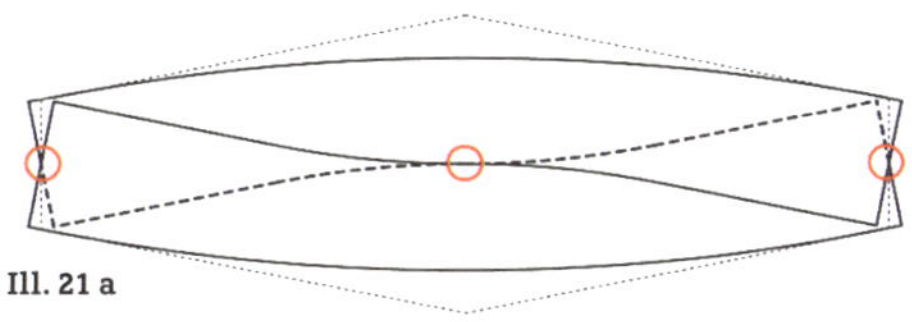

Ill. 21 a

Ill. 21 b

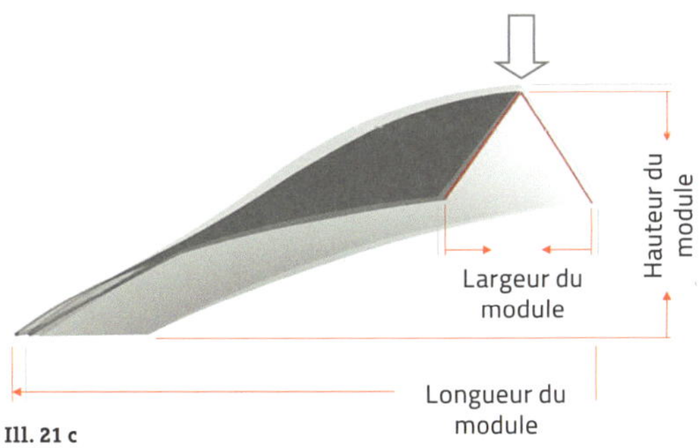

Ill. 21 c

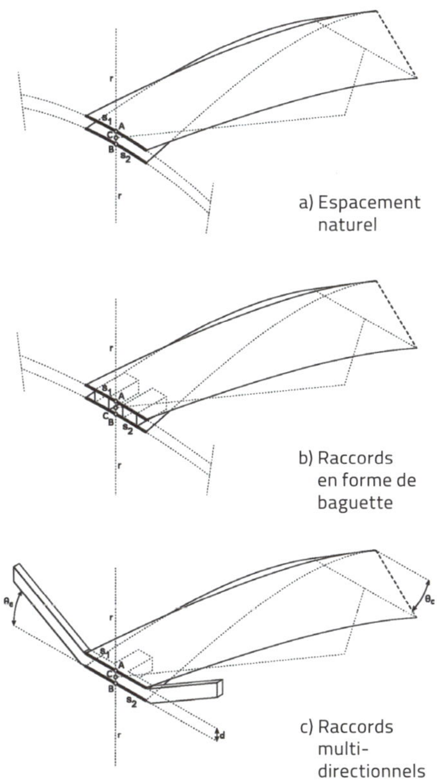

Ill. 22

Ill. 19 a et b Module textile de base, EPFL Lausanne, 2008

Ill. 20 a–c Points d'articulation (en surimpression) et décalage des éléments du tissage les uns par rapport aux autres

Ill. 21 a–c Illustration du comportement statique : points fixes ou de contact, application de la force, augmentation de la hauteur statique

Ill. 22 Géométrie du module textile de base

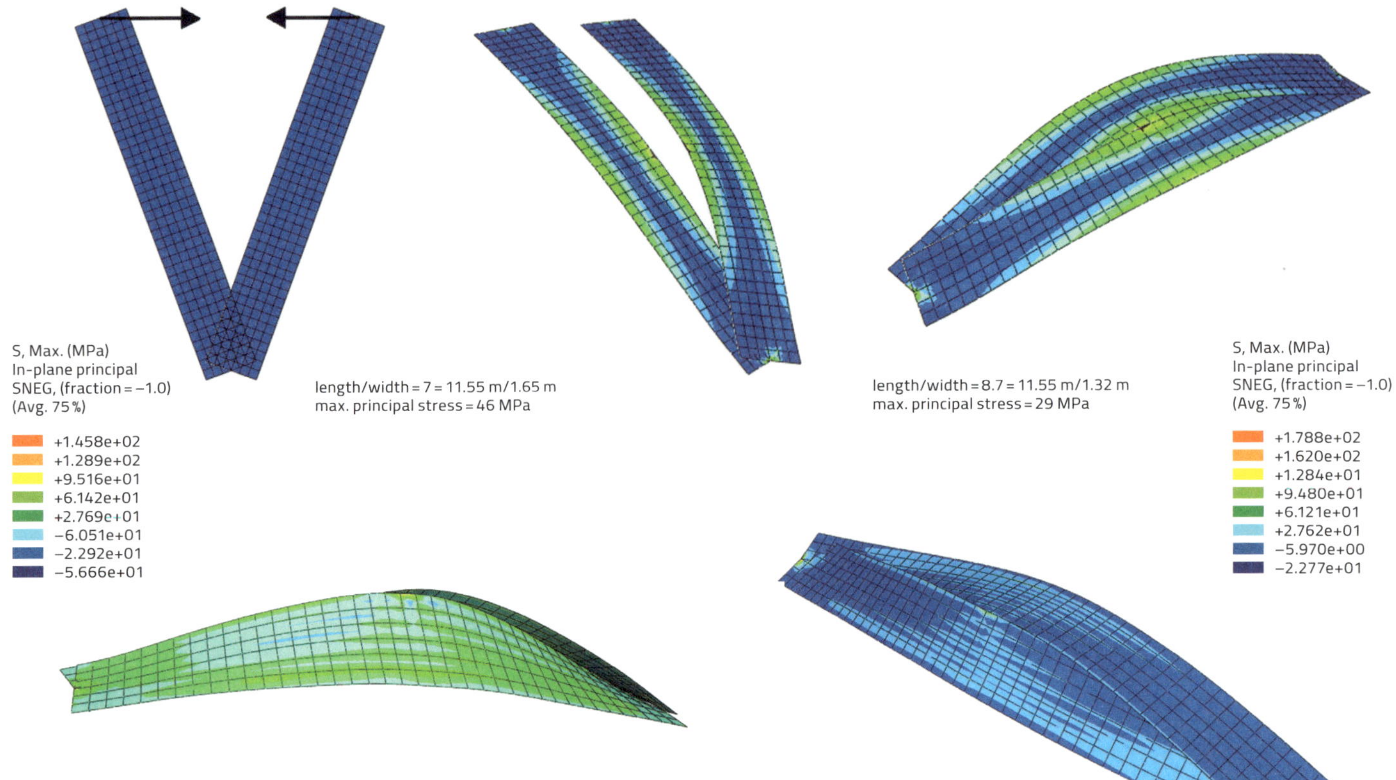

ill. 23 Modélisation par éléments finis de la liaison active du module de base. Comparaison de deux largeurs de colonnes : 1,65 m et 1,32 m. Plus le panneau est étroit, plus les contraintes internes sont faibles.

ill. 24 Un corps d'épreuve permet de confirmer sur un modèle physique les dimensions calculées.

À l'automne 2008, un atelier d'architecture a eu lieu à l'EPF de Lausanne sur le thème des « structures tissées ». Certains de ses résultats ont déjà été publiés dans l'ouvrage *Holz: Stoff oder Form. Transformation einer Konstruktionslogik* (2014).

Markus Hudert a entrepris ensuite de construire des modules textiles de base, puis de les multiplier et de les décaler. L'illustration 19 présente l'un de ses premiers essais fructueux. En soumettant deux panneaux à une déformation active et en les torsadant en un seul système, on obtient une forme d'apparence très simple. Les surfaces ont été courbées et tordues, ce qui a entraîné l'apparition de moments de flexion et de torsion générateurs de tensions internes.

L'uniformisation de ce système porteur est passionnante à étudier. Si leurs bords sont parallèles et horizontaux, les panneaux sont contraints de s'incliner lorsqu'ils sont soumis à une courbure mutuelle. Ils atteignent alors une certaine hauteur et forment, en section transversale, une sorte de chapeau ou de triangle. L'illustration 21 a montre une vue en plan des points de contact. La section transversale décrite apparaît en rouge sur les illustrations 21 b et c.

Quand on applique une force externe à ce module à courbure active, sa longueur augmente et sa section transversale se contracte. La section transversale gagne ainsi en hauteur – et par conséquent en hauteur statique. Du point de vue de l'ingénieur, il s'agit là d'un système actif qui gagne en rigidité quand il est soumis à des forces externes.

La position géométrique des points de contact et des panneaux les uns par rapport aux autres au niveau des appuis détermine directement la forme finale du module de base ainsi que son état de contrainte interne. Si l'on juxtapose plusieurs modules de base, les conditions d'appuis montrées à l'illustration 1 se transforment en conditions marginales. Cette observation concerne la direction principale du tissage et fait également apparaître une direction transversale de tissage. L'illustration 2 présente cette direction transversale, créée à l'aide de lamelles linéaires qui remplissent au moins deux fonctions :

- la rigidité en profondeur de la structure tissée,
- les contraintes marginales d'un module.

3.2

Lignes géodésiques sur surfaces de forme libre – maillages optimisés pour coques en bois nervurées

Claudio Pirazzi et Yves Weinand

Développé à l'École polytechnique fédérale de Lausanne (EPFL) entre 2002 et 2004, le logiciel GEOS permet d'optimiser les coques en bois nervurées en réduisant les contraintes de flexion subies par les planches du fait de leur courbure initiale. La construction d'un prototype à l'été 2005 a validé les hypothèses sur lesquelles repose le programme.

Le présent article décrit les différentes étapes suivies, de la recherche de la forme et de la conception du maillage optimisé jusqu'à la construction finale du prototype. Des essais de charge ont été menés pour évaluer le modèle de calcul statique. La fin de l'article compare brièvement les déformations calculées et les déformations mesurées.

Mots-clés *coques nervurées, structures à courbure active, lignes géodésiques, structure en poutres multicouches*

1 Introduction

Bien que le béton et l'acier soient les matériaux les plus répandus dans l'architecture moderne pour la construction de structures spatiales légères, le bois a récemment connu une renaissance bien méritée. Outre le bois lamellé-collé, le lamellé-vissé est de plus en plus utilisé pour les coques nervurées. Au cours des vingt dernières années, plusieurs structures spatiales de ce type ont vu le jour.[1,2] La transparence de leur comportement sous charge et leur architecture esthétique fascinent les spécialistes comme les profanes.

Les nervures se composent de planches de bois lamellé qui sont reliées par vissage ou par clouage. À la différence d'autres structures à coque nervurée, construites à partir de sections de bois carrées,[3,4] on a utilisé ici des planches relativement minces, d'une épaisseur allant de 16 à 35 mm. Ces lattes sont économiques et la construction peut être mise en œuvre de manière assez simple, sans recours à des techniques sophistiquées. Le surcoût généré par la main d'œuvre nécessaire à leur assemblage peut être compensé par une rationalisation du processus de planification et de fabrication. Pour les structures à géométrie complexe, cette méthode de construction est une alternative viable aux coques nervurées en lamellé-collé.

Afin de réduire les contraintes initiales provoquées par la courbure, on dispose les nervures de la surface en suivant des lignes géodésiques. On évite ainsi une flexion des planches selon leur axe fort, source de contraintes indésirables. En principe, les planches ne sont sollicitées en flexion et en torsion que sur leur axe faible. Cette méthode permet en outre d'utiliser des planches droites. Sur une surface, une ligne géodésique est définie comme une courbe dont le vecteur normal est à chaque point parallèle ou anti-parallèle à celui de la surface. La distance la plus courte entre deux points sur une surface est toujours une ligne géodésique. Vue en plan, une ligne géodésique représente une ligne droite. Le terme « géodésique » provient des mots grecs gê (terre) et daiesthai (diviser).

Sur des surfaces simples et régulières, une méthode d'analyse permet de déterminer les lignes géodésiques. Elles correspondent à des spirales sur les surfaces cylindriques et à de grands cercles sur les sphères. Sur les surfaces de forme libre – qui jouissent d'une grande popularité dans l'architecture contemporaine – la détermination des lignes géodésiques est nettement plus complexe. C'est pour satisfaire la demande, et renforcer l'automatisation du processus de production, que le logiciel GEOS a été développé, en étroite collaboration avec le Laboratoire de construction en bois (EPFL/IBOIS) et la chaire de géométrie (EPFL/ GEOM). Ce logiciel calcule des maillages géodésiques sur des surfaces à forme libre et livre toutes les données géométriques nécessaires à une découpe effectuée par une machine à commande numérique. Le projet a été financé par le Fonds National Suisse de la Recherche Scientifique (FNS).

Pour vérifier la fiabilité du logiciel et la précision de ses hypothèses de départ, un prototype de coque nervurée de forme libre a été conçu à l'aide de GEOS et construit à l'IBOIS. La réalisation de ce prototype a été financée par le programme d'encouragement « bois 21 » de l'Office Fédéral de l'Environnement (OFEV/BAFU).

2 Conception de formes et calcul des lignes géodésiques

On définit la forme en manipulant les points de contrôle de polynômes cubiques de Bézier dans un certain nombre – défini par l'utilisateur – de plans de coupe parallèles le long de la surface. C'est à partir de ces polynômes qu'on calcule une surface de Bézier. Pour calculer le maillage, il faut définir les points de départ et les points d'arrivée de chaque ligne géodésique et la connectivité entre les lignes (ill. 1). Le calcul itératif des lignes géodésiques repose sur un algorithme L-BFGS-B. Le vecteur tangentiel sert de variable de contrôle. Ce procédé quasi-newtonien s'est révélé la méthode la plus efficace pour calculer les lignes géodésiques sur des surfaces de forme libre.[5]

L'utilisateur n'a aucune influence directe sur la topologie du maillage obtenu, mais il peut manipuler les points de départ et d'arrivée et définir les liaisons entre lignes géodésiques. Le résultat ne satisfait donc pas toujours des exigences structurales et architecturales telles que la régularité du maillage ou le rayon minimal de courbure d'une planche. Il doit être adapté par processus itératif. D'une manière générale, l'espacement des mailles tend à augmenter dans les zones convexes importantes et à diminuer dans les concavités. Toutefois, sur les surfaces complexes de forme libre, l'existence de maillages géodésiques présentant un espacement homogène des mailles n'est pas toujours évidente.

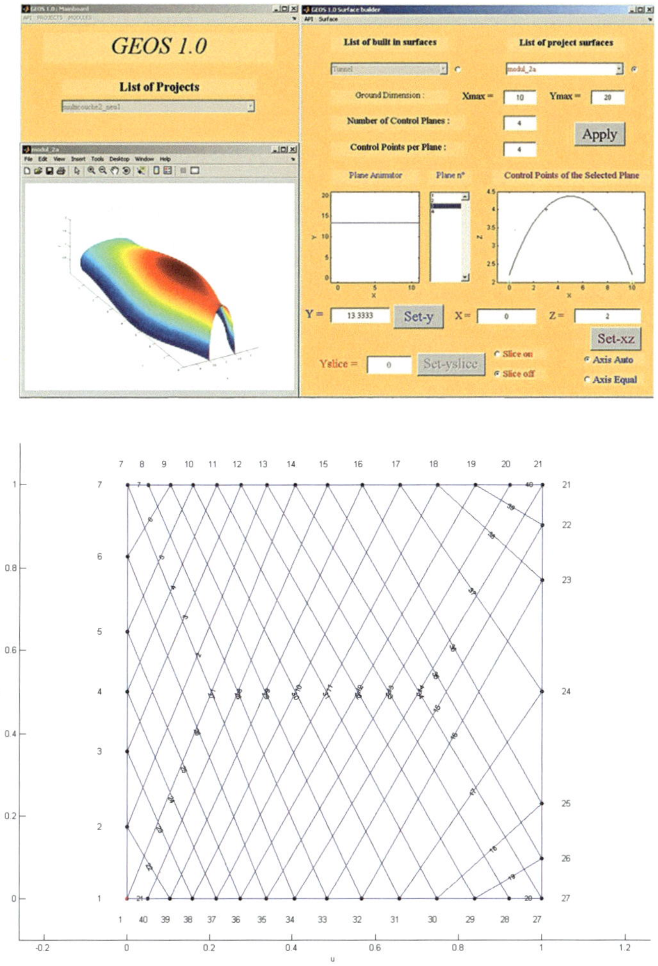

Ill. 1

Ill. 1 Logiciel GEOS ; conception de la surface de forme libre au moyen de polynômes de contrôle (en haut) ; définition des points de départ et d'arrivée des lignes géodésiques et de leur liaison dans une plage de paramètres u,v (en bas)

Ill. 2 Dessin du prototype à coque nervurée en bois ; surface de forme libre obtenue (à gauche) ; modèle géodésique (au centre) ; modèle multicouche (à droite)

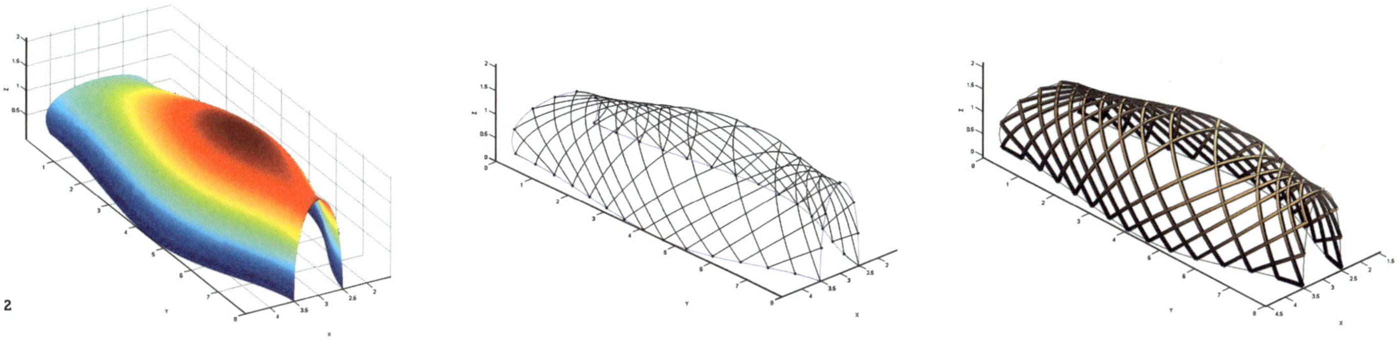

Ill. 2

Ill. 3

Ill. 4

À partir du maillage géodésique calculé, on développe un modèle multicouche correspondant au nombre et aux dimensions des lattes (ill. 2). Pour ce faire, on extrapole vers l'intérieur et vers l'extérieur les couches perpendiculaires à la surface. Les lignes médianes des couches extrapolées ne correspondent plus aux lignes géodésiques. Elles ne font pas partie de la surface de départ, et ne correspondent pas non plus aux lignes géodésiques de la surface enveloppante à laquelle elles appartiennent. Mais, dans la pratique, l'erreur résultant de cette inexactitude est négligeable au regard du ratio relativement important du rayon effectif de courbure R0 et de l'épaisseur d'une planche. Plus ce ratio est petit, plus le degré d'inexactitude est important. En effet, il y a alors un risque que les planches d'une nervure ne soient plus parallèles et qu'il n'y ait plus de correspondance exacte des trous prépercés aux points de croisements. C'est pour cette raison qu'un rayon de courbure assez petit a été choisi pour l'avant du prototype, avec un ratio minimum R0/d s'élevant à 100.

3 Construction du prototype

L'ossature a été construite en minces lattes d'épicéa suisse *(Picea abies)*, à section rectangulaire de 12 × 60 mm. La courbure de l'avant de la coque étant étroite, un bois de très grande qualité s'imposait. Un examen visuel minutieux a permis de n'utiliser que des lattes d'une excellente classe de résistance, avec peu de trous de nœuds. Le module d'élasticité a été déterminé à partir de cinq échantillons aléatoires. Sa valeur moyenne s'élève à 14 800 MPa. Les nervures sont composées chacune de quatre lattes, deux continues et deux autres servant de couches intermédiaires. Des couches continues de nervures les croisent en diagonale. L'intervalle entre les lattes correspond dans les deux directions à l'épaisseur d'une latte. Aucun joint enturé n'a été nécessaire. La plus longue latte mesure 6,740 mm et la plus courte environ 160 mm. Au total, 792 pièces ont été découpées automatiquement au moyen d'une fraiseuse Créno cinq axes à commande numérique. Les données nécessaires à l'opération ont été exportées du logiciel GEOS au format dxf.

En commençant par la couche interne, on fixe les lattes à leurs points de départ avant de les courber au-dessus des châssis et de les relier aux points terminaux correspondants. Les cinq châssis transversaux ont été conçus pour permettre de fixer le plus grand nombre possible de points dans l'espace. Généralement, ces supports ne sont pas nécessaires car on obtient automatiquement la forme souhaitée en reliant l'une après l'autre les lattes à leurs points de croisement par des boulons (10 mm de diamètre).

Ill. 3 Construction du prototype

Ill. 4 Points de croisement avant (en haut) et après (en bas) montage des couches de remplissage intermédiaires

Ill. 5 Essais de charge ; transducteur de déplacement uniaxial (à gauche); application de deux charges uniques (au centre) ; mesure de charge (à droite)

De cette manière, il a été possible de mettre en place dans les deux directions les couches internes continues en un temps assez court, pour installer ensuite les deux couches externes continues (ill. 3). Même pour la quatrième couche, les trous prépercés au niveau des points de croisements étaient parfaitement adaptés dans environ 85 % des cas. Cela confirme la fiabilité des calculs et montre que, même quand les courbures sont importantes, la précision nécessaire est conservée. Les couches de remplissage intermédiaires ont été montées une fois achevée l'installation des couches continues dans les deux directions. Des vis de 4 mm de diamètre ont été utilisées pour relier les couches entre elles. L'intervalle effectif entre ces fixations réparties sur deux rangées est d'environ 50 mm. L'ill. 4 montre un détail de la construction avant et après le montage des couches de remplissage intermédiaires. Aux deux extrémités, les lattes de ces couches sont environ 2 mm plus courtes que l'intervalle entre les lattes continues.

4 Données techniques

Section rectangulaire des lattes :	12 × 60 mm (602 mètres courants d'épicéa suisse haute qualité)
Nombre de pièces :	792 (couches intermédiaires comprises)
Volume de bois :	0,434 m^3
Dimensions de la coque :	8000 × 3000 × 2060 mm
Surface développée :	≈ 36,0 m^2
Base :	≈ 18,6 m^2
Nombre de boulons :	202 M10
Nombre de vis :	≈ 3000, ∅ 4,0 mm

5 Essais de charge

Pour mieux comprendre le comportement sous charge de la structure, des essais de charge ont été effectués avant et après le montage des couches de remplissage (phases de construction C1 et C2). Pour les deux phases, trois cas de charge symétriques ont été étudiés en exerçant des forces concentrées à différents points de croisement. Ces charges ont été appliquées au moyen d'un treuil, perpendiculairement à la surface. La déformation uniaxiale d'un total de sept croisements a pu être mesurée autour des points sollicités (ill. 5). Les transducteurs de déplacement ont été réglés de manière à pouvoir mesurer la déformation perpendiculairement à la surface de la coque et parallèlement à la charge introduite dans le cas des croisements sollicitées. Les résultats montrent que, soumise à des charges relativement faibles, la structure ne présente pratiquement aucune déformation et réagit de manière parfaitement symétrique. Une nette augmentation de la rigidité a été relevée après montage des couches de remplissage intermédiaires. Cela vaut non seulement pour les cas de charge sollicitant la structure en flexion, mais aussi pour ceux qui procèdent de forces normales. La rigidité en flexion des nervures augmente bien sûr considérablement si les couches de remplissage sont montées et vissées. Du fait de la surface à double courbure, on s'attendait à un effet beaucoup moins important des couches intermédiaires sur la rigidité de la structure. Dans la plupart des cas étudiés, le montage de ces couches a permis de réduire de moitié les déformations.

6 Analyse statique

La comparaison des déformations mesurées w_{mes} et des déformations calculées w_{cal} a permis d'évaluer la validité de ce modèle de calcul qui repose sur un système de cadre porteur. L'analyse statique a été effectuée avec le logiciel SAP2000 V9.16 NL de CSI-Berkeley. À partir des données géométriques exportées du logiciel GEOS sous forme de fichier DXF, la structure a été programmée dans un fichier texte externe puis importée. La génération de données sous forme de fichiers texte permet de procéder assez facilement à des modifications et donne un aperçu plus général des données. Le comportement sous charge de la structure est assez complexe. L'ingénieur doit tenir compte de divers effets. On ignore fondamentalement l'impact de ces derniers sur la structure, ce qui complique la modélisation. Hormis l'influence de la rigidité rotationnelle aux points de croisement des nervures (distorsion des éléments en forme de losanges dans leur plan), le module de glissement initial des raccords vissés est largement inconnu. Les raccords présentant des comportements variables en déplacement, les valeurs caractéristiques de ce module – déterminées de façon empirique pour des raccords standard et indiquées dans les caractéristiques techniques – ne peuvent être utilisées sans modification préalable.[6] Des essais préliminaires ont été effectués pour déterminer le module de glissement initial de ce raccord particulier. Par ailleurs, la flexion initiale des lattes exerce une précontrainte sur la structure et en augmente la rigidité. Cet effet – en principe positif – est négligé.

Comme les points de croisement de deux nervures ne sont pas complètement rigides, les deux directions sont modélisées séparément sous forme de deux sous-structures. Les degrés de liberté sont ensuite reliés par l'intermédiaire d'une chaîne cinématique (option « contrainte locale »). Cela rend possible, à chaque point de croisement, une rotation autour de l'axe local perpendiculaire à la surface, ce qui permet de simuler la distorsion des losanges dans leur plan. Conformément à la méthode d'analogie du cisaillement[7–10] on introduit deux sous-systèmes, A et B. Cette méthode est utilisée pour la modélisation de la phase de construction C2 afin de tenir compte de la flexibilité de la section transversale des nervures. Le sous-système C, introduit par Scholz à cause du problème de stabilité,[11] est négligé car les forces normales sont mineures. Le modèle se compose donc de quatre sous-structures, deux pour chaque sous-système (ill. 6).

Les hypothèses de départ étaient les suivantes :

- comportement isotrope et idéalement élastique (Hook) du bois.
- non-linéarité géométrique (effet P-Delta)
- comportement linéaire de glissement des raccords mécaniques avec un module de glissement initial *K*ser de 1 sur 500 N/mm, selon les essais de charge préliminaires effectués à l'IBOIS.[12]
- rotation autour de l'axe du cadre supposée constante entre deux points de croisement – non prise en compte de la contrainte de flexion initiale.
- pas de fixation ferme de la sous-structure B (le glissement entre les lattes n'est pas entravé)
- non activation de la rigidité torsionnelle due à la section stratifiée.

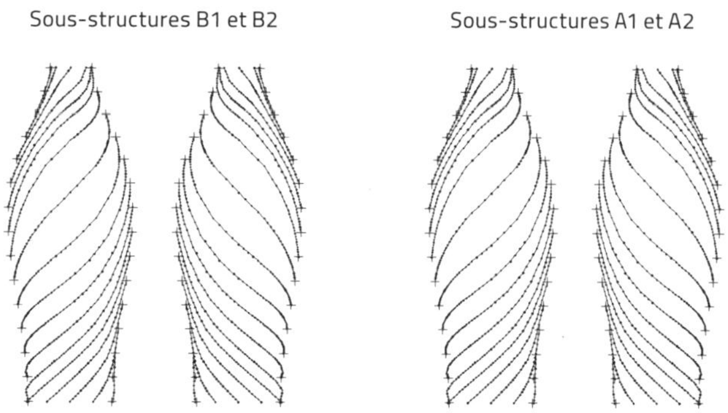

Ill. 6

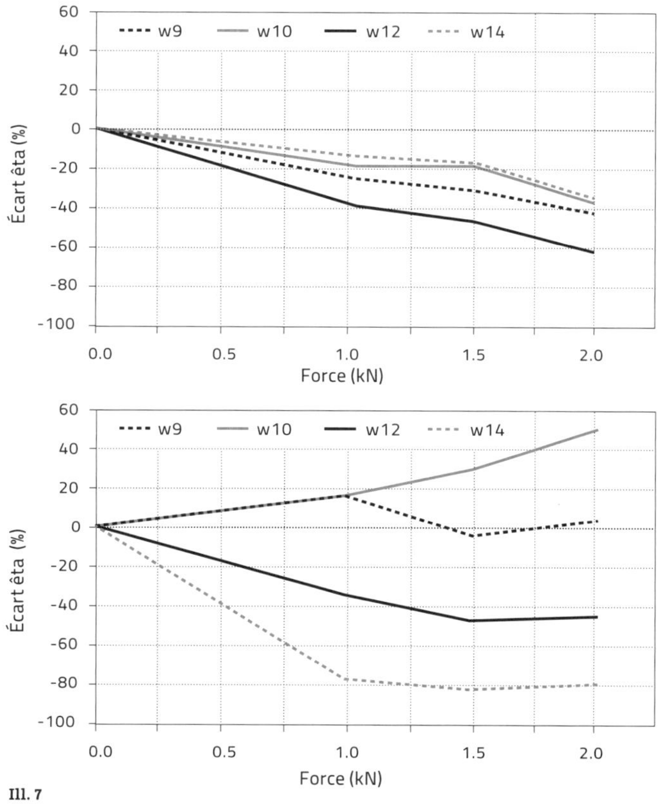

Ill. 7

Ill. 6 Vue en plan de quatre sous-structures utilisées pour la modélisation de la phase de construction C2. Liaisons assurées par contraintes cinématiques (non représentées)

Ill. 7 Comparaison entre déformations mesurées et déformations calculées de deux cas de charge en phases de construction C1 (en haut) et C2 (en bas). Les liaisons directement sollicitées sont représentées en pointillés.

- non prise en compte des sections affaiblies aux points de croisement.

Pour deux des cas de charge des phases de construction C1 et C2, l'écart relatif entre déformation mesurée et déformation calculée est montré ill. 7 (avant et après montage des couches intermédiaires). Dans le premier cas, l'écart augmente nettement quand la charge s'intensifie. Ce phénomène s'explique par des effets non linéaires, non pris en compte dans l'analyse structurale. Toutefois, quand les charges sont mineures, on constate une forte concordance entre les calculs et la réalité (avec des écarts relatifs la plupart du temps inférieurs à 30 %). Même la comparaison de la phase finale de construction C2 – qui présente un comportement structural beaucoup plus complexe et une rigidité supplémentaire due à l'effet de stratification – révèle une concordance satisfaisante.

7 Conclusions

Le logiciel GEOS, conçu pour calculer les maillages géodésiques sur des surfaces de forme libre, a été testé par la construction d'un prototype de coque nervurée en bois. Lors de la préfabrication commandée par ordinateur des lattes et de leur assemblage, la précision des lignes géodésiques calculées s'est avérée très satisfaisante. Ces résultats augurent bien de la réalisation de ce type de structures à plus grande échelle.

Des essais de charge ont été effectués pour vérifier l'exactitude du modèle structural numérique. Les cas de charge étudiés montrent que la structure est environ deux fois plus rigide après montage des couches de remplissage intermédiaires. On a constaté une bonne concordance entre mesures concrètes et calculs théoriques, du moins pour les charges pertinentes. Compte tenu de la complexité de la structure envisagée, ces résultats sont particulièrement importants. Plusieurs paramètres comme le module de glissement initial de ce raccord particulier ou l'ampleur de la rotation aux points de croisement (pas de rigidité en cisaillement dans le plan) n'ont pas encore été entièrement clarifiés. L'influence de ces paramètres sur le comportement sous charge de la structure demande donc des examens plus poussés.

GEOS est un outil précieux pour concevoir et réaliser des coques nervurées en bois. Il contribue à clarifier les incertitudes rencontrées pendant la planification et aidera considérablement les ingénieurs et les architectes à relever le défi que représentent la conception et la réalisation de ces structures spatiales légères.

Références

1 Natterer, J., Burger, N. et Muller, A., « The roof structure ‹Expodach› at the World Exhibition Hanover », *Proceedings of the Fifth International Conference on Space Structures,* University of Surrey, RU, 2002, p. 185–193.

2 Natterer, J., Burger, N. et Müller, A., « Holzrippendächer in Brettstapelbauweise : Raumerlebnis durch filigrane Tragwerke » (Screw-laminated Timber Rib Shell Roofs : The Experience of Space through filigreed Structures), *Bautechnik,* 2000, vol. 77, n° 11, p. 783–792.

3 Happold, E., « Timber Lattice Roof for the Mannheim Bundesgartenschau », *The Structural Engineer,* 1975, vol. 53, n° 3, p. 99–135.

4 Kelly, O. J., Harris, R. J. L. et al., « Construction of the Downland Gridshell », *The Structural Engineer,* 2001, vol. 79, n° 17, p. 25–33.

5 Rozsnyo, R., *Optimal Control of Geodesics in Riemannian Manifolds,* thèse de doctorat, EPFL, Lausanne, Suisse, 2006.

6 Pirazzi, C., *Zur Berechnung von Holzschalen in Brettrippenbauweise mit elastischem Verbundquerschnitt* (On the Calculation of Screw-laminated Timber Rib Shells), thèse de doctorat, EPFL, Lausanne, Suisse, 2005.

7 Ibid.

8 Kreuzinger, H., « Verbundbauteile aus nachgiebig miteinander verbundenen Querschnittsteilen » (Structural Members made out of semi-rigidly connected built-up Sections), *Ingenieurholzbau,* Karlsruher Tage 2000, Forschung für die Praxis, vol. 28, 2000, p. 42–55.

9 Kreuzinger, H., *Mechanically Jointed Beams – Possibility of Analysis and Some Special Problems,* International Council for Research and Innovation in Building and Construction, Working Commission W18, Venise, Italie, 2001.

10 Scholz, A., *Ein Beitrag zur Berechnung von Flächentragwerken aus Holz* (A Contribution to the Calculation of Spatial Timber Structures), thèse de doctorat, TU Munich, Allemagne, 2004.

11 Ibid.

3.3

Simplicité apparente et complexité modulaire des structures tressées en bois

Markus Hudert

Le travail de recherche « Timberfabric : Applying Textile Assembly Principles for Wood Construction in Architecture » étudie l'interaction entre les procédés d'assemblage et les propriétés des éléments utilisés, il envisage également l'exploitation de cette interaction comme facteur génératif dans la conception architecturale et structurale. S'inspirant des techniques d'assemblage textile, il pose les bases d'un système innovant de construction en bois dans lequel des panneaux de bois multicouches élastiquement déformables ont une fonction porteuse. Le point de départ de ce système est le « module tressé en bois » qui se compose de deux lames de bois croisées. La combinaison de plusieurs de ces modules permet de générer différentes configurations de structures portantes de complexité variable.

Mots-clés ***construction expérimentale en bois, conception guidée par l'assemblage et les matériaux, calcul de matériaux***

1 Introduction

Cet article repose sur des recherches que l'auteur a menées à l'IBOIS entre 2007 et 2013 dans le cadre de sa thèse de doctorat intitulée *Structures tressées en bois : l'utilisation des principes textiles en architecture*[1]. Ces recherches portaient d'une part sur l'interaction entre les procédés d'assemblage et les propriétés des éléments utilisés, et d'autre part sur le potentiel de cette interaction comme facteur génératif dans la conception architecturale et structurale. Plus précisément, elles s'intéressaient aux principes des techniques d'assemblage textile – appliqués à des éléments en bois élastiquement déformables – pour savoir comment ils pourraient être utilisés pour mettre au point une structure porteuse innovante en bois constituée d'éléments de base.

Dans cet objectif, une approche empirique en trois parties a été adoptée. La première partie définit le module tressé en bois, l'élément de base du système porteur modulaire. La deuxième partie examine les propriétés de ce module et les implications de sa production à grande échelle. La dernière partie, la plus importante de cette contribution, étudie systématiquement différentes possibilités de combiner les modules dans des structures porteuses complexes. Elle examine également les possibilités d'établir et d'optimiser la liaison entre les éléments.

Tout au long du processus, la production de modèles physiques et de prototypes joue un rôle décisif. La modélisation physique permet de mesurer directement la déformabilité élastique du matériau et l'impact des dimensions de l'élément de base. Elle contribue en outre à une compréhension générale des fondements géométriques des structures développées, ainsi que de leurs propriétés mécaniques. Les modèles et les maquettes résultant de ce processus sont étudiés d'après une série de paramètres d'évaluation précis. L'une des questions abordées est l'impact global de la transposition des principes d'assemblage textile. Les structures textiles développées et réelles présentent des ressemblances et des différences. Ces enseignements sont à la base du système de construction modulaire pour enveloppes de bâtiment autoportantes proposé. On verra que si l'interaction entre propriétés du matériau et techniques d'assemblage crée une forme d'expression architecturale particulière, elle valorise également les qualités spatiales et structurales des bâtiments.

2 L'élément de base des structures tressées en bois

Les structures tressées en bois sont des constructions modulaires en bois d'une complexité extrêmement variable. Leur élément de base est le module tressé en bois. Ce module a été développé en reprenant un double principe, celui de la torsion hélicoïdale des éléments, utilisé pour torsader les fils ou dans les tressages, et celui de l'agencement des cellules élémentaires des tissus. Ces dernières sont constituées de deux fils entrecroisés et sont particulièrement intéressantes du fait de leurs qualités modulaires et de la relation réciproque qu'entretiennent leurs composants. Le module tressé en bois se compose lui aussi de deux éléments lamellaires entrecroisés, qui se soutiennent mutuellement. L'agencement hélicoïdal de ces deux éléments s'inspire du fil torsadé et des techniques de tressage. Conjuguée aux propriétés des éléments, cette méthode d'assemblage génère la forme finale du module.

3 Constructions multimodulaires

À partir des propriétés géométriques et mécaniques du module tressé en bois, différentes stratégies ont été mises au point pour associer plusieurs modules et former des structures plus complexes. Le recours systématique à ces stratégies a permis de générer différentes configurations mono-, bi- ou tridirectionnelles. Certes, les deux premiers types de configurations seraient réalisables comme structures à part entière, mais c'est la troisième variante qui offre le plus grand potentiel en termes d'enveloppes de bâtiment porteuses : l'utilisation de plusieurs couches n'améliore pas seulement la capacité de charge de la structure, elle permet également de mieux réguler le degré de transparence et donc la quantité et la qualité de la lumière du jour incidente. Comme mentionné plus haut, dans tous les cas, le module tressé en bois est l'élément de base. Par conséquent, les facteurs qui influencent la géométrie d'un module individuel sont aussi importants pour la géométrie d'ensemble d'une structure porteuse multimodulaire.

4 Structures tressées en bois monodirectionnelles

Différentes méthodes permettent de combiner plusieurs modules pour former des assemblages monodirectionnels. Ces assemblages sont tridimensionnels et leur largeur est relativement étroite par rapport à la longueur totale de la structure. Si l'on veut établir un parallèle avec les assemblages textiles, cette structure monodirectionnelle est comparable aux fibres torsadées d'un fil, ou à certains types de tissus tressés. Ces derniers « [...] sont d'une longueur considérablement plus grande que leur largeur ou leur diamètre ».[2] Toutefois, par définition,[3] les textiles tressés comprennent au moins trois fils, alors que le module tressé en bois, élément de base d'une structure tressée monodirectionnelle, ne compte que deux éléments. On peut relever une ressemblance avec les fibres torsadées des fils. Les structures tressées en bois monodirectionnelles sont une étape sur la voie qui mène aux structures bi- et tridimensionnelles, dans lesquelles elles servent d'arcs d'ordre supérieur.

4.1 Géométrie et comportement sous charge

Dans un module tressé en bois, la hauteur transversale la plus élevée se situe au centre du module et la plus basse aux extrémités. Dans les assemblages de deux modules ou plus, les sections transversales les plus basses ne se situent pas seulement au niveau des points d'appui, elles deviennent parties intégrantes de la structure en forme d'arc. Par conséquent, la hauteur statique de ces constructions en forme d'arc présente des zones de plus ou moins grande résistance. Dans les configurations monodirectionnelles, des éléments supplémentaires sont nécessaires pour relier les modules dans le sens longitudinal. Outre leur fonction de raccords, ces éléments renforcent aussi les zones de moindre résistance aux extrémités des modules.

5 Structures tressées en bois bidirectionnelles

Pour créer des structures tressées en bois bidirectionnelles, on juxtapose plusieurs arcs monodirectionnels perpendiculairement à la portée. Il existe deux types d'arcs monodirectionnels, ceux que l'on peut relier en direction latérale et ceux qui ne peuvent l'être. Selon le type de liaison et de cohésion, les configurations bidirectionnelles imposent d'autres d'exigences.

5.1 Raccords supplémentaires en direction latérale

Dans les configurations dont les éléments sont reliés les uns aux autres, la cohésion en direction latérale est une propriété intrinsèque. Dans les structures bidirectionnelles composées d'arcs indépendants, des raccords supplémentaires sont nécessaires pour créer une structure cohérente. Ils peuvent être ajoutés indépendamment de ceux qui assurent la liaison dans l'axe longitudinal ou, dans une approche plus intégrée, ils peuvent remplir simultanément les deux fonctions.

5.2 Disposition de modules latéralement adjacents

L'agencement des modules latéralement adjacents joue un rôle important dans la manière dont on peut les relier. Compte tenu des propriétés du module tressé en bois, il existe deux possibilités, qui identifient une zone plus solide et deux zones plus faibles. Du fait de leur géométrie[4], ces deux zones plus faibles sont aussi celles qui se prêtent le mieux à la fixation d'éléments de raccordement latéralement par rapport à la portée. Dès lors, deux manières d'agencer les modules latéralement adjacents sont envisageables : en les alignant parfaitement ou en les faisant pivoter l'un contre l'autre de la longueur d'un demi-module.

5.3 Distance minimum en direction latérale

Dans la direction latérale à la portée, la distance minimum entre les axes centraux de deux modules correspond à leur largeur, qui est déterminée par les dimensions des plaques de bois. Dans ce cas, les deux structures se touchent sur leurs bordures latérales. Pour éviter ce contact, la distance minimum est fixée au double de la largeur des éléments des modules.

Dans les structures à éléments reliés, cette distance est définie par la longueur et par l'angle des éléments de prolongement, l'angle étant déterminé par la géométrie du module tressé en bois. La géométrie dépend du détail de raccordement et des proportions des panneaux. La géométrie globale des deux variantes peut être en gros décrite comme l'extrusion linéaire d'un profil transversal. Toutefois, des structures bidirectionnelles extrudées le long d'une ligne courbe sont également envisageables. Elles seraient réalisables si chacun des éléments arqués était de forme conique. L'effet secondaire serait que la section transversale globale de ces structures présenterait une courbure non continue.

Les illustrations suivantes montrent un exemple de configuration bidirectionnelle. Elle combine des arcs d'ordre supérieur, orientés obliquement les uns par rapport aux autres et indépendants, reliés par des raccords en forme de V.

Ill. 1

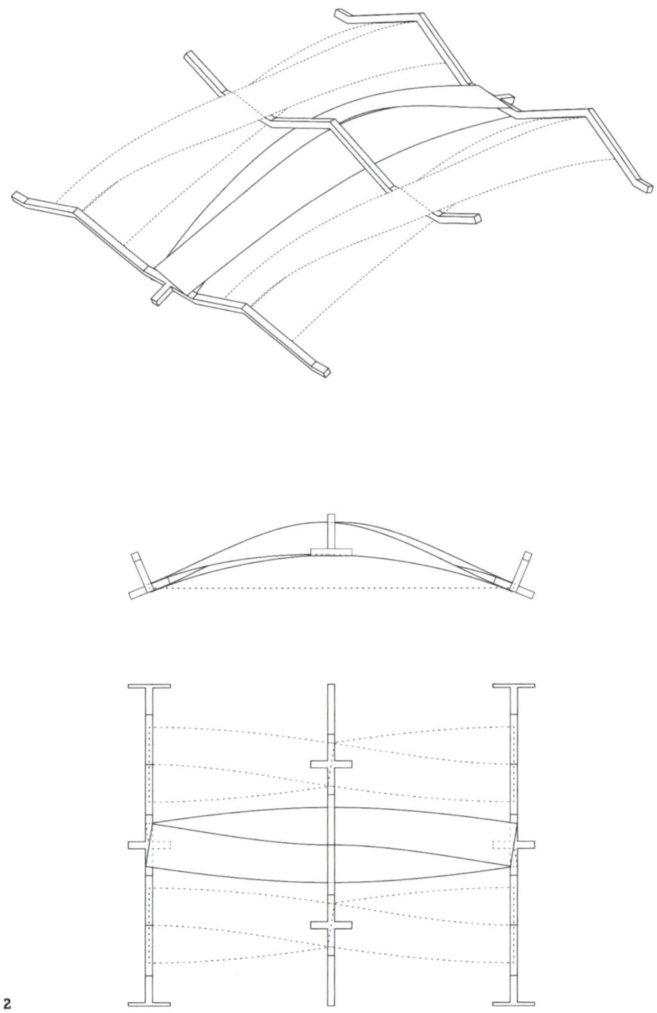

Ill. 2

6 Observations sur les structures tressées en bois mono- ou bidirectionnelles

Les structures tressées en bois mono- et bidirectionnelles donnent lieu à un certain nombre d'observations. On en trouvera certaines ci-dessous.

6.1 Configurations indépendantes et raccordées

Si une structure bidirectionnelle repose sur la répétition d'unités exclusivement composées de modules, des éléments de liaison supplémentaires sont nécessaires pour assurer la cohésion en direction latérale. Ce n'est pas le cas dans les structures à unités latéralement raccordables. Cependant, en direction latérale, des raccords peuvent être utilisés pour renforcer la construction.

6.2 Types de raccords

Outre les raccords qui assurent la liaison des éléments dans le sens de la portée, un second type de raccords peut être envisagé. Autrement, un raccord capable de remplir les deux fonctions à la fois est également concevable. Chacun des types a des conséquences particulières sur le processus et la séquence d'assemblage.

6.3 Aspects et analogies textiles

Les structures monodirectionnelles peuvent être considérées comme des rapports. À l'instar des tissus, les structures bidirectionnelles présentent une chaîne et une trame orientées dans une certaine direction. Ces structures peuvent être étendues perpendiculairement à la portée. On

Ill. 1 Prototype de structure bidirectionnelle à raccords multidirectionnels

Ill. 2 Liaison entre modules en direction longitudinale

Ill. 3 Liaison entre modules en direction latérale

Ill. 4 Dans cette étude, le principe des raccords multidirectionnels est transposé à une configuration tridirectionnelle.

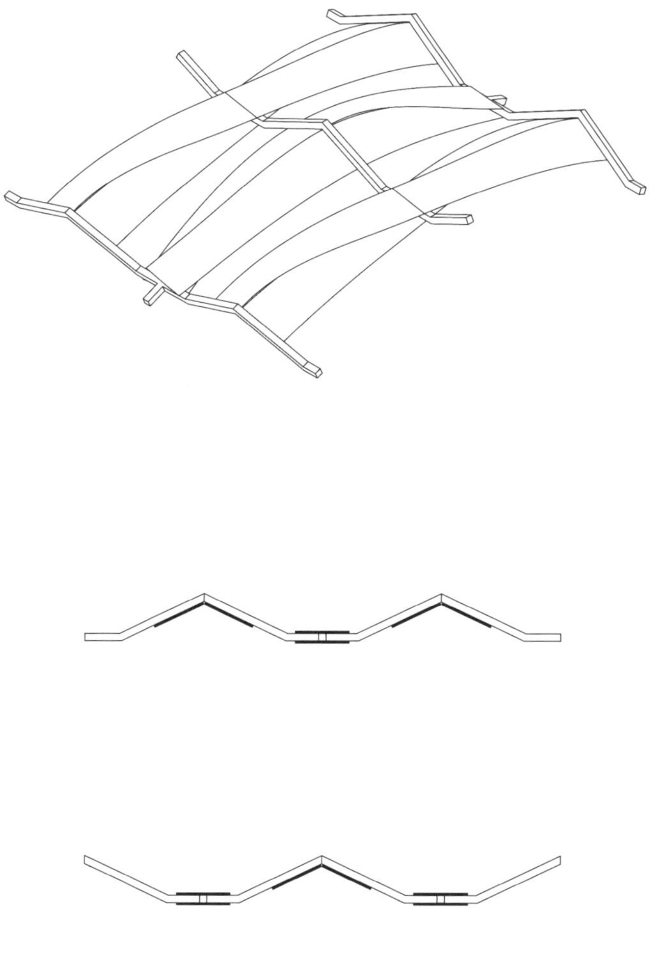

Ill. 3

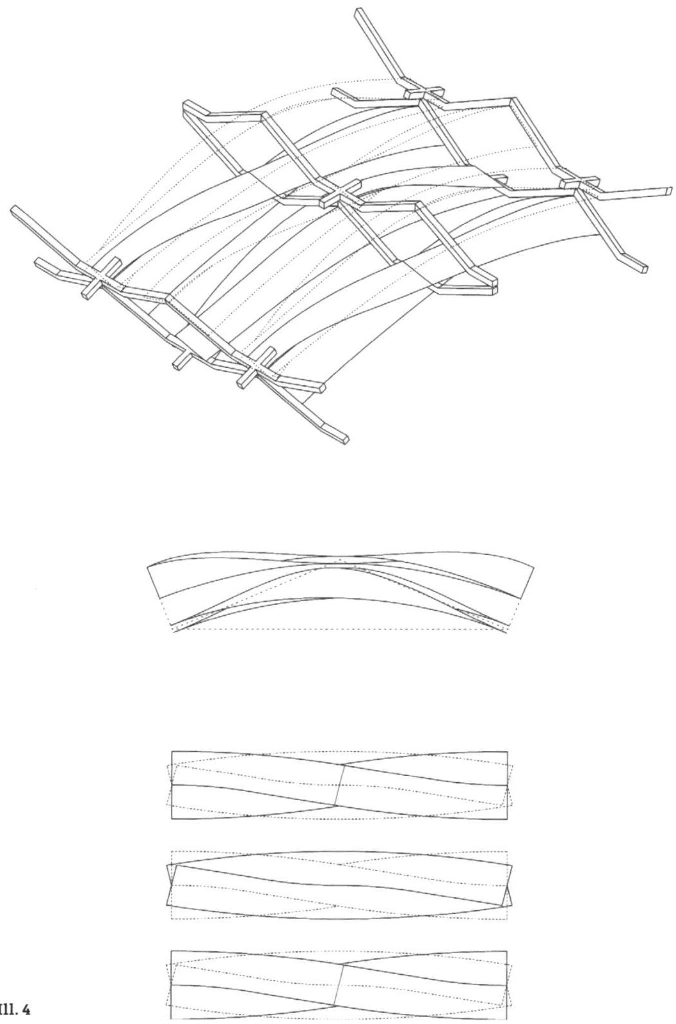

Ill. 4

Ill. 5

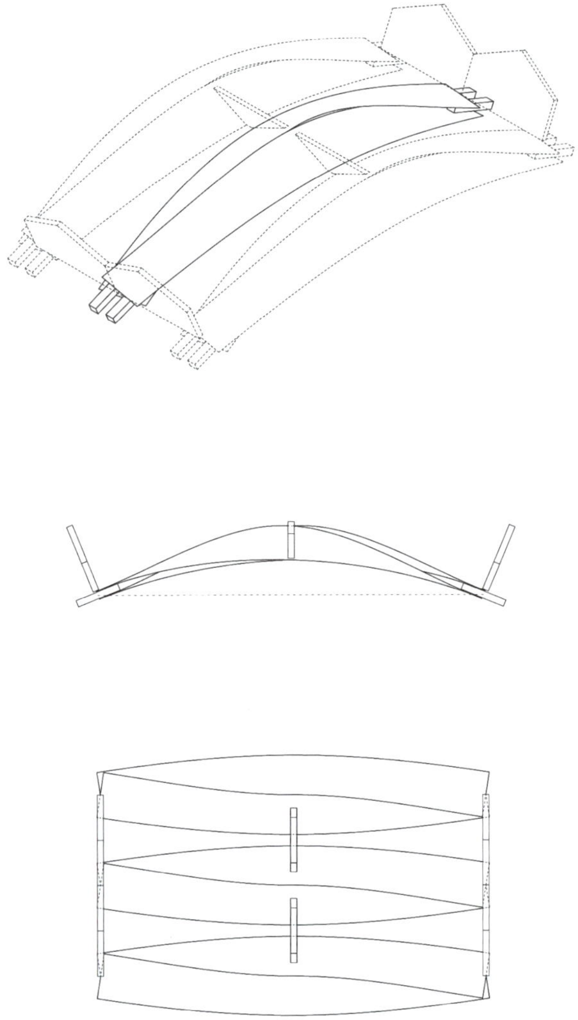

Ill. 6

pourrait y voir aussi une ressemblance avec les fils actifs et passifs des tissus. Bien que les constructions monodirectionnelles puissent être utilisées comme structures autoporteuses ou indépendantes, elles servent généralement de structures intermédiaires qui définissent ou décrivent le caractère de structures bidirectionnelles. En ce sens, on peut les interpréter comme la réalisation concrète d'un rapport, c'est-à-dire d'un motif textile répété.

7 Structures tressées en bois tridirectionnelles

Il a été montré dans la partie précédente que plusieurs modules et leurs éléments de base peuvent être combinés pour former des assemblages mono- et bi directionnels. Pour les assemblages bidirectionnels, deux manières d'agencer les modules latéralement adjacents ont été identifiées, en les reliant au besoin par des raccords supplémentaires. Dans les structures tressées en bois tridimensionnelles, ces principes sont poussés encore plus loin puisqu'on superpose deux couches bidirectionnelles de structure identique ou différente en les reliant entre elles. Leur faisabilité repose toutefois sur une condition : les modules de la couche externe doivent avoir un rayon - ou apothème – plus grand. Plusieurs autres facteurs à prendre en compte sont abordés ci-dessous.

7.1 Écart entre les couches

Dans toutes les variantes sauf une, les deux couches superposées circonscrivent un segment cylindrique et ont un axe central commun (orienté dans la direction x) alors que la couche externe est perpendiculaire à la couche interne. L'écart entre les deux couches s'obtient par augmentation de la taille des modules (on néglige ici la largeur des éléments) qui forment la couche externe.

7.2 Écart minimal

Techniquement, l'ampleur de l'écart peut être librement choisie. Il faut toutefois tenir compte d'un certain nombre d'aspects. Si l'écart est trop réduit, les unités ne peuvent pivoter les unes par rapport aux autres, car cela provoquerait une collision entre les deux extrémités

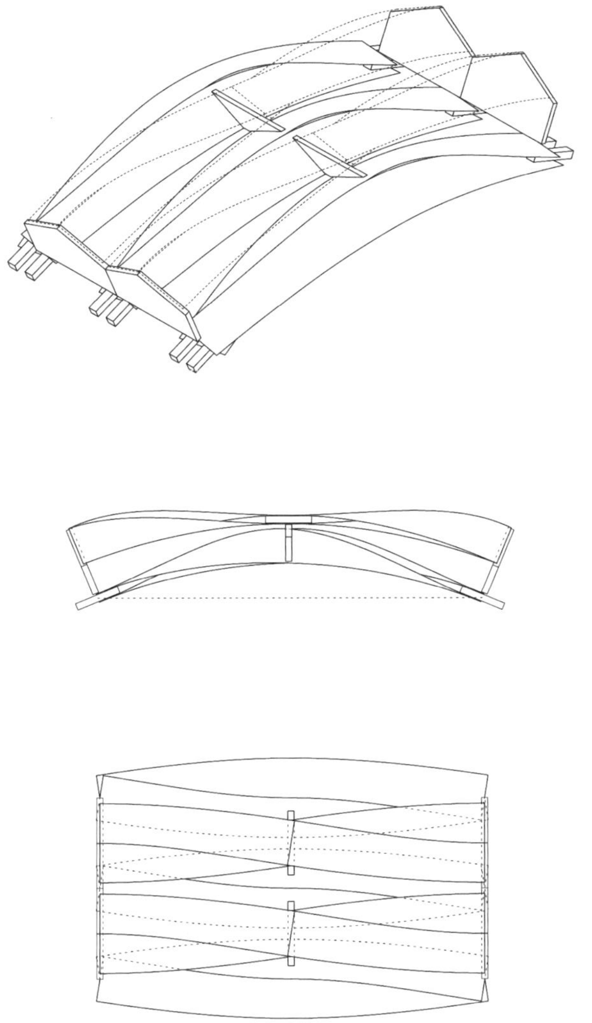

Ill. 7

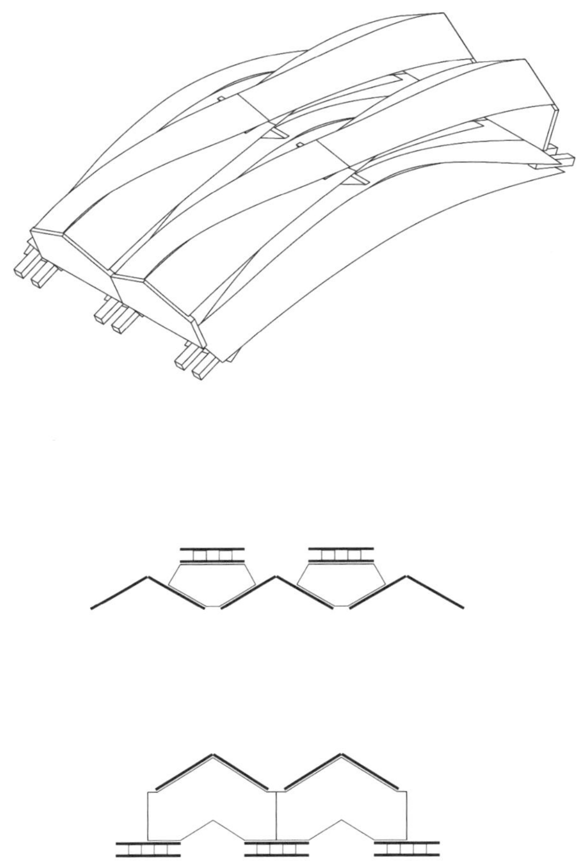

Ill. 8

Ill. 5 Prototype de structure tressée en bois tridirectionnelle à échelle intermédiaire, étude de photographie de la configuration n° 1 presque achevée

Ill. 6 Liaison de modules en direction longitudinale

Ill. 7 Liaison de modules en direction latérale

Ill. 8 Liaison de modules en direction radiale

basses du module supérieur et le centre saillant du module inférieur. Suivant une règle de conception que nous nous imposons, l'écart doit être suffisamment important pour permettre de superposer deux modules tout en les faisant pivoter de la longueur d'un demi-module.

7.3 Écart maximal

En principe, l'ampleur de l'écart entre deux couches ne connaît pas de limite supérieure. On pourrait même dire qu'une distance plus importante est souhaitable, car elle permet d'obtenir une structure d'ensemble plus élevée. D'autre part, la hauteur combinée de deux couches n'est efficace que si elles fonctionnent comme un tout, ce qui dépend de la manière dont elles sont reliées. Ces liaisons doivent entre autres être rigides en flexion pour éviter le déplacement relatif des couches dans le sens de la portée en cas de charges horizontales, un tel déplacement réduisant la rigidité globale du système structural. Une distance plus importante induit un effet de levier plus important, et exige par conséquent des liaisons plus résistantes. Par ailleurs, un écart plus important a aussi un impact visuel : il réduit la cohérence visuelle des deux couches, qui, dans une certaine mesure, met en lumière la logique structurale.

7.4 Principes de configuration des modules verticalement adjacents

La nature des couches et leur disposition les unes par rapport aux autres sont définies par leurs modules constitutifs. Cinq principes de disposition fondamentaux ont été établis. Ils constituent la base de toutes les structures tressées en bois développées par la suite. Ils permettent d'assurer la liaison entre les zones de faible et de grande résistance des modules.

8 Modèles d'éléments tressés en bois

Dans le cadre de cette recherche, plusieurs structures tridirectionnelles tressées en bois ont été étudiées. Deux d'entre elles sont commentées ci-dessous.

Dans cette configuration, les couches sont pivotées l'une par rapport à l'autre autour de O et décalées dans la direction x. La couche interne est constituée d'une série d'arcs identiques d'ordre supérieur, juxtaposés. L'entraxe de ces unités dans la direction x correspond à deux fois la largeur des éléments constitutifs des modules. Chacun de ces arcs se compose de trois modules complets. La couche externe est composée d'une série d'unités semblables à celles de la couche interne et chaque arc est également constitué de trois modules. Mais à la différence de la couche interne, la couche externe consiste en deux modules complets et deux demi-modules, les modules complets étant situés au centre de l'unité et les demi-modules agencés vis-à-vis des points d'appui.[5] La géométrie des modules et la distance entre les assemblages monodirectionnels déterminent la forme transversale des raccords. Compte tenu de l'espacement entre les deux couches et de l'agencement des modules adjacents superposés verticalement, un double raccord est plus approprié qu'une approche intégrée. Deux types de raccords sont utilisés pour les liaisons longitudinales et latérales. Ils n'empêchent aucunement de moduler la structure d'ensemble.

Cette étude de superposition torsadée recourt à un même motif pour les deux couches. La construction générale est relativement simple. Chaque couche consiste en une suite d'arcs indépendants « entrelacés ». Les arcs de la couche interne ont une longueur équivalente à trois modules tressés en bois et sont perpendiculaires aux bords de la structure. La couche externe se compose également d'une suite d'arcs « tressés » qui, en longueur, correspondent à trois modules tissés. Mais la structure des arcs de cette couche est différente de celle des modules internes. Chaque arc commence par un demi-module tressé en bois, suivi de deux modules complets, et se termine de nouveau par un demi-module. Ce procédé donne un motif décalé sur la couche externe et permet de relier les zones moins résistantes d'une couche aux zones plus résistantes de l'autre, ce qui entraîne une augmentation générale de la capacité de charge de la construction. Ici, la grande différence est que, contrairement à la couche externe, les arcs de la couche interne ne sont pas perpendiculaires au

Ill. 9

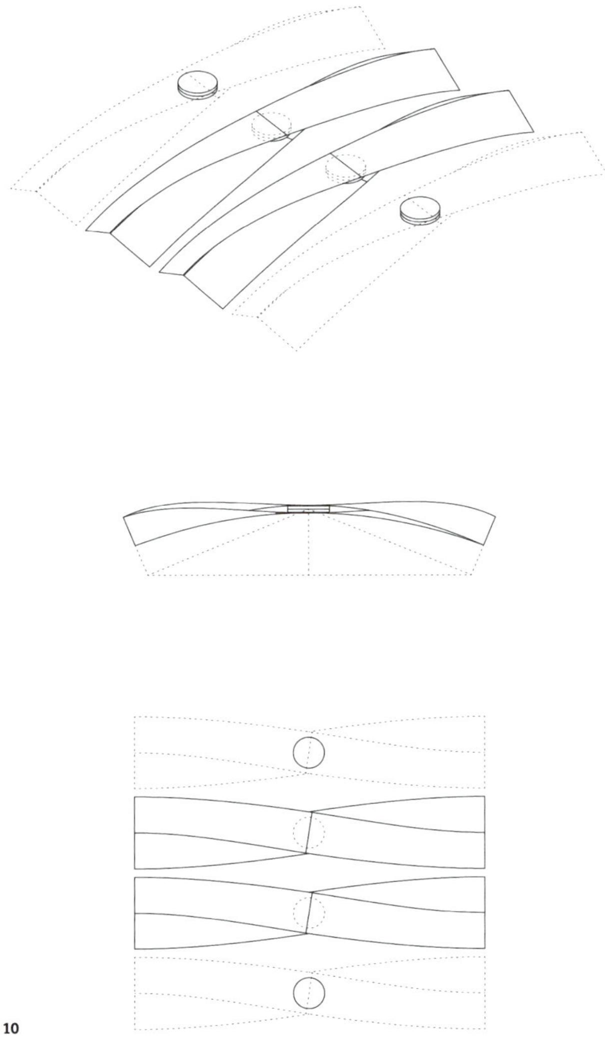

Ill. 10

bord. La solution développée dans cette étude ressemble à la structure porteuse du premier prototype à double couche. Mais ici, en faisant tout simplement pivoter dans la direction de la portée la couche externe vers la couche interne, on améliore la liaison entre les arcs. Dans le prototype d'origine à double couche, un arc d'une couche était relié à deux arcs de l'autre couche. Dans cette variante en revanche, le pivotage permettrait de relier un arc de la couche externe à cinq arcs de la couche interne, ce qui renforcerait la cohésion et la continuité de la construction. Comme dans les autres exemples, à l'exception de la variante où les couches sont entrelacées, l'ordre des couches est modifiable. Cette configuration peut être résumée comme suit :

- *Principe de configuration*
  Pivotage réciproque d'éléments superposés autour de O et autour d'un axe vertical central.

- *Structure de la couche interne*
  La couche interne se compose d'une série d'arcs autonomes d'ordre supérieur et du même type, chaque arc étant composé de trois modules complets.

- *Structure de la couche externe*
  La couche externe est constituée d'une série d'arcs autonomes d'ordre supérieur et du même type. Les arcs se composent de deux modules complets et deux demi-modules.

- *Relation réciproque des deux couches et de leurs modules constitutifs*
  Les deux couches et leurs éléments constitutifs sont pivotés les uns par rapport aux autres autour d'un axe vertical central.

Ill. 9 Réalisation à grande échelle de structures tressées en bois tridirectionnelles, étude de configuration n° 3, vue du dessus

Ill. 10 En direction longitudinale, les modules sont reliés par des éléments en forme de disque.

Ill. 11 En direction latérale, les modules sont reliés par deux variantes de raccords conçues sur mesure : leur forme est déterminée par l'espace entre la couche interne et la couche externe.

Ill. 12 Du fait de leur géométrie spécifique, ces éléments peuvent également assurer la liaison entre les deux couches.

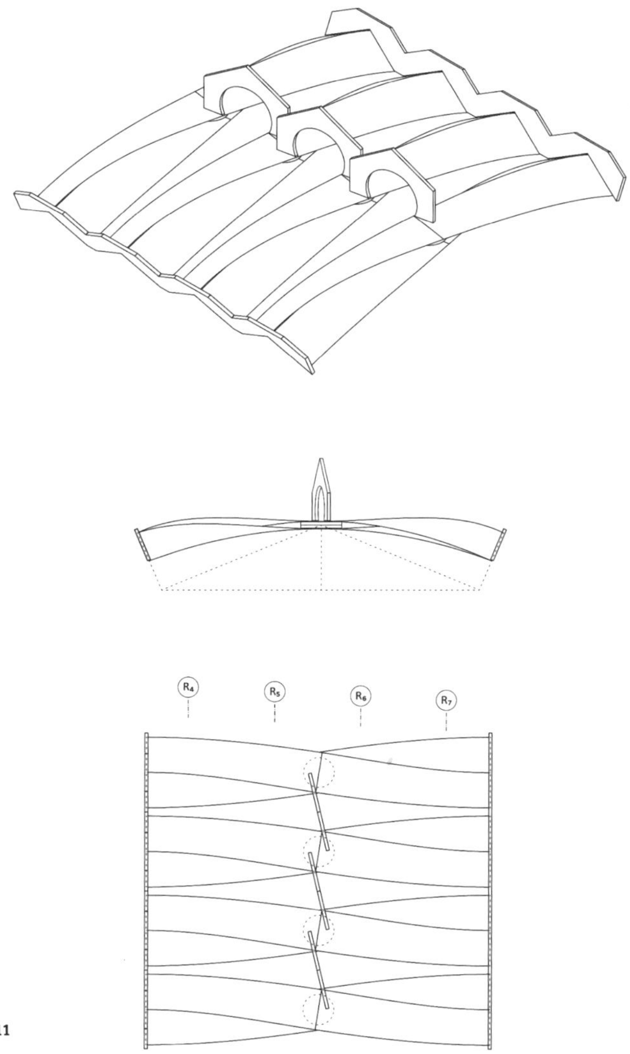

Ill. 11

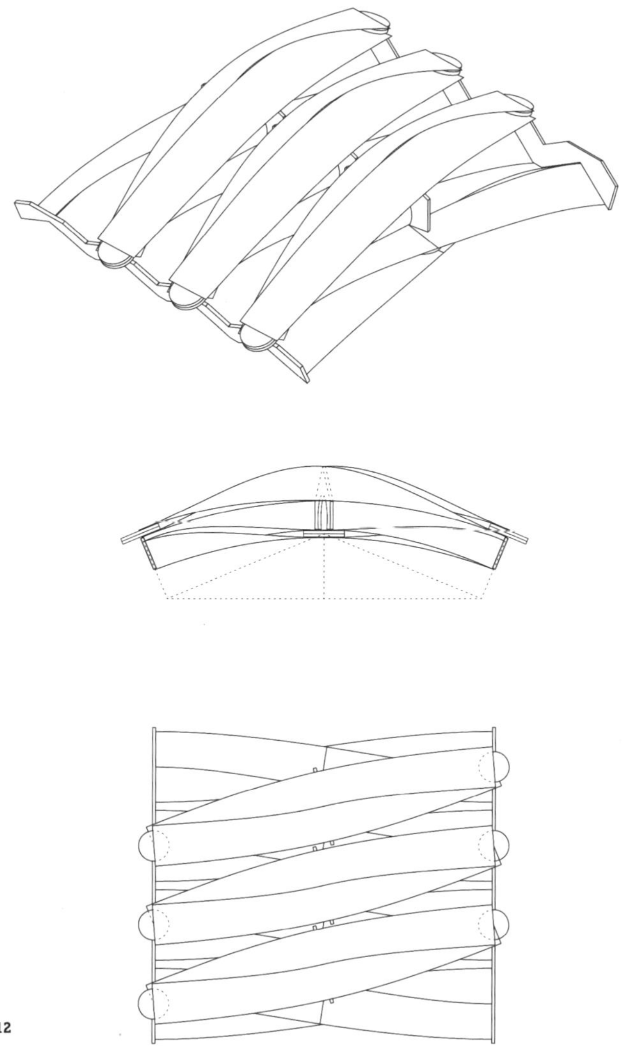

Ill. 12

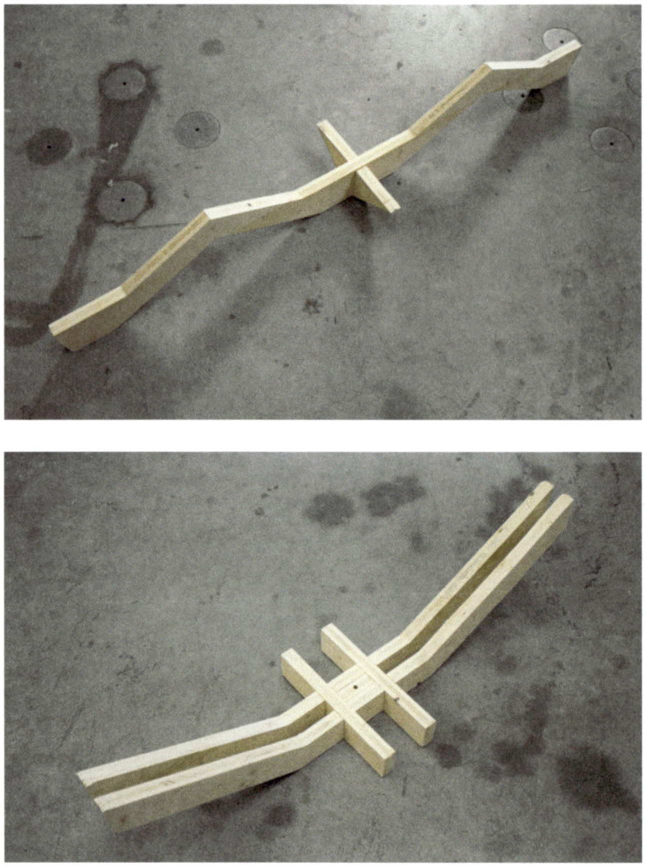

Ill. 13 Différents types d'éléments de raccordement pour liaisons longitudinales, latérales et multi-directionnelles

8.1 Impact de la configuration des couches sur les éléments de raccordement

Le pivotage réciproque de la couche interne et de la couche externe crée dans leur profil transversal un espace qui ne permet d'installer des raccords multidirectionnels qu'à certains endroits. Dans ce cas, on utilise plusieurs raccords monodirectionnels.

9 Structures tressées en bois à géométries globales alternatives

Les structures tressées en bois développées jusqu'ici partagent une géométrie globale assez simple. Cela s'explique en partie par la structure des ossatures monodirectionnelles, pour lesquelles n'ont été utilisés jusqu'à présent – à une exception près – que des modules identiques. Il s'ensuit que les configurations développées ont toutes un profil arqué à courbure constante. Les études de structures bi- et tridirectionnelles sont essentiellement composées de séries parallèles d'arcs monodirectionnels. Il est donc logique qu'elles aient toutes un profil transversal présentant des propriétés géométriques identiques.

Pour obtenir des structures tressées en bois de formes différentes, plusieurs stratégies sont imaginables. Par exemple, en utilisant des modules de tailles variables, on pourrait créer des profils transversaux à courbure non constante. Un autre principe pourrait être appliqué pour les structures multidirectionnelles reposant sur des arcs monodirectionnels indépendants. En disposant ces derniers le long d'une courbe et non d'une ligne droite, on pourrait créer des structures à double courbure. Par ailleurs, on pourrait augmenter progressivement la taille des modules des différents arcs, ce qui augmenterait alors leur portée et leur hauteur. Il en résulterait une géométrie d'ensemble qu'on pourrait décrire comme un cône tronqué. Pour obtenir des formes globales alternatives, on pourrait aussi utiliser des modules constitués de panneaux spécialement conçus, fabriqués sur mesure.

Références

1 Hudert, M., Timberfabric : *Applying Textile Assembly Principles for Wood Construction in Architecture (Structures tressées en bois : utilisation des principes textiles en architecture),* thèse n°5553, EPFL, Lausanne, 2013.

2 Seiler-Baldinger, A., *Textiles : A Classification of Techniques,* Bathurst, Crawford House Press, 1994.

3 Beech, S.R., Farnfield, C. A., Whorton, P. et Wilkins, J. A. (éd.), *Textile Terms and Definitions,* Manchester, The Textile Institute, 1986.

4 Dans ce contexte, le terme « géométrie » renvoie à la forme de la section transversale.

5 Pour conserver la géométrie d'un module coupé en deux, on place une entretoise triangulaire sur la ligne de division afin de maintenir en position les éléments déformés du module.

3.4

« Façonner par le pliage est quelque chose de simple »

Entretien entre Jan Knippers (Institut des structures de construction et de conception structurale, ITKE, Université de Stuttgart) et Yves Weinand
12 octobre 2015

Yves Weinand: À l'IBOIS, nous nous sommes occupés dès le départ des fractales et des systèmes plissés. Mais ces derniers n'ont jamais réellement réussi à s'imposer. Il y a eu des tentatives intéressantes dans les années 1970. Je crois vraiment au potentiel des systèmes plissés. Notre but en tant qu'ingénieurs est de voir la réalisation de ce type de structures. Les architectes y parviennent rarement ; pour les concours d'architecture, ils font des dessins en 3D qui donnent bien une idée des projets, mais qui ne reflètent que superficiellement les questions d'optimisation structurale et les considérations topologiques sur la géométrie. Parmi les autres recherches présentées dans cette publication, le chapitre 2 analyse par exemple des structures dont la géométrie est dérivée de fractales. Nous nous nous appuyons là sur des formes itératives choisies subjectivement, avec des systèmes qui imitent directement les configurations rencontrées dans la nature. Nous adoptons une approche similaire pour développer des structures tressées. Certes, dans la nature, on trouve des systèmes tressés, mais nous évitons de les copier directement ; nous essayons plutôt d'interpréter ces géométries ou ces systèmes. Copier directement la nature ou l'interpréter, ce sont des questions qu'on aborde aussi dans votre institut. Vous évoquiez le principe fonctionnel de l'oursin, que vous avez adopté. Qu'entendez-vous par là ?

Jan Knippers: Bien sûr, nous n'essayons pas de traduire directement un principe biologique comme celui de l'oursin en un processus technique déterminé. Mais il nous semble utile de vérifier notre approche du design en la confrontant à ce que nous voyons dans la nature. Nous ne pouvons concevoir que ce que nous pouvons simuler, puisque nous inventons toujours quelque chose qui n'existe pas encore. Nous devons prédire la capacité structurelle, la stabilité et l'intégrité, ce que nous ne pouvons faire qu'en étant capables de mesurer et de simuler les choses. C'est notre « design space », pour ainsi dire. Au fond, ça se passe exactement comme au 19ème siècle, si ce n'est que les choses sont autrement plus complexes et le champ beaucoup vaste. Et c'est pour ça que je crois qu'il est intéressant de travailler avec les formes de la biologie, car dans ce domaine le critère de la prévisibilité n'est pas du tout pertinent. Tout s'y développe dans un processus d'auto-organisation et d'identification à partir d'un petit nombre de composants élémentaires. La question de la construction y est donc abordée d'une manière complètement différente de la nôtre, qui repose sur le principe de la prévisibilité calculée par simulation. Je trouve intéressant d'analyser les structures naturelles pour prendre conscience de nos principes de conception et de construction – il ne s'agit pas de nous en inspirer directement. Notre but n'est pas de construire un oursin géant ; nous nous efforçons plutôt d'élargir l'éventail de nos possibilités et de valider notre approche.

Y. W.: Dans certaines publications des milieux professionnels de Stuttgart, j'ai été frappé par le fait qu'on invoque la bionique pour créer des formes. Jusque-là, je ne savais pas s'il fallait copier directement la nature. Vous venez d'expliquer que vous gardiez une certaine distance par rapport à ce que vous voyez dans la nature – pour utiliser vos observations comme outil pédagogique et élargir ainsi l'espace de réflexion qui vous permet de définir ce qui peut être construit.

J. K.: Pour créer ma propre démarche de conception, pour construire et réfléchir, je regarde des structures complètement différentes des miennes, comme un outil biologique, pour ainsi dire. Ça me permet de remettre en question à un méta-niveau la manière dont j'aborde en tant qu'ingénieur le principe de la conception.
Il est également intéressant de faire le lien avec les structures tressées. En fait, façonner par le pliage est quelque chose de simple. C'est la méthode la plus élémentaire de création de géométries non planes. Et pourtant, elle n'a jamais été utilisée, parce qu'on ne pouvait pas faire les calculs nécessaires. À présent, nous avons les méthodes de calcul et les outils de simulation pour calculer les déformations importantes. À présent, l'ingénierie dans son ensemble a accès à ces outils et cette méthode

fait désormais partie intégrante de mon « design space », puisque nous avons maintenant les moyens de la calculer.

Y. W. : Nous avons procédé de manière élémentaire. Nous avons plié deux panneaux, mais sans nous référer à la nature. Notre démarche est intuitive, il s'agit d'une méthode inductive. Ce qui m'intéresse bien sûr particulièrement, c'est que nous parlions ensemble de ses applications, c'est-à-dire, au-delà du pliage de ces panneaux, de la manière d'aboutir à des constructions efficaces mais aussi beaucoup plus flexibles que celles que proposent d'ordinaire les ingénieurs civils. Quels avantages voyez-vous dans ces systèmes tressés ou déformés multicouches, comme ceux présentés par exemple en 2010 au premier pavillon ICD/ITKE à Stuttgart ? Quels en sont pour vous les avantages en termes de statique ?

J. K. : En fait, nous n'avons pas abordé la question des déformations d'un point de vue structural, comme vous le pensiez peut-être, mais plutôt sous deux autres angles : l'un était le lien avec les textiles, l'utilisation de l'énergie emmagasinée pour précontraindre ces textiles. Il y a presque dix ans, nous avons construit une structure simple en lattes de fibre de verre sur laquelle nous avons tendu un tissage. L'autre angle consistait à explorer différentes configurations géométriques sur des structures mobiles. Le pliage permet de varier les situations géométriques sans modifier le système. Relativité, adaptabilité de la géométrie et lien avec les membranes – ce furent là en fait nos premiers pas dans le domaine du pliage. De là, nous en sommes venus à l'idée d'exploiter les possibilités du pliage et de créer des configurations géométriques complexes, comme le Pavillon ICD/ITKE de 2010.

Y. W. : Du strict point de vue ingénierie, quels sont selon vous les avantages structuraux de ces systèmes à déformation active ? Si l'on considère non pas le processus mais le résultat, j'imagine aisément qu'on obtient des structures porteuses extrêmement flexibles, qui peuvent fléchir très fortement. On a donc affaire à des déformations importantes. Ces structures très légères, en zone sismique par exemple, n'absorberaient même pas l'énergie horizontale comme une construction en béton armé le ferait. N'y a-t-il pas là aussi des avantages formels ?

J. K. : Au pavillon ICD/ITKE, nous avons constaté que l'introduction de contraintes de flexion augmentait la capacité structurale et avec elle, la résistance à la traction et la rigidité du système. Nous avons exploité cet effet sur d'autres projets, par exemple la façade synthétique du pavillon de l'Expo 2012 de Yeosu, en Corée du Sud. Elle se compose de quatre bandes qui sont recourbées vers le haut et créent ainsi la structure climatique. Le cintrage d'une bande vers le haut produit une contrainte de flexion. Comme les bandes n'ont qu'une épaisseur de 8 mm, elles se rigidifient et gagnent en stabilité, même sous la pression du vent. Sur ce projet, nous avons utilisé le principe du pliage pour adopter différentes formes géométriques. Et en plus, le système gagne en rigidité grâce à ce pliage.

Y. W. : C'est une belle application.

J. K. : Mais malheureusement pas en bois. En tout cas, l'aspect le plus intéressant des éléments actifs est qu'ils peuvent prendre différentes formes géométriques. Sur la partie supérieure sont fixés des éléments qui agissent comme des ressorts à lames et tendent les membranes. Ils peuvent se déformer et suivre ainsi le déplacement du soleil. L'énergie élastique est utilisée pour précontraindre les bandes textiles.

Y. W. : S'agit-il de structures porteuses - au sens traditionnel où elles assurent la reprise de charge - à partir desquelles on peut vraiment développer des systèmes porteurs ? Avez-vous une idée de la déformation que présentera le pavillon ICD/ITKE dans sa version 2016 ?

J. K. : Je ne sais pas encore. Nous utilisons le pliage pour créer la géométrie des modules, et la rigidité ajustée - c'est-à-dire là où le pliage est le plus important et où l'élément est le plus mince – pour obtenir la plus faible résistance. Les forces se dissipent dans la coque, qui consiste en plusieurs couches cousues les unes aux autres. Nous utilisons essentiellement des modules constitués de nombreuses planches. En principe, notre système actuel est assez semblable au précédent, si ce n'est que nous n'assemblons plus chaque caisson à partir d'un élément plan replié. Nous utilisons donc le pliage comme un mode de façonnage.

Y. W. : On peut aussi superposer les structures tressées, c'est-à-dire les disposer sur deux couches et en les décalant. C'est comme cela qu'on obtient la plus grande rigidité au centre de l'élément, là où la hauteur statique est à son maximum, et qu'on peut placer cette zone au-dessus des points faibles de la couche suivante. On recouvre les points faibles de points forts sur plusieurs couches. Ce qui est fascinant, c'est qu'on doit prévoir une troisième trame. Autrement dit, on tisse d'abord deux fois dans une direction principale, comme pour le tricot. Ensuite, on fait passer la navette dans la troisième direction. Et c'est cette troisième direction qui définit à la fois les contraintes marginales et les conditions d'appui de chacun des panneaux. Ce serait très intéressant de tisser à grande échelle et de pouvoir relier l'ensemble grâce à des outils robotiques.

J. K. : Je me suis toujours demandé à propos des structures comment vous faisiez avec la pression locale au niveau des points de contact. La pression transversale subie par la fibre ne pose-t-elle pas problème ?

Y. W.: En général, nous n'avons pas eu de problèmes – sauf quand nous avons travaillé avec des panneaux Kerto de plus grande taille, qui ont cédé dès 18 N/mm2 de flexion. En fait, ils n'auraient pas dû céder et s'il y a eu rupture, c'est parce trop de nœuds étaient concentrés en un même endroit. Nous avons conçu un petit système paramétrique pour pouvoir choisir différents paramètres géométriques et permettre ainsi à la géométrie d'ensemble de changer en fonction de la programmation. Mais il est resté à l'état de prototype.

J. K. : Nous le constatons même dans la construction de bureaux la plus simple, domaine où nous proposons souvent des structures en bois. À un moment donné du processus de planification, le bois est écarté : à cause de la physique du bâtiment, de sa masse thermique ou du budget. Nous avons beau travailler avec des architectes et des constructeurs ambitieux et lancer une structure en bois tout à fait classique, à un certain moment une décision vient s'opposer au bois. Il est très difficile de trouver un projet réunissant toutes les conditions pour innover. Je m'efforce d'intégrer les recherches universitaires dans notre pratique – par exemple les structures composites en fibres du pavillon. Mais entre l'architecte, le client et le cahier des charges, il est difficile de trouver la constellation qu'il faut. Et puis rares sont les entrepreneurs qu'on réussit à intéresser au projet.

Y. W. : Je suis foncièrement de votre avis et j'ai moi-même pu vérifier que beaucoup de projets bois n'aboutissaient pas, alors même que leur réalisation semblait de prime abord promise à un beau succès. Mais quelque chose est peut-être en train de bouger. J'ai l'impression que beaucoup d'entrepreneurs sont fortement influencés par leurs clients, qui exigent le bois comme matériau de construction, autrement dit qui veulent que leur projet soit écologique et que ça se voie. On sait désormais que l'acier et le béton armé, qui sont pourtant des matériaux fantastiques, ne sont pas aussi durables que le bois. Tout récemment, un entrepreneur m'a contacté parce qu'il souhaitait construire une halle en utilisant un nouveau système.

J. K. : En 2014, après les coques en bois du pavillon expérimental ICD/ITKE de 2011, nous avons pu faire construire par Achim Menges la halle de l'exposition régionale d'horticulture de Schwäbisch Gmünd. Cette réalisation nous a permis de concrétiser nos idées. Toute une série de projets se profilent qui seront probablement réalisés avec cette technique. Mais dans d'autres cas, cette étape est extrêmement difficile à franchir. Notre bureau a par exemple essayé à quelques reprises de construire des ponts en bois, mais en vain.

Y. W.: J'aimerais revenir encore une fois au matériau lui-même. Vous venez juste de me montrer qu'ici vous effectuez vous-mêmes le laminage. Pour la halle d'exposition de Schwäbisch Gmünd vous avez pourtant utilisé des panneaux Hess. Aujourd'hui, il existe aussi des panneaux Pollmeier et ils sont très bons. Pour les fabriquer, l'entreprise Pollmeier a construit une nouvelle usine impressionnante. Kerto a enfin des concurrents. Kerto est arrivé en 1995 en Allemagne, et nous avons alors construit une petite bibliothèque en panneaux Kerto à l'Université technique de Rhénanie-Westphalie (RWTH) d'Aix-la-Chapelle. En tant qu'ingénieur du bâtiment, quelles exigences auriez-vous aujourd'hui envers les fabricants de panneaux ?

J. K.: Nous avons réalisé toute une série de projets en utilisant des panneaux en lamellé-croisé. Pour la Soft House de l'IBA de Hambourg, nous avons essayé de travailler avec des panneaux composites, ne serait-ce que pour être un peu plus indépendants des fabricants. Notre argument était que la construction en bois lamellé répond aux normes de dimensionnement standard, qu'elle n'a donc pas besoin d'autorisations particulières, et du coup, qu'elle est aussi à la portée des petites entreprises. C'est pourquoi, malgré ses limites structurelles, nous essayons de promouvoir ce mode de construction.

Y. W.: Ne faudrait-il pas aussi promouvoir les méthodes mixtes dans la construction bois ? Par exemple, des sols combinant béton et bois ont de meilleures performances phoniques à un coût plus avantageux. L'industrie du bois ne prône souvent que la construction en bois pure – en réaction aux autres secteurs industriels. Ou n'avons-nous pas besoin d'une relation plus forte avec le secteur du bâtiment existant ? Quelque chose est peut-être en train de bouger du côté des entrepreneurs principaux, qui intègrent de plus en plus le bois dans leurs systèmes.

J. K.: Il existe un important lobby de la construction bois en Grande-Bretagne, comme ici dans le Bade-Wurtemberg, où la Forêt Noire a été reboisée après la destruction d'une grande partie des forêts de sapins par différentes tempêtes. Il existe un lobby politique qui encourage vivement la construction en bois, mais qui n'a pas encore réussi à concrétiser des revendications susceptibles d'impulser un changement concret des méthodes de construction. Par exemple, nous avons eu des discussions à Fribourg, où un nouveau stade de football doit être construit. Il y a là un vague désir d'utiliser le bois pour construire ce stade. Mais dès qu'il est question de coûts de maintenance, d'investissement et de construction, les maîtres d'œuvre et les exploitants du stade remettent immédiatement le bois en question. Autrement dit, il y a un décalage entre l'attitude favorable que l'on rencontre à un méta-niveau et les prescriptions légales auxquelles un projet de construction doit se conformer. Ce qui manque, c'est un niveau intermédiaire qui fournisse aux maîtres d'œuvre l'aide dont ils ont besoin.

Y. W.: Nous avons un bon matériau et j'espère que nous arriverons bientôt à proposer des constructions en bois plus importantes, par exemple pour des stades. Il existe une logistique pour utiliser le bois dans la construction de logements, mais les grands entrepreneurs ne disposent pas encore vraiment de la logistique qui permettrait de réaliser des structures porteuses innovantes en bois ou hybrides. Les structures qu'on ne cesse de proposer sont en lamellé-collé, elles sont donc très classiques. Les choses ne bougent peut-être pas encore assez pour faire apparaître des structures d'un genre nouveau.

3.5

Lignes géodésiques pour structures en forme de coque – un équipement pour aire de jeux pour enfants dans la Vallée de la Jeunesse (Lausanne, Suisse)

Marielle Savoyat

Conception	**IBOIS, Laboratoire de construction en bois/ EPFL, École polytechnique fédérale, Lausanne, Suisse ; Pr Yves Weinand et Dr Claudio Pirazzi, chercheur au GEOM, chaire de géométrie/EPFL, École polytechnique fédérale, Lausanne, Suisse ; Pr Peter Buser et Roland Rozsnyo, chercheur**
Réalisation	**Charpentes VIAL SA**
Achève-ment	**2006**
Lieu	**Vallée de la Jeunesse, Lausanne, Suisse**

Cette construction en bois incurvé repose sur la géométrie des lignes géodésiques. L'idée, née dans le sillage de la thèse de doctorat de Claudio Pirazzi, a été développée à l'IBOIS, le Laboratoire de construction en bois, en collaboration avec Roland Rozsnyo au GEOM, la chaire de géométrie. Tous deux font partie de l'EPFL, l'École polytechnique fédérale de Lausanne. Une ligne géodésique représente le plus court chemin entre deux points sur une surface courbe ou bien des lignes constituées de courbes simples. La courbure apparaît sur l'axe faible d'inertie de chaque section rectangulaire et non sur l'axe fort. Toutefois, la ligne géodésique suit une ligne hélicoïdale, ce qui produit une certaine torsion.

Dans le cadre de ce projet de recherche et sous l'égide des deux laboratoires, les chercheurs ont développé un programme capable de déterminer les maillages géodésiques sur des formes libres. Ces maillages ont de leur côté permis de définir les données géométriques nécessaires à la découpe numérique. Cette approche ouvre de nouvelles possibilités à l'utilisation du bois pour la création de structures courbes.

Ill. 1

Ill. 1 Modélisation du pavillon

Ill. 2 Vue du pavillon dans le jardin d'enfants

Ill. 2

Un prototype à grande échelle de coque nervurée en planches lamellées vissées a été construit pour tester le potentiel de ce programme. Les membrures de la coque suivaient des lignes géodésiques, qui évitaient toutes les doubles courbures, réduisant ainsi les contraintes importantes imposées au départ par les courbures (par exemple la flexion autour de l'axe fort). Les baguettes ne sont par conséquent sollicitées que par un seul moment de flexion, selon leur axe le plus faible. Cela permet de réaliser des structures nervurées en bois optimales au risque de flambage réduit.

Il est intéressant de noter que sur une même surface de forme libre, les lignes géodésiques peuvent être disposées à différents emplacements. Il est donc possible que le projet architectural mette en œuvre des éléments subjectifs, notamment sur le plan de l'esthétique, de la construction ou de la spatialité. Tout un éventail de possibilités nouvelles s'ouvre ainsi pour la création architecturale contemporaine. Baptisé « Géoline », le prototype issu de cette recherche a été installé dans le jardin d'une garderie de Lausanne, où il sert maintenant d'équipement de jeu pour les enfants dans la Vallée de la Jeunesse.

Références

1 Pirazzi, C., *Zur Berechnung von Holzschalen in Brettrippenbauweise mit elastischem Verbundquerschnitt,* thèse de doctorat n° 3229, EPFL,Lausanne, 2005.

2 Rozsnyo, R., *Optimal Control of Geodesics in Riemannian Manifolds,* thèse de doctorat n° 3481, EPFL, Lausanne, 2007.

4 Recherche de forme et étude mécanique de structures porteuses à flexion active

4.1

Optimisation des structures porteuses planes à double courbure

Yves Weinand

Le champ de recherche dont il est question ici se situe à l'interface de l'architecture et de l'ingénierie structurale. L'ouverture simultanée aux méthodes tant inductives que déductives est un aspect important de la manière dont on pratique la recherche à l'IBOIS/EPFL. Le schéma fonctionnel montre que la recherche d'idées recourt à des outils aussi bien empiriques que rationnels : expériences physiques, modèles numériques, descriptions analytiques et mathématiques sont utilisés simultanément pour résoudre des problèmes. Si les idées de départ sont d'abord décrites en principe par l'une ou l'autre de ces méthodes, des sauts d'échelle sont ensuite délibérément orchestrés. Ils font entrer en jeu des considérations à la fois structurales et architecturales. La synthèse est réalisée dans le cadre d'un processus d'optimisation structurale.

Pourquoi les structures porteuses hybrides ont-elles disparu des manuels d'ingénierie civile ? Pourquoi la combinaison de différents systèmes structuraux dans une même construction n'est-elle soutenue par aucune théorie ? L'un des objectifs de cet article est de réveiller l'intérêt des ingénieurs civils pour les questions de forme globale. Les architectes ont à leur disposition des outils d'une grande force de représentation. Ils ont grandement simplifié la représentation dans l'espace. En revanche, les ingénieurs du bâtiment ont des outils d'une grande force de précision mécanique mais dont la représentation dans l'espace est moins conviviale. Autrement dit, même si les outils permettent de représenter de mieux en mieux l'espace, le processus de vérification mécanique reste encore itératif.
Le travail de Sina Nabaei présenté plus loin vise à développer un modèle de simulation de coques et de structures porteuses qui permette de créer des simulations reposant sur des propriétés physiques pendant la phase de conception de l'ouvrage. Nabaei présente également une méthode de simulation solide et stable pour le calcul de structures tissées en bois. Alors que les travaux présentés par Markus Hudert ont été développés empiriquement et « à la main », l'outil mis au point par Nabaei définit des contraintes mécaniques qui pilotent le processus de design.

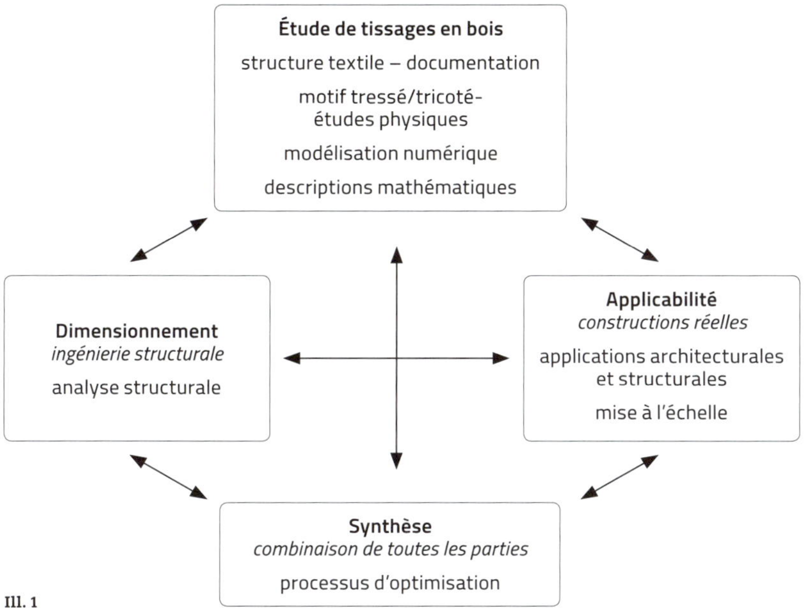

Ill. 1

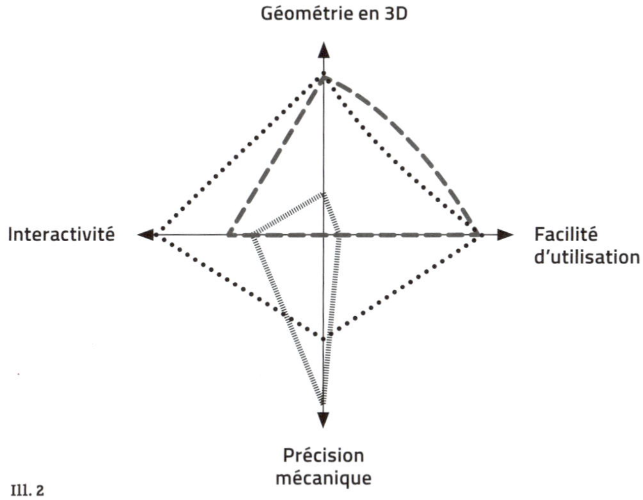

Ill. 2

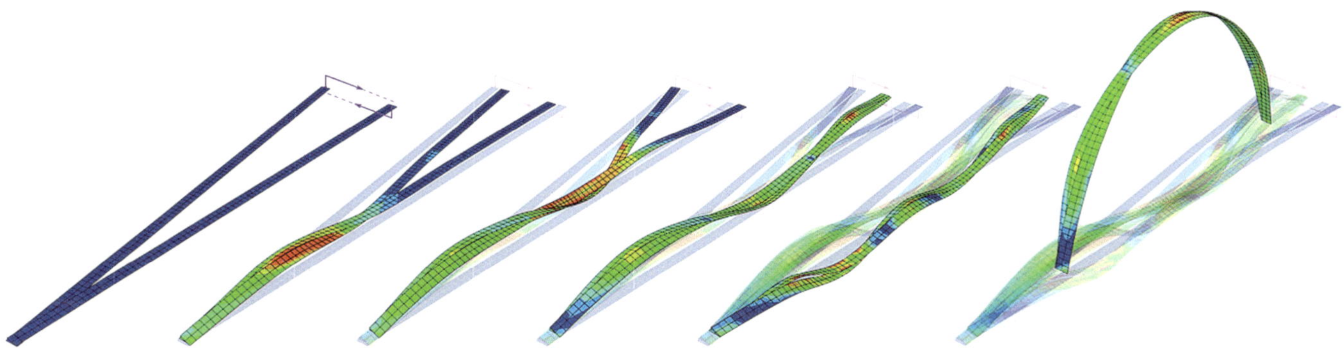

Ill. 3

Ill. 1 Schéma fonctionnel, laboratoire de recherches Ibois

Ill. 2 Schéma illustrant l'interaction entre les outils existants

Ill. 3 Formation mécanique du module textile par entrelacement

Ill. 4 a et b Mise en forme mécanique des bandes

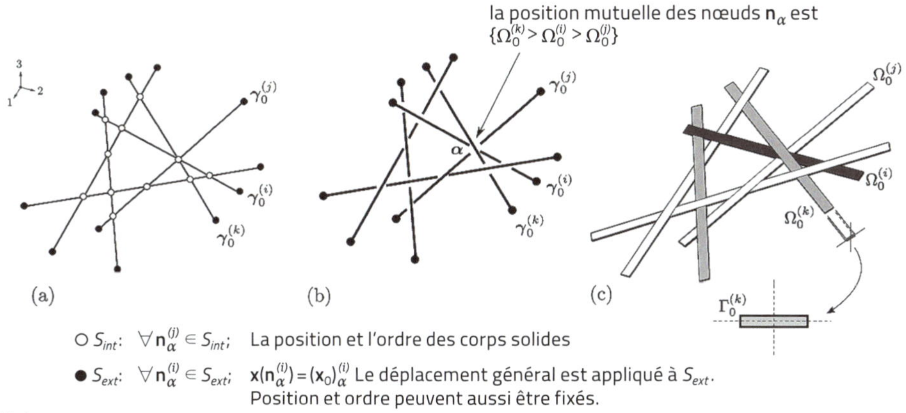

Ill. 4 a

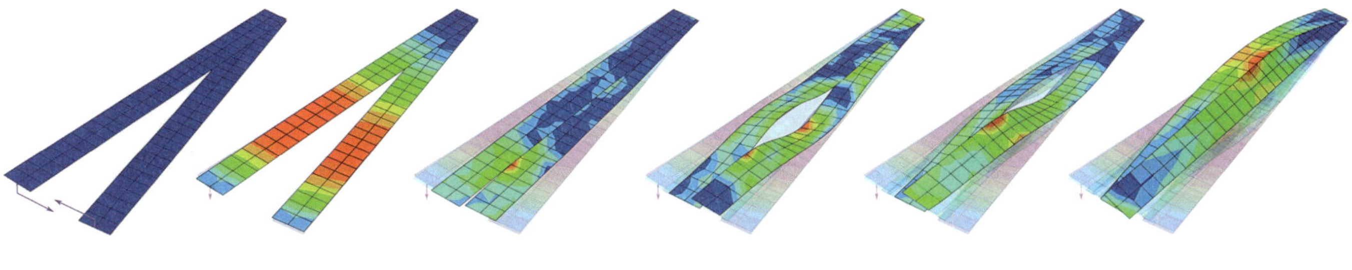

Ill. 4 b

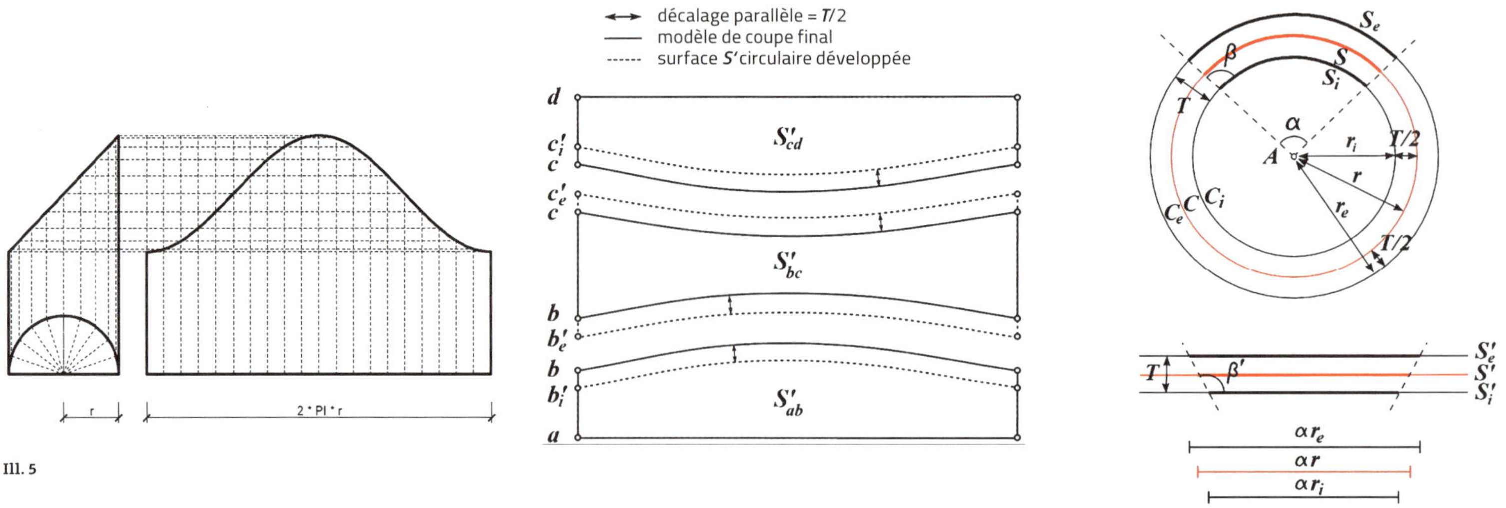

Ill. 5

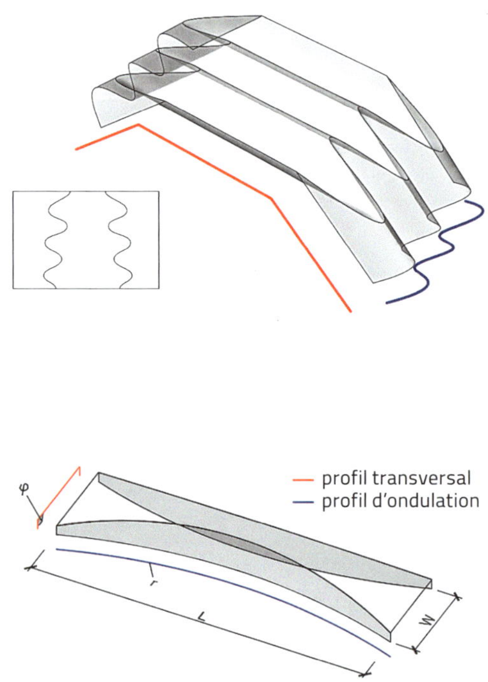

Ill. 6 a

Ill. 6 b

Ill. 6 c

Ill. 7

Ill. 5 Géométrie et détails : déploiement de la géométrie des arêtes, structure multicouche, détermination de la surface médiane

Ill. 6 a) Structure plissée obtenue à partir de panneaux à courbure active, **b)** poutre-caisson constituée de panneaux à courbure active, **c)** détail de la poutre-caisson

Ill. 7 Exemples d'application de structures porteuses planes à courbure active

Comme l'ont montré les exemples précédents, il peut y avoir une relation très étroite entre forme et structure. Deux autres exemples présentés ici illustrent eux aussi la relation qu'on peut établir entre forme et structure pour optimiser le comportement structural. L'outil de design inspiré de l'origami présenté au chapitre 1 permet de générer des processus de pliage. Au début, les panneaux plans imposaient les contraintes. D'autres essais ont révélé que les profils transversaux et longitudinaux étaient également capables de générer des structures composées de surfaces courbes. Nous montrons ici une structure plissée réalisée à partir de panneaux incurvés ainsi qu'une poutre-caisson constituée de surfaces incurvées ou à courbure active.

La possibilité de construire des structures en utilisant des panneaux courbés dans des directions opposées a débouché sur un nouveau projet de pavillon, réalisé en 2013 à Mendrisio à la demande de l'Accademia di architettura.
Ce principe est d'abord étudié à l'aide de panneaux convexes et concaves reliés dans deux directions opposées. Des étudiants en génie civil du master de l'EPF de Lausanne ont été invités à jeter un regard critique sur la géométrie prédéfinie et à optimiser la structure en recourant uniquement à des adaptations géométriques. À cet effet, des études paramétriques ont été menées, pendant lesquelles on a fait varier non seulement l'envergure mais aussi, par exemple, la profondeur des arrondis. L'objectif pédagogique était de susciter chez les ingénieurs un regain d'intérêt pour la forme générale des structures.
Même à épaisseur de panneau constante, cette construction fait preuve d'une formidable rigidité en flexion dans les angles du cadre. L'analyse des causes de ce phénomène a révélé que cette rigidité était assurée par une résistance structurale existante. Les surfaces étant courbées les unes contre les autres, elles ne peuvent pas pivoter autour d'un axe. Les moments de flexion qui doivent normalement être repris dans les angles du cadre ne peuvent être activés car les tensions provenant de l'axe de rotation sont déviées par les surfaces incurvées.

On utilise d'abord des panneaux multicouches pour construire un prototype à l'échelle 1 : 5. Pour ce faire, on construit un modèle qui correspond à la courbure voulue. On enfonce ensuite plusieurs couches de planches dans ce moule incurvé et on les colle sur place. Il ne s'agit donc pas de panneaux à déformation active mais de panneaux de bois fabriqués à l'intérieur d'un modèle courbe.

Un aspect important du développement de projet est la formation des liaisons bois-bois le long des arêtes. L'inclinaison des panneaux les uns par rapport aux autres détermine la nature de la liaison bois. Pour ces prototypes, deux géométries entrecroisées différentes ont été choisies, paramétrées et fraisées par une

ILL. 8 Application potentielle comme système porteur principal

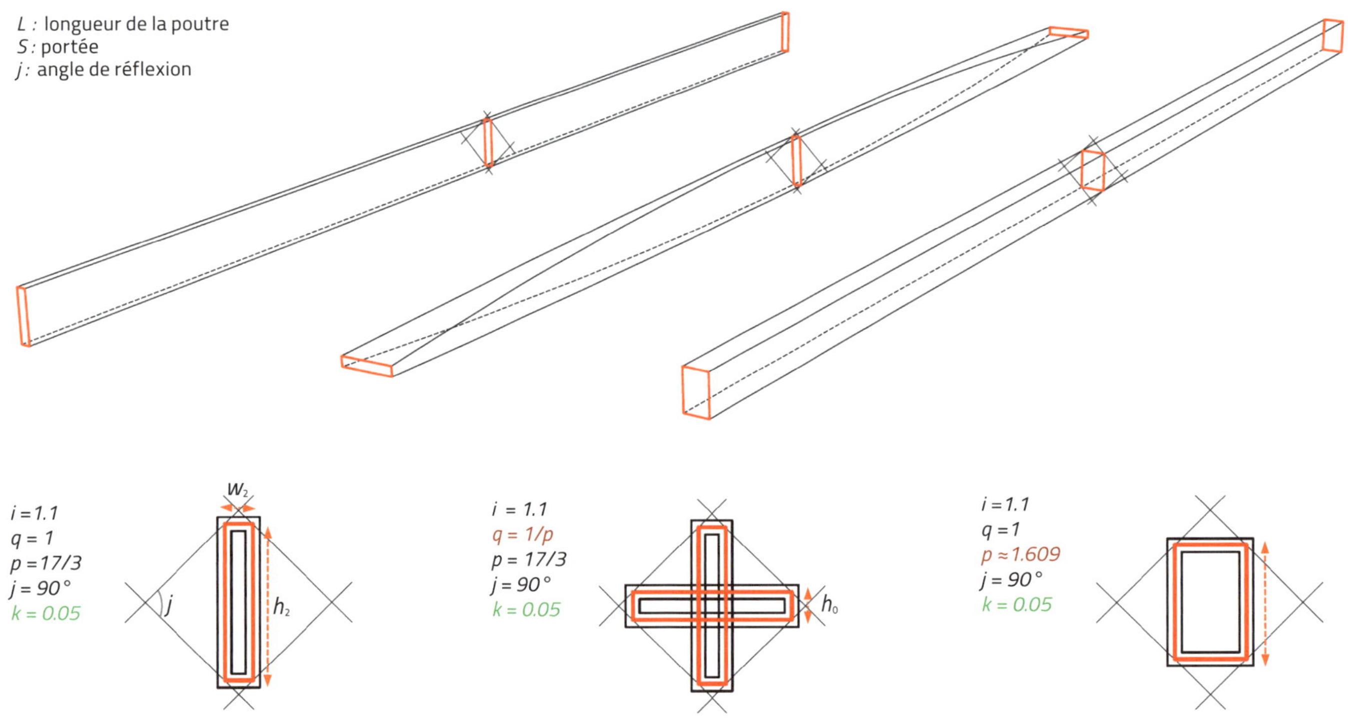

ILL. 9 Étude paramétrique de la poutre

Ill. 10

Ill. 11

Ill. 10 Équipement de test pour mesurer les déformations

Ill. 11 Poutres expérimentales fabriquées à l'IBOIS

Ill. 12 Résultats du test des trois volumes

Ill. 13 Paramètres géométriques du pavillon (modèle en contreplaqué)

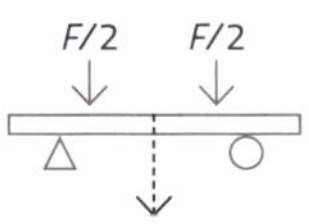

Prototype	4 m déformation* (mm)	4 m charge max. (kN)	8 m déformation** (mm)	8 m charge max. (kN)
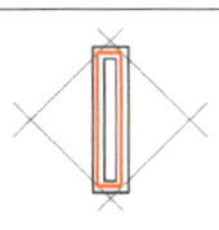	16,3	9,6	14,3	
	15,9	9,1		
	16,7	9,0		
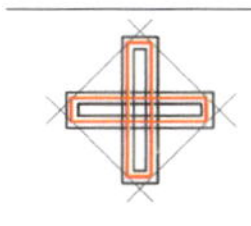	17,7	8,2	15,0	>37,2
	16,5	10,4	15,4	>35,9
	17,1	9,5	15,6	>35,6
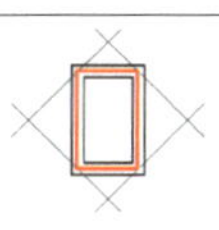	23,9	7,9	20,3	
	23,6	8,1		
	20,8	8,1		

Ill. 12

* $F = 2$ kN ** $F = 4$ kN

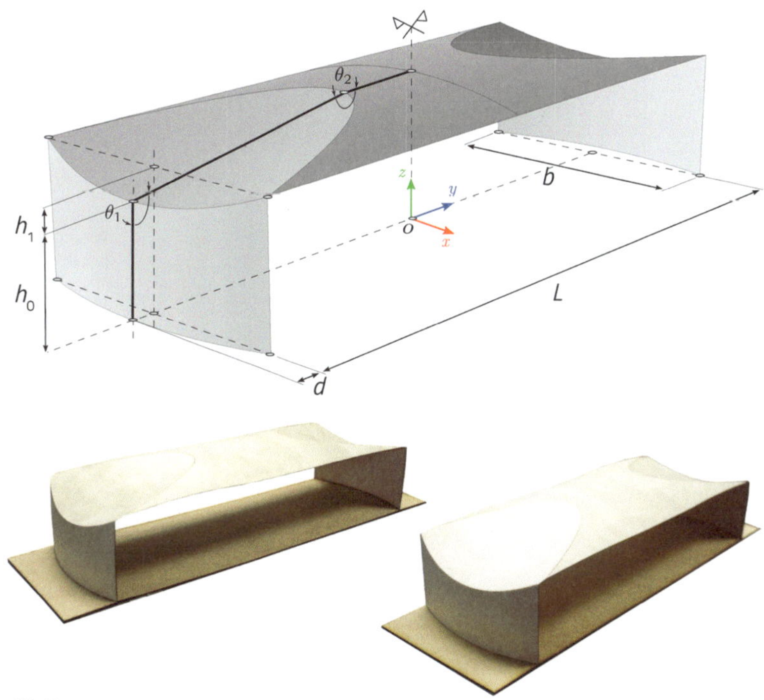

Ill. 13

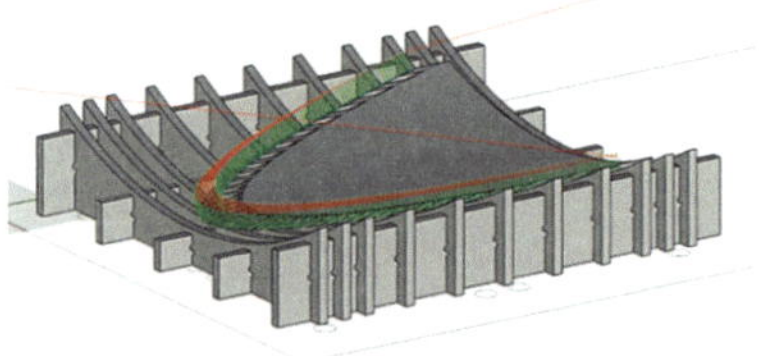

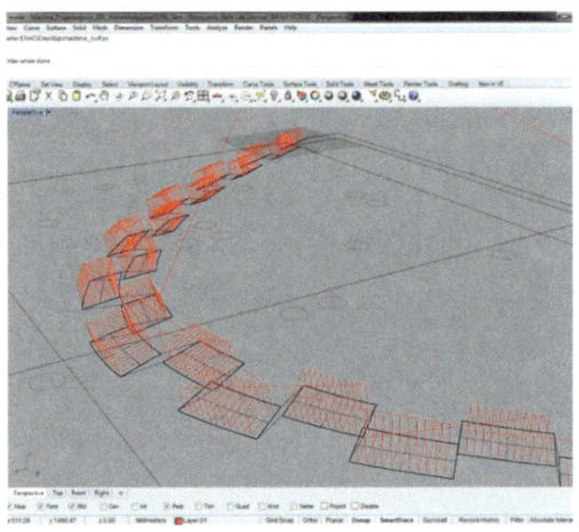

Ill. 14

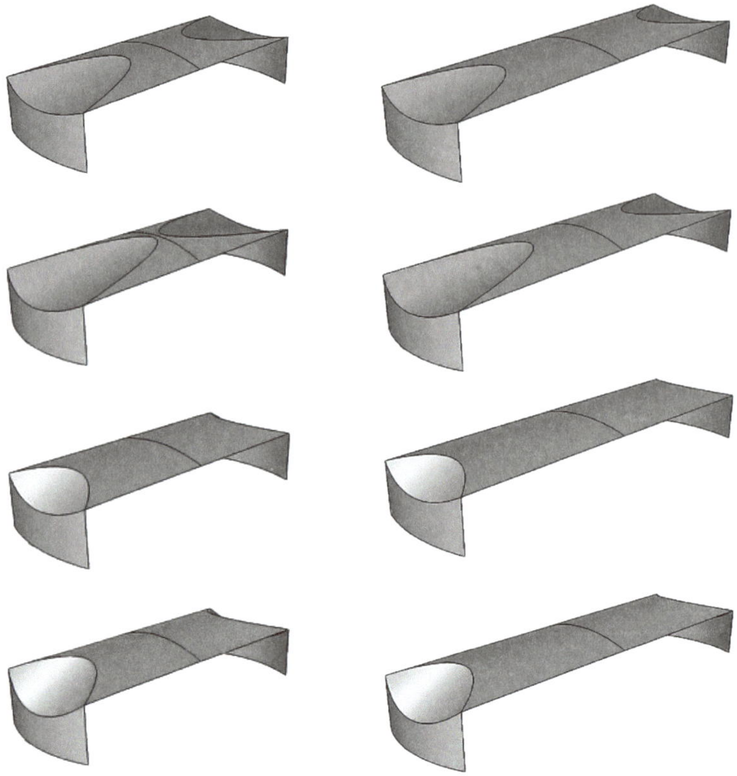

Ill. 15

Ill. 14 a–f Fabrication des panneaux en bois recourbés : géométrie paramétrique de la liaison bois-bois

Ill. 15 Études paramétriques sur une même géométrie de base

Ill. 16 Pavillon assemblé

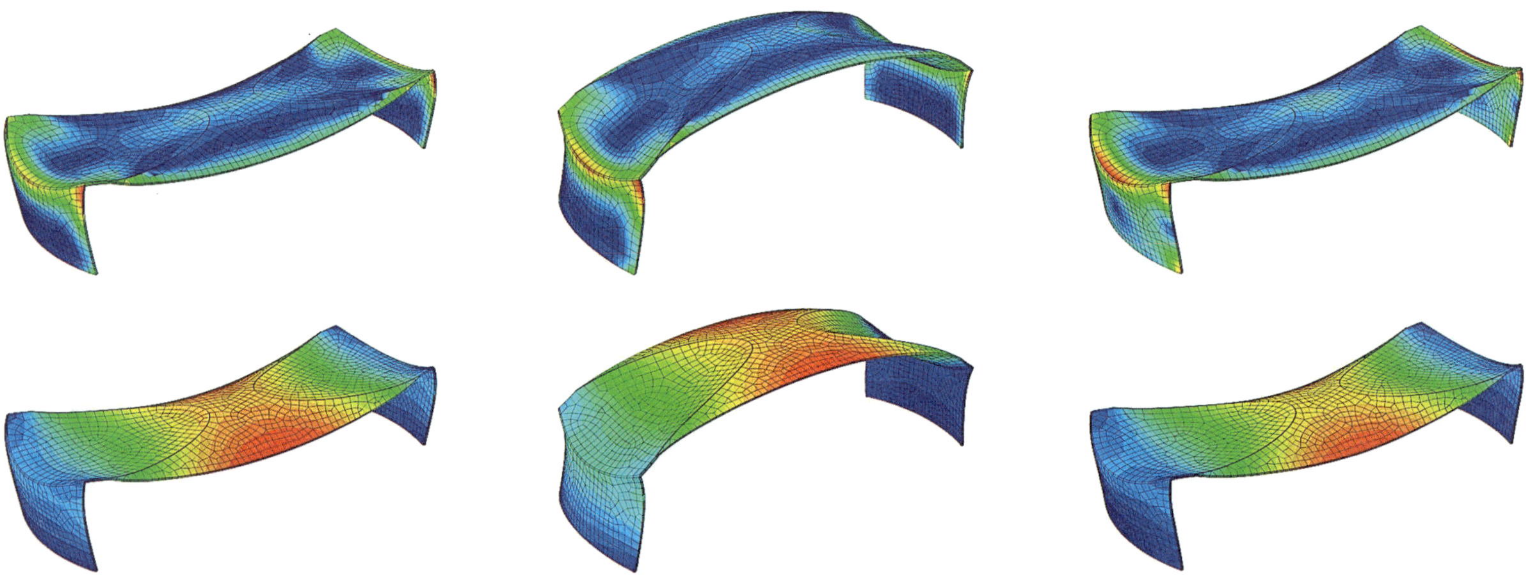

Ill. 16

machine CNC. C'est sur cette base que le pavillon a été développé, avec une portée de 13 mètres. Les plaques convexes et concaves présentent le même rayon de courbure. Cette technique simplifie la fabrication des panneaux puisqu'ils ont tous la même forme. Le modèle d'éléments finis montre l'épaisseur des plaques et l e degré de déformation de la structure. La liaison bois-bois a pu être entièrement modélisée puisque les planches sont collées. Les panneaux de 77 mm d'épaisseur ont été fabriqués sous un coussin de pression pneumatique. Ils ont ensuite été découpés le long de leurs contours incurvés. La géométrie de la liaison bois-bois peut elle aussi être fraisée à la machine. Le gain de temps qui en résulte est important pour le développement de ce type de structures porteuses.

ILL. 17 Pavillon assemblé

4.2

Étude expérimentale et numérique du comportement structural d'un module tressé en bois

Masoud Sistaninia, Markus Hudert, Laurent Humbert et Yves Weinand

Cette étude est consacrée à l'examen d'une structure en bois innovante appelée structure tressée en bois, susceptible de trouver des applications pour la construction de toitures, de façades et de ponts. Le développement de cette structure repose sur l'exploitation des qualités structurales et modulaires des textiles, appliquées à la construction bois[9]. Les structures tressées en bois sont constituées d'une ou plusieurs unités structurales, appelées « modules textiles ». Lorsqu'elle est bien conçue, cette structure modulaire et légère présente des qualités éminemment intéressantes et innovantes du point de vue structural et géométrique.

Cet article met l'accent sur le module textile en bois isolé. À partir de la méthode des éléments finis (méthode EF), nous proposons une procédure fiable pour modéliser le processus d'assemblage du module textile. Dans un but de comparaison, les prototypes de module textile sont construits en recourant à des conditions d'assemblage différentes selon leur format, grand ou moyen. Le modèle EF proposé, géométrique et non-linéaire, permet d'évaluer les tensions introduites pendant le processus de construction et susceptibles d'affecter l'intégrité structurale du module. Le risque de rupture pendant l'assemblage est notamment identifié à l'aide du critère anisotrope Tsai-Hill. Le comportement structural du module est par ailleurs étudié en soumettant les prototypes construits à des tests de flexion. Pendant la procédure de charge, les déflexions verticales sont mesurées en différents points de la surface du prototype au moyen de capteurs de déplacement externes. Les déformations correspondantes sont simulées avec le modèle EF en appliquant la charge de flexion sur le module textile précontraint. Pour finir, les déplacements calculés expérimentalement sont comparés aux prévisions du modèle EF pour vérifier leur correspondance.

Mots-clés ***module textile en bois, contraintes de construction, méthode expérimentale, modélisation par éléments finis***

1 Introduction

Le bois est un matériau de construction polyvalent qu'on trouve en abondance dans de nombreuses régions du monde. C'est aussi une ressource renouvelable, dont le traitement et l'assemblage peuvent s'effectuer avec une réelle efficacité énergétique. Des études récentes[1,2] montrent que les bâtiments en bois présentent un meilleur bilan écologique que ceux construits avec des matériaux conventionnels. Compte tenu des inquiétudes suscitées par l'augmentation mondiale des besoins énergétiques et par la diminution concomitante des ressources, le bois présente un avantage incontestable par rapport à d'autres matériaux de construction, comme le béton ou l'acier. L'intérêt de la communauté scientifique pour de nouvelles applications du bois dans la construction devrait donc s'accroître.

Parmi les réalisations architecturales en bois modernes mais éprouvées, on compte des structures en panneaux de bois plissées[3,4], des constructions en treillis (par exemple le toit en treillis de bois de la halle de l'Exposition florale de Mannheim)[5,6] et des structures à cadre multi-réciproque.[7,8] De telles réalisations présentent des avantages évidents par rapport aux structures à toit plat, plus traditionnelles, car elles ont un poids inférieur malgré une efficacité et une portance supérieures.

Un nouveau type de structure en bois, la structure tressée en bois (timberfabric), a récemment été mis au point à l'IBOIS.[9,10] Ses propriétés reposent sur l'utilisation de techniques de tissage. Le développement des modules tressés en bois s'est fait avec l'idée de transposer dans la construction bois des qualités particulières du textile, comme la modularité et la solidarité des éléments constitutifs des tissus. Les structures tressées en bois ont un grand potentiel d'application à l'architecture du fait de leur souplesse, de leur adaptabilité et de leurs qualités directement liées à leur configuration structurale. Elles reposent sur la répétition d'une unité structurale, le module textile (ill. 1), qui transpose les principes de l'assemblage textile aux composants en bois. L'ill. 1b montre une structure tressée en bois double-couche, exemple parmi d'autres des nombreuses configurations possibles de modules textiles.

ILL. 1 modèle de la structure

Le module textile simple de l'illustration 1a présente une forme structurale particulièrement intéressante pour cette étude. Pour résumer, il est composé de deux minces panneaux qui se soutiennent mutuellement et se courbent pendant le processus d'assemblage, comme montré sur l'ill. 2. Par conséquent, les contraintes de construction (ou résiduelles) sont générées pendant la fabrication du module. Leur amplitude dépend en général du matériau utilisé, de la taille des panneaux et des conditions d'assemblage. L'utilisation d'un matériau de mauvaise qualité et/ou de panneaux mal dimensionnés peut entraîner la rupture prématurée du module textile pendant le processus d'assemblage. Les contraintes de construction peuvent être calculées au moyen du modèle d'éléments finis, qui prend en compte les différentes étapes de la fabrication **(ill. 2)**.

Cet article met l'accent sur le processus de fabrication et sur le comportement structural d'un module textile témoin soumis à une charge de flexion. Notre approche est à la fois expérimentale et numérique. Elle comprend la fabrication de deux prototypes à deux échelles différentes (moyenne et grande) et selon des conditions d'assemblage différentes ; nous y reviendrons dans la première souspartie de la partie 2. La seconde sous-partie de la partie 2 sera consacrée aux tests de flexion et aux appareils de mesure nécessaires.

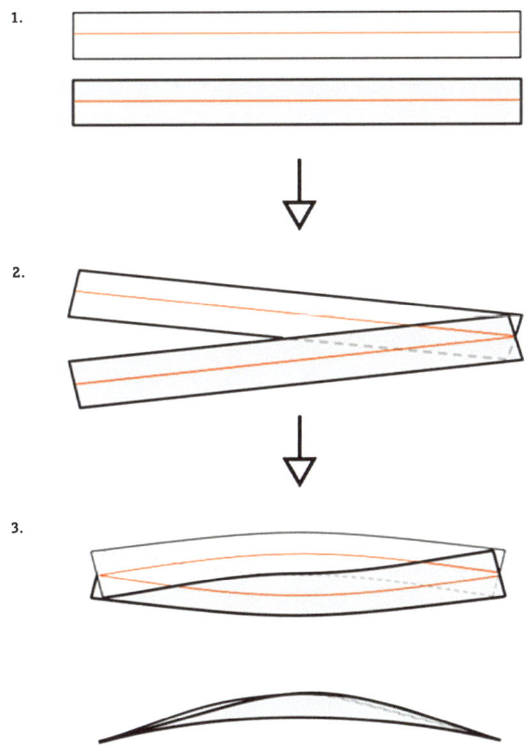

ILL. 2 Principe de conception du module textile

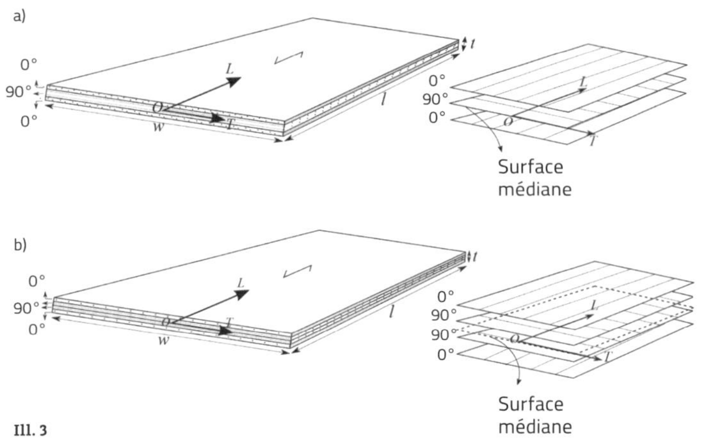

Ill. 3

En dépit du grand nombre de modèles EF déjà disponibles pour les textiles tressés[11–15], l'étude numérique du module textile en bois exige une attention particulière car sa géométrie spécifique et les conditions d'assemblage rencontrées en compliquent l'analyse. En raison des déflexions et des rotations importantes subies par le module pendant les étapes de fabrication (ill. 2), nous avons élaboré (partie 3) un modèle d'éléments finis géométriquement non linéaire, visant à reproduire au mieux la forme géométrique du module. D'après les prévisions, ce modèle devrait permettre de conduire une évaluation fidèle des contraintes de construction induites pendant la fabrication. Dans la partie 4, les déplacements verticaux mesurés en plusieurs endroits de la surface du prototype pendant les tests de flexion seront comparés aux résultats de la méthode EF. Pour finir, nous aborderons la question du comportement structural du module textile.

2 Recherches expérimentales

2.1 Matériaux et prototypes

Deux modules textiles ont été construits pour cette étude : l'un est constitué de deux panneaux de bois stratifié GPF de 12,320 m de long par 0,770 m de large, l'autre se compose de deux panneaux de contreplaqué Oukoumé (TeboPly™) de 2,34 m de long sur 0,24 m de large. Les panneaux GFP et Okoumé utilisés pour fabriquer les modules textiles ont été fournis respectivement par les sociétés Schilliger Holz AG (Suisse) et Thebault (France). Comme le montre le schéma de l'ill. 3, les panneaux sont constitués de lames orthotropes symétriques, trois couches [0/90/0] pour le panneau GFP et quatre [0/90] pour le panneau Okoumé. Leur épaisseur respective est de 33,0 mm et de 6,3 mm. Comme il est d'usage, le contreplaqué est fabriqué par placage déroulé et aggloméré avec une résine adhésive (synthétique) sous haute pression. Dans tous les cas, les couches extérieures du placage sont de même épaisseur et leurs fibres, de même orientation, suivent l'axe longitudinal (axe *L*) des lames du panneau. Comme le montre l'ill. 3a, l'axe de symétrie du modèle trois couches passe par le centre de la couche médiane de 13 mm, dont les fibres sont parallèles à l'axe transversal (axe *T*) du panneau stratifié. Pour le modèle quatre couches, les deux couches internes d'égale épaisseur (2 mm) sont collées ensemble, leurs fibres étant orientées perpendiculairement à l'axe longitudinal des couches extérieures (le long de l'axe *T*). Cette interface correspond au plan de symétrie (la surface médiane) du contreplaqué. Le nombre pair des couches augmente l'efficacité du placage et de son classement (variabilité moindre), mais les coûts de production sont plus élevés.

Les panneaux GFP et Okoumé sont constitués tous deux de couches (plaquées) orthotropes et leurs axes matériels principaux coïncident avec les directions géométriques longitudinales (*L*) et transversales (*T*) des panneaux (ill. 3). À une échelle macroscopique, on peut les considérer comme des matériaux orthotropes homogènes, dont les axes *L* et *T* suivent les axes principaux du matériau correspondant.

Les qualités du matériau élastique homogénéisé, fournies par le fabricant pour des conditions standards (température de 20 °C et humidité relative de 65%), sont indiquées dans le tableau 1, où *L* et *T* correspondent respectivement aux directions longitudinale et transversale. Le tableau 1 présente également les modules longitudinaux et transverses des panneaux Okoumé, mesurés dans les conditions réelles du laboratoire. Les essais de traction ont été

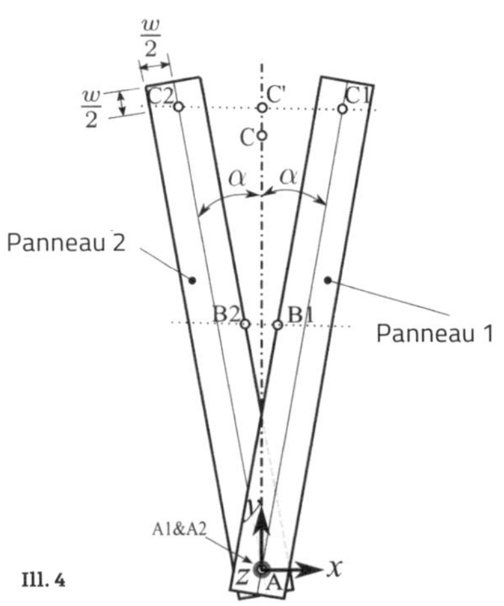

Ill. 4

	Valeurs caractéristiques de résistance au cinquième centile (MPa)								Module d'élasticité (valeurs moyennes)		Module de cisaillement (valeurs moyennes)
Contre-plaqué	**Flexion**		**Compression**		**Traction**		**Cisaillement dans le plan**		**Traction et Compression (MPa)**		**Cisaillement dans le plan (MPa)**
	$f_{m,L}$	$f_{m,T}$	$f_{c,L}$	$f_{c,T}$	$f_{t,L}$	$f_{t,T}$	$f_{v,L}$	$f_{v,T}$	E_L	E_T	G_{LT}
GFP (3 couches)	15,8	2,6	7,3	4,7	4,8	3,2	1,5	1,5	6667	4333	720
Okoumé (4 couches)	35	32,4	10	28,5	6,1	17,4	7	7	2398 4592[a]	6852 7288[a]	552

[a] *Valeurs moyennes obtenues en laboratoire*

Tableau 1 Propriétés mécaniques des stratifiés GFP et Okoumé effectués avec une machine de test standard à traverse (contrôle de déplacement avec vitesse transverse de 2 mm par minute) environ huit mois après livraison des panneaux par le fabricant. Les valeurs moyennes des modules élastiques reportées au tableau 1 sont calculées sur la base des mesures effectuées sur quatre corps d'épreuve dont les fibres des couches de parement étaient parallèles à la direction de chargement, et sur deux corps d'épreuve dont les fibres des couches de parement étaient perpendiculaires à la direction de chargement. Ces valeurs seront utilisées ultérieurement lors des simulations par éléments finis.

Le module textile GFP sera désormais appelé prototype grand format (TM1) et le module textile Okoumé prototype moyen format (TM2). Outre leurs différences de taille et de matériau, les modules sont aussi assemblés différemment. Pour le prototype TM1, les extrémités des panneaux sont mécaniquement liées au moyen de fixations seules, alors que sur le second prototype, TM2, ce sont des connecteurs en bois qui empêchent tout mouvement. Le processus de construction des deux prototypes est détaillé ci-après.

2.2 Construction des modules textiles

2.2.1 Fixation articulée

Pour assembler le module textile TM1, on a utilisé une fixation articulée. Dans les faits, les deux panneaux sont reliés l'un à l'autre à leurs extrémités par des tiges filetées en acier, des écrous et des rondelles. Le point de départ de la procédure d'assemblage est montré dans l'ill. 4. Par commodité, on reprend le système général de référence des coordonnées *(x, y, z)*, de sorte que l'axe vertical *z* croise le panneau 1 et le panneau 2 respectivement aux points A1 et A2. Ces deux points ont la même position géométrique, considérée comme origine A du système global. À strictement parler, le point A1 se trouve sur la face inférieure du panneau 1, et le point A2 sur la face supérieure du panneau 2. Tous deux possèdent les mêmes coordonnées dans le plan $L = w/2$, $T = 0$ dans le cadre local (L, T) des panneaux **(ill. 3)**. Les surfaces médianes des panneaux sont parallèles au plan *(x, y)* et pivotées symétriquement autour de l'axe *z* selon un angle $\alpha = 10°$. On relie ensuite les panneaux l'un à l'autre aux points A1 et A2 par une tige filetée en acier (non représentée sur l'ill. 4), ce qui limite leur déplacement relatif à A mais assure une libre rotation le long de l'axe des tiges filetées. À noter que si l'axe des tiges filetées coïncide au départ avec l'axe *z*, il ne conserve pas cette direction après l'assemblage.

Considérons à présent les points opposés C1 et C2 **(ill. 4)**, dont les coordonnées locales dans le plan ($L = l - w/2$, $T = 0$) conduisent au calcul suivant : $AC1 = AC2 = l - w = 11{,}55$ m. La ligne (C1C2) est perpendiculaire à l'axe y et le coupe au point C'. En d'autres termes, on peut dessiner un triangle isocèle (AC1C2) dont la base est (C1C2). Concrètement, les panneaux sont joints aux points C1 et C2 par des câbles à un troisième point commun C sur l'axe y. La distance AC est inférieure à AC'. Les panneaux, qui sont maintenant cour-

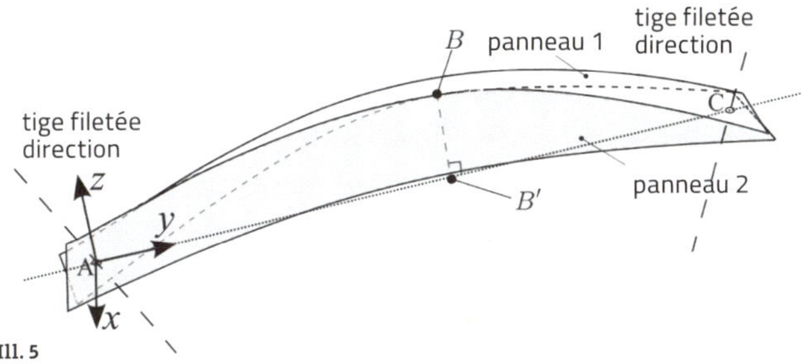

Ill. 5

Ill. 6 a

Ill. 6 b

Ill. 3 Planches de contreplaqué **a)** GFP et **b)** Okoumé et système local de coordonnées (L,T)

Ill. 4 Procédure d'assemblage et système de coordonnées associé

Ill. 5 Géométrie du module textile à panneaux recourbés

Ill. 6 a) Prototype TM1 et connecteur métallique pour le fixer au sol **b)** rupture pendant le processus d'assemblage bés, sont également raccordés de manière articulée à C par une seconde tige filetée. Pendant cette opération, les points médians B1 et B2 des deux côtés des panneaux entrent en contact au point B, qui correspond à la hauteur maximale de la structure finale (ill. 5). La hauteur maximale (la distance BB') et l'envergure maximale (la distance AC) de TM1 s'élèvent respectivement à 1,50 m et à 10,05 m.

À noter que les deux axes de tiges filetées et le point B appartiennent au plan vertical (*y, z*). En nommant B' la projection verticale de B sur l'axe y, on obtient un triangle isocèle ABC dont la hauteur est égale au segment de ligne BB' et la base AC = 2AB'. En outre, les axes des deux tiges filetées sont symétriquement orientés par rapport à l'axe BB'.

Les deux extrémités du module textile TM1 sont solidement fixées au sol par un connecteur spécial en acier (ill. 6a), ce qui limite tout déplacement et toute rotation le long des côtés des panneaux. Les panneaux du module textile peuvent être assemblés de manières très diverses, qui peuvent toutes en modifier la forme finale et le comportement structural. Le choix des connecteurs à utiliser dépend des conditions d'assemblage prévues.

Enfin, il convient de noter que des modifications en apparence minimes des conditions d'assemblage peuvent avoir des répercussions considérables sur la solidité de la structure. Un premier prototype (TM0) a été construit avec des panneaux aux caractéristiques similaires à celles de TM1, si ce n'est que leur largeur *w* était de 1,65 m. Pendant la dernière étape de l'assemblage, ce prototype s'est cassé en deux quand on a serré les écrous. Les deux panneaux ont cédé en leur milieu (ill. 6b) du fait des tensions induites par l'assemblage.

2.2.2 *Clavetage*

Pour la construction du prototype TM2, un second type de raccord, le clavetage, a été utilisé. Comme le montre l'ill. 7, on a utilisé deux ensembles identiques de trois clavettes pour relier les panneaux l'un à l'autre, tout en ancrant au sol la structure toute entière. Ces pièces ont été fabriquées en découpant un bloc de bois dur d'une longueur de 20 cm et à section transversale de $w/2 \times w/4 = 12 \times 6$ cm^2. Les deux plans de coupe obliques sont inclinés différemment (ill. 7). L'élément le plus haut (*clavette 3*) et l'élément le plus bas (*clavette 1*) qui en résultent ont donc un profil transversal à angle droit et un autre oblique par rapport aux surfaces latérales. Avant la découpe, trois trous de 10 mm de diamètre ont été percés le long du bloc de bois (ill. 7) pour insérer un système de fixation composé de tiges et d'écrous filetés.

La fixation de la structure au sol est assuré par l'élément de soutien clavette 1. L'élément intermédiaire (*clavette 2*) permet de contrôler précisément la position relative des panneaux sur les zones de contraintes (conditions d'assemblage). Le troisième élément de clavetage (*clavette 3*) est utilisé pour relier les panneaux en serrant simplement les écrous, ce qui aligne verticalement les trois clavettes. De plus, cette fixation permet au module d'être complètement attaché au sol. Comme le montre l'illustration 8, la position des deux plans obliques (transversaux) peut être décrite en utilisant six paramètres d'assemblage $(\theta_{x1}, \theta_{x2}, \theta_{y1}, \theta_{y2}, d, d')$. L'origine O du système de référence des coordonnées (*x, y, z*) est placée au centre de la partie inférieure de la clavette 1. L'ill. 8 présente la forme définitive du module, où l'axe z vertical coupe les panneaux 1 et 2 aux points A1 et A2, dont les coordonnées respectives sont (0, 0, $d+d'$) et (0, 0, d'). À la différence du prototype TM1, ces deux points n'occupent pas la même position du fait de l'introduction de la clavette 2. À noter également que pendant le montage les axes des tiges filetées conservent une orientation fixe correspondant à l'axe z vertical. Par ailleurs, A1 et A2 correspondent aux points centroïdes des zones de contact *p1* et *p2*, dont l'orientation – par rapport à l'axe *x* et à l'axe *y* – est donnée respectivement par les deux angles θ_{x1}, θ_{y1} et. θ_{x2}, θ_{y2}.

De la même manière, les points opposés C1 et C2 correspondent aux points centroïdes des zones de contact *p1'* et *p2'*, comme défini sur l'ill. 8. Le point C1 se situe maintenant sous le point C2 et leurs coordonnées respectives sont (0, s, d') et (0, s, $d+d'$). O' marquant l'intersection de l'axe vertical qui passe par ces deux points et de l'axe y, on obtient s = OO'. Dans ce cas, les angles $-\theta_{x1}$ et $-\theta_{y1}$ (ou angles $-\theta_{x2}$ et $-\theta_{y2}$) donnent l'inclinaison du plan p2' (ou du plan p1') par rapport à l'axe *x* et à l'axe *y*.

Comme pour le prototype TM1, on peut dessiner un triangle isocèle OBO', dont le sommet B est défini par la position commune des points de contact B1 et B2. Ici aussi, B' représente la projection verticale du sommet B sur le côté opposé OO'.

L'ill. 9 montre le module TM2 fixé à une épaisse base en bois au moyen du système de clavetage décrit précédemment. La hauteur maximale BB' correspond à 0,36 m, l'envergure s'élève à s = 2,056 m et les paramètres d'assemblage ont été choisis comme suit : $\theta_{x1} = 17°$, $\theta_{x2} = 11{,}5°$, $\theta_{y1} = 14{,}5°$, $\theta_{y2} = -8°$, $d' = 76$ mm, $d = 47{,}7$ mm.

2.3 Configurations de test et appareils de mesure

La configuration de test utilisée pour l'examen des prototypes TM1 et TM2 est présentée respectivement sur les illustrations 10a et 10b. Les extrémités du prototype TM1 sont fixées au sol par le connecteur en acier reproduit sur l'ill. 6. Un vérin hydraulique de Walter & Bai d'une puissance maximale de ± 500 kN est utilisé pour appliquer au prototype la charge de flexion à mi-portée. Comme le montrent les illustrations 10a et 11a, un élément supplémentaire en forme de V (en bois dur) est attaché au vérin pour répartir la charge sur chaque panneau. Pendant le test, la charge est poussée jusqu'à son extrême limite, sous contrôle de déplacement et à une vitesse de déformation constante de 6 mm/min.

Le prototype TM2 et sa base en bois sont placés sur deux blocs de béton (ill. 7). Ici, un vérin hydraulique d'une puissance maximale de ±300 kN est utilisé pour appliquer la charge de flexion au centre du prototype. Pour mesurer la force avec précision, comme indiqué dans l'encart de

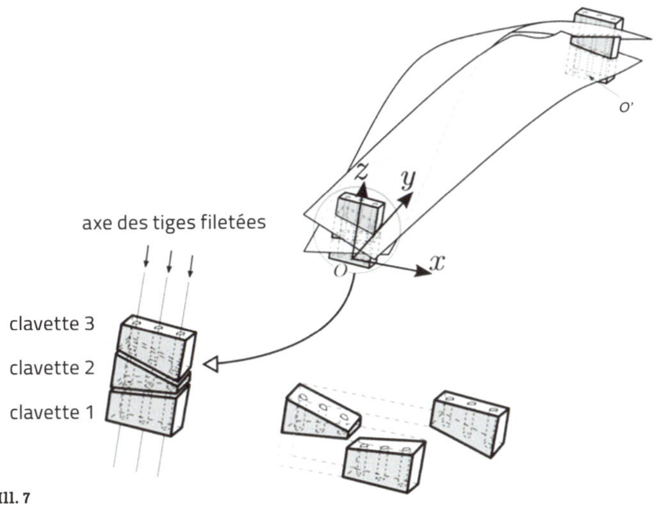

Ill. 7

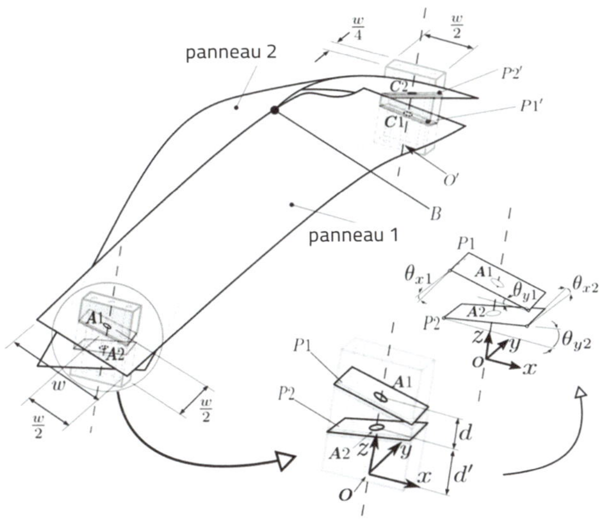

Ill. 8

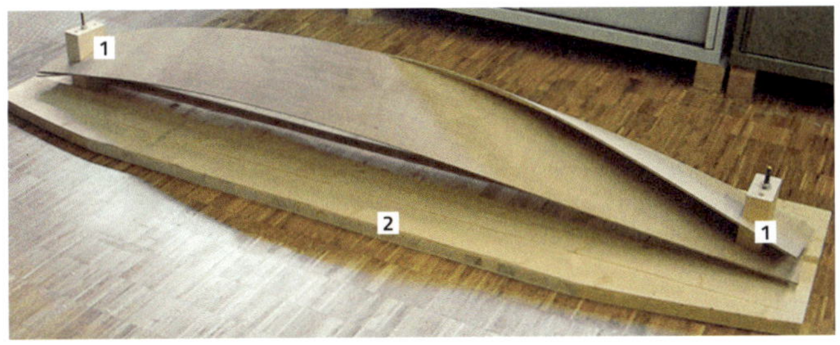

Ill. 9

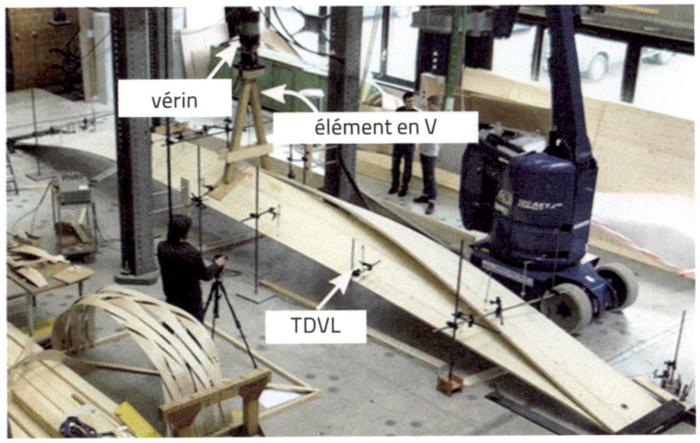

Ill. 10 a

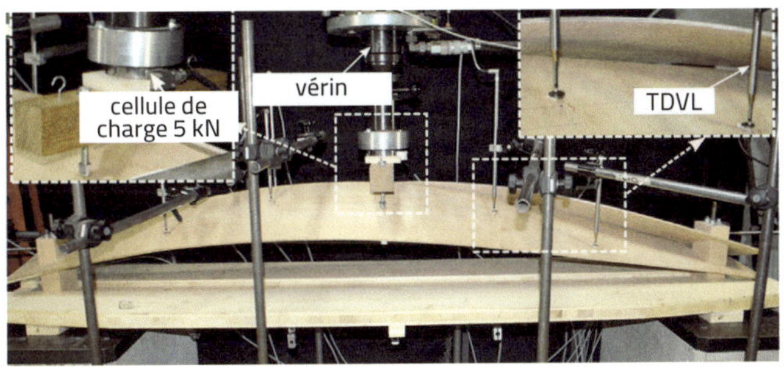

Ill. 10 b

Ill. 7 Module textile assemblé par clavetage

Ill. 8 Définition des paramètres d'assemblage

Ill. 9 Module textile TM2 avec base en bois (2) et clavettes (1)

Ill. 10 Configuration de test pour a) le prototype TM1 et b) le prototype TM2

l'ill. 10, une cellule de charge de 5 KN est ajoutée. Une pièce de bois spéciale à deux tiges métalliques parallèles est fixée au vérin pour répartir la charge sur chaque panneau (ill. 10b et 11b). Là aussi, le test est mené sous contrôle de déplacement (vitesse constante de 3 mm/min) et le prototype est chargé jusqu'à 0,5 kN.

Dans les deux cas, les déflexions sont enregistrées en plusieurs endroits le long de la surface du prototype au moyen de capteurs de position externes montés sur des tiges d'acier verticales autoportantes (illustrations 10a et 10b). Des transformateurs différentiels à variation linéaire (TDVL), dont la plage de mesure est de ± 100 mm, sont utilisés pour mesurer la composante de déplacement verticale sur le prototype TM1. Les données sont enregistrées en trois endroits (1, 2, 3 sur l'ill. 11a). Le déplacement du vérin est mesuré par un TDVL monté sur le vérin. Les TDVL sont positionnés comme suit dans le système de coordonnées local (L, T) : TDVL1 (L = 6,1875 m, T = –0,4125 m), TDVL2 (L = 8,075 m, T = 0,4125 m), et TDVL3 (L = 1,25 m, T = 0,4125 m).

Pour le prototype TM2, les TDVL, qui couvrent des plages de mesure de ± 30 mm et de ± 50 mm, sont placés aux sept endroits indiqués sur l'ill. 11 b. Ceux dont les plages de mesure couvrent ± 50 mm sont seulement utilisés pour enregistrer les déplacements verticaux aux points 4 et 5. Pour les points 6 et 7, les transformateurs sont orientés perpendiculairement à la fixation par clavetage supérieure pour vérifier la déformation de celle-ci le long de l'axe y horizontal pendant l'application de la charge. Comme on peut le voir sur la zone agrandie de l'illustration 10b, de petits disques métalliques circulaires ont été collés sur les panneaux pour obtenir une surface de montage plane qui assure le contact avec les capteurs pendant toute la durée du test. En outre, un maillage constitué de 78 × 8 éléments de

3 × 3 cm (non représenté sur l'illustration) est dessiné sur la surface supérieure de chaque panneau. Ce maillage correspond au maillage numérique utilisé pour l'analyse par éléments finis. Enfin, les TDVL sont placés comme suit dans le système de coordonnées local (L, T) : TDVL1 (L = 0,54 m, T = 0,06 m), TDVL2 (L = 0,84 m, T = −0,03 m), TDVL3 (L = 1,8 m, T = 0,06 m), TDVL4 (L = 1,5 m, T = −0,03 m), et LVDT5 (L = 0,84 m, T = 0,03 m).

3 Modélisation numérique

À ce stade, une analyse par éléments finis tridimensionnelle et géométriquement non linéaire est proposée pour simuler le processus d'assemblage du module textile, en incluant la fixation des charnières et des clavettes. Le but est de calculer les contraintes de construction (contraintes initiales) et de reproduire le comportement structural de la structure sous charges statiques de flexion.

3.1 Propriétés du matériau

Dans cette étude, le GFP et le contreplaqué Okoumé sont tous deux modélisés comme des matériaux élastiques linéaires orthotropes monocouches, en partant du principe que les couches sont fermement collées les unes aux autres. Compte tenu de ces hypothèses simplificatrices, seules quatre constantes d'ingénierie indépendantes sont encore nécessaires pour caractériser pleinement le comportement du matériau : les modules de Young longitudinaux E_L et transverses E_T, le module de cisaillement dans le plan G_{LT} et le coefficient de Poisson ν_{LT}.[16,17] On suppose par conséquent que la couche de bois unidirectionnelle équivalente se trouve dans un état de contrainte plane et que les directions principales du matériau (L, T) correspondent à ce qu'indique l'illustration 3. Pour l'analyse numérique, on utilise les propriétés matérielles équivalentes indiquées au tableau 1. Dans les calculs, on suppose que le coefficient de Poisson a une valeur moyenne de ν_{LT} = 0,3. Les variations volumétriques (contraction ou dilatation des panneaux en bois) causées par la diminution ou l'augmentation de l'humidité ne sont pas prises en compte ici.

3.2 Le modèle d'éléments finis

Avec le logiciel EF ABAQUS EF, on construit un modèle tridimensionnel du processus d'assemblage du module textile. Comme on attend des rotations et des déflexions importantes, ainsi que des non-linéarités limites (c'est-à-dire un changement soudain des conditions de contact entre les panneaux), on prévoit de procéder à une analyse géométriquement non linéaire, dans laquelle les déplacements et les charges spécifiés sont appliqués progressivement.

Chaque panneau est discrétisé au moyen d'éléments triangulaires à coque mince et à six nœuds, de taille identique (sans raffinage). Concrètement, on utilise des éléments STRI65 totalement intégrés, à cinq degrés de liberté par nœud (trois déplacements u_x, u_y, u_z et deux rotations θ_x, θ_y). Ces éléments, adaptés aux rotations importantes mais aux petites déformations, apportent des solutions précises dans le cadre de la théorie classique des coques (de Kirchhoff), selon laquelle la normale de la coque demeure perpendiculaire à la surface de référence de la coque (ce qui signifie un cisaillement transverse négligeable).[18–20]

Pour résoudre les équations simultanées, incrémentales et non linéaires, on utilise généralement un processus implicite d'intégration temporelle reposant sur le schéma itératif de Newton-Raphson[21]. Par conséquent, à la fin d'un incrément de temps, on obtient une estimation du champ de déplacement incrémental qui remplit les conditions limites de déplacement et de traction. Dans cette analyse, le calcul de chaque incrément est réalisé dans un intervalle maximum de 0,1 minute.

3.3 Contraintes limites et contraintes d'assemblage

Pour pouvoir simuler le module textile assemblé par fixations articulées et le module construit par clavetage, il faut prendre en compte la procédure de construction décrite dans la partie 2.2. On reprend ici la même nomenclature. Ainsi, les surfaces rectangulaires des coques correspondent aux panneaux qui sont positionnés dans le système de coordonnées global (x, y, z) d'ABAQUS, comme indiqué dans la partie 2.2. Les panneaux sont notamment soumis à une rotation symétrique selon un angle α (ici $\alpha = 10°$) autour de l'axe global z. Le processus d'assemblage est ensuite simulé en appliquant aux panneaux les contraintes et les conditions d'assemblage appropriées, comme expliqué ci-après pour la fixation articulée et pour la fixation par clavetage. La modélisation de la fixation articulée (prototype TM1) se déroule comme suit :

- Les contraintes limites $u_x = u_y = u_z = 0$ (u_i correspondant à la composante de déplacement dans la direction de l'axe i) sont appliquées aux points A1 (panneau 1) et A2 (panneau 2). Ces points sont situés à l'origine A du système de coordonnées.
- Seul le déplacement vertical $u_z = 0$ est imposé aux points C1 et C2 (ill. 4). Par conséquent, ces points sont contraints de rester dans le plan (x, y).
- Les vecteurs de déplacement $\mathbf{u}_{C1} = -u_C\hat{\mathbf{e}}_1$ et $\mathbf{u}_{C2} = u_C\hat{\mathbf{e}}_1$ ($\hat{\mathbf{e}}_1$ étant le vecteur unitaire dans la direction x) sont appliqués aux points C1 et C2 respectivement pour correspondre au point commun C' de l'axe y,

$$u_C = (l - w)\sin(\alpha) \qquad \text{équ. 1}$$

  Il en résulte que u_C est égal à 2005,64 mm pour TM1 et à 364,66 mm pour TM2.
- On fait glisser simultanément les points médians B1 et B2 des arêtes du panneau vers le point de contact B par application des vecteurs de déplacement $\mathbf{u}_{B1} = -u_B\hat{\mathbf{e}}_1 + w_B\hat{\mathbf{e}}_3$ et $\mathbf{u}_{B2} = u_B\hat{\mathbf{e}}_1 + w_B\hat{\mathbf{e}}_3$ ($\hat{\mathbf{e}}_3$ étant le vecteur unitaire dans la direction z)

aux points B1 et B2 respectivement. L'expression de u_B pour cette transformation peut être déterminée ainsi :

$$u_B = (l - w) / 2 \cdot \sin(\alpha) - w / 2 \cdot \cos(\alpha) \qquad \text{équ. 2}$$

et donne les valeurs numériques suivantes : 623,66 mm pour TM1 et 64,15 mm pour TM2.

Le paramètre w_B mesuré sur le prototype expérimental est appliqué, ce qui change la coordonnée y du point C' qui devient le point C (ill. 4 et 5). À noter que w_B correspond à la distance BB' de l'ill. 5.

Pour la connexion par clavetage (prototype TM2), la modélisation se déroule comme suit :

- Les contraintes limites $u_x = u_y = 0$ sont appliquées aux points A1 et A2.
- $u_z = d'$ est appliqué aux points A2 et C1, tandis que $u_z = d' + d$ est appliqué aux points A1 et C2. Pour la définition de d et d', voir l'ill. 8.
- $\theta_x = \pm\theta_{x1}$, $\theta_y = \pm\theta_{y1}$ sont utilisés pour limiter les degrés de liberté des nœuds sur les surfaces *p1* et *p2'*, et $\theta_x = \pm\theta_{x2}$, $\theta_y = \pm\theta_{y2}$, pour les limiter sur les surfaces *p2* et *p1'*.
- Pour connaître les déplacements dans la direction x aux points C1 et C2, on utilise les vecteurs de déplacement $\mathbf{u}_{C1} = -u_C\,\hat{\mathbf{e}}_1$, $\mathbf{u}_{C2} = u_C\hat{\mathbf{e}}_1$ et l'équation 1. Comme précédemment, les points sont libres de se déplacer dans la direction y jusqu'au point commun C où AC = s.
- Pour la connexion par clavetage, seule une composante de déplacement (dans la direction x) est nécessaire pour positionner les points B1 et B2 vers le point B. Les vecteurs de déplacement $\mathbf{u}_{B1} = -u_B\hat{\mathbf{e}}_1$ et $\mathbf{u}_{B2} = u_B\hat{\mathbf{e}}_1$ devraient donc être appliqués respectivement aux points B1 et B2. L'expression de u_B est donnée par l'équation 2.

3.4 Interaction de contact

Pour empêcher l'interpénétration des deux panneaux, des zones de contact doivent être définies. On utilise un algorithme du logiciel ABAQUS/Standard basé sur le glissement fini général et le contact surface-surface, qui permet de choisir l'ampleur du glissement ainsi que celle des rotations et des déformations des surfaces. On pose une relation de pression-pénétration, à contact dur et sans frottement, où la pénétration de la surface esclave dans la surface maître est minimisée et où aucun effort de traction n'est transmis par l'interface. Les surfaces maître (*MS1, MS2*) et esclave (*SS1, SS2*) pouvant éventuellement entrer en contact sont indiquées sur l'ill. 12 par la subdivision de chaque panneau en deux zones. Par ailleurs, la surface *SS1* (et *SS2*) est située sur la face inférieure du panneau 1 (et du panneau 2) tandis que *MS1* (et *MS2*) appartient à la face supérieure du panneau 1 (et du panneau 2). Pour l'algorithme de contact, on peut alors identifier deux combinaisons de surfaces de contact (*MS1, SS2*) et (*MS2, SS1*). On peut aussi inclure des effets de friction en suivant le modèle Coulomb isotrope classique (le plus simple) pour décrire le comportement en friction entre les panneaux en contact. Dans notre cas, les valeurs représentatives 0,3 et 0,5 seront prises pour le coefficient (statique) de friction μ.

3.5 Résultats numériques

L'ill. 13a montre les formes tridimensionnelles initiales obtenues numériquement pour les modules textiles de grande taille et de taille moyenne. La variable de contact ouvert COPEN (en millimètres) correspond chaque fois à l'espace entre les surfaces potentiellement en contact. Les valeurs négatives de COPEN indiquées à l'ill. 13 signalent de petits chevauchements des surfaces. Pour le grand module, deux largeurs de panneau ont été examinées (à savoir $v = 1{,}650$ m et $w = 0{,}77$ m), qui correspondent aux prototypes TM0 et TM1. Le maillage EF se compose d'éléments de coque STRI65 avec des mailles mesurant 110 mm. Des calculs préliminaires, effectués avec plusieurs tailles de maille allant de 80 à 150 mm, ont révélé une différence inférieure à 2 % pour les principales contraintes dans le plan. Pour réduire le temps de calcul, une taille de maille uniforme de 110 mm (et respectivement de 20 mm) a été choisie pour la simulation du grand (et respectivement du petit) modèle géométrique. En recourant au critère de rupture de Tsai-Hill, on estime maintenant la force macroscopique du module textile. Selon la théorie de la rupture de Tsai-Hill[22], le critère de rupture macromécanique des matériaux anisotropes est exprimé par l'équation suivante :

$$I_F = \frac{\sigma_{LL}^2}{f_{m,L}^2} - \frac{\sigma_{LL}\sigma_{TT}}{f_{m,L}^2} + \frac{\sigma_{TT}^2}{f_{m,T}^2} + \frac{\sigma_{LT}^2}{f_v^2} \leq 1 \qquad \text{équ. 3}$$

σ_{LL}, σ_{TT} et σ_{LT} représentant les contraintes locales dans les directions matérielles orthotropes. Dans l'équation 3, $f_{m,L}$, $f_{m,T}$ et $f_v (= f_{v,L} = f_{v,T})$ correspondent aux forces de flexion et de cisaillement dans le plan des panneaux en bois stratifiés indiquées au tableau 1. Les valeurs I_F supérieures à 1,0 peuvent conduire à la rupture. Le critère de Tsai-Hill I_F est représenté graphiquement pour chaque module dans l'ill. 13b. L'analyse de l'ill. 13b indique clairement que les valeurs maximales de IF sont situées au point de contact B (le point le plus critique du module textile pendant le processus d'assemblage). Le tableau 2 donne les valeurs numériques des composantes de contrainte au point B pour les prototypes TM0, TM1 et TM2. Selon le critère de Tsai-Hill, un module dont les caractéristiques sont les mêmes que le prototype TM0 présente un fort risque de rupture pendant l'assemblage. C'est effectivement ce qui a été observé lors des essais en laboratoire.

Bien que l'application de ce critère prédise également la rupture de TM1 (ill. 13b), on notera que le cinquième centile de la valeur caractéristique de $f_{m,L}$ ($f_{m,L}$ =15,8 MPa) indiqué par le fabricant du matériau GFP et utilisé pour calculer le critère de Tsai-Hill est plutôt prudent. Les tests de flexion trois points effectués sur 26 planches GFP de 486×50 mm^2 ont montré que la valeur moyenne de résistance à la flexion du matériau GFP était d'environ 24 MPa. Toutefois, du fait de la présence de nœuds et autres irrégularités dans le bois, une variation assez importante des résultats a été constatée, avec des valeurs de force de flexion allant de 4,3 à 55 MPa. Si l'on prend la valeur moyenne de $f_{m,L}$ ($f_{m,L}$=24 MPa), on obtient une valeur I_F maximale de 5,58 pour MT0 et de 0,62 pour MT1. Cette valeur correspond à ce que nous avons observé en laboratoire, les expériences montrant que le module MT1 résiste systématiquement aux forces qu'on lui applique pendant sa construction.

	TM0	TM1	TM2
σ_{LL} (MPa)	45,1	18,01	9,61
σ_{TT}(MPa)	−3,3	−0,302	−0,61
σ_{LT}(MPa)	0,65	0,248	0,48

Tableau 2 valeurs des contraintes de construction au point B pour TM0, TM1, et TM2

	point 1	point 2	point 3	point 4	point 5
Valeurs expérimentales (mm)	198	271	135	220	221
Valeurs EF (mm)	202	293,6	156,4	257	257,5

Tableau 3 coordonnée *z* des points 1–5 dans le système de coordonnées global *(x, y, z)*

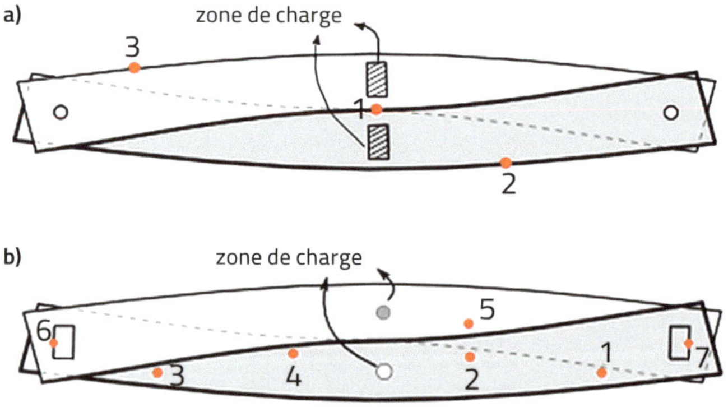

Ill. 11 Localisation des points de mesure pour **a)** MT1 et **b)** MT2 (vue de dessus)

4 Résultats et commentaires

Pour comparer la forme initiale expérimentale et la forme initiale simulée de TM2, les coordonnées *z* des points 1–5 **(ill. 11b)** dans le système de coordonnées global (*x*, *y*, *z*) sont résumées dans le tableau 3. On constate que les valeurs du modèle d'éléments finis et celles mesurées sur le prototype correspondent bien. La plus grande différence s'élève à 14 % et elle apparaît au point 4.

L'illustration 14 présente les courbes force-déplacement pour le prototype TM1, où les déplacements verticaux ont été enregistrés aux endroits (points) 1, 2, et 3 (ill. 11a). Ici, les charges de compression sont données en valeurs positives. Le graphique en haut à gauche montre la charge enregistrée par rapport au déplacement du vérin hydraulique. Les résultats expérimentaux indiquent une réponse non linéaire de l'élément structural, avec une charge constante maximale d'environ 13 kN, atteinte quand le vérin descend de 170 mm. Au point 1, cette charge maximale provoque une déflexion de 120 mm pour le module en bois **(ill. 14)**. Des déflexions plus réduites et comparables d'environ 80 mm apparaissent aux points 2 et 3, plus éloignés de la surface de charge. À noter que la valeur au point 1 est beaucoup plus importante que la déflexion maximale (longueur de portée / 300 = 33,5 mm) de l'état limite de fonctionnement, ce qui indique un certain degré de flexibilité inhérent à la structure.

Dans le modèle numérique, la charge est appliquée au milieu du module de sorte que la moitié de la force totale (verticale) est répartie uniformément sur une petite (600×300 mm) zone rectangulaire de chaque panneau (ill. 14). Dans ABAQUS, une seconde étape de charge a été ajoutée à la première étape de construction (partie 3.3), ce qui permet d'appliquer la charge de flexion au module textile (précontraint) simulé. La charge est portée linéairement et graduellement à 13 kN. Les courbes force-déplacement simulées pour les positions expérimentales correspondantes sont présentées à l'ill. 14. Le déplacement du vérin déterminé par le modèle EF correspond au déplacement d'un nœud au centre de la zone rectangulaire de charge. Les graphiques indiquent une réponse non linéaire (élastique) de la structure à la charge de flexion. La diminution expérimentale de la charge (après 13 kN) n'est pas reproduite dans le modèle EF élastique simplifié.

On constate que le modèle numérique tend à sous-estimer la rigidité de la structure. Les différences entre courbes expérimentales et courbes numériques pourraient s'expliquer au premier chef par les paramètres matériels utilisés. En outre, les conditions d'assemblage envisagées pour les grands panneaux sont nettement moins contrôlables que celles envisagées pour les corps d'épreuve de taille moyenne. Dans le cas présent, la « liaison articulée » idéalisée ne pouvait pas reproduire précisément les conditions d'assemblage (réelles) plus complexes. Néanmoins, une assez bonne correspondance a été constatée entre prévisions expérimentales et prévisions

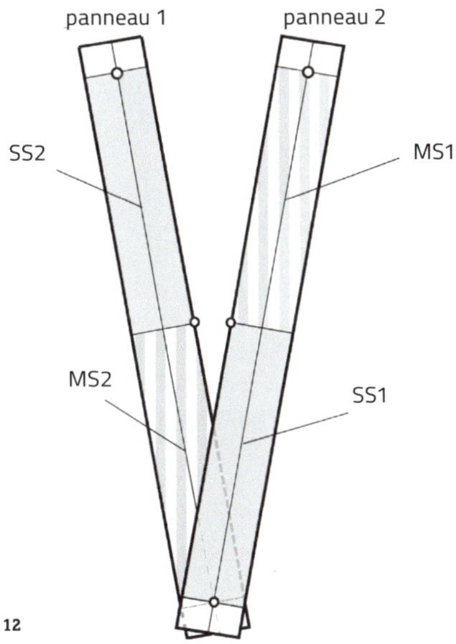

Ill. 12

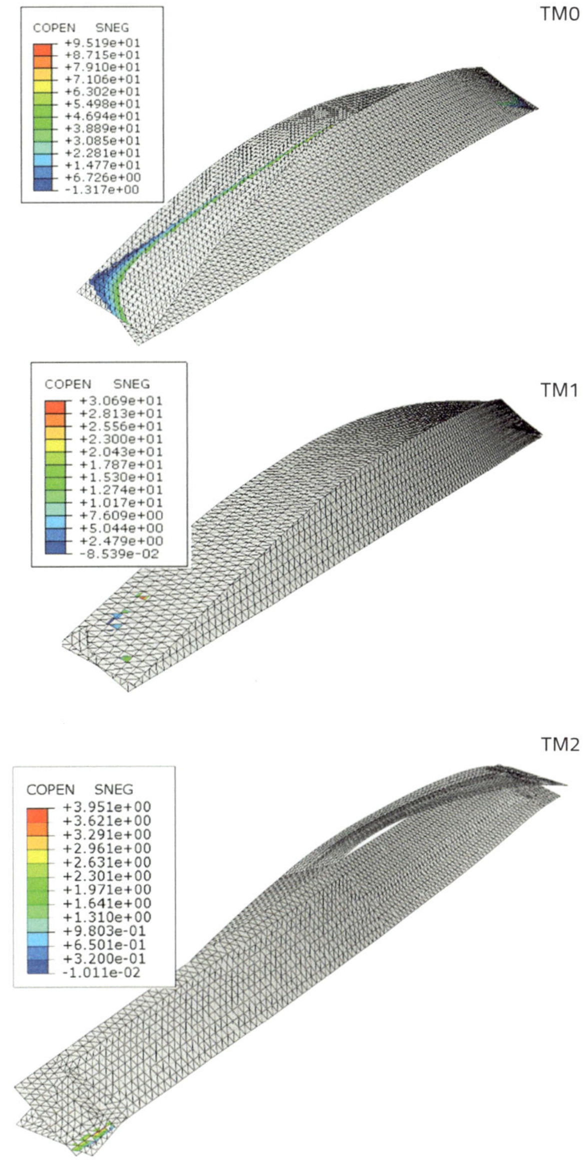

Ill. 13 a

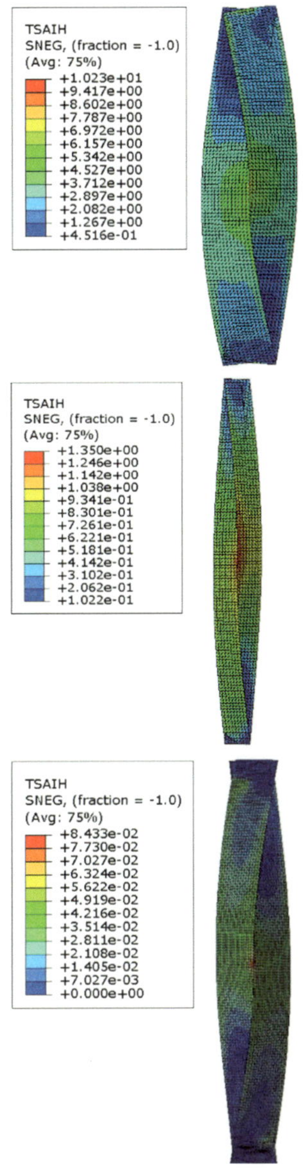

Ill. 13 b

Ill. 12 Définition de l'interaction de contact entre les panneaux

Ill. 13 a Formes initiales simulées et visualisation de l'espacement entre les surfaces en contact de MT0, MT1 et MT2 en millimètres **b)** représentation graphique du critère de Tsai-Hill I_F

numériques.
Les courbes force-déplacement obtenues pour le prototype TM2, avec une charge atteignant 0,5 kN, sont représentées sur l'ill. 15. Les forces de compression sont une fois encore données en valeurs positives. Pour en vérifier la bonne reproductibilité, la procédure de chargement a été répétée trois fois et les courbes correspondantes enregistrées comme Test 1, Test 2, et Test 3 dans l'ill. 15. Une première série de tests a été effectuée directement après réception des panneaux Okoumé du fabricant. Une seconde série de tests (Test 4 et Test 5) a été menée sur des échantillons du même lot environ huit mois plus tard, selon la même procédure expérimentale. Les résultats expérimentaux indiquent une réponse dans l'ensemble non linéaire de la structure. Les schémas portant la mention « Position *i* » ($i = 1...5$) représentent les déplacements verticaux mesurés par les capteurs de déplacement aux points *i* ($i = 1...5$), comme indiqué dans l'ill. 11b. Curieusement, pendant le test de charge, certaines zones de la structure semblent se plier vers le haut. Nous avons en particulier observé que tous les points considérés se déplaçaient vers le bas (vers le sol), à l'exception du point 1, qui s'est déplacé dans la direction opposée (direction positive de l'axe *z*). Cependant, pour simplifier la représentation graphique, tous les déplacements ont été représentés en valeurs positives sur les graphiques.

L'illustration 15 indique – en particulier aux points 3, 4 et 5 – des déplacements plus modestes pour les Tests 4 et 5 que ceux obtenus dans la première série de tests avec les mêmes conditions de charge. Cet effet pourrait s'expliquer par un changement dans les conditions ambiantes. À 0,5 kN, une amplitude de déplacement de 10 mm est mesurée au point 1, ce qui est comparable au déplacement enregistré au point 3 opposé (du même panneau). Au point 2, le déplacement vertical reste étonnamment minime (moins d'1 mm) comparé aux autres points.

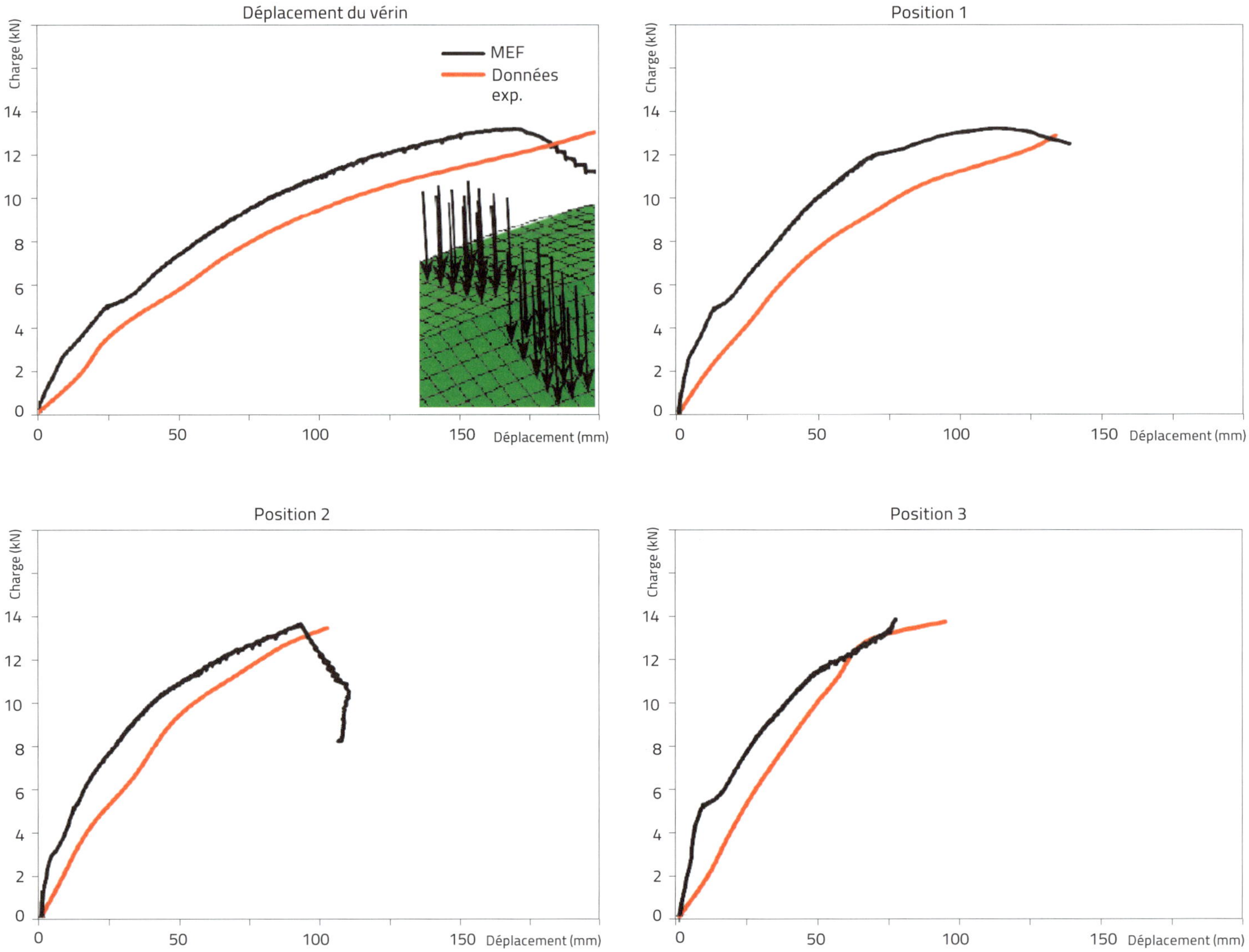

Ill. 14 Courbes force-déplacement expérimentales et simulées (prototype TM1)

Néanmoins, les courbes de la seconde série de tests indiquent la même tendance, même si l'augmentation soudaine de l'inclinaison observée lors de la première série après 0,5 mm n'apparaît plus.

Les déplacements les plus importants (c'est-à-dire d'environ 15 mm) se rencontrent aux positions 4 et 5. Les éventuels déplacements des clavettes peuvent être enregistrés par des capteurs placés horizontalement aux deux points de contrôle 6 et 7 (ill. 11b). À ces points, on relève un déplacement maximum (horizontal) de 0,2 mm pour les clavettes. Cela indique que la charge de flexion induit une rotation relativement faible des clavettes. Dans le modèle numérique, les clavettes sont fixées et le déplacement est donc nul.

L'illustration 15 décrit les courbes charge-déplacement obtenues avec le modèle d'éléments finis, en tenant compte des données matérielles fournies par le fabricant et le laboratoire. La moitié de la force totale (verticale) est uniformément répartie sur chaque panneau par un petit disque circulaire de 15 mm de rayon (ill. 15). La charge appliquée est portée progressivement et linéairement à 0,5 kN. En utilisant les données fabricant (dénommées « données fabricant MEF » dans la légende), le modèle numérique reproduit correctement le comportement en laboratoire du module textile aux positions 3, 4 et 5. En position 1, la tendance expérimentale se retrouve également de manière satisfaisante. En intégrant les modules élastiques provenant des mesures du laboratoire dans le modèle EF (« données laboratoire MEF » dans la légende), on retrouve les courbes expérimentales charge-déplacement du Test 4 et du Test 5 aux positions 1, 3 et 5. À noter que ces données matérielles ont été obtenues pendant le déroulement de la seconde série de tests, effectués dans les mêmes conditions ambiantes. Le modèle ne

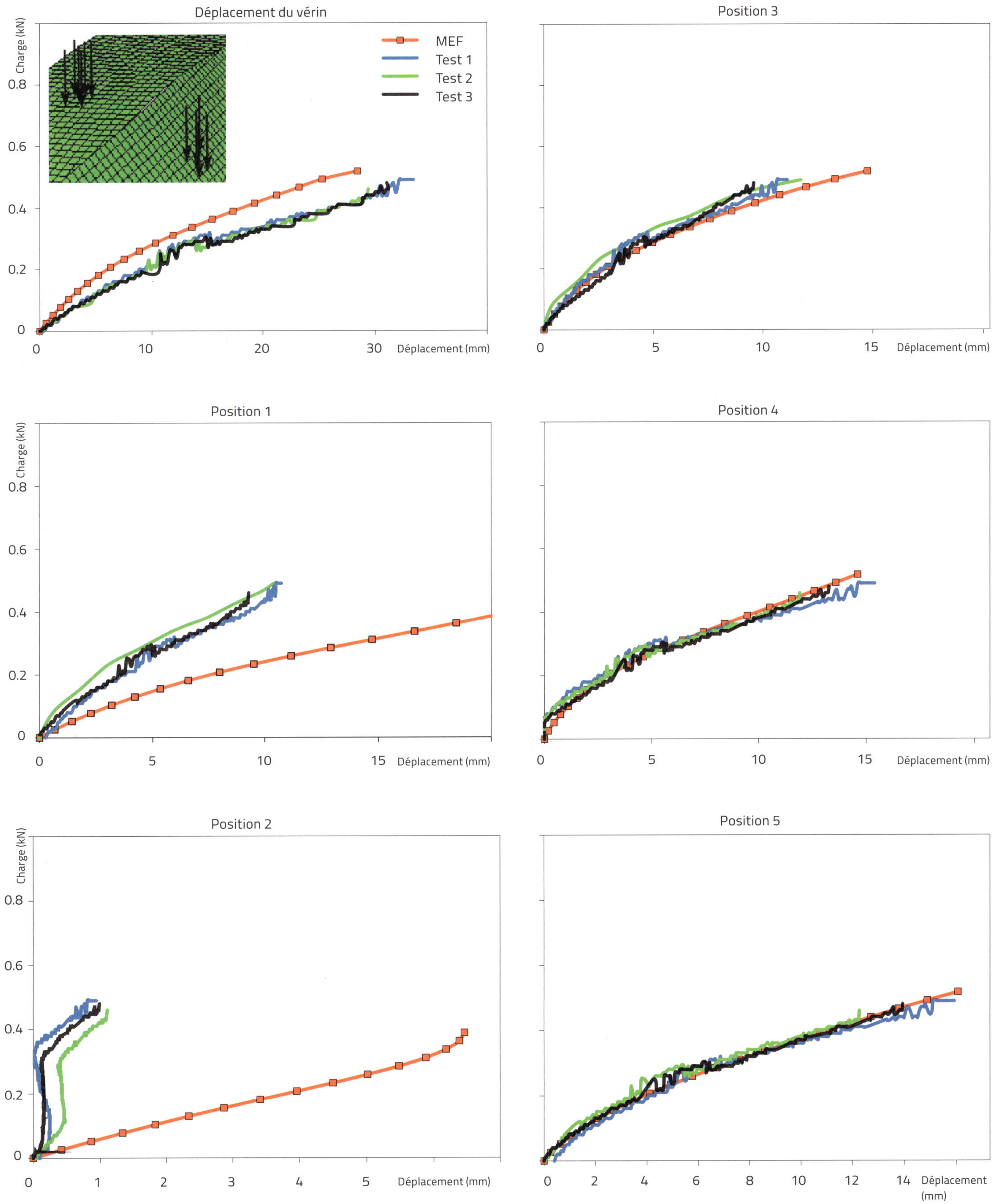

Ill. 15 Courbes force-déplacement expérimentales et simulées (prototype TM2)

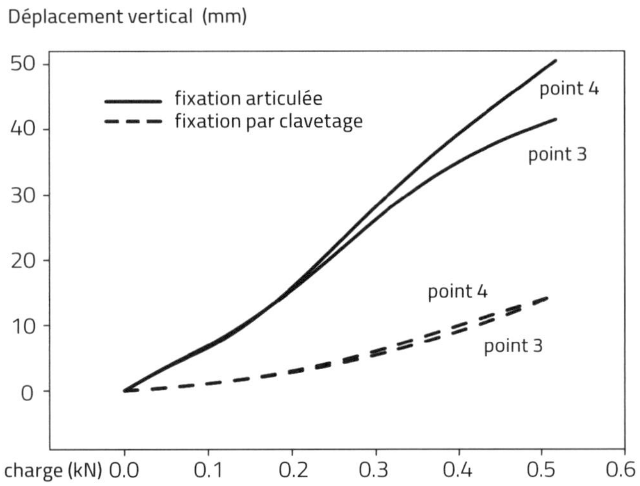

Ill. 16 Déplacements simulés aux points 3 et 4 pour les fixations articulées et par clavetage (TM2)

semble pas pouvoir reproduire les modestes déplacements enregistrés expérimentalement à la position 2 et les surestime nettement dans la plage de charge examinée. Les effets du frottement tangentiel entre les panneaux en contact ont été également étudiés, en prenant pour coefficient de frottement les valeurs μ=0,3 et μ= 0,5. Les simulations indiquent que, dans ce cas, ces effets n'influencent pas le comportement global de la structure. Cette question n'est pas abordée dans le présent article mais les graphiques correspondants sont les mêmes que ceux de l'ill. 15. On en conclut qu'aucun glissement ne se produit entre les surfaces des panneaux.

Enfin, l'intégration d'éléments de clavetage affecte significativement la rigidité générale de la structure. L'illustration 16 compare les courbes charge-déplacement simulées des points 3 et 4 de TM2, selon que la structure est assemblée avec une des fixations articulées ou des clavettes. Dans les deux cas, il s'agit du même matériau (du contreplaqué Okoumé) et les modules sont soumis à une charge atteignant 0,5 kN. Comme prévu, les fixations par clavetage donnent à la structure une plus grande rigidité que les fixations articulées.

5 Conclusion

Ce travail s'est attaché à étudier un nouveau type de structures en bois reposant sur la logique et les principes des techniques textiles. Nous avons mis au point un modèle d'éléments finis géométriquement non linéaire pour la construction d'un unique module textile, en incluant des fixations articulées et « par clavetage » pour les conditions d'assemblage. Dans un but de comparaison, des prototypes expérimentaux à grande et moyenne échelles ont été construits en utilisant les fixations mentionnées.

L'analyse proposée visait d'abord à reproduire la forme initiale de la structure et à évaluer les contraintes de construction (initiales) induites pendant le processus d'assemblage. Nous avons pu montrer que la forme simulée correspondait de manière satisfaisante à la forme expérimentale sur plusieurs points de mesure. Par ailleurs, le critère anisotrope de Tsai-Hill, qui repose sur les contraintes maximales induites, permet de sélectionner des paramètres de conception sûrs. Il a été observé qu'un rapport longueur-largeur l/w=7,5 des panneaux GFP grand format entraîne la rupture de ces derniers pendant la construction, tandis qu'un rapport l/w = 15 est sûr. Pour le prototype de taille moyenne (l/w=9,75), les fixations par clavetage entraînent des contraintes de construction comparativement plus faibles, qui pourraient donc être adoptées à plus grande échelle. Ensuite, le comportement structural du module textile a été étudié sous essais de flexion. Pour les deux géométries étudiées, les déflexions résultantes ont été mesurées et calculées à plusieurs endroits. Elles mettent en évidence une réponse en flexion non linéaire du module textile. Une bonne correspondance générale a été observée entre les résultats expérimentaux et les prévisions EF à moyenne et grande échelle. Enfin, l'intégration d'éléments de clavetage a montré qu'elle améliorait significativement la rigidité globale du module textile.

Remerciements

Les auteurs souhaitent remercier le Fonds National Suisse pour le soutien financier qu'il a apporté à ce travail dans le cadre du contrat n° 200021–126802. Ils souhaitent également exprimer leur gratitude à Maria Lindqvist pour sa participation aux tests expérimentaux.

Références

1 Langenbach, R., « Resisting earth's forces : Typologies of timber buildings in history », *Structural Engineering International : Journal of the International Association for Bridge and Structural Engineering* (IABSE), 2008 ; 18 : p. 137–40.

2 Konig, H., *Bauen mit Holz als aktiver Klimaschutz. Bauen mit Holz : Wege in die Zukunft*, Munich, Prestel Verlag, 2011.

3 Iffland, J.S.B., « Folded plate structures », *ASCE J Struct Div.* 1979 ; 105 : p. 111–23.

4 Happold, E. et Liddell, W. I., « Timberlattice roof for the Mannheim Bundesgartenschau », *Structural Engineer*, 1975 ; 53 : p. 99–135.

5 Ibid.

6 Kelly, O.J., Harris, R. J. L., Dickson, M. G. T. et Rowe, J. A., « Construction of the downland gridshell », *Structural Engineer*, 2001 ; 79 : p. 25–33.

7 Douthe, C. et Baverel, O., « Design of nexorades or reciprocal frame systems with the dynamic relaxation method », *Computers and Structures*, 2009 ; 87 : p. 1296–1307.

8 Popovic Larsen, O., *Reciprocal frame architecture*, Londres, *Architectural Press*, 2007.

9 Weinand, Y., « Innovative timber constructions », *Journal of the International Association for Shell and Spatial Structures*, 2009, 50 : p. 111–120.

10 Weinand, Y. et Hudert, M., « Timberfabric : Applying textile principles on a building scale », *Architectural Design,* 2010 ; 80 : p. 102–107.

11 D'Amato, E., « Finite element modeling of textile composites ». *Composite Structures,* 2001 ; 54 : p. 467–475.

12 D'Amato, E., « Nonlinearities in mechanical behavior of textile composites », *Composite Structures,* 2005 ; 71 : p. 61–67.

13 Kalidindi, S.R. et Franco, E., « Numerical evaluation of isostrain and weighted-average models for elastic moduli of three-dimensional composites », *Composites Science and Technology,*1997 ; 57 : p. 293–305.

14 Page, J. et Wang, J., « Prediction of shear force using 3D non-linear FEM analyses for a plain weave carbon fabric in a bias extension state », *Finite Elements in Analysis and Design,* 2002 ; 38 : p. 755–764.

15 Whitcomb, J., Woo, K. et Gundapaneni, S., « Macro finite element for analysis of textile composites », *Journal of Composite Materials,* 1994 ; 28 : p. 607–618.

16 Daniel, I. et Ishai, O., *Engineering mechanics of composite materials,* Oxford University Press, Oxford, RU, 1994.

17 Bodig, J. et Jayne, B.A., *Mechanics of Wood and Wood Composites,* Van Nostrand Reinhold Company, 1982.

18 ABAQUS : *ABAQUS Theory Manual* Version 6. 9, 2009.

19 Ertas, A., Krafcik, J.T. et Ekwaro-Osire, S., « Performance of an anisotropic Allman/DKT 3-node thintriangular flat shell element », *Composites Engineering,* 1992, 2 : p. 269–280.

20 Murthy, S.S. et Gallagher, R.H., « A triangular thin-shell finite element based on discrete Kirchhoff theory », *Computer Methods in Applied Mechanics and Engineering,* 1986, 54 : p. 197–222.

21 Reddy, J.N., *An introduction to non-linear finite element analysis,* Oxford University Press, New York, 2004.

22 Voir note 16 ci-dessus. Tiré de *Engineering Structures,* vol. 46, p. 557–568, Elsevier, Oxford, 2013.

Cet article est paru pour la première fois dans *Engineering Structures* (ISSN : 0141 0296), vol. 46, p. 557–568, Elsevier, Oxford, 2013.

4.3

Processus de création et analyse de voûtes tressées en bois innovantes

Etienne Albenque, Markus Hudert, Laurent Humbert et Yves Weinand

Les éléments modulaires, appelés également modules tressés en bois, s'obtiennent en courbant et en reliant deux minces panneaux de bois. Cet article est consacré à l'étude de voûtes réalisées en assemblant plusieurs modules tressés en bois. Nous y présentons un outil informatique de paramétrage qui permet de générer automatiquement un modèle tridimensionnel d'éléments finis d'une structure à partir d'un ensemble de paramètres initiaux. Ce programme aide à la conception architecturale de ces structures en fournissant des informations sur leur géométrie ainsi que sur les contraintes cinématiques et de construction entre leurs différents éléments constitutifs.

Mots-clés *voûtes tressées en bois, structures innovantes, langage Python, algorithme génératif*

1 Introduction[I]

Depuis quelques années, le textile inspire de plus en plus les architectes et les ingénieurs civils.[1, 2] Le projet de recherche « Timberfabric » (bois tressé)[3, 4] s'intéresse aux principes et aux techniques d'assemblage utilisés pour la réalisation de structures porteuses textiles. En combinant ces principes avec les propriétés particulières de panneaux en bois lamellé-collé, les recherches visent à développer un système de construction modulaire pour l'enveloppe des bâtiments. La première phase du projet a consisté à développer l'unité de base de ce système. Cette unité de base, le module tressé en bois, se compose de deux panneaux de bois entrelacés qui se soutiennent mutuellement.[5, 6] Elle a fait l'objet d'un nombre considérable de recherches empiriques, qui ont vu la réalisation de différentes constructions multi-modulaires en forme de voûte.[7] Parallèlement, des modèles numériques ont été développés pour reproduire la déformation de certaines configurations particulières de modules tressés en bois.[8] L'ill. 1 montre un prototype de voûte construit en reliant des modules tressés en bois complets avec des demi-modules. Les éléments de liaison sont réalisés avec des panneaux de bois plans taillés à l'aide d'une machine à commande numérique. La conception de ce prototype repose sur une approche empirique, dont les principales étapes sont récapitulées dans un schéma simplifié **(ill. 2)**.

La complexité de la conception structurale et architecturale d'une voûte tressée en bois est une conséquence directe de sa configuration spatiale, qui dépend de la géométrie du module tressé en bois. Cette géométrie dépend quant à elle des propriétés du matériau et des conditions d'assemblage des panneaux de bois. En outre, des contraintes de construction apparaissent pendant l'assemblage des modules tressés en bois. Ces contraintes ont un impact sur la résistance et le comportement de la structure finale.

L'objectif du travail présenté dans cet article était de mettre au point un outil de paramétrage susceptible de simplifier le dimensionnement structural et la conception architecturale d'une voûte constituée de modules tressés en bois. La recherche s'est concentrée sur un type particulier de voûtes. Toutefois, elle visait aussi à établir un cadre analytique pour toutes les structures tressées en bois, ainsi qu'à décrire l'état actuel d'un outil numérique encore perfectible.

Le programme informatique mis au point permet la génération automatique d'un modèle tridimensionnel d'une voûte tressée en bois d'éléments finis à partir d'un ensemble de paramètres initiaux. Ce modèle peut être utilisé pour étudier la qualité spatiale ainsi que le comportement structural et la résistance de la structure projetée. Le fonctionnement de cet outil est expliqué en trois temps. Premièrement, nous présentons la stratégie adoptée pour générer, avec des conditions limites prédéfinies, le modèle tridimensionnel d'éléments finis d'un module tressé en bois. Pour ce faire, nous simulons la déformation de deux panneaux plats, dont l'utilisateur peut spécifier aussi bien les dimensions que les propriétés mécaniques. Deuxièmement, plusieurs propriétés géométriques communes aux modules tressés en bois obtenus sont mises

Ill. 1

Ill. 1 Prototype de voûte tressée en bois

Ill. 2 Étapes de la construction d'une voûte tressée en bois

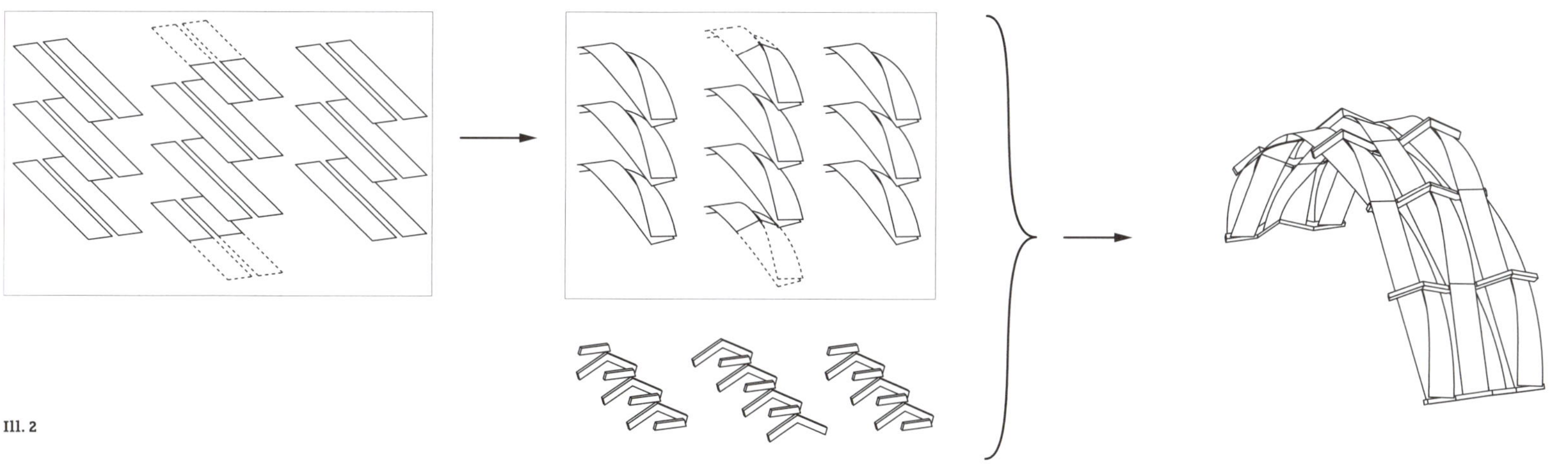

Ill. 2

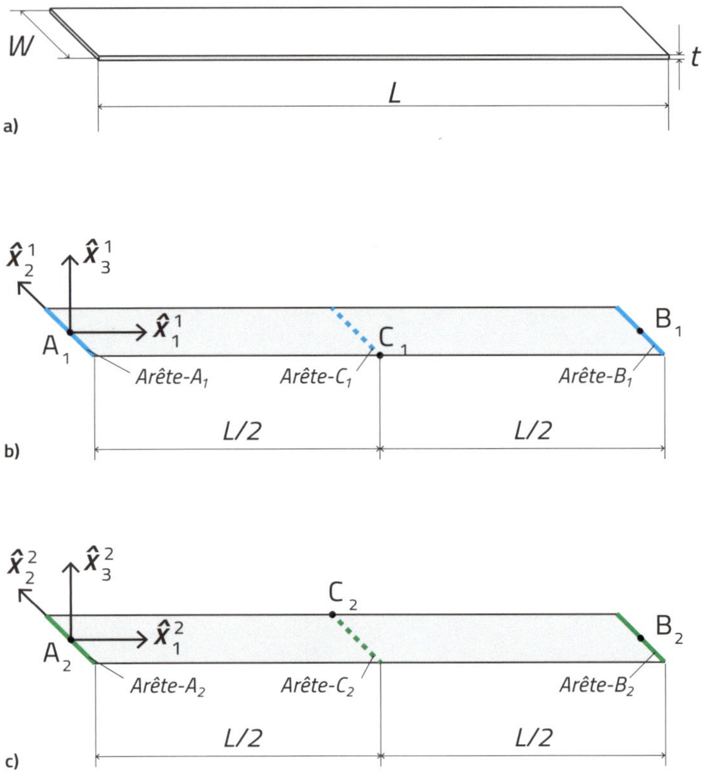

Ill. 3

Ill. 3 a Paramètres des panneaux b) et c) surface médiane des panneaux 1 et 2, définition des unités géométriques

Ill. 4 Étapes de calcul du processus de réalisation d'un module tressé en bois

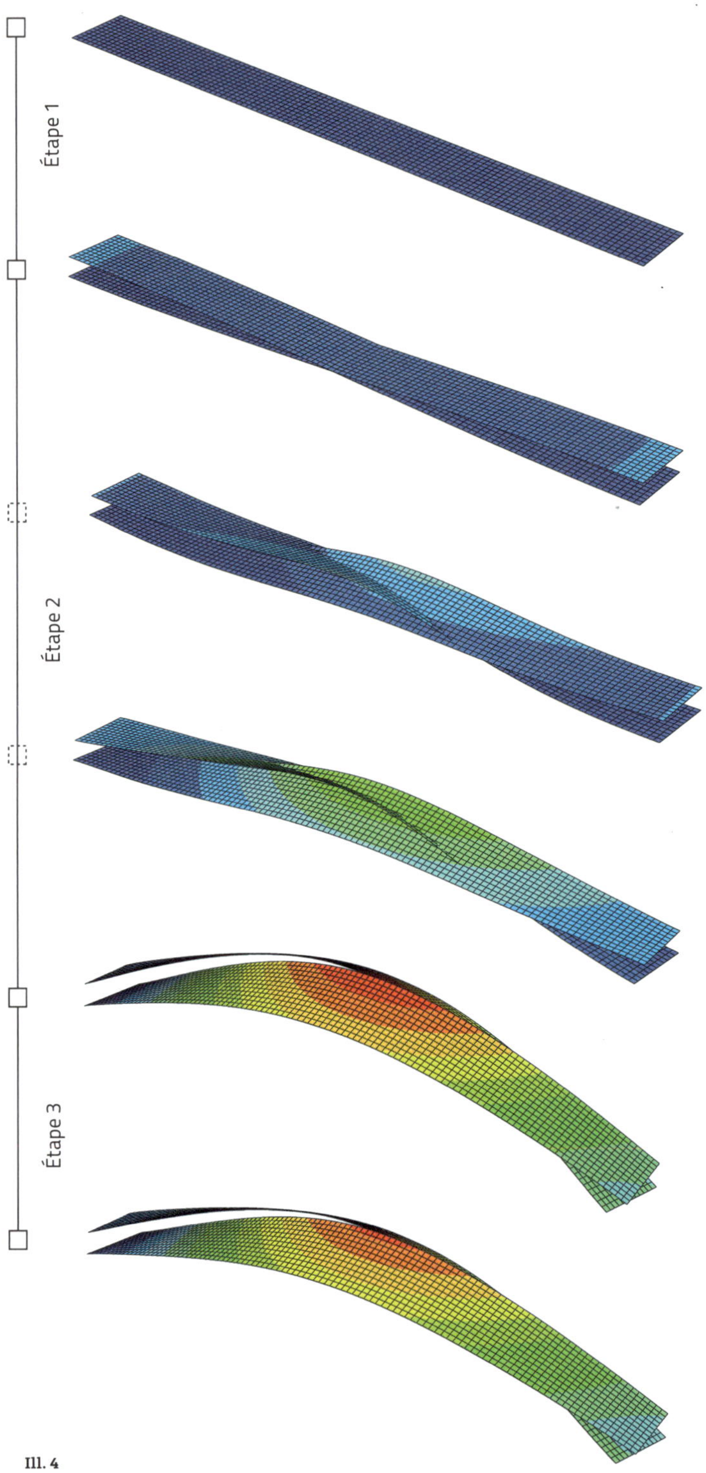

Ill. 4

en évidence et des « variables intermédiaires » sont introduites pour décrire la géométrie obtenue à partir des paramètres initiaux. Les résultats d'une étude paramétrique montrent également l'influence que peuvent avoir les paramètres initiaux des panneaux plats en bois sur les « variables intermédiaires » qui décrivent la géométrie du module tressé en bois correspondant. Pour finir, nous montrons comment ces « variables intermédiaires » peuvent servir à indiquer la position relative des modules dans un système de voûte tressée en bois. À cet effet, l'outil numérique utilisé au départ est complété pour permettre la génération automatique d'une voûte complète à partir d'un module tressé en bois. La géométrie des raccords et leur comportement sont également générés automatiquement.

Les différentes étapes présentées dans cet article ne suivent pas la logique empirique développée précédemment. Au contraire, certaines hypothèses de départ reposent sur des observations faites sur les prototypes construits et dont la pertinence pour la modélisation d'une réalité physique est démontrée. Cette chronologie illustre la synchronicité entre les approches empiriques et numériques de la conception.

2 Modèle paramétrique de génération d'un module tressé en bois

Nous décrivons ici la méthodologie employée pour générer la géométrie et calculer l'état initial de contrainte d'un module tressé en bois pour un ensemble donné de paramètres géométriques et de propriétés matérielles des panneaux de bois. Cette méthodologie basée sur le langage Python a été rédigée dans l'interface de script ABAQUS[9], qui permet de construire et d'exécuter un modèle non linéaire d'éléments finis.

Épaisseur t (mm)	Largeur W (mm)	Longueur L (mm)	Connecteur hauteur h_c (mm)
8,0	280	2450	80
E_1 (MPa)	E_2 (MPa)	ν_{12}	G_{12} (MPa)
4163	5088	0,3	552

Tableau 1 Propriétés géométriques et mécaniques des panneaux

2.1 Paramètres géométriques et propriétés matérielles des panneaux

Les modules tressés en bois peuvent être considérés comme des unités élémentaires reliées les unes aux autres pour former une structure spatiale plus complexe, comme le prototype de voûte présenté sur l'ill. 1. Le module est formé de deux panneaux de bois rectangulaires, initialement plats et autoportants, qui sont soumis à déformation et assemblés par des raccords situés aux extrémités. Les deux panneaux qui forment le module entrent en contact à un point précis de leurs arêtes longitudinales. La largeur, la longueur et l'épaisseur des panneaux plans non déformés sont désignées respectivement sous les lettres W, L et. T (ill. 2). Selon la taille du module tressé en bois, les panneaux sont construits soit en panneaux de contreplaqué (pour le prototype de petite taille), soit en panneaux de bois lamellé-collé (pour les modules de grande taille). Dans les deux cas, les panneaux sont constitués de couches orthotropes, reliées de manière rigide.[II]

2.2 Cadre analytique

Avec le logiciel d'éléments finis (EF) ABAQUS, on construit un modèle tridimensionnel du processus de déformation qui permet de créer un module tressé en bois à partir de deux panneaux de bois plans. Au lieu d'utiliser l'interface utilisateur graphique, le modèle d'éléments finis (FE) est généré à partir d'instructions rédigées en langage de programmation Python.[9] L'automatisation de la construction du modèle permet de changer aisément les paramètres.

Les réglages mathématiques initiaux du modèle ont été choisis en fonction de la nature du problème physique.[III] La géométrie des panneaux est décrite par référence à leur surface centrale. Le vecteur position d'un point/nœud M de la surface médiane est notée par r^M et le vecteur unitaire perpendiculaire à la surface médiane à ce point est noté par $\hat{\mathbf{n}}^M$. Par ailleurs, $\mathbf{u}^M$ et θ^M sont respectivement les vecteurs de déplacement et de rotation vers M. Les composantes et θ_j^M sont donnés le long d'un vecteur de base $\hat{\mathbf{e}}_j$. θ_j^M en particulier est la composante de rotation du vecteur normal autour du vecteur de base $\hat{\mathbf{e}}_j$.

Dorénavant, ces caractères seront utilisés pour désigner les nœuds et les points géométriques correspondants. Selon le contexte, l'exposant M renverra soit à un nœud soit au point géométrique des coordonnées $\mathbf{r}^M = (r_1^M, r_2^M, r_3^M)^T$.

Soient A_1, B_1, A_2 et B_2 les points médians des arêtes transversales des panneaux (1) et (2) (ill. 3). Les points médians des arêtes longitudinales des panneaux (1) et (2) sont C_1 et C_2. Les arête-A_1, arête-B_1, arête-A_2, arête-B_2, arête-C_1 et arête-C_2 renvoient aux arêtes transversales où se situent les points A_i, B_i et C_i. Encore une fois, la même désignation est utilisée pour l'arête comme unité géométrique et pour l'arête comme ensemble de nombres de nœuds.

2.3 Position initiale et conditions limites

Dans l'état initial du modèle numérique, les deux surfaces rectangulaires plates qui simulent les panneaux sont dans la même position géométrique.[IV] Pour simplifier les opérations de simulation de l'entrelacement des panneaux, il est permis de faire passer le modèle par des étapes intermédiaires qui ne seraient pas possibles dans la réalité. Par exemple, le croisement des deux panneaux (ill. 4). Lorsqu'on compare la première configuration simulée et la géométrie d'un véritable module tressé en bois, on remarque qu'elles partagent plusieurs propriétés géométriques. Dans le modèle, ces propriétés géométriques sont exprimées en limitant les mouvements relatifs possibles (déplacements et rotations) de plusieurs points.[V] Alors que dans l'espace virtuel du modèle :

- A_1, le point central de l'arête-A_1, est resté fixe pour toutes les transformations ultérieures.
- les points médians des arêtes transversales des panneaux, A_1, B_1, A_2, et B_2 sont tous limités au même plan vertical.

2.4 Interactions et déplacements imposés

Conditions d'interaction

Lors de la fabrication réelle, les panneaux sont déformés en plusieurs étapes successives, au cours desquelles ils sont temporairement fixés. Dans la dernière étape, les arêtes des panneaux sont placées de force dans une certaine position pour qu'ils s'adaptent à certaines conditions géométriques imposées par les éléments de liaison. Pour la simulation numérique, nous avons choisi d'imposer d'emblée certaines de ces conditions. Imposer des conditions d'interaction dans un modèle d'éléments finis consiste à supprimer des degrés de liberté de plusieurs nœuds et à coupler leur mouvement au mouvement d'un seul nœud (appelé « nœud maître » dans ABAQUS). Par exemple, si tous les degrés de liberté de déplacement des nœuds d'une arête droite sont couplés à ceux d'un seul nœud de cette arête, alors le comportement des nœuds restera linéaire quel que soit l'état de déformation du système. On simule ainsi l'effet d'un élément de liaison droit et rigide, fixé en continu le long de l'arête.[VI] En ce qui concerne les conditions limites initiales, ces contraintes sont définies après une observation précise des maquettes physiques, car ces dernières créent les mêmes contraintes cinématiques que les éléments de liaison réels. À noter que ces raccords ont été mis au point de manière empirique à partir des contraintes de construction. Par conséquent, le modèle géométrique abstrait intègre déjà les contraintes de la construction réelle.

Aux extrémités d'un module tressé en bois, une liaison rigide force les arêtes transversales extérieures des panneaux à former deux plans parallèles. Comme on le verra dans la prochaine partie, cela crée une continuité géométrique entre des surfaces qui appartiennent aux modules adjacents et forment un arc. Dans le modèle, cet effet se traduit ainsi :

- les conditions d'interaction contraignent toutes les arêtes définies plus haut (arête-A_1, arête-B_1, arête-A_2, arête-B_2 arête-C_1, et arête-C_2) restent rectilignes.
- les panneaux sont contraints de rester tangentiels aux plans au niveau de leurs arêtes transversales extérieures (arête-A_1, arête-B_1, arête-A_2, arête-B_2), tandis qu'à chaque extrémité du module tressé en bois, les plans de chaque panneau sont contraints d'être parallèles (ils ont le même vecteur perpendiculaire).

Déplacements imposés

Avec les conditions limites et d'interaction définies plus haut, la dernière étape du processus de détermination de la géométrie du module tressé en bois consiste à imposer des déplacements à un ensemble de points. Les premiers déplacements simulent l'effet des éléments de liaison à l'extrémité des modules. Tout d'abord, le déplacement du nœud A_2 est limité à la droite $\mathrm{D}(A_1,\hat{\mathbf{n}}^{A_1})$ et le déplacement du nœud B_1 est limité à la droite $\mathrm{D}(B_2,\hat{\mathbf{n}}^{B_2})$. La norme du déplacement, h_c, est également un paramètre initial de la conception. Elle correspond à la hauteur des éléments de liaison aux extrémités du module, si bien que $\mathbf{u}^{A_2}=h_c\,\hat{\mathbf{n}}^{A_1}$ et $\mathbf{u}^{B_1}=h_c\,\hat{\mathbf{n}}^{B_2}$. Dans une seconde étape, nous imposons les déplacements $\mathbf{u}^{C_1}=\frac{W}{2}\hat{\mathbf{e}}_2+\frac{W}{2}\hat{\mathbf{e}}_3$ et $\mathbf{u}^{C_2}=-\frac{W}{2}\hat{\mathbf{e}}_2+\frac{W}{2}\hat{\mathbf{e}}_3$. Les déplacements imposés aux nœuds A_2 et B_1 sont maintenus.

Les déplacements $\frac{W}{2}\hat{\mathbf{e}}_2$ et $-\frac{W}{2}\hat{\mathbf{e}}_2$ font donc bouger respectivement les points C_1 et C_2 dans le plan $\mathbf{P}(A_1,\hat{e}_2)$, un plan où se trouvent déjà les points A_1, A_2, B_1 et B_2. Dans les deux cas, le dernier terme $\frac{W}{2}\hat{\mathbf{e}}_3$ est ajouté pour forcer l'apparition d'un des deux modes de flambement équiprobables des panneaux : en effet, le déplacement le long de $\hat{\mathbf{e}}_2$ induit un important moment de flexion dans les panneaux le long de $\hat{\mathbf{e}}_2$ et si aucun déplacement le long de $\hat{\mathbf{e}}_3$ n'était spécifié, les panneaux continueraient d'avoir deux modes de flambement latéraux équiprobables. Pour des raisons de convergence algorithmique, la norme de ce déplacement a le même ordre de magnitude que le déplacement attendu. Dans la dernière étape, les contraintes sur arête-C_1 et arête-C_2 sont libérées et les points C_1 et C_2 parviennent à leur position post-flambement « naturelle ».

2.5 Exemple

Les panneaux du prototype de la voûte décrit dans l'introduction sont en contreplaqué Okoumé[VII] commercialisé. La forme déformée et les champs de déplacements au début et à la fin de chaque étape sont représentés sur l'ill. 4. Cette modélisation a pour objectif de calculer la géométrie et l'état de contrainte des panneaux qui constituent le module tressé en bois. Mais comme elle ne vise pas à simuler le processus réel de fabrication, nous pouvons nous permettre de faire s'interpénétrer les deux panneaux modélisés pendant les calculs et de proposer une procédure d'assemblage virtuelle beaucoup plus simple que le processus de fabrication d'un prototype réel.

2.6 Forces internes et réactions limites à l'état déformé

Le processus décrit plus haut permet d'obtenir la déformée de deux panneaux de bois avec des conditions limites et d'interaction complexes. À ce stade, il est donc légitime de se demander si ces conditions particulières sont pertinentes pour décrire la réalité physique d'un module tressé en bois.

S'il existe une condition limite au niveau du nœud M, le vecteur $\mathbf{R}^M$ désigne la force de réaction de ce nœud. Dans son état déformé final, le système constitué des deux panneaux de bois est soumis à plusieurs forces internes et à six forces de réaction aux points A_1, A_2, B_1, B_2, C_1 et C_2. Compte tenu de la nature des conditions limites et de l'absence d'actions extérieures, il est facile de montrer que toutes ces forces sont colinéaires à $\hat{\mathbf{e}}_2$ et que $\mathbf{R}^M$ ¥ $\hat{\mathbf{e}}_2=\mathbf{0}$ für M Œ $\{A_1, A_2, B_1, B_2, C_1, C_2\}$.

De plus, si nous introduisons le point C – tel que $\mathbf{r}^C=(\mathbf{r}^{C_1}+\mathbf{r}^{C_2})/2$ – la déformée des panneaux présente une symétrie axiale de l'axe $\Delta(C,\hat{\mathbf{e}}_3)$. Du fait de la symétrie axiale et de l'absence de forces externes, nous pouvons montrer que $\mathbf{R}^{A_1}=-\mathbf{R}^{B_2}$, $\mathbf{R}^{A_2}=-\mathbf{R}^{B_1}$ et $\mathbf{R}^{C_1}=-\mathbf{R}^{C_2}$.

Les résultats numériques permettent d'assimiler les forces de réaction $\mathbf{R}^{C_1}$ et $\mathbf{R}^{C_2}$ à des forces internes. À l'état déformé, la distance entre la position de C_1 et celle de C_2 est inférieure à 0,5 % de la longueur des panneaux. Par conséquent, $d=\|\mathbf{r}^{C_2}-\mathbf{r}^{C_1}\|<0.005\times L$.

En supposant que cette distance est négligeable, les deux forces de réaction opposées peuvent être assimilées à une force de contact entre les panneaux. Pour confirmer cette hypothèse, le modèle a été répété en changeant légèrement la position initiale des points C_1 et C_2, de sorte qu'au départ

$$\mathbf{r}^{C_1}=\left(\frac{L+d}{2},-\frac{W}{2},0\right)^T,\ \mathbf{r}^{C_2}=\left(\frac{L-d}{2},\frac{W}{2},0\right)^T$$

Après cette itération, nous avons constaté que $d'=\|\mathbf{r}^{C_2}-\mathbf{r}^{C_1}\|$ $<0{,}001\times L$. Le résultat de cette première série de modélisation a ainsi permis de prévoir plus précisément les coordonnées du point de contact.

Dans la partie 3, plusieurs variables seront introduites pour décrire le modèle d'un point de vue quantitatif. Les résultats numériques des variables pour les deux situations décrites plus haut sont négligeables, ce qui signifie que la première approximation est acceptable. Quant aux quatre réactions restantes, elles s'expliquent par la décision d'imposer la coplanarité des points A_1, A_2, B_1 et B_2. Nous montrerons dans la partie 4 que cette condition géométrique est nécessaire à l'assemblage de plusieurs modules tressés en bois et que les forces de réaction correspondantes sont calibrées d'un module à l'autre.

3 Aspects géométriques des modules tressés en bois

Pour représenter les positions relatives de plusieurs modules tressés en bois formant une voûte, il faut introduire de nouvelles variables permettant de décrire la géométrie d'un module tressé en bois. La définition de ces « variables intermédiaires » nécessite d'observer les modules tressés en bois sous un angle géométrique.

3.1 Description géométrique

Les dessins de l'ill. 5 présentent certaines conséquences géométriques des conditions limites et d'interaction décrites dans la partie 2 :

- Les points A_1, A_2, B_1, B_2, C_1 et C_2appartiennent au plan $\mathbf{P}$ (A_1,$\hat{e}_2$).
- Les panneaux 1 et 2 ont des plans de contact tangentiels le long de leurs arêtes transversales extérieures et les plans correspondant à chaque panneau sont parallèles de chaque côté du module tressé en bois. Soit en termes mathématiques : P (A_1,$\hat{\mathbf{n}}^{A_1}$) PP (A_2, $\hat{\mathbf{n}}^{A_2}$) et P (B_1,$\hat{\mathbf{n}}^{B_1}$) PP (B_2,$\hat{\mathbf{n}}^{B_2}$).
- Les quatre vecteurs normaux $\mathbf{n}^{A_1}$, $\mathbf{n}^{A_2}$, $\hat{\mathbf{n}}^{B_1}$ et $\mathbf{n}^{B_2}$ n'ont pas de composantes le long de $\hat{\mathbf{e}}_2$. Cela signifie que $\hat{\mathbf{n}}^M\times\hat{\mathbf{e}}_2=0$, M Œ {$A_1$, A_2, B_1, B_2}.

3.2 Détermination des paramètres géométriques intermédiaires

Pour décrire quantitativement la géométrie des modules tressés en bois, on introduit quatre « variables intermédiaires ». Ces variables sont exprimées sous la forme d'une fonction de composantes des vecteurs de déplacement et de rotation de points particuliers, que l'on peut extraire des résultats numériques du modèle d'éléments finis. L'ill. 6 fournit une représentation géométrique de ces variables. Plus précisément $a=|q_2^M|=$ $\arccos(\hat{\mathbf{n}}^M\times\hat{\mathbf{e}}_3)$, M Œ {A_1, A_2, B_1, B_2} est la valeur absolue de l'angle d'inclinaison des plans de contact tangentiels aux extrémités du module tressé en bois.

$\frac{E_2}{E^{ref}}$	$\frac{G_{12}}{G_{12}^{ref}}$	$\frac{\nu_2}{\nu_{12}^{ref}}$	α (°)	$\frac{L_f}{L^{ref}}$	θ (°)	$\frac{h_m}{L^{ref}}$
0,8	1	1	40,33	0,948	125,89	0,1594
0,9	1	1	40,31	0,948	125,93	0,1594
1	1	1	40,29	0,948	125,96	0,1594
1,1	1	1	40,28	0,948	125,98	0,1593
1,2	1	1	40,27	0,948	126,00	0,1593
1	0,8	1	39,17	0,950	124,90	0,1570
1	0,9	1	39,74	0,949	125,44	0,1582
1	1	1	40,29	0,948	125,96	0,1594
1	1,1	1	40,83	0,947	126,46	0,1605
1	1,2	1	41,36	0,946	126,93	0,1616
1	1	0,8	40,46	0,948	125,99	0,1597
1	1	0,9	40,38	0,948	125,98	0,1596
1	1	1	40,29	0,948	125,96	0,1594
1	1	1,1	40,20	0,948	125,93	0,1592
1	1	1,2	40,11	0,949	125,89	0,1589

$\frac{W_2}{W^{ref}}$	$\frac{h_c}{h_c^{ref}}$	$\frac{t}{t^{ref}}$	α (°)	$\frac{L_f}{L^{ref}}$	θ (°)	$\frac{h_m}{L^{ref}}$
0,8	1	1	32,29	0,964	127,59	0,1333
0,9	1	1	36,04	0,957	126,56	0,1460
1	1	1	40,29	0,948	125,96	0,1594
1,1	1	1	45,03	0,939	125,57	0,1732
1,2	1	1	50,25	0,928	125,21	0,1873
1	0,8	1	40,28	0,951	125,91	0,1564
1	0,9	1	40,29	0,949	125,93	0,1579
1	1	1	40,29	0,948	125,96	0,1594
1	1,1	1	40,30	0,947	125,99	0,1609
1	1,2	1	40,31	0,946	126,02	0,1624
1	1	0,8	42,92	0,943	127,88	0,1651
1	1	0,9	41,48	0,946	126,86	0,1620
1	1	1	40,29	0,948	125,96	0,1594
1	1	1,1	39,29	0,950	125,16	0,1571
1	1	1,2	38,42	0,952	124,44	0,1552

Tableau 2 Résultats de l'étude paramétrique

$Q=|q_1^{C_1}-q_1^{C_2}| = 2|q_1^{C_1}| = 2|q_1^{C_2}|$ est l'angle entre les panneaux à mi-longueur. $L_f=L+u_1^{B_2}$ et $h_m=u_3^{C_1}=u_3^{C_2}$ correspondent respectivement à la portée et à la hauteur d'un module tressé en bois.

3.3 Étude paramétrique

Jusqu'à présent, nous avons présenté :

- les paramètres initiaux L, W, t et h_c pour décrire la géométrie des panneaux de bois et les conditions d'interaction à leurs extrémités ;
- les propriétés mécanique homogénéisées des panneaux : E_1, E_2, n_{12}, G_{12} ;
- les « variables intermédiaires » a, L_f, h_m et Q pour décrire la géométrie d'un module tressé en bois.

En modifiant légèrement le script qui sert à calculer la déformation des panneaux d'un module tressé en bois, il est possible de mener une étude paramétrique pour observer l'influence des paramètres géométriques et des propriétés mécaniques sur les « variables intermédiaires » qui décrivent quantitativement la géométrie d'un module.

Les résultats de cette étude fournissent des informations utiles pour la conception de voûtes aux dimensions imposées. Par exemple, si l'on veut construire des modules tressés en bois dont la longueur, le rayon de rotation et le matériau sont prédéfinis, les résultats de l'étude permettront de déterminer la longueur et la largeur correspondantes des panneaux.[VIII]

Les variables les plus pertinentes sont α et L_f parce qu'elles influencent la géométrie de la voûte. Quant aux variables h_m et Q, elles ont un effet sur la géométrie des éléments de raccordement. Pour une longueur de panneau donnée, on observe que α et L_f sont surtout influencées par la largeur W (voir tableau 2). L'épaisseur des panneaux et la hauteur des raccords sont de moindre importance pour la géométrie, mais influencent considérablement les contraintes maximales. L'ill. 7 propose une représentation graphique de cette influence.

4 Modèle paramétriques pour voûtes tressées en bois

Le programme présenté dans la partie 2 a été développé pour permettre la génération d'un modèle d'éléments finis de voûtes tressées en bois. Le script servant à concevoir ce modèle exploite une fonction d'ABAQUS qui permet d'utiliser le résultat d'une précédente analyse comme état initial d'une nouvelle analyse. Ainsi, la configuration déformée du module tressé en bois peut être importée, copiée et soumise à rotation dans un nouveau modèle. Elle peut même être transcrite dans un espace tridimensionnel. Les modules du nouveau modèle peuvent alors être reliés les uns aux autres et au sol pour former une voûte statiquement équilibrée.

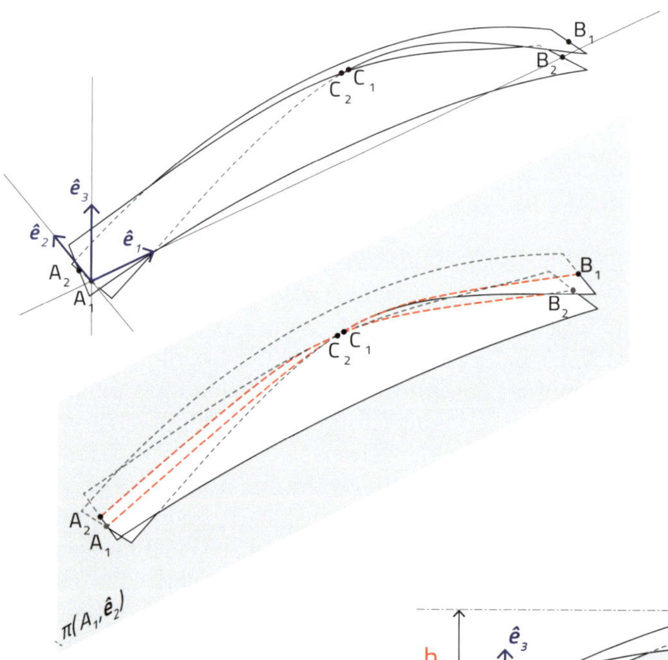

Ill. 5

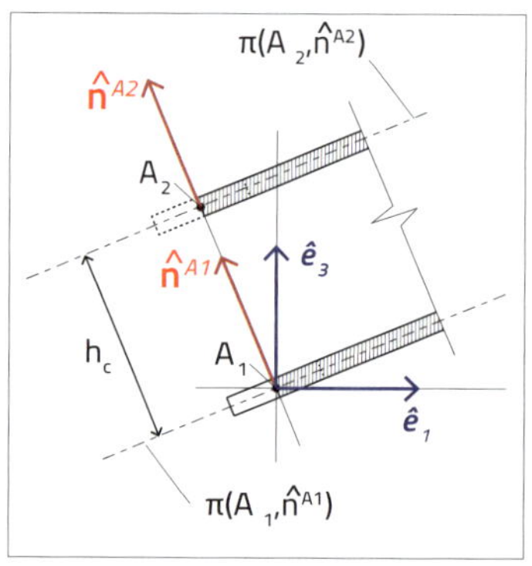

Section le long du plan P (A1, ê2)

Ill. 5 Caractéristiques géométriques des modules tressés en bois

Ill. 6 Définition des « variables intermédiaires »

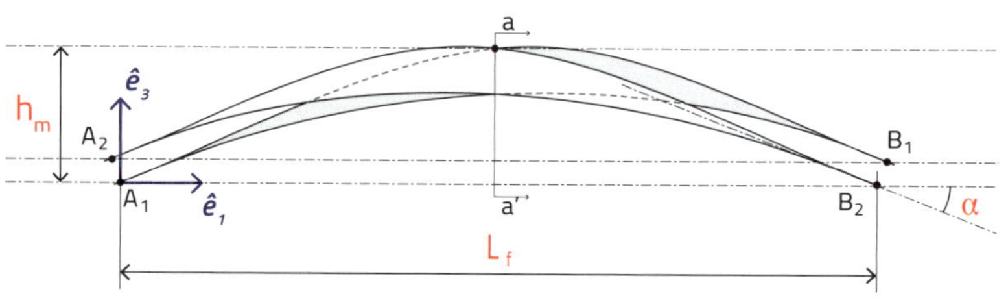

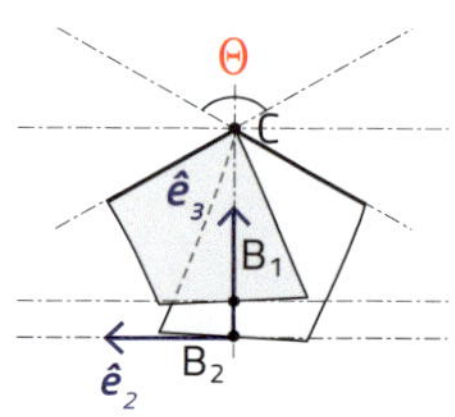

Section aa'

Ill. 6

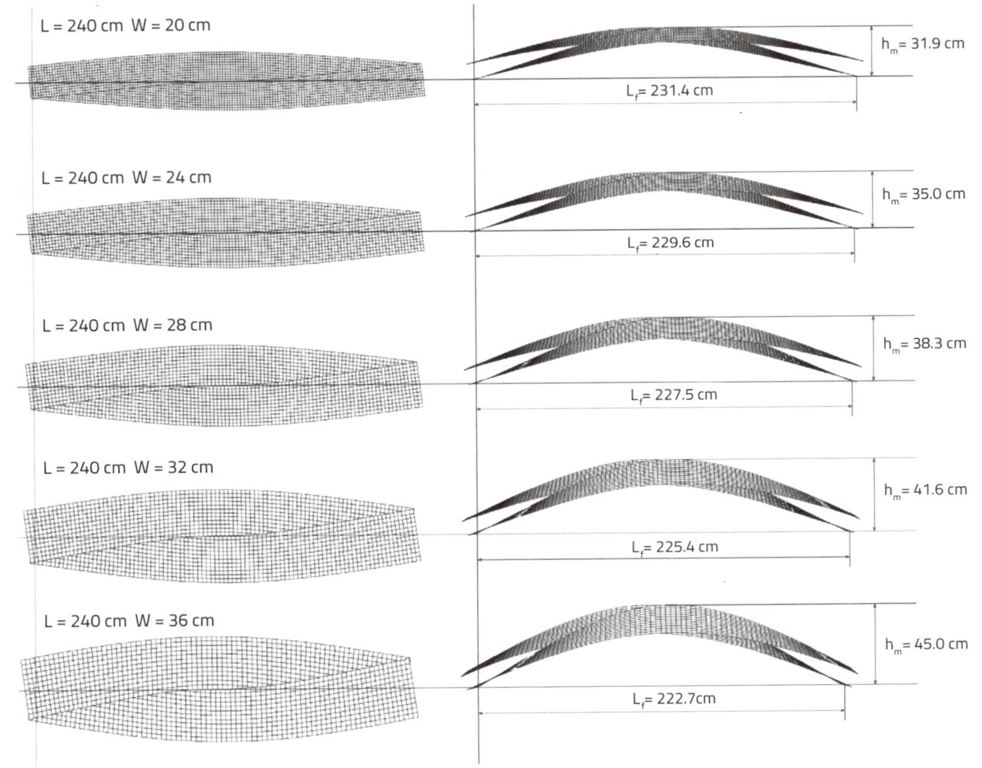

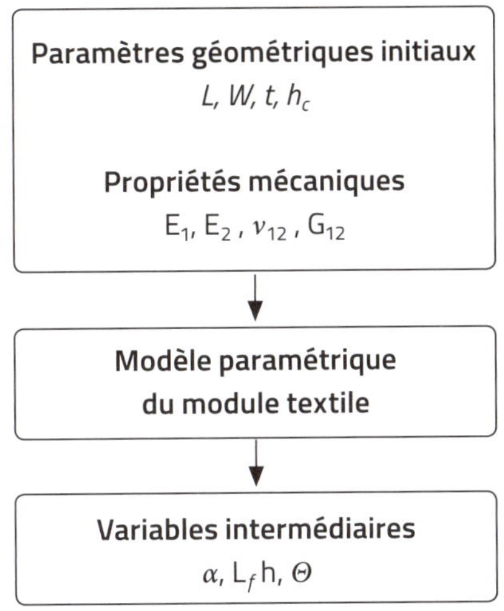

Ill. 7

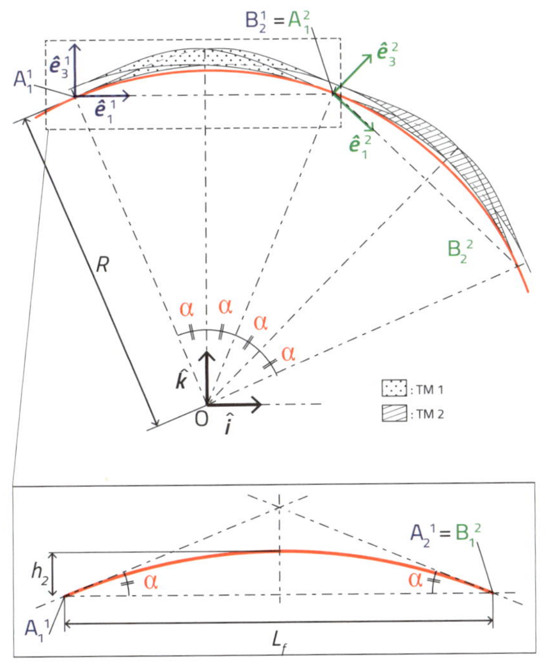

Ill. 8

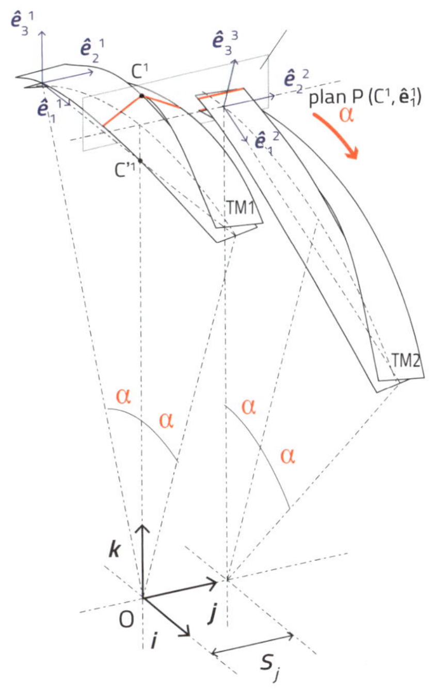

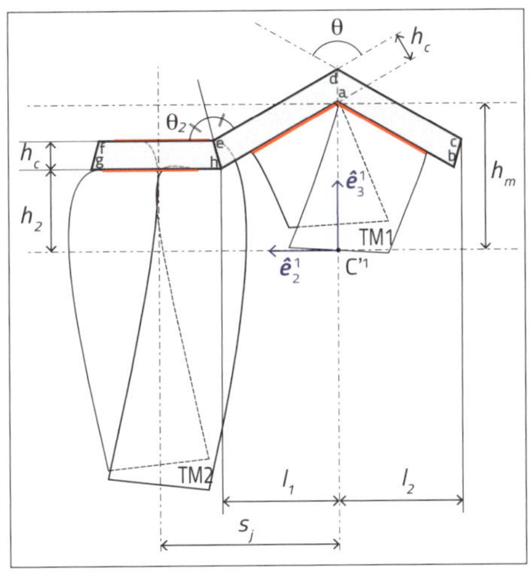

Ill. 9 a

Ill. 7 Représentation graphique de l'étude paramétrique pour t = 8 mm et h_c = 80 mm (t/t_{ref} = 1; $h_c/h_{c}ref$ = 1)

Ill. 8 Construction d'une arche par assemblage de plusieurs modules tressés en bois

Ill. 9 Liaison des arches entre elles

Ill. 9 b

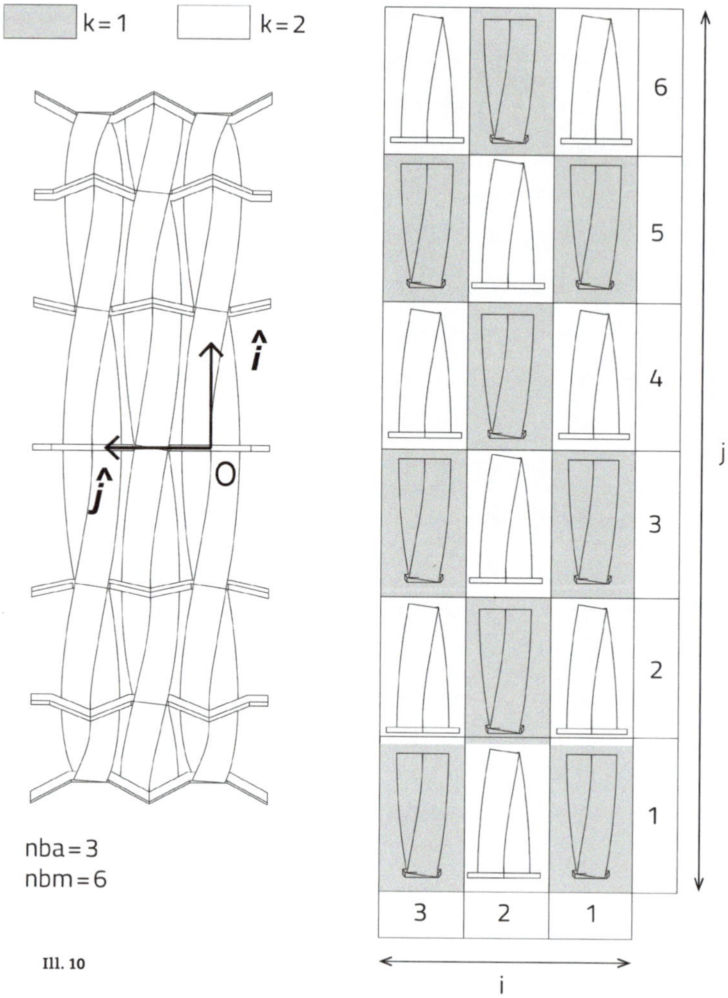

Ill. 10

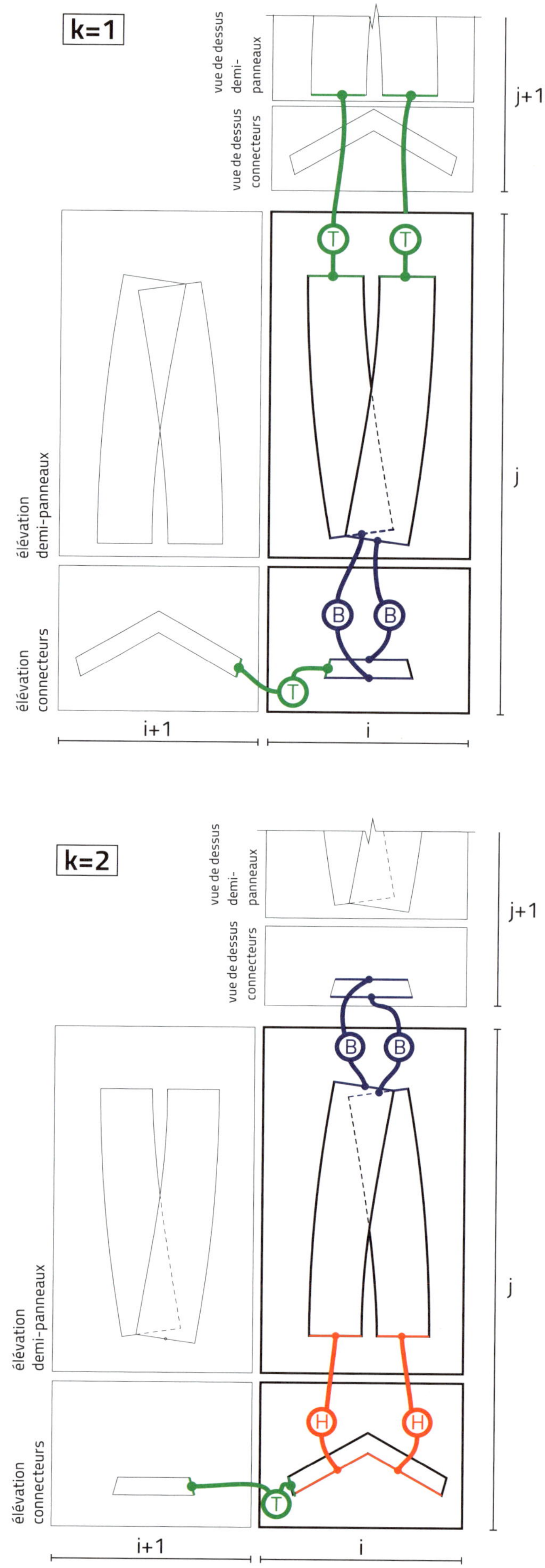

Ill. 11

Ill. 10 « Plan » d'une voûte tressée en bois

Ill. 11 Interactions cinématiques entre les éléments constitutifs du modèle

Ill. 12 Géométries obtenues à partir de différentes valeurs des paramètres initiaux et intermédiaires (hc = 80 mm et propriétés matérielles indiquées au tableau 1)

La configuration géométrique de la voûte repose sur plusieurs hypothèses et peut être décrite par un nouvel ensemble de paramètres utilisateur. La présente étude se limite à des voûtes obtenues par assemblage de MTB identiques. La logique de l'assemblage et sa mise en œuvre dans un script sont détaillées dans les parties suivantes.

4.1 Arche composé de modules tressés en bois

Soit un module tressé en bois TMj (TM = timberfabric module). Les notations présentées précédemment sont reprises en ajoutant la valeur « j » du module. Par conséquent, le système local de coordonnées associé à TM1 est noté $(A_1^1, \hat{\mathbf{e}}_1^1, \hat{\mathbf{e}}_2^1, \hat{\mathbf{e}}_3^1)$. Pour faire court, un vecteur unitaire à un point donné M de TMj sera dorénavant noté par $\hat{\mathbf{n}}_M^j$.

Dans le plan P $(A1_1, \hat{e}1_2)$, il existe un cercle unique tangentiel au plan P$(A_1^1, \hat{\mathbf{n}}_{A_1}^1)$ et passant par les points A1 et B2. Par symétrie, le cercle est également tangentiel au plan P$(B_2^1, \hat{\mathbf{n}}_{B_2}^1)$. Conformément à la partie 3 et à la construction géométrique de l'ill. 8, le rayon R du cercle peut être exprimé comme suit :

$$R = \left(\frac{L_f}{2 \times \sin \alpha} \right) \qquad \text{équ. 1}$$

Par ailleurs, la hauteur h_2 de l'arche $[A_1^j, A_2^j]$ est définie par :

$$h_2 = \mathrm{R} \times (1 - \cos \alpha) \qquad \text{équ. 2}$$

Dans le système local de coordonnées de TM1, les coordonnées du centre du cercle O1 son $O^1(\frac{L_f}{2}, -h_{1,}\ 0)^{\mathrm{T}}$ avec $h_1 = R - h_2$.

Si l'on introduit maintenant $(O, \hat{\mathbf{i}}, \hat{\mathbf{j}}, \hat{\mathbf{k}})$ comme coordonnées cartésiennes globales pour représenter le système de la voûte, TM1 est positionné dans le système général de telle sorte que O^1 coïncide avec O et que $\hat{\mathbf{i}}$, $\hat{\mathbf{j}}$ et $\hat{\mathbf{k}}$ soient respectivement colinéaires à $\hat{\mathbf{e}}_1^1$, $\hat{\mathbf{e}}_2^1$ et $\hat{\mathbf{e}}_3^1$. On obtient TM2 en faisant pivoter TM1 dans le sens des aiguilles d'une montre et d'un angle $2a$ autour de l'axe $\hat{\mathbf{j}}$. Cela se traduit par les conditions suivantes aux extrémités des modules :

$$B_2^1 = A_1^2, \quad B_1^2 = A_2^2, \qquad \hat{\mathbf{n}}_{B_2}^1 = \hat{\mathbf{n}}_{A_1}^2, \quad \hat{\mathbf{n}}_{B_1}^1 = \hat{\mathbf{n}}_{A_2}^2 \qquad \text{équ. 3}$$

de sorte que P$(B_2^1, \hat{\mathbf{n}}_{B_2}^1)$ = P$(A_1^2, \hat{\mathbf{n}}_{A_1}^2)$ et P$(B_1^2, \hat{\mathbf{n}}_{B_1}^1)$ = P$(A_2^2, \hat{\mathbf{n}}_{A_2}^2)$.

L'équation 3 implique qu'il y ait une continuité C^1 entre :

- « panneau 1 » de TM1 et « panneau 2 » de TM2
- « panneau 2 » de TM1 et « panneau 1 » de TM2.

Nous observons également que les forces de réaction dans B_2^1 et B_1^2 sont respectivement opposées aux forces de réaction dans A_1^2 et A_2^2. Ces réactions limites peuvent donc être remplacées par les forces d'interaction entre TM1 et TM2. La nature de ces interactions et leur mise en œuvre dans les modèles EF seront détaillées dans la partie 4.5. Cette arche composée de deux modules présente une géométrie

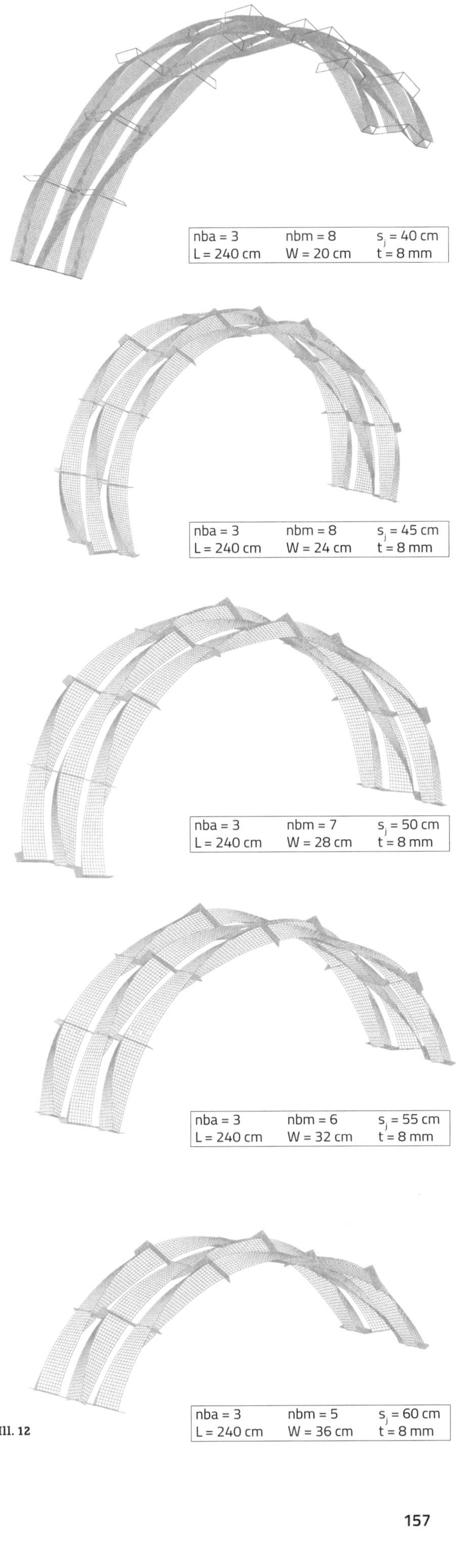

Ill. 12

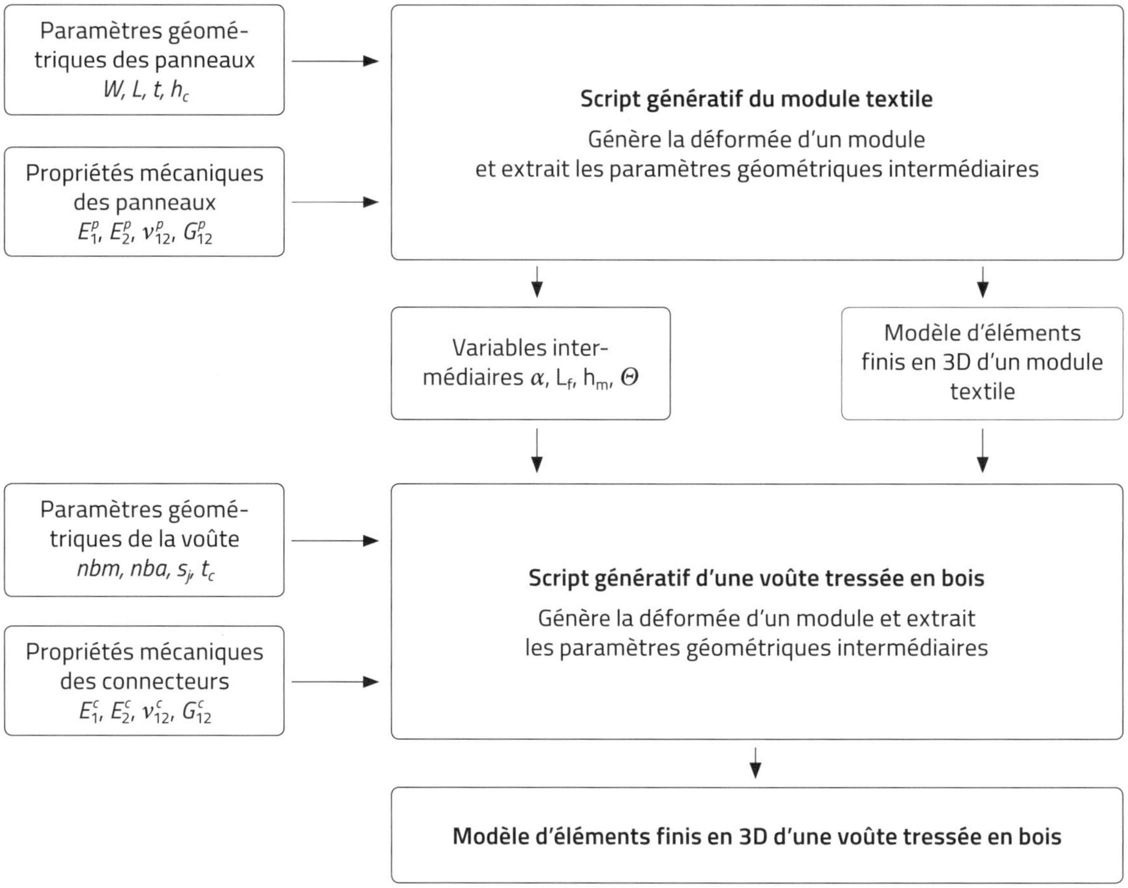

Ill. 13 Diagramme synthétique du script complet

harmonieuse et se trouve en état d'équilibre statique. On obtient des arches de plus grande taille en assemblant n modules tressés en bois selon une méthode qui reproduit la géométrie qu'on obtiendrait en entrelaçant n fois deux panneaux de bois continus.

4.2 Des arches aux voûtes

Dans cet article, une voûte cylindrique est généralement obtenue en juxtaposant plusieurs arches le long de l'axe $(O, \hat{\mathbf{j}})$ du système global de coordonnées. La distance entre deux arches est fixée par le paramètre s_j (voir plus bas). Les modules sont soumis à une rotation d'une arche à l'autre selon un angle α autour de l'axe $(O, \hat{\mathbf{j}})$ (ill. 9). Cela signifie que l'extrémité d'une arche peut être soit un module tressé en bois complet soit un demi-module.

Points	a	b	c	d
Coordonnées*	$(0,h_m)$	$(-l_1,h_2)$	$(-l_2,h_2+h_c)$	$(0,h_m+h_3)$

Points	e	r	g	h
Coordonnées*	(l_2,h_2+h_c)	$(2s_j-l_2,h_2+h_c)$	$(2s_j-l_1,h_2)$	(l_1,h_2)

* dans $(c'^1, \hat{e}_2^1, \hat{e}_3^1)$

Tableau 3 Coordonnées des points décrivant la géométrie des connecteurs

Jusque-là, pour décrire la relation cinématique entre plusieurs nœuds, on a simulé l'interaction entre les panneaux d'un module tressé en bois. Pour relier les arches entre elles, des « connecteurs », c'est-à-dire des éléments de raccordement ont été intégrés au modèle.

Soit TM1 un module tressé en bois placé dans un système global de coordonnées, comme décrit dans la partie 4.1. Comme le montre l'ill. 9, on obtient le module tressé en bois TM2 par translation de TM1 le long du vecteur $\mathbf{T} = s_j \hat{\mathbf{j}}$ et par une rotation selon l'angle α autour de l'axe $(O, \hat{\mathbf{j}})$. La surface médiane des connecteurs appartient au plan P $(C^1, \hat{\mathbf{e}}_1^1)$: ce plan est perpendiculaire aux plans tangentiels P $(A_1^2, \mathbf{n}_{A1}^2)$ et P $(A_1^2, \mathbf{n}_{A2}^2)$ et il comprend les points C^1, A_1^2 et A_2^2.

La géométrie d'un connecteur peut être générée automatiquement à partir de ces paramètres.[IX]

Pour fabriquer les connecteurs, on assemble des pièces de bois découpées dans des panneaux de bois stratifié de 25 mm d'épaisseur (classe de résistance C30). La construction détaillée de ces éléments de raccordement n'est pas abordée dans cet article.

4.3 Plan de la voûte

Du fait de la rotation α d'une arche à l'autre, certains modules tressés en bois doivent être coupés en deux pour pouvoir fixer toutes les arches au même niveau sur le sol. Les « demi-modules » sont présentés dans l'ill. 1. Afin de décrire clairement la structure, nous réaliserons la voûte en assemblant seulement des demi-modules tressés en bois. La continuité des panneaux d'un module tressé en bois entier sera restaurée dans le modèle d'éléments finis en spécifiant les conditions d'interaction correspondantes. Comme on peut le voir sur l'ill. 10, la partie inférieure du module tressé en bois est appelée « demi-module $k = 1$ » et la partie supérieure « demi-module $k = 2$ »: chaque module consiste en deux demi-panneaux et un connecteur. Cette division virtuelle des modules permet de décrire la voûte comme un motif en damier.

L'utilisateur entre dans le programme une valeur pour les paramètres « nba » et « nbm » afin de spécifier le nombre d'arches et celui des modules (dans l'étude du prototype, nous avons $nba = 3$ et $nbm = 6$). Le programme calcule automatiquement les modules correspondants.[X]

4.4 Processus d'assemblage géométrique

Pour réaliser l'assemblage géométrique, il faut effectuer une double boucle en appliquant les paramètres [1, 2, .., *nba*] à i et [1, 2, .., *nbm*] à *j*. Pour chaque couple de valeurs (*i, j*), les trois composantes correspondant au demi-module *k(i, j)* sont importées dans le modèle, puis déplacées et soumises à rotation. Pour commencer, les points des composantes sont intégrés dans le système global de coordonnées $(O, \hat{\imath}, \hat{\jmath}, \hat{k})$ de telle sorte que leur point de référence A1 (aussi noté $A^{j}_{1\ j=1..nbm}$ dans la partie 4.1) et le point *O* coïncident et que les axes locaux et globaux soient parallèles. Ils sont ensuite déplacés et soumis à rotation jusqu'à ce qu'ils trouvent leur place dans le système de voûte.[XI]

4.5 Interactions cinématiques et conditions limites

Enfin, pour modéliser la voûte, il est nécessaire d'introduire les interactions cinématiques entre les différentes unités géométriques du modèle pour :

- restaurer la continuité matérielle des panneaux divisés (cette division n'ayant en définitive servi qu'à faciliter la description du processus d'assemblage virtuel) ;
- simuler la relation cinématique entre les panneaux et les connecteurs.

La définition de ces interactions est aussi générée automatiquement quand on effectue une boucle sur i avec les paramètres [*1, 2, ..., nba*] et sur *j* avec [*1, 2, ..., nbm–1*]. L'ill. 11 résume les interactions définies en fonction de la valeur de *k(i, j)*. Les lettres renvoient à la nature de l'interaction entre deux arêtes reliées. Les maillages de tous les éléments « découpés » virtuellement dans le modèle doivent maintenant être à nouveau assemblés. Sur l'ill. 11, la lettre « T » signifie « lien ». Par conséquent, les degrés de liberté de chaque nœud d'une arête sont limités par les degrés de liberté du nœud correspondant de l'autre arête.

Les interactions entre panneaux et connecteurs ont un double objectif : assurer l'équilibre statique de la voûte et imposer les conditions géométriques, comme décrit dans la partie 3.1. En pratique, les panneaux sont fixés aux connecteurs par des vis ponctuelles aux caractéristiques données et selon une distribution donnée. Pour modéliser l'effet global sur le comportement de la structure de ces liaisons localement complexes, tous les nœuds d'une arête sont rapportés au nœud central de cette arête et des interactions cinématiques simples sont définies entre les couples de nœuds centraux. Pour ce faire, deux types de liaisons sont choisis. Ils sont représentés sur l'ill. 11, où « B » désigne une poutre (angl. : beam) et « H » une charnière (angl. : hinge). La poutre attache tous les degrés de liberté d'un nœud à ceux du nœud auquel il est raccordé, tandis que la charnière bloque tous les degrés de liberté, à l'exception de la rotation, le long de l'axe de l'arête. Enfin, les conditions limites consistent à bloquer tous les degrés de liberté des connecteurs des extrémités (correspondant aux couples de nœuds (*i*, 1) et (*i, nbm + 1*) pour *i* avec [*1, 2, ..., nba*]).

4.6 Application

Comme nous l'avons vu plus haut, le modèle paramétrique est un outil utile pour modifier la conception architecturale de la structure initiale. L'ill. 12 montre qu'on peut générer une géométrie complètement nouvelle en faisant varier les paramètres initiaux et intermédiaires du modèle. Cette possibilité est particulièrement intéressante pendant la phase de conception puisque les architectes, les concepteurs et les ingénieurs peuvent discuter et visualiser ensemble la variation des paramètres géométriques, comme le rayon de courbure montré ici. La visualisation de la forme globale est essentielle pour la compréhension interdisciplinaire nécessaire à l'harmonie entre structure et fonction.

5 Conclusion

L'outil numérique décrit dans cet article peut être particulièrement utile pour la conception architecturale et structurale des structures tressées en bois. En effet, la complexité de ces structures réside essentiellement dans l'interdépendance des aspects géométriques et mécaniques. Le principal défi était donc de trouver un moyen de décrire quantitativement la géométrie d'un élément constitutif (un module tressé en bois) avec un ensemble réduit de variables et d'élaborer une procédure permettant de calculer ces dernières en générant la géométrie déformée complète.

Au lieu de chercher à reproduire les étapes précises de la déformation nécessaire pour fabriquer un module tressé en bois à partir de panneaux plans et pour assembler plusieurs modules, la stratégie retenue a été de générer directement la géométrie finale. Ces objectifs ont été formulés à partir des résultats de la méthode empirique adoptée pour le prototype montré sur l'ill. 1. Cela signifie aussi que la géométrie des modules calculés ne correspond pas à celle des modules auto-équilibrés, mais à une géométrie « extraite virtuellement » de la voûte et soumise à des conditions limites plus complexes.

Le schéma de l'ill. 13 fait la synthèse des opérations exécutées automatiquement par les scripts et indique les paramètres d'entrée que l'utilisateur doit spécifier, ainsi que les « variables intermédiaires » à introduire pour permettre la génération automatique de la voûte après calcul d'un module tressé en bois. Il est important de noter que ce procédé de réalisation de modules à partir de panneaux plats permet de calculer l'état de contrainte de chaque panneau. Cette information est indispensable pour étudier le comportement à long terme et la résistance de telles structures. En résumé, la complexité des structures tressées en bois nécessite l'élaboration d'outils puissants. Le travail présenté dans cet article livre une stratégie qui génère des modèles d'éléments finis pour un type plutôt simple de voûtes tressées en bois, mais l'analyse structurale doit encore être effectuée manuellement. Un perfectionnement de l'outil devrait permettre d'évaluer des structures composées de modules tressés en bois de différentes tailles ainsi que de vérifier automatiquement leurs états limite ultime et en service.

Références

1 Garcia, M. (éd.), « Architextiles », *Architectural Design,* 2006 ; 76(6).

2 Tsukui, N. (éd.), « Cecil Balmond », *A+U Special Issue,* 2006.

3 Weinand, Y., « Innovative timber constructions », *Journal of the International Association for Shell and Spatial Structures,* 2009 ; 50(161) : p. 111–120.

4 Hudert, M., *Timberfabric – Applying Textile Assembly Principles for Wood-Construction in Architecture,* thèse de doctorat, EPFL, 2013.

5 Weinand, Y. et Hudert, M., « Timberfabric : Applying textile principles on a building scale », *Architectural Design,* 2010 ; 80(4) : p. 102–107.

6 Hudert, M. et Weinand, Y., « Structural Timber Fabric : Applying Textile Principles on Building Scale », *ICSA2010 1st International Conference on Structures & Architecture,* Guimaraes, Portugal, 2010.

7 Hudert, M. et Weinand, Y., « Timberfabric : Innovative Lightweight Structures », *IABSE-IASS Symposium,* Londres, RU, 2011.

8 Sistaninia, M., Hudert, M., Humbert, L. et Weinand, Y., « Experimental and numerical study on structural behavior of a single Textile Module », *Engineering Structures,* 2013 ; 46 : p. 557–568.

9 ABAQUS Version 6.11 Documentation : *ABAQUS Scripting User's Manual and Reference Manual,* Dassault Systems, 2011.

10 Daniel, I. et Ishai, O., *Engineering mechanics of composite materials,* Oxford University Press, Oxford, RU, 1994.

11 Bodig, J. et Jayne, B.A., *Mechanics of wood and wood composites,* Van Nostrand Reinhold Company, 1982

12 Reddy, J.N., *An introduction to non-linear finite element analysis,* Oxford University Press, New York, 2004

13 Fiche technique contreplaqué Teboply Okoumé, www.tebopano.com

Extrait de *Structural Engineering International,* vol. 24, n° 2, p. 254–264.

Notes

I Le texte suivant a été initialement écrit pour être publié dans la revue scientifique *Structural Engineering International*. Dans la version adaptée présentée ici, plusieurs notions mathématiques et certains commentaires scientifiques hautement spécialisés ont été remplacés ou complétés dans le corps du texte par des descriptions textuelles plus simples. Les passages originaux qui ont été modifiés sont reproduits en notes finales.

II Le comportement d'un panneau à une échelle macroscopique est considéré comme équivalent au comportement d'un matériau monocouche, homogène et orthotrope dont les axes (matériels) principaux suivent les directions géométriques longitudinales et transversales du panneau. Compte tenu de ces hypothèses et d'une loi constitutive élastique linéaire, seules quatre constantes indépendantes sont requises pour caractériser pleinement le comportement du matériau : les modules de Young dans les deux directions E1 et E2, le module de cisaillement dans le plan G12 et le coefficient de Poisson $\nu 12$.[10, 11]. Le taux d'humidité et la dépendance temporelle des propriétés du matériau ne sont pas prises en compte.

III Les panneaux de bois sont maillés au moyen d'éléments de coque S4R quadrilatéraux à quatre nœuds, à intégration réduite et six degrés actifs de liberté par nœud. Ces éléments polyvalents conviennent à l'analyse de coques minces ou épaisses (doublement) courbées, et permettent la déformation de cisaillement transverse. Comme on peut s'attendre à des rotations et à déplacements importants, nous effectuons une analyse géométriquement non linéaire en appliquant progressivement les déplacements imposés.[12]

IV Position initiale : $(\mathbf{O}, \hat{\mathbf{e}}_1, \hat{\mathbf{e}}_2, \hat{\mathbf{e}}_3)$ est un système orthonormé de coordonnées cartésiennes. Au départ, les panneaux sont positionnés dans le plan (χ_1, χ_2) avec leurs axes longitudinaux le long d'$\hat{\mathbf{e}}_1$. Pour chaque panneau, la position initiale des nœuds introduits précédemment est telle que $\mathbf{r}^{A1} = \mathbf{r}^{A2} = \mathbf{O}$, $\mathbf{r}^{B1} = \mathbf{r}^{B2} = (L, 0, 0)^T$, $\mathbf{r}^{C1} = (\frac{L}{2}, -\frac{W}{2}, 0)^T$, $\mathbf{r}^{C2} = (\frac{L}{2}, \frac{W}{2}, 0)^T$.
Dans la partie suivante, D $(M, \hat{\mathbf{n}})$ représentera la ligne droite passant par un point M, dirigée par un vecteur (unitaire) $\hat{\mathbf{n}}$, et P $(M, \hat{\mathbf{n}})$ le plan de la perpendiculaire $\hat{\mathbf{n}}$ à M.

V Les conditions limites suivantes sont imposées afin de bloquer certains degrés de déplacement de liberté des nœuds A_1, A_2, B, et B_2 :

- A_1 est fixé : $u_1^{A1} = u_2^{A1} = u_3^{A1} = 0$
- B_2 est limité sur la ligne $\Delta(A_1, \hat{\mathbf{e}}_1)$: $u_2^{B2} = u_3^{B2} = 0$
- A_2 et B_1 sont limités dans le plan $P(A_1, \hat{\mathbf{e}}_2)$: $u_2^{A2} = u_2^{B1} = 0$

VI Les conditions d'interaction qui suivent imposent des contraintes cinématiques entre respectivement les degrés de liberté des ensembles de nœuds arête-A_1, arête-B_1, arête-C_1, arête-A_2, arête-B_2, arête-C_2, et les nœuds A_1, B_1, C_1, A_2, B_2, C_2. Pour simplifier les expressions, on écrit ces contraintes en utilisant la position et le vecteur normal des nœuds. Le premier ensemble de contraintes force les panneaux à être tangentiels aux plans le long de leurs arêtes transverses extérieures (arête-A_1, arête-B_1, arête-A_2, arête-B_2), tandis qu'à chaque extrémité du module les plans de chaque panneau sont contraints d'être parallèles (ils ont le même vecteur normal) :

- le panneau 1 doit rester tangentiel au plan P $(A_1, \hat{\mathbf{n}}^{A1})$ le long de arête-A_1 ainsi qu'au plan P $(B_1, \hat{\mathbf{n}}^{B1})$ le long de arête-B1:

$(\mathbf{r}^M - \mathbf{r}^{A1}) \times \hat{\mathbf{n}}^{A1} = 0, \hat{\mathbf{n}}^M$ ¥ $\hat{\mathbf{n}}^{A1} = 0, M$ Œ arête-A_1
$(\mathbf{r}^M - \mathbf{r}^{B1}) \times \hat{\mathbf{n}}^{B1} = 0, \hat{\mathbf{n}}^M$ ¥ $\hat{\mathbf{n}}^{B1} = 0, M$ Œ arête-B_1

- le panneau 2 doit rester tangentiel au plan P $(A_2, \hat{\mathbf{n}}^{A1})$ le long de arête-A_2 ainsi qu'au plan P $(B_2, \hat{\mathbf{n}}^{B1})$ le long de arête-B_2 :

$(\mathbf{r}^M - \mathbf{r}^{A2}) \times \hat{\mathbf{n}}^{A1} = 0, \hat{\mathbf{n}}^M$ ¥ $\hat{\mathbf{n}}^{A1} = 0, M$ Œ arête-A_2
$(\mathbf{r}^M - \mathbf{r}^{B2}) \times \hat{\mathbf{n}}^{B1} = 0, \hat{\mathbf{n}}^M$ ¥ $\hat{\mathbf{n}}^{B1} = 0, M$ Œ arête-B_2

Le second ensemble de contraintes est appliqué aux arêtes transverses centrales des panneaux (arête-C_1, arête-C_2). Les nœuds de ces arêtes doivent rester alignés :

$(\mathbf{r}^M - \mathbf{r}^{C1})$ ¥ $(\mathbf{r}^{M'} - \mathbf{r}^{C1}) = 0, M, M'$ Œ arête-C_1
$(\mathbf{r}^M - \mathbf{r}^{C2})$ ¥ $(\mathbf{r}^{M'} - \mathbf{r}^{C2}) = 0, M, M'$ Œ arête-C_2

VII Les caractéristiques mécaniques du panneau Okoumé sont E1 = 4163 MPa, E2 = 5088 MPa pour les module de Young (en traction/compression) et G12 = 552 MPa pour le module de cisaillement dans le plan.[13] Par commodité, les propriétés géométriques et matérielles des panneaux sont listées dans le tableau 1.

VIII Pour choisir la taille des mailles utilisées dans cette étude, nous avons d'abord effectué une étude paramétrique du nombre d'éléments sur la largeur des panneaux. En admettant une marge d'erreur de 0,5 % pour le résultat des « variables intermédiaires », nous avons choisi une taille de maille correspondant à 12 éléments par largeur de panneau.

IX Étant donné la division de TM1 et TM2 selon ce plan, la géométrie des connecteurs est donnée par les points {a,b,c,d,e,f,g,h}. Les coordonnées des points dans le système $(C'^1, \hat{\mathbf{e}}_2^1, \hat{\mathbf{e}}_3^1)$ sont données au tableau 3 (ill. 9). Les paramètres introduits au tableau 3 sont donnés par :

$$l_1 = (h_m - h_2) \times \tan Q/2$$
$$l_2 = l_1 + h_c/\tan Q_2$$
$$h_3 = h_c \times (1 + \frac{1}{\tan Q/2 \times \tan Q_2}),\ Q_2 = \frac{p + Q}{4} \qquad \text{équ. 4}$$

Dans le modèle d'éléments finis, ces connecteurs sont modélisés comme deux coques planes reliées de manière rigide le long de l'arête [e,h] : « connecteur 1 » et « connecteur 2 » feront référence respectivement aux surfaces planes définies par les ensembles de points {e,f,g,h} et {a,b,c,d,e,h}.

X La nature du demi-module correspondant au module « j » de l'arche « i » est décrite par la variable k, pour laquelle les valeurs possibles sont 1 ou 2. Le choix des valeurs de k pour $i = 1$ et $j = 1$, c'est-à-dire k(1,1) ∫ k_{11} = 1 ou 2, détermine la valeur de k pour tout autre couple entier (i, j), étant donné que

$k(i,j) = \mathrm{mod}\,(i + j + (k_{11} - 1), 2) + 1$, 1 f. i f. nba, 1 £ j £ nbm **équ. 5**

mod (a, b) étant le reste positif de la division de a par b, où a et b sont des nombres entiers positifs.

XI Le vecteur de translation $\mathbf{T}$ et l'angle de rotation b autour de l'axe général $\hat{\mathbf{j}}$ sont définis ci-dessous :

$$\mathbf{T} = -\frac{L_f}{2}\hat{\mathbf{i}} + (i-1) \times s_j \times \hat{\mathbf{j}} + (R - h_2) \times \hat{\mathbf{k}}$$
$$b = (j + k(i,j) - 1 - \frac{nbm}{2}) \times a \qquad \text{équ. 6}$$

À noter qu'en posant nba = 1 (c'est-à-dire une arche) et nbm = 2 (c'est-à-dire deux modules) dans l'équ. 6, on retrouve, dans la partie 4.1, le positionnement des deux modules TM1 et TM2 dans le système global de coordonnées.

4.4

Recherche mécanique de forme pour les structures tressées en bois par la méthode de relaxation dynamique

Seyed Sina Nabaei, Olivier Baverel et Yves Weinand

Les structures tressées en bois (STB) associent les principes textiles avec les développements industriels les plus récents pour la production de panneaux en bois lamellé-croisé. Le procédé consiste à tresser plusieurs bandes de bois d'après un motif textile, ce qui permet de créer des structures spatiales innovantes. La structure tridimensionnelle obtenue peut être considérée comme la configuration relaxée des panneaux déformés sous certaines conditions-limites. Nous proposons donc une procédure de recherche de forme qui représente cette configuration déformée comme l'état stable d'un problème dynamique pseudo-transitoire sous contraintes. Le problème non-linéaire correspondant comprend le calcul de rotations finies et la détermination des zones de contact sur les côtés des deux panneaux. Pour gérer efficacement les contraintes non-linéaires, on utilise une nouvelle méthode modifiée de relaxation dynamique, qui combine le comportement élastique du matériau avec un amortissement fictif proportionnel à la rigidité, dans un modèle fictif équivalent de matériau visqueux. La procédure est mise en œuvre sous la forme d'une sous-routine utilisateur VUMAT d'ABAQUS/Explicit et l'exactitude globale des résultats numériques est étudiée pour un certain nombre de problèmes de benchmark géométriquement non-linéaires des coques minces. Cette approche numérique est ensuite reprise pour simuler le processus d'assemblage d'un module tressé en bois (MTB) consistant en deux lames de bois entrelacées. Pour valider la procédure de simulation, on extrait ensuite la géométrie simulée des surfaces déformées et on la compare avec un maillage surfacique tridimensionnel, obtenu en scannant avec un scanner laser sans contact un prototype construit.

Mots-clés ***relaxation dynamique, modèle dynamique explicite, structures tressées en bois, méthode tridimensionnelle par éléments finis, traitement de maillages tridimensionnels.***

1 Introduction

1.1 Contexte

Dans le cadre d'un projet de recherche mené à l'IBOIS de l'EPFL, un module tressé en bois (MTB) (ill. 1b) a été développé en appliquant les principes textiles à l'architecture, et en particulier aux structures en bois.[1, 2] Ce nouveau concept de structure repose sur l'idée de combiner les techniques de fabrication de textiles – structure à micro-échelle des textiles, tissage, tressage, tricot, etc. – avec les constructions légères en panneaux en bois.

Les différentes techniques d'entrelacement ont un dénominateur commun : le nœud (ill. 1a). L'idée centrale de l'approche adoptée pour le projet de tressage en bois est de réinterpréter ce « nœud » en remplaçant les fils par des panneaux pour produire un chevauchement plus complexe (ill. 1b). Le concept de tissage est simple à résumer : le tissage de deux bandes continues permet d'obtenir un arc tressé. L'illustration 1c montre trois arcs tressés parallèles. Markus Hudert[1] a étudié en détail l'extension spatiale des structures en arcs tressés en profondeur avec des arcs à double couche mais aussi dans le sens transversal, avec plusieurs arcs parallèles reliés les uns aux autres. À partir de l'analyse des techniques de liaison locale et des performances structurales, diverses méthodes de fabrication ont été proposées pour ces deux variantes. Les arcs tressés en double couche adoptent différents motifs de tissage pour les couches supérieures et inférieures. Cela permet d'améliorer les performances structurales et de renforcer les zones de faiblesse. Markus Hudert[1] a également étudié des éléments de liaison qui doivent absorber des charges transversales et latérales. Il a dirigé la fabrication de prototypes de moyen et grand format. Ces analyses morphologiques reposaient principalement sur l'étude de prototypes construits à échelles croissantes. Bien qu'il soit utile de créer des prototypes pour comprendre et résoudre les problèmes de conception (liés surtout aux questions d'assemblage local), la morphologie récemment découverte peut entraver la créativité du concepteur et son savoir-faire artisanal.

D'une manière générale, le concept de structure textile s'inscrit dans un contexte interdisciplinaire, entre

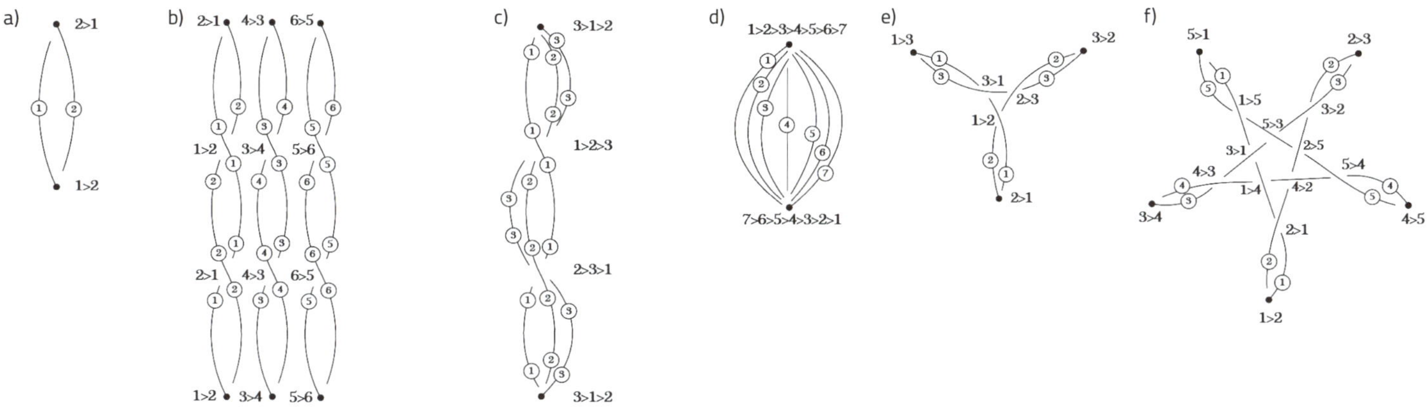

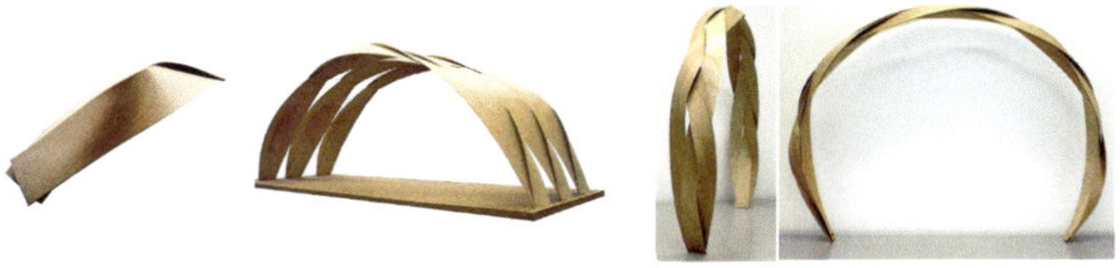

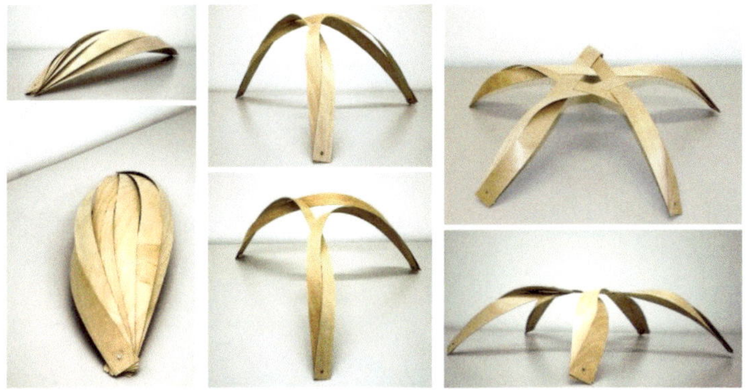

Ill. 1 Représentation en 2D de la STB : a) nœud simple à deux fils, MTB b) tresse à deux fils : trois tresses placées côte à côte c) tresse à trois fils/cordons d) nœud à plusieurs fils e) éventail à trois fil f) éventail à cinq fils

la topologie/la théorie des nœuds, le génie civil et la technologie du bois. Ce contexte permet d'envisager d'autres structures conceptuelles reposant sur le tressage de plusieurs fils (pas seulement deux comme chez Hudert[1]) et un plus grand nombre de chevauchements. Cependant, ces structures complexes deviennent vite trop complexes pour une approche empirique. Le potentiel conceptuel restant montre le besoin de recourir à une procédure/un outil de recherche de forme.

1.2 Recherche de forme mécanique

La première analyse du comportement structural des STB a été entreprise par Masoud Sistaninia et ses collègues.[3] Leur objectif était de proposer une procédure de simulation pour la recherche de forme de MTB en recourant à une analyse statique non-linéaire. Afin de valider la simulation, l'expérience a été menée en appliquant deux charges verticales uniformément réparties au milieu de la portée. La déformation a ensuite été mesurée sur un certain nombre de points marqués sur les panneaux pour pouvoir être comparée avec les résultats de la simulation. Les principaux inconvénients de l'approche adoptée par Sistaninia[3] sont que le contact bord à bord n'est pas pris en compte par le solveur implicite, non-linéaire et statique utilisé, et que la condition limite au point de contact médian est une simple condition de symétrie imposée pour conserver la liaison entre les panneaux (sans collisions) à ce point particulier. Par conséquent, nous sommes limités à la reproduction des formes entrelacées en vérifiant la position exacte de leurs points de contact bord à bord à partir d'une précédente expérience menée avec des prototypes. En outre, la position de ce point de contact bord à bord est supposée donnée et n'a pas été traitée comme une inconnue pour ne pas limiter la validité de l'approche. Nous proposons donc deux contributions importantes sur le problème de la recherche de forme d'un STB :

- *Reformulation du problème de la recherche de forme d'une STB :*
  L'état déformé des structures tressées en bois peut être considéré comme la configuration relaxée d'un état initial plan soumis à un ensemble de conditions limites imposées (CL). Ces contraintes peuvent être soit a) l'ordre des panneaux ou leur décalage à un point de chevauchement particulier, soit b) un déplacement/une rotation qu'on impose à un degré de liberté d'un nœud structural. En entrelaçant les panneaux puis en les reliant l'un à l'autre, on les déforme et on crée un module précontraint à comportement actif en flexion. Nous postulons qu'il suffit de connaître la configuration plane et les chevauchements, interprétés comme conditions limites mécaniquement importantes, pour calculer numériquement la forme relaxée de la STB. Une nouvelle représentation graphique est proposée pour distinguer les différents motifs d'entrelacement. Comme le montre la représentation bidimensionnelle des nœuds dans la théorie des nœuds, il est utile de distinguer les fils mais

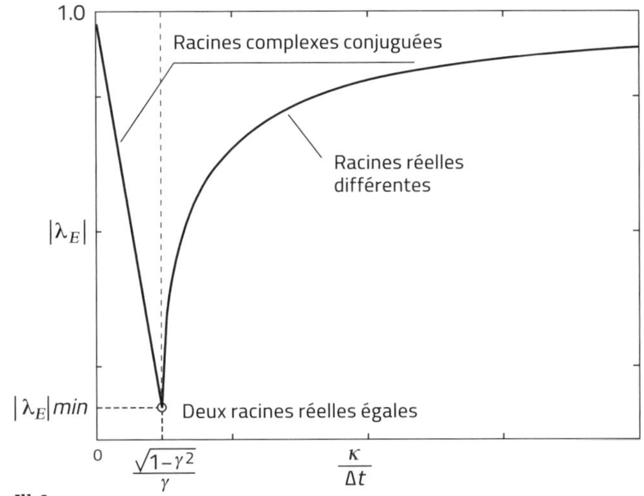

Ill. 2

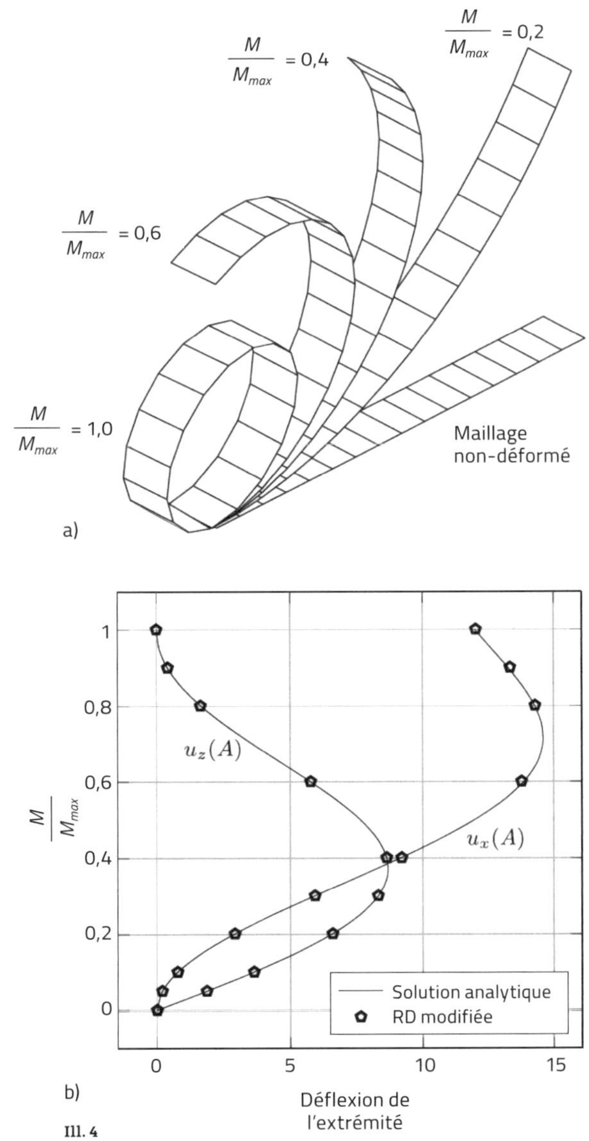

Ill. 4

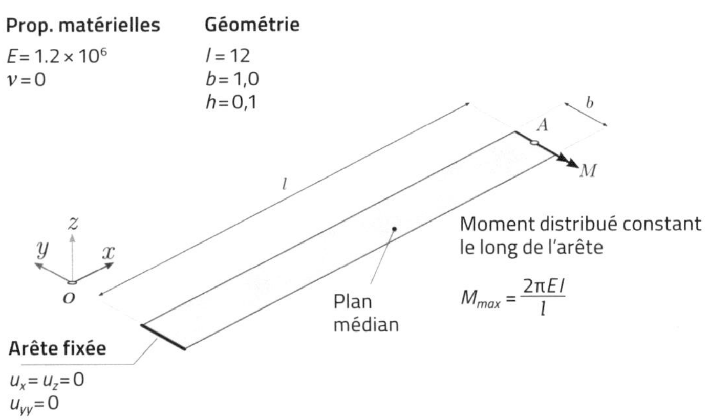

Ill. 3

Ill. 2 Relation entre $\frac{\chi}{\Delta t}$ et $|\lambda_E|$

Ill. 3 Problème de bande fixée, partie 3.2.1

Ill. 4 Résultats de la simulation d'une bande fixée : a) maillage déformé pour certains cas de charge b) déflexion de l'extrémité $u_x(A)$, $u_z(A)$ versus ratio du moment final M/M_{max}

aussi de noter leur ordre de chevauchement dans un nœud particulier. Chaque fil/panneau est représenté par une courbe lisse bidimensionnelle et les fils passant par-dessous sont discontinus localement à chaque chevauchement. Dans ce nœud de chevauchement particulier, la courbe continue passe au-dessus des autres. Chaque fil est numéroté par un nombre entier positif en partant de 1, de l'endroit où il commence à l'endroit où il se termine. Pour les nœuds intermédiaires, l'ordre de chevauchement est noté par le signe >: 1 > 2 > 3 représente le chevauchement de trois fils, le fil 1 passant au-dessus du fil 2 et le fil 3 en dessous. Des exemples de cette typologie structurelle avec des nœuds plus complexes sont montrés à l'ill. 2 avec la représentation graphique correspondante. Le graphique bidimensionnel permet une description plus efficace et représente de manière abstraite une configuration tressée, indépendamment de sa forme à la fois tridimensionnelle et relaxée. Pour procéder à l'étude numérique de la morphologie des STB, la première étape consiste donc à distinguer les fils les uns des autres.

- *Utilisation d'une procédure explicite pour traiter efficacement le contact bord à bord complexe :* Autrefois considéré comme une simulation mécanique, l'entrelacement/le tissage des panneaux touche à la mécanique des coques non-linéaire en déformation finies. Pour procéder à la simulation, il faut définir une procédure par éléments finis appropriée et une méthode d'analyse non-linéaire. La complexité de l'assemblage des panneaux nécessite l'utilisation d'un logiciel d'éléments finis existant. Concernant la méthode numérique, la procédure pseudo-transitoire de l'analyse explicite dynamique a été utilisée avec profit pour trouver une solution statique aux problèmes complexes et non-linéaires des coques. Dans cette analyse, le problème statique initial est défini comme pseudo-transitoire et dynamique en ajoutant des caractéristiques fictives et dissipatives comme l'amortissement et le mass-scaling. La solution statique correspond à l'état stable du problème pseudo-dynamique équivalent. Toutefois, évaluer l'énergie fictive des paramètres dissipatifs d'une énergie fictive est une tâche difficile car les différents paramètres sont généralement interdépendants et compliquent le calibrage manuel. Le but principal de cette étude est d'établir une procédure de simulation valide, qui puisse traiter les exigences complexes de modélisation de structures tressées comme celles-ci, tout en améliorant l'adaptation automatique des paramètres dissipatifs fictifs pour l'analyse pseudo-transitoire.

Le plan de cet article est le suivant : la partie 2 traite brièvement de la méthode de relaxation dynamique (RD) et la partie 3 présente une méthode RD modifiée qui utilise un modèle matériel viscoélastique fictif. Ce modèle matériel fictif est implémenté dans la sous-routine utilisateur matériel (VUMAT) d'ABAQUS. Pour vérification, les résultats sont croisés avec certains problèmes de benchmark non-linéaires de la coque. En ce qui concerne la recherche de forme d'une STB, dans la partie 4, la méthode RD modifiée est utilisée pour simuler une configuration arbitrairement choisie de modules tressés en bois (MTB). Pour finir, les surfaces déformées de la simulation et du prototype sont traitées et analysées dans la partie 5.

2 La méthode de relaxation dynamique

2.1 Résumé de la relaxation dynamique

La relaxation dynamique (RD) est une méthode numérique itérative pour trouver la solution d'un système d'équations non-linéaires. La littérature spécialisée parle aussi d'« analyse dynamique pseudo-transitoire ». Cette méthode est utilisée en mécanique structurale pour trouver l'équilibre statique d'un système en intégrant l'équation d'onde amortie afin de déterminer l'état stable du problème dynamique équivalent. Fait intéressant, cette méthode a été introduite dans les années 1960 par Otter et Day[4–7] mais trouve son origine dans la « méthode de Richardson du second ordre », développée en 1950 par Frankel.[8]

Depuis 1970, la RD est utilisée pour résoudre de nombreux problèmes d'ingénierie : analyse non-linéaire des surfaces et des coques[9–13], analyse de flambage et de post-flambage[14–16], recherche de forme et analyse des membranes et des réseaux de cordes[17–19], recherche de forme et analyse de structures de tenségrité[20], structures gonflables[21], structures à cadre réciproque[22] et applications médicales[23], pour n'en citer que certains. Par ailleurs, plusieurs publications se sont penchées sur la convergence et la stabilité de la méthode et ont proposé des taux accélérés en adoptant une matrice d'amortissement visqueux améliorée, en améliorant les conditions de construction de la matrice de masse fictive ou en introduisant l'amortissement cinétique.[24–35]

L'équation discrétisée qui régit l'équilibre statique de la structure peut s'écrire sous la forme $\mathbf{Kx}=\mathbf{F}$, avec comme solution $\mathbf{x}^*=\mathbf{K}\text{–}\mathbf{1F}$. Dans les problèmes matériels/géométriques non-linéaires, le calcul de la matrice de rigidité tangentielle $\mathbf{K}$ peut s'avérer coûteux. Pour obtenir une solution statique avec la méthode RD, on introduit la masse et l'amortissement fictifs et on intègre l'équation dynamique équivalente en utilisant la technique explicite de la différence centrale. Soit $\mathbf{x}^n=\mathbf{x}(t_n)$, le vecteur de déplacement incrémental, l'équation d'équilibre dynamique au pas de temps n sera

$$\mathbf{M}\ddot{\mathbf{x}}^n+\mathbf{C}\dot{\mathbf{x}}^n+\mathbf{K}\mathbf{x}^n=\mathbf{F}^n \qquad \text{équ. 1}$$

Compte tenu de l'intégration de la différence finies avec approximations centrées et en supposant un pas de temps constant, le vecteur de vitesse pour un demi pas de temps et un pas de temps entier, ainsi que le vecteur d'accélération pour un pas de temps peuvent s'écrire sous la forme de l'équation 2.

$$\dot{\mathbf{x}}^{n+\frac{1}{2}}=\frac{1}{\Delta t}\left(\mathbf{x}^n-\mathbf{x}^{n-1}\right),\dot{\mathbf{x}}^n=\frac{1}{2}\left(\dot{\mathbf{x}}^{n+\frac{1}{2}}+\dot{\mathbf{x}}^{n-\frac{1}{2}}\right)$$
$$\ddot{\mathbf{x}}^n=\frac{1}{\Delta t}\left(\dot{\mathbf{x}}^{n+\frac{1}{2}}-\dot{\mathbf{x}}^{n-\frac{1}{2}}\right) \qquad \text{équ. 2}$$

En intégrant les valeurs de l'équation 2 dans l'équation 1, on obtient une équation itérative linéarisée pour le vecteur de vitesse après un demi pas de temps (équ. 3). L'algorithme de RD peut alors être repris dans l'algorithme 1.

$$\dot{\mathbf{x}}^{n+\frac{1}{2}}=\left(\frac{\mathbf{M}}{\Delta t}+\frac{\mathbf{C}}{2}\right)^{-1}\left(\left(\frac{\mathbf{M}}{\Delta t}+\frac{\mathbf{C}}{2}\right)\dot{\mathbf{x}}^{n-\frac{1}{2}}+\mathbf{F}^n-\mathbf{K}\mathbf{x}^n\right)$$
$$\mathbf{x}^{n+1}=\mathbf{x}^n+\dot{\mathbf{x}}^{n+\frac{1}{2}}\Delta t \qquad \text{équ. 3}$$

Algorithme 1 méthode RD

Obligatoire : C, M et δ comme erreur admissible

Initialisation avec $n=0$, $\mathbf{x}^0$ et $\dot{\mathbf{x}}^0=0$

while $(\mathbf{r}^n=\mathbf{F}^n-\mathbf{Kx}^n)\geq\delta$ **do**

  if $n\geq 0$ **then**

    $\dot{\mathbf{x}}^{\frac{1}{2}}\leftarrow\frac{\Delta t}{2}\mathbf{M}^{-1}\mathbf{r}^0$

  else

    $\dot{\mathbf{x}}^{n+\frac{1}{2}}\leftarrow\left(\frac{\mathbf{M}}{\Delta t}+\frac{\mathbf{C}}{2}\right)^{-1}\left(\left(\frac{\mathbf{M}}{\Delta t}+\frac{\mathbf{C}}{2}\right)\right)\dot{\mathbf{x}}^{n-\frac{1}{2}}+\mathbf{F}^n-\mathbf{Kx}^n$

  end if

  $\mathbf{x}^{n+1}\leftarrow\mathbf{x}^n+\dot{\mathbf{x}}^{n+\frac{1}{2}}\Delta t$

  $n<n+1$

end while

return x

2.2 Masse et amortissement fictifs

Selon les valeurs d'amortissement **C** et de masse **M** que l'on choisit, on obtient différentes variantes de RD, avec des taux de convergence et des conditions de stabilité différents. La matrice de masse **M** est en général redimensionnée pour augmenter la taille du pas de temps, mais elle peut aussi être conservée comme une matrice diagonale de masse concentrée. Voici des exemples de masse fictive que l'on trouve dans la littérature scientifique : une équation de matrice de masse calculée à partir de différentes densités directionnelles[36], une matrice diagonale de masse composée des éléments diagonaux de la matrice de rigidité[26], une matrice de masse basée sur la matrice de rigidité avec un aperçu du théorème de Gerschgorin[27], un facteur masse/échelle déterminé par le taux incrémental d'évolution de l'énergie cinétique par rapport à l'énergie interne de la structure[37] et, pour finir, une matrice de masse diagonale concentrée, redimensionnée à chaque nœud pour s'aligner sur les valeurs maximales de ses éléments.[23] Une approximation d'équation type de C est l'amortissement de Rayleigh, qui part du principe que l'amortissement est une combinaison linéaire de matrices de masse et de rigidité, $\mathbf{C}=c\mathbf{M}+\kappa\mathbf{K}$. L'autre principale variante consiste à introduire l'amortissement cinétique itératif, comme l'ont présenté Cassell et al[38]. L'idée qui sous-tend l'amortissement cinétique est d'observer l'évolution de l'énergie cinétique du système et de neutraliser les composantes de vitesse dès qu'un pic local d'énergie cinétique est atteint. Pour l'amortissement de Rayleigh, l'approche principale a consisté à présupposer une construction particulière de la matrice d'amortissement C puis à adapter le coefficient d'amortissement à une valeur d'amortissement critique à chaque itération en passant par l'analyse de valeur propre du vecteur d'erreur itératif (comme chez Lynch[39] et Papadrakakis[26] et dans plusieurs publications suivantes). Cette approche est également appelée « amortissement adaptatif ».

3 Méthode de relaxation dynamique modifiée

3.1 Formulation mathématique

L'idée est ici d'intégrer l'impact de l'amortissement fictif sur la réponse élastique du matériau et de traiter la relaxation dynamique comme un modèle matériel visqueux fictif. Pour en revenir à l'équation d'amortissement de Rayleigh, $\mathbf{C}=c\mathbf{M}+\kappa\mathbf{K}$, on suppose une matrice d'amortissement proportionnel à la rigidité $\mathbf{C}=\kappa\mathbf{K}$. L'analyse de valeur propre du vecteur d'erreur permet d'obtenir un coefficient d'amortissement quasi-critique.

Soit **M** une matrice de masse diagonale concentrée avec les éléments diagonaux m_{ii}, $\mathbf{D}=\mathbf{M}^{-1}\mathbf{K}$. En intégrant ces valeurs dans l'équation 3 et en réécrivant l'ensemble en tenant compte du vecteur de déplacement par pas de temps x, on obtient l'équation 4.

$$\alpha_1\mathbf{x}^{n+1}+\alpha_2\mathbf{x}^n+\alpha_3\mathbf{x}^{n-1}-\mathbf{F}^n=0$$
$$\alpha_1=\frac{\mathbf{M}}{\Delta r^2}\left(\mathbf{I}+\frac{\varkappa\Delta t}{2}\mathbf{D}\right)$$
$$\alpha_2=\frac{\mathbf{M}}{\Delta r^2}\left(\Delta t^2\mathbf{D}-2\mathbf{I}\right)$$
$$\alpha_3=\frac{\mathbf{M}}{\Delta r^2}\left(\mathbf{I}-\frac{\varkappa\Delta t}{2}\mathbf{D}\right)$$

équ. 4

D'après Papadrakakis[39] et Lynch[26], si $\mathbf{x}^*$ est la solution de l'équation d'équilibre statique $\mathbf{K}_x=\mathrm{F}$, alors le vecteur d'erreur de déplacement incrémental peut être introduit comme suit : $\varepsilon^n=\mathbf{x}^n-\mathbf{x}^*$. En outre, les vecteurs d'erreur suivants sont supposés linéairement dépendants via une matrice **E**, selon la formule $\varepsilon^{n+1}=\mathbf{E}\varepsilon^n$. Si λ_E est la plus grande valeur propre de **E** (non réelles comprises), alors $\varepsilon^{n+1}=\lambda_E\,\varepsilon^n=\lambda_E^2\,\varepsilon^{n-1}$. Pour avoir une convergence de la méthode itérative, λ_E devrait avoir une norme complexe inférieure à un, $|\lambda_E|<1$. Si l'on intègre un vecteur d'erreur incrémental dans l'équation 4, on obtient λ_E en résolvant une équation quadratique où m, λ_D sont les valeurs propres respectives de **M** et **D**.

$$\lambda_1\lambda_E^2+\lambda_2\lambda_E+\lambda_3=0\Rightarrow$$
$$\lambda_E=\frac{-\lambda_2\pm\sqrt{\lambda_2^2-4\lambda_1\lambda_3}}{2\lambda_1}$$
$$\lambda_1=\frac{m}{\Delta t^2}\left(1+\frac{\varkappa\Delta t}{2}\lambda_D\right)$$
$$\lambda_2=\frac{m}{\Delta t^2}\left(\Delta t^2\lambda_D-2\right)$$
$$\lambda_3=\frac{m}{\Delta t^2}\left(1-\frac{\varkappa\Delta t}{2}\lambda_D\right)$$

équ. 5

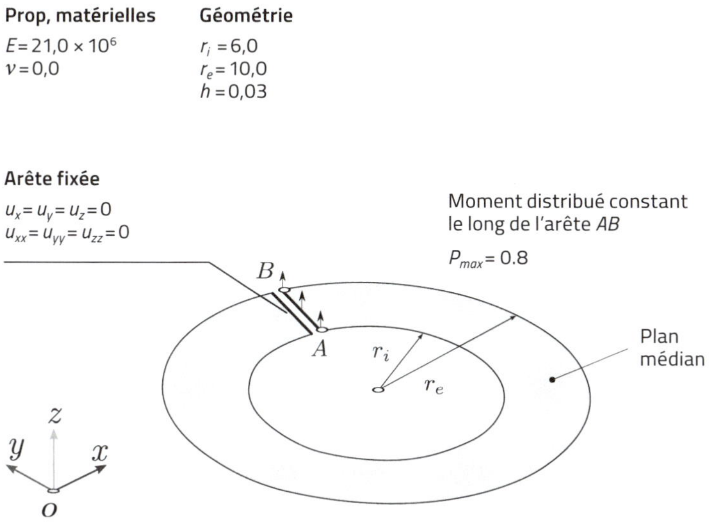

Ill. 5 Problème de plaque annulaire, partie 3.2.2

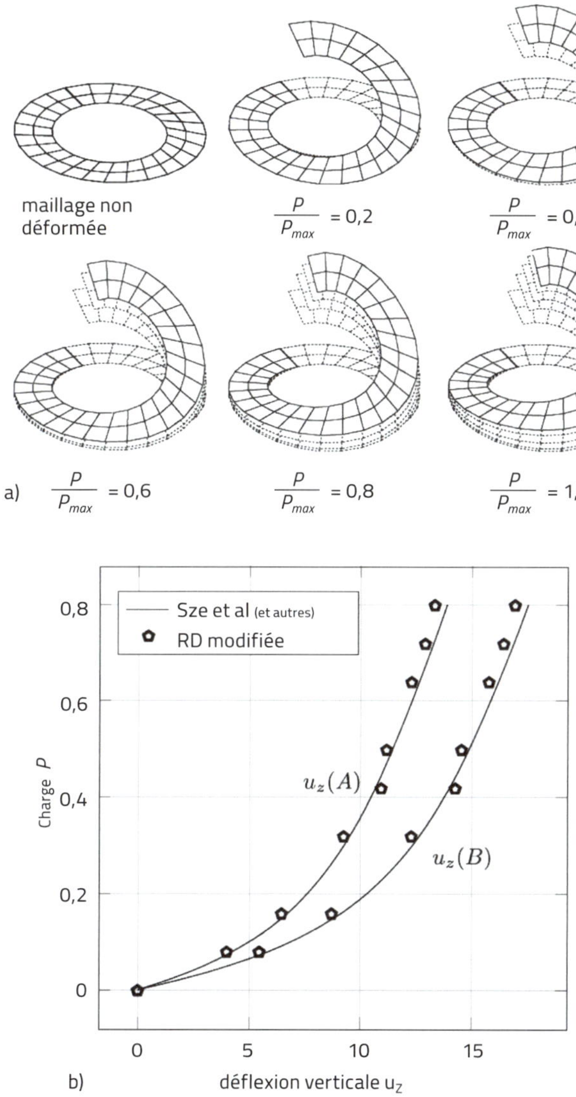

Ill. 6 Plaque annulaire : a) maillages déformés superposées pour certains cas de charge b) déflexion verticale u_Z versus force de cisaillement sur l'arête libre P

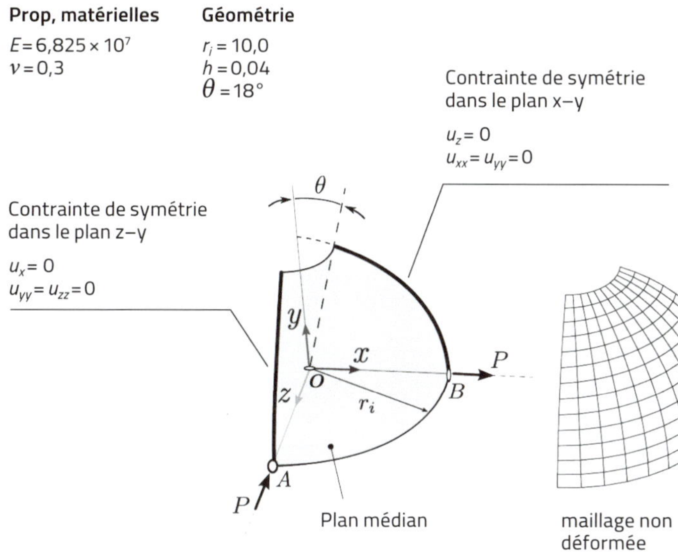

Ill. 7 Flambage d'une demi-sphère pincée, problème présenté partie 3.2.3

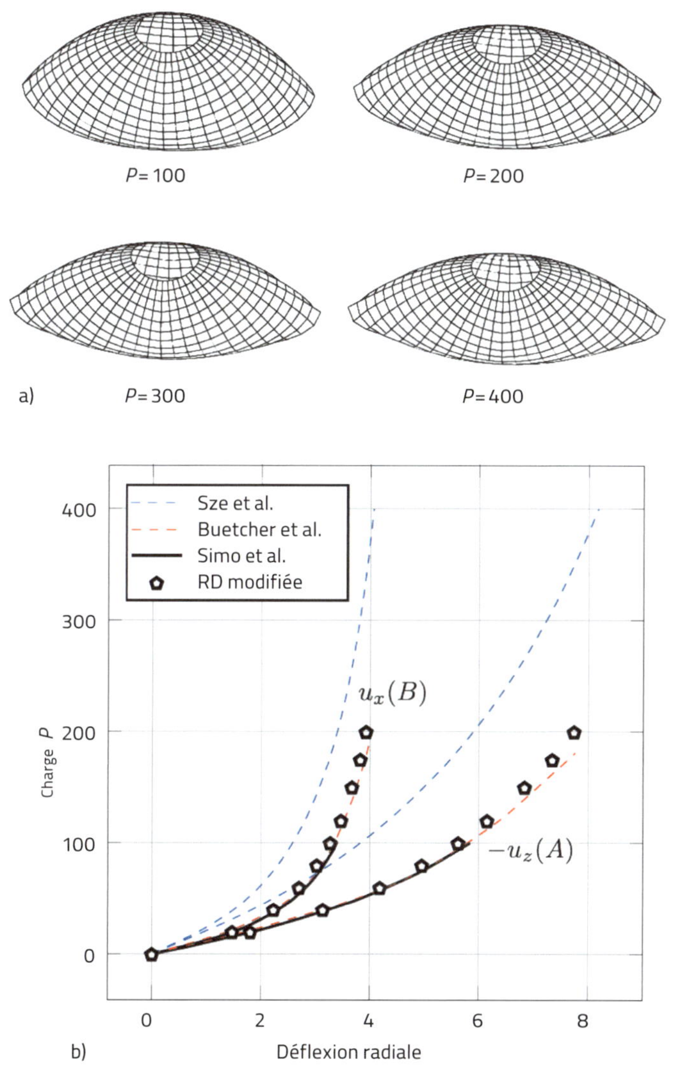

Ill. 8 Flambage d'une demi-sphère pincée : a) maillage déformé pour P = 100 ; 200 ; 300 ; 400 b) déflexion radiale versus charge radiale P

On constate que la valeur minimale de $|\lambda_E|$ apparaît quand l'équation quadratique 5 a deux racines réelles égales, ce qui correspond à un système amorti quasi-critique (III. 2).

En cas d'intégration temporelle explicite, un pas de temps maximal doit satisfaire la condition

$$\Delta t_{cr} \leq \frac{2}{\omega_{\max}}$$

pour un système non amorti avec ω_{max} comme fréquence maximale du système, et

$$\Delta t_{cr} \leq \frac{2}{\omega_{\max}} \leq \frac{2}{\omega_{\max}}\left(\sqrt{\xi^2+1}-\xi\right)$$

en cas d'amortissement, $0{,}0 \leq \xi \leq 1{,}0$ étant le quotient de l'amortissement critique et de la plus haute fréquence.[40] La taille maximale du pas de temps peut aussi être exprimée comme une fonction de $\lambda_{max} = \omega^2{}_{max}$ et de la valeur propre maximale du système :

$$\Delta t_{cr} = \frac{2}{\sqrt{\lambda_{\max}}}$$

Compte tenu de la notation utilisée à l'équation 5, il convient de rappeler que λ_{max} se rapporte à la valeur propre maximale de $\mathbf{D} = \mathbf{M}^{-1}\mathbf{K}$, $(\lambda_D)_{\max}$[40,41] et comme l'équation 5 est vraie pour toute valeur propre, il est permis d'introduire λ_D comme fonction de la taille maximale de pas de temps Δt_{cr}. Si l'on suppose maintenant que le pas de temps incrémental réel Δt est également proportionnel à cette taille stable de pas de temps selon un coefficient réel $0{,}0 \leq \gamma \leq 1{,}0 \in$ tel que $\Delta t = \gamma \Delta t_{cr}$ alors toutes les expressions du discriminant de l'équation 5 peuvent être réécrites avec γ, Δt et κ . Si on lui donne ensuite la valeur zéro pour obtenir la convergence la plus rapide, on peut établir l'équation suivante entre le coefficient d'amortissement visqueux proportionnel à la rigidité k et le pas de temps :

$$\frac{\varkappa}{\Delta t} = \frac{\sqrt{1-\gamma^2}}{\gamma} \qquad \text{équ. 6}$$

En ce qui concerne le système discrétisé, la méthode EF de la différence finie avec approximations centrées en intégration de type explicite permet de définir avec une précision suffisante la valeur propre maximale de la structure assemblée comme valeur propre de n'importe quel élément

$$\lambda_{\max}^{(e)} \text{ or } \Delta t_{cr} = \frac{2}{\sqrt{\lambda_{\max}^{(e)}}} \leq \Delta t_{cr} \leq \frac{2}{\sqrt{\lambda_{\max}}}$$

où $\Delta t^{(e)}{}_{cr}$ correspond à la taille du pas de temps stable de l'élément.[41] D'autre part, le pas de temps stable maximal doit satisfaire pour tout élément la condition de Courant-Friedrich-Lewy[42], qui repose sur le temps de parcours le plus court d'une onde de dilatation à travers n'importe quel élément du maillage. Dans le contexte de la mécanique structurale, la condition de Courant-Friedrich-Lewy peut être intégrée comme suit :

$$\Delta t_{cr}^{(e)} \leq \frac{L^{(e)}}{c} \leq \Delta t_{cr}$$

Ici, $L^{(e)}$ est la longueur caractéristique de l'élément (ou, pour simplifier, la « plus petite » dimension de l'élément),

$$c = \sqrt{\left(\frac{\lambda + 2\mu}{\rho}\right)}$$

λ, μ sont les constantes de Lamé et ρ la densité.

Dans la simulation numérique par solvers EF explicites, il est difficile d'estimer les fréquences du système à chaque incrément pour déterminer la taille maximale d'un pas de temps stable. Pour déterminer Δt_{cr}, la condition de Courant-Friedrichs-Lewy est donc pratiquement vérifiée pour le plus petit élément.

Cela, ainsi que le fait nous ayons relié le coefficient d'amortissement proportionnel à la rigidité κ à la taille du pas de temps (équation 6), nous permet d'adapter l'effet de l'amortissement proportionnel de rigidité fictive à une valeur quasi-critique à chaque pas de temps, entièrement basée sur l'estimation de la taille du pas de temps. De fait, le quotient

$$\frac{\min \Delta t_{cr}^{(e)}}{\Delta t_{cr}}$$

est équivalent au coefficient γ de l'équation 6, et doit être soigneusement choisi par l'utilisateur de notre algorithme. On peut calculer ce coefficient en connaissant les matrices de masse et de rigidité de l'élément fini et la configuration du problème. Les matrices de masse et de rigidité de l'élément fini nous donnent la valeur propre maximale de l'élément. La taille maximale du pas de temps choisi pour l'élément est de

$$\Delta t_{cr}^{(e)} = \frac{2}{\sqrt{\lambda_{\max}^{(e)}}}$$

(voir Tablei[43] pour une démonstration des problèmes de coques minces). Pour notre simulation numérique, nous utilisons ici la valeur approximative $\gamma = 0{,}9$. L'avantage principal d'une matrice proportionnelle de rigidité par rapport aux autres méthodes présentées est que l'on peut l'implémenter comme modèle de matériau viscoélastique et l'utiliser comme algorithme d'estimation du pas de temps dans une procédure explicite, sans nécessairement connaître les matrices de masse et de rigidité de la structure assemblée.

La contrainte visqueuse est générée proportionnellement à la vitesse de déformation selon la formule $\sigma^{vis} = \kappa\mathbb{C}\dot{\varepsilon}$. La contrainte amortie totale $\sigma = \mathbb{C}\varepsilon + \kappa\mathbb{C}\dot{\varepsilon}$ est ensuite utilisée pour évaluer l'ampleur de la force interne nécessaire au calcul des accélérations permettant d'actualiser la vitesse. La méthode présentée ci-dessus est résumée dans l'algorithme suivant :

Algorithme 2 algorithme d'actualisation de la contrainte incrémentale et de la force interne

Obligatoire : γ, $\mathbb{C}$, t, $\Delta t^{(n)}$, $\sigma_p^{(n)}$, $\delta\varepsilon_p^{(n)}$, $f_{int}^{(n)}$

if $t = 0$ **then**
    for all *integration points p* **do**
        $\sigma_p^{(0)} \leftarrow \mathbb{C}\,\delta\varepsilon_p^{(0)}$
    end for
else
    for all *integration points p* **do**
        $\varepsilon_p^{(n+1)} \leftarrow \varepsilon_p^{(n)} \leftarrow \delta\varepsilon_p^{(n)}$
        $\sigma_p^{(n+1)} \leftarrow \mathbb{C}\varepsilon_p^{(n+1)}\left(\frac{\sqrt{1-\gamma^2}}{\gamma}\right)\mathbb{C}\delta\varepsilon_p^{(n)}$
        $f_{\text{int}}^{(n+1)} \leftarrow f_{\text{int}}^{(n)}\left(\frac{\sigma_p^{(n+1)}+\sigma_p^{(n)}}{2}\right)\delta\varepsilon_p^{(n)}$
    end for
end if
return $\delta\varepsilon_p^{(n+1)}$, $f_{\text{int}}^{(n+1)}$

γ *paramètre d'amortissement visqueux,* $\frac{x}{\Delta t} = \frac{\sqrt{1-\gamma^2}}{\gamma}$
$\mathbb{C}$ *matrice de rigidité du matériau*
$\Delta t^{(n)}$ *taille du pas de temps à l'incrément n*
$\sigma^{(n)}$ *vecteur de contrainte de Cauchy à l'incrément de temps n*
$\delta\varepsilon^{(n)}$ *vecteur de contrainte incrémental à l'incrément n*
$\varepsilon^{(n)}$ *vecteur de contrainte de Green à l'incrément n*
$f_{\text{int}}^{(n)}$ *force interne à l'incrément n*

La durée de l'analyse doit être choisie par l'utilisateur en tenant compte du problème de simulation et être assez longue pour que l'énergie cinétique puisse atteindre une valeur stable.

3.2 Implémentation numérique

Dans cette partie, nous allons vérifier l'exactitude des résultats numériques de la simulation réalisée avec la sous-routine utilisateur VUMAT. Cette vérification s'appuie notamment sur les résultats présentés par Sze,[44] Arciniega,[45] Buechter[46] et Simo[47]

Quatre problèmes sont abordés ici : on suppose un comportement élastique isotrope dans les parties 3.2.1 et 3.2.3, et dans la partie 3.2.4, on étudie un cas de bois stratifié orthotrope. L'étude de cas de la partie 3.2.1 est un problème de benchmark classique avec une solution analytique pour examiner des coques en grandes rotations. Le couplage flexion-torsion est étudié dans la partie 3.2.2. La partie 3.2.3 étudie conjointement le comportement en flexion inextensible avec le problème de flambage de la demi-sphère. Ce problème est considéré aussi bien comme un problème de repère linéaire que non-linéaire. Ici, on augmente les charges jusqu'à atteindre un état de déformation important. Pour finir, la partie 3.2.4 se penche sur le comportement en post-flambage d'un toit en berceau en stratifié double couche orthotrope afin de démontrer la possibilité de généraliser l'approche présentée.

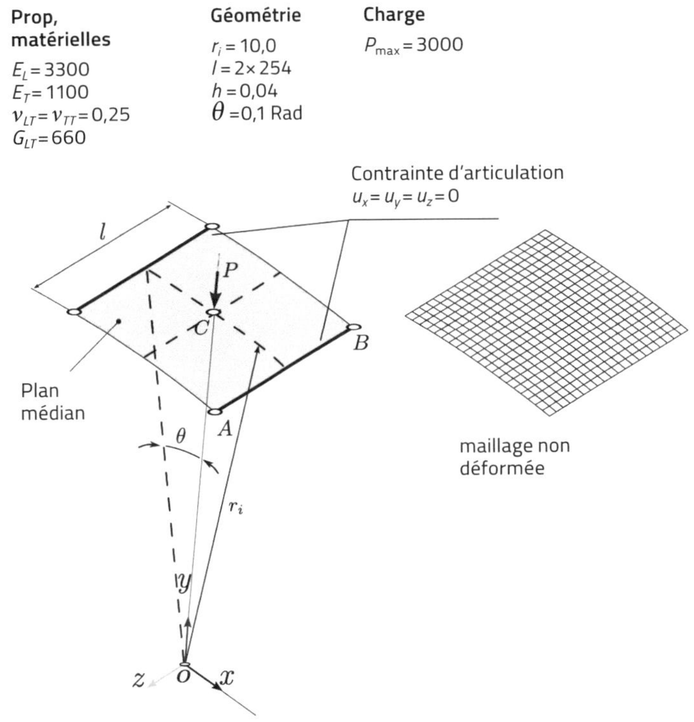

Ill. 9 Problème d'un toit en berceau articulé, partie 3.2.4

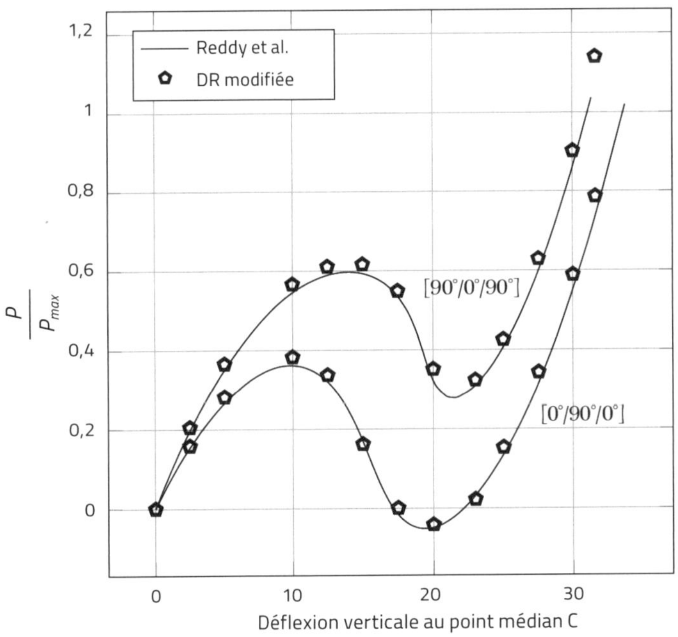

Ill. 10 Problème d'un toit en berceau articulé : déflexion verticale du point médian versus force de réaction à l'état relâché

Pour toutes les simulations, on utilise l'élément fini de coque quadrilatéral à quatre nœuds S4 d'ABAQUS avec schéma d'intégration temporelle explicite et exactitude au second ordre. La sous-routine utilisateur VUMAT décrit le comportement visqueux fictif du matériau et remplace ainsi le comportement élastique par défaut du logiciel afin de déterminer l'actualisation de la contrainte et de l'énergie interne pour chaque incrément. En fonction de la syntaxe communiquée, VUMAT doit définir la contrainte de Cauchy et les rotations sont appliquées par le système de coordonnées selon une formulation corotationnelle basée sur le taux de Green-Naghdi. Toutefois, la rotation doit être exécutée si le taux nécessaire diffère du taux par défaut.

L'analyse se poursuit jusqu'à ce qu'un état d'équilibre soit atteint pour le degré de liberté désiré. Le seul élément dissipatif est l'amortissement fictif proportionnel à la rigidité, de valeur $\gamma = 0{,}9$, comme décrit dans l'algorithme 2. Le paramètre linéaire par défaut de viscosité volumique est ainsi désactivé. La procédure présentée repose sur une analyse dynamique pseudo-transitoire. Quand la densité n'est pas précisée dans les cas étudiés, nous supposons une valeur arbitrairement choisie de 500 kg/m^3.

3.2.1 *Enroulement d'une bande de plaque fixée sur un bord*

Un moment distribué est appliqué à une extrémité d'une bande de plaque, tandis que l'autre extrémité est fixée. Ce problème possède une solution analytique pour la déflexion de l'extrémité dans le cas bidimensionnel (dans le plan xz) :

$$u_1(A) = \frac{EI}{M} sin\left(\frac{MI}{EI}\right) - 1$$
$$u_3(A) = \frac{EI}{M}\left(1 - \cos\left(\frac{MI}{EI}\right)\right)$$

équ. 7

Si $M = M_{\max} = \frac{2\pi EI}{I}$, la bande de bois s'enroule pour former un cercle complet. La configuration du problème est montrée à l'ill. 3. Les propriétés du matériau sont définies avec les valeurs $E = 1{,}2 \times 106$, $\nu = 0{,}0$. Les résultats obtenus à partir des simulations avec $M/M_{max} = 1{,}0$; 0,9 ; 0,8 ; 0,6 ; 0,4 ; 0,3 ; 0,2 ; 0,15 et 0,1 sont comparés aux solutions analytiques calculées. Les configurations déformées sont représentées pour un certain nombre de cas de charge à l'ill. 4.

3.2.2 *Plaque annulaire dont l'arête est soumise à un cisaillement transverse*

Un anneau ouvert isotrope est fixé sur une arête et une force de cisaillement P uniformément répartie est appliquée sur l'autre arête le long de l'axe z (ill. 5). La bande subit comme un ressort une oscillation en flexion et en torsion qui est causée par la force de cisaillement exercée sur l'arête, jusqu'à ce qu'elle atteigne l'état d'équilibre. Les dimensions de la plaque sont indiquées à l'ill. 5. L'épaisseur sciemment choisie est de $h = 0{,}03$. Les propriétés élastiques du matériau sont $E = 21 \times 10^6$, $\nu = 0{,}0$. Le comportement de la bande est simulé avec $P/P_{max} = 0{,}1$; 0,2, 0,4 ; 0,5 ; 0,6 ; 0,8 ; 0,9 et 1,0. À partir des cas de charge et de la déflexion verticale des points A et B (les deux extrémités de l'arête chargée), on dessine la courbe charge-déflexion.

Le cas de charge final ($P = P_{max} = 0{,}8$) donne lieu à une déformation de $\approx 3 \times r_i$. Les configurations déformées

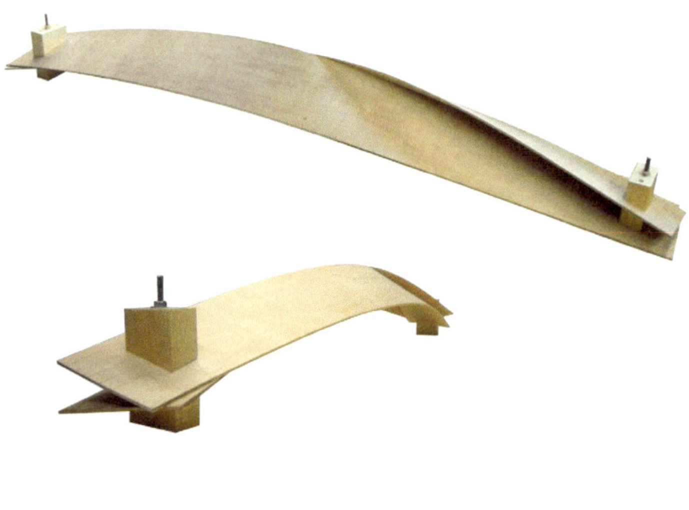

Ill. 11

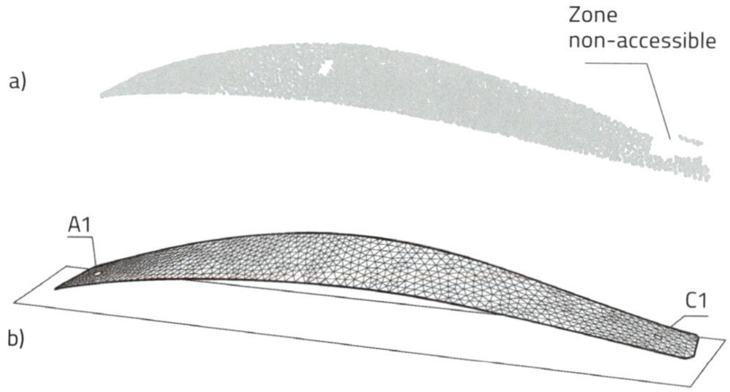

Ill. 12

Ill. 11 Prototype construit du MTB

Ill. 12 Reconstruction d'un maillage surfacique 3D correspondant à la surface supérieure du panneau 1, **a)** nuage de points scanné du prototype après enregistrement, **b)** reconstruction du maillage surfacique 3D du nuage de points (voir ill. 13a)

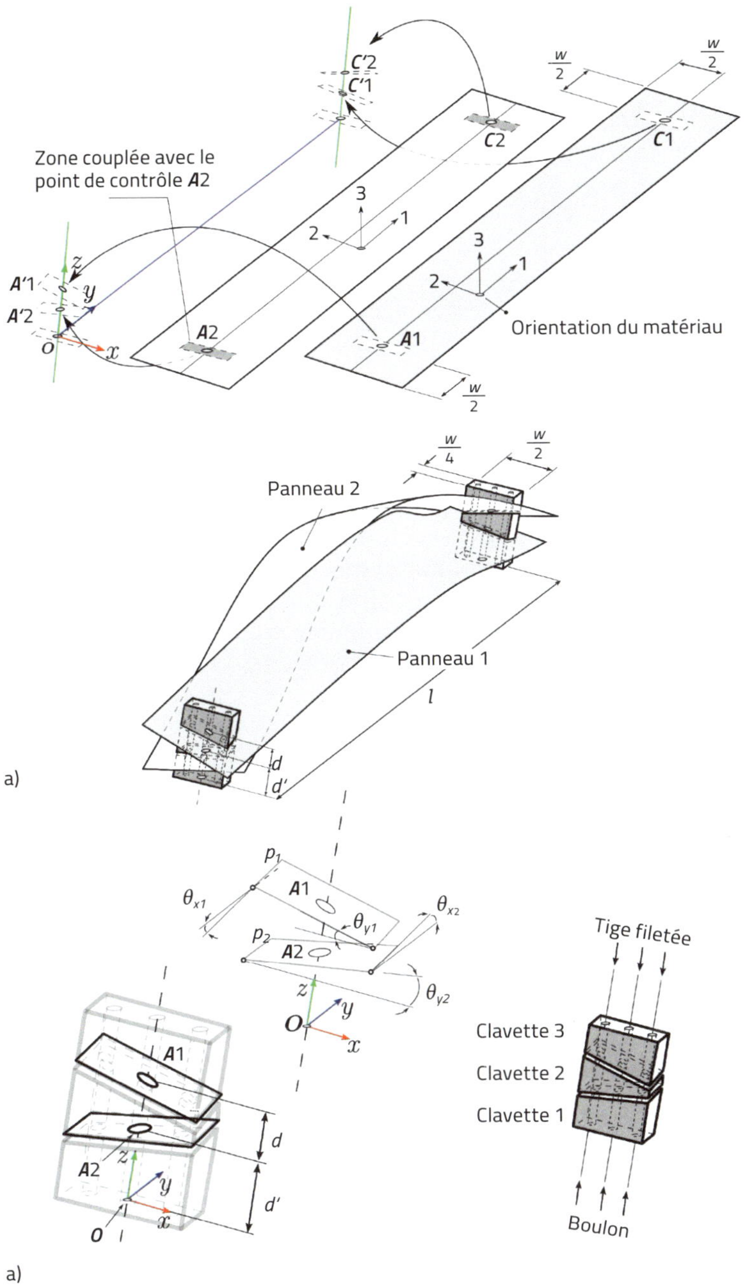

Ill. 13

Ill. 14 a) 0,0 ≤ t ≤ 2,0 b) 2,0 ≤ t ≤ 4,0

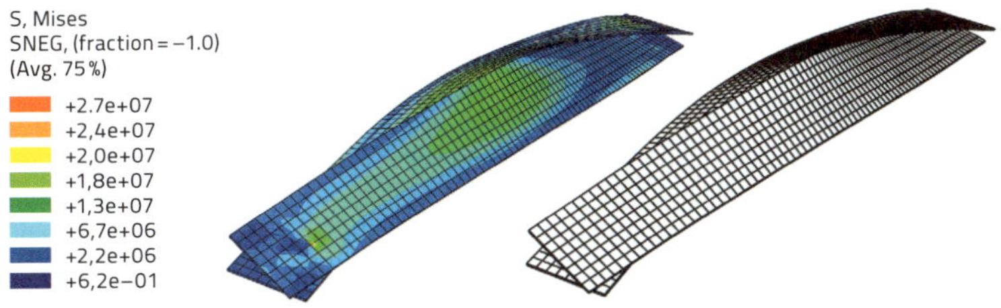

Ill. 15 a) b)

Ill. 13 a Géométrie et assemblage du prototype MTB, **b)** angles et décalage relatifs de la fixation, détail d'une clavette

Ill. 14 Images de la déformation à l'étape 1 de la simulation (0,0 ≤ t ≤ 2,0, voir colonne a, vue de dessus) et (étape 2 2,0 ≤ t ≤ 4,0, voir colonne b, vue de dessus)

Ill. 15 Résultats de la simulation à la fin de l'étape 3, **a)** contrainte de Von Mises sur la surface médiane des panneaux [Pa], **b)** image de la déformation pour t = 14,0

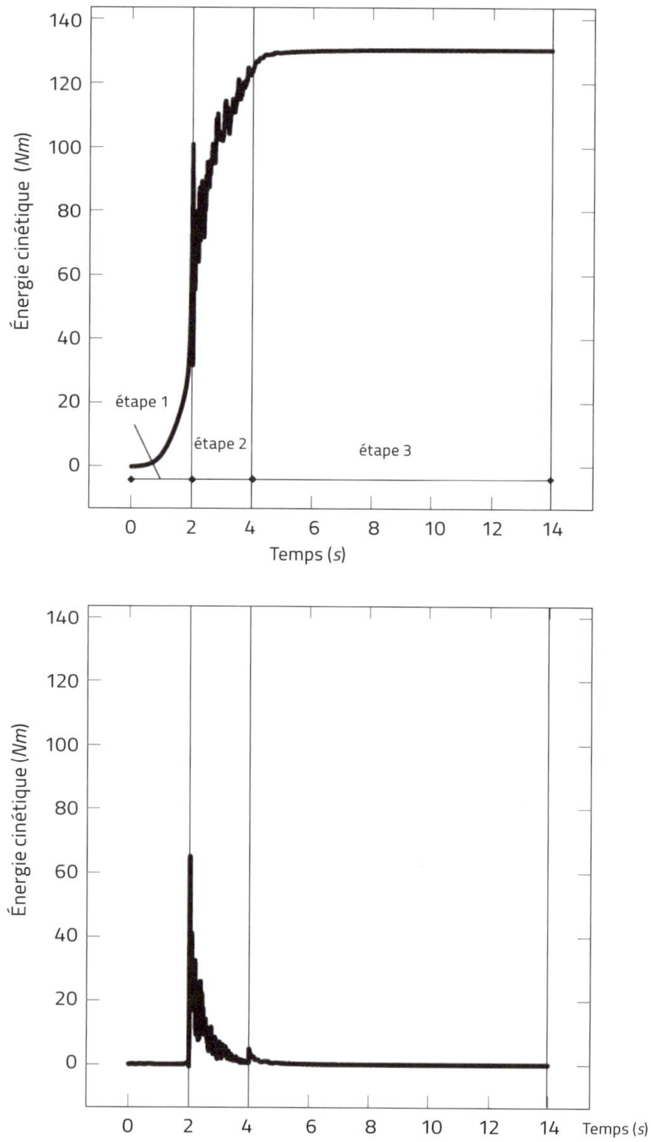

Ill. 16 Évaluation de l'énergie pendant les étapes de simulation du MTB

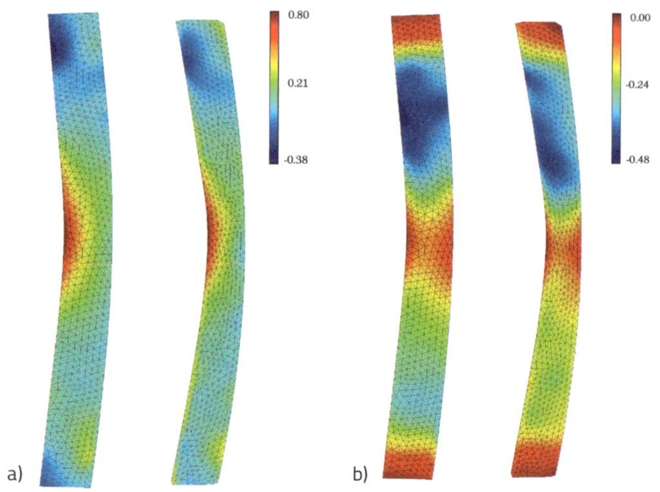

Ill. 17 Comparaison des courbures de la surface déformée, **a)** simulation de la surface extraite, **b)** surface du prototype scannée et reconstruite

sont reproduites sans agrandissement à l'ill. 4 et les courbes charge-déflexions simulées des deux points d'extrémité sont comparées avec, entre autres, les résultats présentés par Sze[44] et Arciniega[45].

3.2.3 *Flambage d'une demi-sphère pincée*

Deux charges ponctuelles P égales sont appliquées à une coque hémisphérique pincée qui présente une ouverture en son sommet. Le problème est simulé dans un seul quadrant du fait des contraintes de symétrie aux deux extrémités **(ill. 7)**. Ce problème est un test pour vérifier si la méthode permet de représenter le comportement en flexion inextensible et les modes de corps rigides. Selon le niveau de charge appliquée, il est considéré comme un problème de benchmark aussi bien linéaire que non-linéaire. Ici, on augmente la charge jusqu'à atteindre une déformation de ≈60 % du rayon et donc un état de grande déformation. Le matériau est supposé linéaire élastique avec $E = 6{,}825 \times 107$ et $\nu = 0{,}3$; l'épaisseur de la coque est de $h = 0{,}04$.

Les déflexions radiales indiquées sous les courbes de charge **(ill. 8b)** correspondent aux cas de charge P = 20, 40, 60, 80, 100, 120, 140, 160, 180, 200. Elles sont comparées à celles que décrit la littérature spécialisée. Les résultats de la RD modifiée concordent particulièrement avec les valeurs de Simo et al.[47], également rapportées par Buechter et Ramm[46] ainsi que par Jiang et Chernuka[48]. Ces courbes sont différentes ; leurs valeurs sont présentées dans Sze[44] **(ill. 8b)**.

3.2.4 *Toit en berceau articulé : comportement en post-flambage d'un stratifié orthotrope*

Une charge ponctuelle verticale P est appliquée au point médian d'une coque cylindrique dont les arêtes latérales sont articulées (condition limite supposée). Les deux autres arêtes courbes transverses restent libres. Le problème concerne le flambage et le post-flambage d'une coque légèrement courbe en bois stratifié (voir ill. 9 pour la configuration du problème).

Deux configurations sont examinées : [0°/90°/0°] et [90°/0°/90°]. Les couches de bois ont toutes la même épaisseur de h/3 et les propriétés supposées du matériau sont les suivantes : $E_L = 3300$, $E_T = 1100$, $G_{LT} = 660$, et $\nu_{LT} = \nu_{TT} = 0{,}25$. Une couche est orientée dans la direction 0° quand ses fibres sont parallèles à l'arête longitudinale. Le comportement du matériau peut être supposé visqueux aussi bien pour le chargement que pour le déplacement appliqués. Ici, le problème est simulé en appliquant différentes valeurs de déplacement au point médian. Au lieu de la charge ponctuelle, le déplacement vertical est appliqué au point médian. On extrait la force de réaction verticale dès que l'état stable est atteint. On extrait la courbe charge-déflexion correspondant aux déplacements du point médian $-u_Z(C)$ = 2,5 ; 5 ; 10 ; 12,5 ; 15 ; 17,5 ; 20 ; 23 ; 25 ; 27,5 ; 30 et 31,66 et on la compare avec les résultats présentés par Sze et al.[44], Arciniega et Reddy[45] **(ill. 10)**.

4 Simulation du prototype de MTB

4.1 Géométrie et assemblage du prototype

Il s'agit du même prototype employé par Sistania et al[3]. Ce prototype de taille moyenne a été construit avec des panneaux en bois lamellé de 2340 × 240 × 6,7 mm pour vérifier les résultats de la simulation (ill. 11). Trois clavettes en bois par point de raccordement permettent de maintenir le décalage relatif entre les panneaux et les angles spatiaux à leurs points de jonction correspondants. Le module est fixé avec trois boulons par clavette pour former un élément rigide. Les trois clavettes d'une extrémité du module se retrouvent à l'identique à l'autre extrémité, correspondant au plan médian perpendiculaire à l'axe y. Les paramètres géométriques du prototype sont les suivants (les notations sont celles de l'ill. 13) :

l	2060 mm	θ_{x1}	17°
w	240 mm	θ_{x2}	11,5°
d	47,7 mm	θ_{y1}	14,5°
d'	76 mm	θ_{y2}	-8°

Pour assembler le module tressé en bois à partir de panneaux plats, **A**1 et **A**2 sont d'abord respectivement positionnés en **A**'1 et **A**'2, puis fixés. Ensuite, **C**1 est placé en position C'1 et fixé, et pour finir, **C**2 est positionné en **C**'2. La structure entière est ensuite fixée au profil de base en acier (ill. 13a).

4.2 Propriétés matérielles

Ce sont des panneaux en contreplaqué lamellé croisé d'Okoumé *TeboPly™*, fournis par Thebault (France) qui servent à construire le prototype. Les panneaux ont une épaisseur de 6,7 mm. Il s'agit d'un stratifié [0/90] de 7 mm à quatre couches. Les directions orthotropes du matériau sont représentées à l'ill. 13a et ses propriétés homogénéisées sont $E_1 = 4163\ Mpa$, $E_2 = 5088\ Mpa$, $\nu_{12} = 0{,}3$, $G_{12} = 552\ MPa$, et $G_{13} = G_{23} = 91\ MPa$. Cela correspond aux valeurs obtenues à partir des échantillons testés à température et humidité ambiantes.

4.3 Mesure des surfaces par scanner laser FARO et traitement de maillages

Pour comparer les résultats des simulations et les valider, la surface supérieure du panneau 1 (voir ill. 13a, panneau 1 RHS) du prototype est scannée par un scanner laser FARO 3D sans contact. Compte tenu de la taille du prototype, six images scanner sont prises, avec une superposition suffisante pour faciliter leur alignement réciproque, appelé en informatique le processus de « l'enregistrement ». Toutefois, à cause du chevauchement étroit des panneaux au niveau de la liaison entre les points **C**'1 et **C**'2, le panneau reconstitué est un peu plus petit que le rectangle plat de départ.

Après six prises d'image, le nuage de points est « nettoyé » pour ne contenir que les sommets correspondant à la surface supérieure du panneau 1, puis filtré pour fusionner tous les sommets qui se trouvent dans un rayon de 10 mm les uns des autres. Les sommets en doublon sont également supprimés. Ces nuages de points sont alors alignés puis fusionnés en utilisant un procédé d'enregistrement de formes tridimensionnelles basé sur l'algorithme ICP49. Ensuite, un maillage surfacique triangulaire et tridimensionnel est reconstruit à partir du nuage de points aligné et fusionné en utilisant la méthode de reconstruction surfacique de Poisson[50]. Le maillage ainsi obtenu dépasse les limites du nuage de points initial et doit donc être découpé par les polylignes qui correspondent approximativement aux arêtes de la surface. Ce maillage surfacique reconstruit et découpé est également remaillé avec une longueur de maille uniforme de 30 mm, selon une méthode isotrope et superficielle de remaillage incrémental isotrope et surfacique[51]. Ce maillage tridimensionnel et polygonal remaillé (ill. 13) sert de point de comparaison avec les résultats de la simulation dans la partie 5.

4.4 Simulation par éléments finis

Les surfaces médianes des deux panneaux sont simulées dans ABAQUS/ Explicit en utilisant des éléments SR4 de coque quadrilatérale, un schéma d'intégration réduite et un contrôle amélioré de l'effet « sablier » (hourglass). Chaque nœud d'EF possède six degrés de liberté : trois transrationnels et trois rotationnels. Pour cette simulation, c'est la sous-routine utilisateur VUMAT d'ABAQUS/ Explicit décrite dans la partie 3 qui est utilisée, avec la constante $\gamma = 0{,}9$.

Quatre points fixes, **A'1**, **A'2**, **C'1**, **C'2**, sont définis dans l'espace tridimensionnel. Ils indiquent l'endroit où les points correspondant de chaque panneau doivent être positionnés. Sur chaque panneau, deux nœuds sont marqués comme points de positionnement pour la déformation du panneau : **A1** et **C1** pour le panneau 1 et **A2** et **C2** pour le panneau 2. Ces points facilitent l'application des contraintes de translation/rotation imposées par les clavettes.

Une zone rectangulaire (correspondant à la section transversale de la clavette) est choisie pour chaque point de positionnement et lui est relié rigidement à chacun des six degrés de liberté. La fonction « General Contact » d'ABAQUS/Explicit permet de gérer le contact entre surface et arête à toutes les étapes de la simulation. Seul le « Hard Contact » normal, sans pénétration, est pris en compte. La composante tangentielle est ignorée. La simulation de recherche de forme est réalisée en trois étapes. Comme il s'agit d'une analyse pseudo-dynamique, une période de temps est allouée à chaque étape de l'analyse, mais cette durée est choisie suffisamment longue pour que les conditions limites imposées soient appliquées sans à-coups (voir ill. 13a et ill. 13b pour les notations).

- **Étape 1 :** ($0{,}0 \leq t \leq 2{,}0$)
  Les panneaux sont positionnés avec un décalage relatif précis de *d*, *d'* et les points **A1** et **A2** sur leur côté gauche sont orientés pour coïncider respectivement avec les points de fixations **A'1** et **A'2**. θ_{x1}, θ_{y1} et θ_{x2}, θ_{y2} sont respectivement appliqués sur **A1** et **A2**. Les degrés de liberté de ces points restent tous fixes pendant cette première étape. **A1** et **A2** étant maintenus fixes pendant l'étape dynamique/explicite, le point **C1** est placé en position **C'1** et les angles spatiaux $-\theta_{x2}$, $-\theta_{y2}$ sont imposés (les clavettes se font face en miroir). Les contraintes de rotation et de déplacement sont appliquées simultanément. Le point médian gauche du panneau 1, noté **B1**, est également fixé sur l'axe x pour faciliter le chevauchement qui aura lieu aux étapes suivantes.

- **Étape 2 :** ($2{,}0 \leq t \leq 4{,}0$)
  Les points de positionnement **A1, A2** et **C1** sont maintenus chacun dans leur position déformée **A'1, A'2** et **C'1**. Pendant cette étape, les degrés de liberté de ces points de positionnement sont tous fixes, sauf θ_{zz}, pour permettre le repositionnement des panneaux l'un par rapport à l'autre. La condition limite fixée est aussi supprimée pour le point de positionnement **B1**. Au début de l'étape 2, le point **C2** est placé en position **C'2** et les angles spatiaux $-\theta_{x1}$, $-\theta_{y1}$ sont imposés. Pendant cette étape, les panneaux s'entrecroiseront et se repositionneront d'eux-mêmes dans une configuration relaxée.

- **Étape 3 :** ($4{,}0 \leq t \leq 14{,}0$)
  Avec quatre points de positionnement maintenant dans leur position déformée et aux angles exacts, leurs degrés de liberté sont tous fixés pendant cette étape et le module peut dissiper l'énergie extra cinétique.

Les images prises à intervalles de temps égaux illustrent la déformation des panneaux pendant les étapes 1 et 2. Pendant l'étape 3, la géométrie déformée ne diffère pas beaucoup de l'état déformé en fin d'étape 2. Il est cependant indispensable que le système ait atteint l'état stationnaire pour connaître précisément l'état de contrainte. À la fin de l'étape 3, les coordonnées déformées des nœuds de la surface supérieure du panneau 1 sont extraites. Elles seront utilisées pour la reconstruction des surfaces et pour la comparaison avec le prototype scanné (partie 4.3).

5 Résultats et comparaison

Notre objectif premier étant de rechercher la forme d'une STB, nous procédons à une comparaison des formes tridimensionnelles déformées de la modélisation et du prototype scanné. Ici, l'accent principal est mis sur la comparaison géométrique de ces surfaces, et non sur la méthode plus classique de chargement du prototype et de mesure des déformations, comme dans Sistaninia[3].

5.1 Traitement des surfaces simulées

Les coordonnées déformées des nœuds de la surface supérieure du panneau 1 sont déterminées à partir de la base de données des résultats de la simulation pour la dernière trame de l'étape 3 de la simulation. Un maillage triangulaire tridimensionnel est accroché sur ces sommets et remaillé en suivant la même méthode et les mêmes critères que dans la partie 4.3.

5.2 Comparaison des surfaces

Les surfaces sont alignées à l'aide de l'algorithme de recalage ICP pour obtenir une concordance optimale entre les deux maillages tridimensionnels. Une distance normale maximale de 9 mm est trouvée entre les deux surfaces. Des recherches plus poussées sur la correspondance des surfaces permettraient d'examiner les propriétés locales de leurs courbures, la courbure moyenne et la courbure gaussienne. Ces propriétés locales des maillages tridimensionnels peuvent être estimées en utilisant les courbures approximatives des sphères définies par la Point Set Surface (PSS) algébrique, qui correspondent le mieux aux points du maillage.[52]

Les résultats concernant ces courbures approximatives sont présentés aux illustrations 17a et 17b. Ils indiquent une bonne corrélation entre résultats numériques et résultats expérimentaux, aussi bien pour la valeur absolue que pour la répartition. La valeur estimée de la courbure gaussienne prend des valeurs non nulles, en particulier dans les zones situées entre le point de contact médian et la clavette de fixation. Cela signifie que la surface déformée du MTB ne peut pas être développée dans sa définition précise. Par ailleurs, le plan de déformation du panneau plat sur la surface déformée d'un MTB n'est pas isométrique. En même temps, la valeur absolue de la courbure gaussienne reste relativement petite. La répartition de la courbure gaussienne repose sur l'intuition que les clavettes taillées et plates imposent aux deux extrémités du module une planéité (pas de courbure gaussienne) sur une zone localement limitée. L'analyse de la courbure moyenne révèle toute l'importance du point de contact médian situé entre les arêtes du panneau, qui provoque dans cette zone la déformation flexionnelle locale. La stabilité transversale de chaque panneau du MTB dépend de la rigidité dans le plan à ce point de contact médian. La répartition de la courbure gaussienne et de la courbure moyenne n'est pas symétrique, ce qui limite la simplification de cette simulation.

6 Conclusion et travaux à venir

Les méthodes explicites et pseudo-dynamiques d'éléments finis, comme la relaxation dynamique, peuvent traiter efficacement les problèmes géométriquement non linéaires de recherche de forme et de prédiction des contraintes initiales des structures spatiales quand l'objectif est de modifier librement des coques minces soumises à une rotation finie.

Les structures tressées en bois (STB) sont des structures d'une conception complètement nouvelle : elles sont nées de l'idée de réinterpréter les structures tissées et à nœuds avec de minces panneaux de bois. Elles peuvent être généralisées à une large famille de structures spatiales, dans lesquelles forme et comportement structural sont étroitement liés.

Le processus de fabrication de maillages (du balayage laser de la forme aux techniques de reconstruction de maillages tridimensionnels et aux procédures d'estimation des courbures discrètes) semble constituer une approche prometteuse pour l'étude des géométries et des formes structurales complexes. Il pourrait remplacer efficacement les essais de charge traditionnels et modifier la vision des formes courbes.

La simulation de coques géométriquement non-linéaires par modèles EF est précise mais elle est coûteuse et moins adaptée aux modifications de conception. Par conséquent, nous travaillons actuellement sur l'application de procédés de modélisation physique permettant de simuler des coques minces discrètes et des tiges élastiques afin d'obtenir un simulateur de bande plus interactif, qui puisse être intégré dans un programme NURBS/CAD physique pour étudier les formes courbes.

Remerciements

Cette recherche a été soutenue par le Fonds national suisse de la recherche scientifique (FNS), subside n° 20002_137884/1. Nous lui en sommes très reconnaissants et le remercions pour son aide.

Références

1 Hudert, M., *Structural Timber Fabric : Applying Textile Principles in Building Scale*, thèse de doctorat, IBOIS, EPFL, Lausanne, 2012.

2 Weinand, Y. et Hudert, M., « Timberfabric : Applying Textile Principles on a Building Scale », in *Architectural Design*, 80(4), p. 102–107, 2010.

3 Sistaninia, M., Hudert, M., Humbert, L., et Weinand, Y.,, « Experimental and Numerical Study on Structural Behavior of a Single Timber Textile Module », in *Engineering Structures*, 46(0), p. 557–568, 2013.

4 Otter, J. et Day, A., « Tidal Computations », in *The Engineer*, 1960.

5 Day, A., « An Introduction to Dynamic Relaxation », in *The Engineer*, 219, p. 218–221, 1965.

6 Otter, J., Cassell, A., Hobbs, R. et al., « Dynamic Relaxation », in *Inst. Civ. Engrs. Proceedings*, vol. 35, p. 633–656, 1966.

7 Otter, J., « Computations for Pre-Stressed Concrete Reactor Pressure Vessels using Dynamic Relaxation », in *Nuclear Structural Engineering*, (1), p. 61–75, 1965.

8 Frankel, S.P., « Convergence Rates of Iterative Treatments of Partial Differential Equations », in *Mathematical Tables and Other Aids to Computation*, 4(30), p. 65–75, 1950.

9 Frieze, P., Hobbs, R. et Dowling, P., « Application of Dynamic Relaxation to the Large Deflection Elasto-Plastic Analysis of Plates », in *Computers & Structures*, 8(2), p. 301–310, 1978.

10 Pica, A. et Hinton, E., « Transient and Pseudo-Transient Analysis of Mindlin Plates », in *International Journal for Numerical Methods in Engineering*, 15(2), p. 189–208, 1980.

11 Pica, A. et Hinton, E., « Further Developments in Transient and Pseudo Transient Analysis of Mindlin Plates », in *International Journal for Numerical Methods in Engineering*, 17(12), p. 1749–1761, 1981.

12 Ramesh, G. et Krishnamoorthy, C., « Geometrically Nonlinear Analysis of Plates and Shallow Shells by Dynamic Relaxation », in *Computer Methods in Applied Mechanics and Engineering*, 123(1), p. 15–32, 1995.

13 Kommineni, J. et Kant, T., « Pseudo-Transient Large Deflection Analysis of Composite and Sandwich Shells with a Refined Theory », in *Computer Methods in Applied Mechanics and Engineering*, 123(1), p. 1–13, 1995.

14 Ramesh, G. et Krishnamoorthy, C., « Postbuckling Analysis of Structures by Dynamic Relaxation », in *International Journal for Numerical Methods in Engineering*, 36(8), p. 1339–1364, 1993.

15 Papadrakakis, M., « Postbuckling Analysis of Spatial Structures by Vector Iteration Methods », in *Computers & Structures*, 14(5), p. 393–402, 1981.

16 Alamatian, J., « Displacement-based Methods for Calculating the Buckling Load and Tracing the Postbuckling Regions with Dynamic Relaxation Method », in *Computers and Structures*, 114115, p. 84–97, 2013.

17 Barnes, M., « Form Finding and Analysis of Tension Structures by Dynamic Relaxation », in *International Journal of Space Structures*, 14(2), p. 89–104, 1999.

18 Adriaenssens, S. et Barnes, M., « Tensegrity Spline Beam and Grid Shell Structures », in *Engineering Structures*, 23(1), p. 29–36, 2001.

19 Ye, J., Feng R., et Zhou, S., « The Modified Dynamic Relaxation Method for the Form-Finding of Membrane Structures », in *Advanced Science Letters*, 4(810), p. 2845–2853, 2011.

20 Bel Hadj Ali, N., Rhode Barbarigos, L. et Smith, I., « Analysis of Clustered Tensegrity Structures using a Modified Dynamic Relaxation Algorithm », in *International Journal of Solids and Structures*, 48(5), p. 637–647, 2011.

21 Rodriguez, J., Rio, G. , Cadou, J. et Troufflard, J., « Numerical Study of Dynamic Relaxation with Kinetic Damping Applied to Inflatable Fabric Structures with Extensions for 3-D Solid Element and Nonlinear Behavior », in *Thin Walled Structures*, 49(11), p. 1468–1474, 2011.

22 Douthe, C. et Baverel, O., « Design of Nexorades or Reciprocal Frame Systems with the Dynamic Relaxation Method », in *Computers & Structures*, 87(21), p. 1296–1307, 2009.

23 Joldes, G., Wittek, A. et Miller, K., « An Adaptive Dynamic Relaxation Method for Solving Nonlinear Finite Element Problems. Application to Brain Shift Estimation », in *International Journal for Numerical Methods in Biomedical Engineering*, 27(2), p. 173–185, 2011.

24 Brew, J. et Brotton, D., « Nonlinear Structural Analysis by Dynamic Relaxation », in *International Journal for Numerical Methods in Engineering*, 3(4), p. 463–483, 1971.

25 Wood, W.L., « Note on Dynamic Relaxation », in *International Journal for Numerical Methods in Engineering*, 3(1), p. 145–147, 1971.

26 Papadrakakis, M., « A Method for the Automatic Evaluation of the Dynamic Relaxation Parameters », in *Computer Methods in Applied Mechanics and Engineering*, 25(1), p. 35–48, 1981.

27 Underwood, P., « Dynamic Relaxation (in Structural Transient Analysis) », in *Computational Methods for Transient Analysis*, Amsterdam, p. 245–265, 1983.

28 Cassell, A. et Hobbs, R., « Numerical Stability of Dynamic Relaxation Analysis of Nonlinear Structures », in *International Journal for Numerical Methods in Engineering*, 10(6), p. 1407–1410, 1976.

29 Alwar, R., Rao, N. et Rao, M., « An Alternative Procedure in Dynamic Relaxation », in *Computers & Structures*, 5, p. 271–274, 1975.

30 Tong, P. et Tsui, T., « Stability of Transient Solution of Moderately Thick Plate by Finite Difference Method », in *AIAA Journal*, 9(10), p. 2062–2063, 1971.

31 Rezaiee-Pajand, M., Kadkhodayan, M. et Alamatian, J., « Timestep Selection for Dynamic Relaxation Method », in *Mechanics Based Design of Structures and Machines*, 40(1), p. 42–72, 2012.

32 Alamatian, J., « A New Formulation for Fictitious Mass of the Dynamic Relaxation Method with Kinetic Damping », in *Computers and Structures*, 9091(1), p. 42–54, 2012.

33 Rezaiee-Pajand, M., Sarafrazi, S. et Rezaiee, H., « Efficiency of Dynamic Relaxation Methods in Nonlinear Analysis of Truss and Frame Structures », in *Computers and Structures*, 112113, p. 295–310, 2012.

34 Rezaiee-Pajand, M., Kadkhodayan, M., Alamatian, J. et Zhang, L., « A New Method of Fictitious Viscous Damping Determination for the Dynamic Relaxation Method », in *Computers and Structures*, 89(910), p. 783–794, 2011.

Également publié dans le *International Journal of Space Structures*, vol. 28, n° 3 et 4, 2013.

4.5

« Ces programmes ne fournissent pas de solutions simples et prêtes à l'emploi »

Entretien entre Olivier Baverel (Laboratoire Navier, École nationale des Ponts et Chaussées, Paris) et Yves Weinand, 26 mai 2015

Yves Weinand : Olivier, nous venons tous les deux du monde universitaire et nous nous intéressons particulièrement aux possibilités d'applications concrètes et pratiques de nos recherches. Pourtant, j'ai l'impression que pour le moment nos activités n'ont pas retenu l'attention de beaucoup de monde. Nous sommes encore très peu à associer recherche et applications pratiques. Nous avons déjà eu l'occasion d'aborder ensemble la question du pliage actif.
Dans les cours que je donne à l'EPFL[1], j'essaie de clarifier cette notion en présentant des exemples de bâtiment qui ont marqué l'histoire de la construction. Comme les ouvrages conçus par le Colonel Emy[2] pour l'armée française, ou les réalisations en bois lamellé collé[3]. Je constate qu'il y a encore peu d'applications de ce type de structure. Qu'en pensez-vous ?

Olivier Baverel : La raison en est très probablement que nos outils ne sont pas encore au point : tant qu'ils ne seront pas simples d'utilisation, il ne pourra pas y avoir beaucoup d'utilisateurs. Il faut se rappeler que la poutre à treillis est apparue il y a déjà 500 ou 600 ans, mais que personne ne l'a utilisée avant que les outils mathématiques ne permettent de mieux comprendre son fonctionnement. Ce n'est que vers 1820 qu'on a commencé à comprendre et à être capable de prévoir le comportement de cette poutre et cinquante ans plus tard, on construisait la tour Eiffel. C'est aussi un peu ce qui s'est passé avec Frei Otto et ses structures tendues en câbles, qui jusque dans les années 1970 ne couvraient que de petits espaces.
À partir du moment où nous avons compris la théorie et où nous avons créé des outils pour prévoir des formes et leurs applications, des projets de grande ampleur ont vu le jour, comme le stade de Munich en 1972. En ce qui nous concerne, nous ne sommes pas loin d'avoir un outil prédictif performant, mais il y a encore beaucoup de travail. À mon avis, dès que ces outils pourront être utilisés sans problème par un certain nombre d'ingénieurs et d'architectes, alors ce type de structures pourra vraiment se développer. Ces dix dernières années, c'était encore impensable. Ni les outils numériques, ni les capacités de calculs n'étaient suffisamment développés, tant d'un point de vue théorique que mécanique. Nous n'y sommes pas encore, mais nous approchons du but.

Y. W. : Les coques nervurées sont des structures plissées vraiment fascinantes. Nous avons cette passion en commun, mais j'ai l'impression que nous avons encore beaucoup à faire pour convaincre les entreprises de la partager. Shigeru Ban, par exemple, a proposé ce type de structure, mais n'a pas pu construire d'ouvrages efficients ou optimisés d'un point de vue structural. Ses structures semblent reposer davantage sur une conception formelle que sur une perspective structurale. En ce sens, ses travaux restent modernes. Ils ne correspondent pas exactement à ce dont nous voulons discuter dans ce quatrième chapitre, à savoir la recherche d'une plus grande harmonie entre forme et structure et les structures à pliage actif. Croyez-vous qu'il soit possible d'intéresser les gens à ce type de structures, de les convaincre par des arguments objectifs, en invoquant par exemple leur flexibilité et leur sûreté sismique ? Croyez-vous qu'on puisse les convaincre avec des données pragmatiques, et non à partir d'une sorte de motivation idéaliste de chercheur ?

O. B. : Oui, ce sera possible le jour où le concepteur aura en main un outil simple d'utilisation. L'intérêt avec ces structures extrêmement minces, c'est qu'on prend des poutres apparentes constituées de petits segments de bois agglomérés, qu'on les assemble au sol et qu'on les modèle pour créer une forme en trois dimensions. Elles ont un faible impact environnemental parce que le bois ne nécessite pas de transformation complexe, aucun pliage ni collage, et peu ou pas de déchets. En fait, aujourd'hui, il n'y a rien de plus simple que de faire un treillis et de juxtaposer plusieurs treillis. Pourquoi vouloir toujours plus d'optimisation structurale alors que le treillis offre déjà des possibilités formidables ? Un treillis demande un peu plus de matériau qu'une coque nervurée, mais aujourd'hui, par rapport au coût total des choses, ça ne représente pratiquement rien. Si on étudiait plus sérieusement les coûts environnementaux, et pas uniquement les coûts financiers, on verrait que ces structures minces et optimisées, qui n'impliquent pas de transformations excessives ni de pertes importantes, sont vraiment dignes d'intérêt. Parallèlement, ces quinze dernières années, on a vu apparaître en architecture des outils numériques comme Archicad ou Vectorworks. De Casteljau et Bézier, ingénieurs chez Citroën et chez Renault, ont développé des algorithmes NURBS pour la conception de carrosseries de voitures. Avec des techniques d'emboutissage et une presse de trente tonnes, on peut produire des plaques de métal de n'importe quelle forme. Or ces outils n'ont pas encore été adaptés à notre secteur, qui est surtout basé sur l'assemblage de différents métaux et non sur le découpage d'une forme à partir d'une plaque de métal de quarante mètres sur quarante. Nous avons passé ces quinze dernières années à utiliser un outil qui n'est qu'un piètre exemple de ce que nous devrions mettre au point. Et l'utilisation de cet outil inapproprié a entraîné une surconsommation flagrante de matériau dans la construction de nombreux bâtiments actuels. Cette surconsommation est la preuve qu'on n'arrive pas encore bien à se représenter les éléments nécessaires à fabriquer. Des outils comme Rhino[4] et Grasshopper[5] nous ont permis de faire quelques progrès. Mais il y a encore beaucoup à faire pour donner à notre secteur des outils parfaitement adaptés. En tout cas, dans les années qui viennent, grâce au perfectionnement de ces outils de représentation, des structures comme les coques nervurées seront sans aucun doute beaucoup plus intéressantes que les structures classiques. Imaginez, pour construire un avion, Dassault Systèmes propose une suite de plus de 150 programmes. Il y a seulement cinq ans, il n'existait que deux ou trois programmes d'aide à la construction de bâtiments. Nous avions un retard considérable. Aujourd'hui, des programmes comme Rhino et Grasshopper, avec leurs modules externes, permettent une diversification à de nombreux niveaux.

Y. W. : Je sens que le moment est venu de s'intéresser de plus près aux applications comme l'outil conçu par Sina Nabaei[6], mais aussi aux structures à courbure active. Avec le PRN[7] – auquel nous participons –, ce serait possible, mais nous manquons d'ingénieurs pour poursuivre le travail de Sina Nabaei. Il s'est penché sur une seule application pratique (une structure en forme d'araignée) et ça n'est pas suffisant pour illustrer le potentiel formidable de cet outil. J'ai l'impression que sur ce plan, très peu de personnes seraient actuellement capables de nous aider.

O. B. : Il y a deux solutions à ce problème : d'abord, nous avons besoin de recruter des jeunes capables d'utiliser et de perfectionner l'outil de Sina Nabaei, et éventuellement de créer à l'EPFL ou à l'École des Ponts un modèle à grande échelle pour montrer tout le potentiel de ces algorithmes.
Ensuite, il faut aussi avoir un peu de chance et trouver la bonne occasion. Pour en revenir aux gridshells créés par Frei Otto, c'est le hasard qui a voulu qu'on ait besoin d'une construction dépassant les soixante mètres de portée pour une exposition florale à Mannheim. La dynamique intellectuelle était favorable et la chance était au rendez-vous, c'est ainsi que le projet a vu le jour. Mais en ce qui concerne l'outil de Sina Nabaei, nous ne sommes pas encore tout à fait prêts. En tant qu'informaticien, Sina Nabaei a avant tout conçu un outil d'ingénierie complexe. Il faudrait que nous construisions à l'université un prototype d'une dizaine de mètres de portée et ensuite que nous testions un projet réel. Mais nous n'en sommes pas encore là. Nous avons eu quelques occasions de réaliser nos structures en gridshell en les construisant avec des matériaux composites à l'École des Ponts. Cela nous a vraiment permis de montrer notre capacité à fabriquer des constructions réelles et notre savoir-faire en matière de calculs. Nous avons eu deux occasions concrètes de travailler avec des matériaux composites, l'une pour un festival et l'autre pour une cathédrale éphémère (une structure temporaire). Pour cette grande construction, nous avons dû travailler avec le bureau de planification français. Les gens y sont très compétents, mais il a fallu que nous leur expliquions notre structure. À l'époque, il n'existait pas encore de code européen officiel pour les matériaux composites. Nous avons donc pris un double risque, celui de concevoir une structure atypique et cela avec un matériau qui n'avait jamais été

utilisé jusque-là dans notre secteur. Heureusement, l'entrepreneur et le contrôleur nous ont été d'un grand soutien et ce fut un succès.

Y. W. : Beaucoup de gens semblent fascinés par les structures tressées, mais cette fascination se limite apparemment à l'aspect esthétique. Les avantages structuraux de ces constructions ne sont pas perçus ni évoqués. Nous n'avons pas encore été capables de susciter une adhésion plus profonde à de ce type de structures. Dans l'ensemble, l'application pratique proposée par Sina Nabaei me paraît encore un peu déconcertante et inachevée, et il faudrait lui ajouter une dimension architecturale. Je crois qu'on devrait utiliser ce type de structure dans les zones sismiques, ou en réponse à une catastrophe naturelle par exemple, au lieu de nous focaliser sur des projets spéciaux. Une application concrète serait sans doute beaucoup plus utile qu'un pavillon pour donner à ces structures leur légitimité en matière d'efficience structurale.

O. B. : Il ne faut pas perdre de vue l'objectif de ce concept de pavillon : certaines personnes sont plus attentives à la représentation, et d'autres à la structure. Il est évident que si nos motivations sont purement esthétiques, l'intérêt va vite diminuer. Il faut montrer clairement les avantages structuraux – ou au moins la combinaison des avantages technologiques et structuraux –, qui sont les deux piliers sur lesquels reposent toujours nos constructions. Ce travail reste à faire. Il s'agit de créer un prototype avec une fonction architecturale à définir, un rendu intéressant, mais surtout avec une véritable résistance mécanique, que ce soit au niveau du type d'assemblage choisi, pour une utilisation dans des zones à fort risque sismique ou simplement grâce à l'effet de maillage entre les couches de lattes. Avec la thèse de Sina Nabaei, nous avons maintenant un outil et une méthode de travail, mais nous n'avons pas encore suffisamment montré toute l'utilité de ces structures sur le plan du comportement mécanique. En nous appuyant sur une bonne équipe de concepteurs, nous pourrions arriver à un résultat extraordinaire, avec une véritable valeur ajoutée, une consommation raisonnable de matériaux et une technologie qui serait certainement simple à utiliser.

Y. W. : Est-ce qu'il existe en France des partenaires industriels qui développent cette technologie ?

O. B. : Comme vous le savez, la France produit chaque année environ 65 millions de mètres cube de bois. C'est plus d'un mètre cube par habitant, mais malheureusement le système n'est pas bien organisé. On compte 3,5 millions de forêts privées, qui ne font en moyenne que 2,6 hectares. Actuellement, la filière bois française ne dispose pas d'un lobby puissant comparé à d'autres matériaux qui ont des lobbys bien organisés. Il existe un véritable potentiel de production, mais il y a peu de grandes scieries, comparé à l'Autriche par exemple. De petites entreprises comme Simonin font de leur mieux et sont tournées vers l'innovation, mais elles n'ont pas les mêmes capacités que les grandes usines de béton ou d'acier.

Y. W. : En tant qu'universitaire, j'ai essayé de motiver les élèves ingénieurs à s'intéresser à la forme globale. Ne faudrait-il pas inciter ces étudiants à développer l'outil de Sina Nabaei et à le rendre plus compréhensible ? Avez-vous des idées ou des propositions en la matière ?

O. B. : Il manque aux ingénieurs une culture des structures. De plus, ils restent souvent loin des recherches que nous essayons de faire avancer. Ça leur échappe parce que ce sont des aspects qu'on ne leur enseigne pas pendant leurs études. En général, l'ingénieur calcule une structure et la justifie par l'Eurocode, mais sans s'interroger sur la forme. Pour moi, c'est une grave erreur d'organisation. L'EPFL, l'École des Ponts et d'autres universités proposent des cours de design conceptuel et de structures porteuses. On devrait les développer et d'autres institutions devraient les reprendre. C'est aussi une question de sensibilité : pour un ingénieur, il n'y a rien de plus rassurant que de faire des calculs et d'appliquer des règles comme celles de l'Eurocode. Évidemment, aller plus loin, se poser des questions et innover est forcément plus compliqué. Nos élèves ingénieurs sont d'abord recrutés pour leurs compétences en mathématiques. Leur cursus devrait aussi mettre l'accent sur la curiosité et l'esprit d'innovation.

Y. W. : Cet été, l'IASS[8] organise une manifestation à Amsterdam, où des pavillons vont être construits. Je crois que ces pavillons refléteront davantage des préoccupations d'ordre formel que purement mécanique. Pour la recherche de forme finale, je pense que l'outil de Sina Nabaei est très puissant. La construction d'un pavillon ne montre pas toute la portée de cet outil. Les structures autoportantes font l'objet de publications régulières, mais leurs caractéristiques mécaniques et leurs performances y sont rarement présentées. Qu'en est-il d'aspects comme la présence ou non d'un frottement, l'état d'équilibre initial, la plus-value qu'apporte le frottement ? Il est facile de parler de la synthèse de la forme et de la structure – la morphogénèse – mais si on ne donne pas de détails sur les performances mécaniques, ça devient de l'autoreprésentation.

O. B. : C'est vrai, j'ai exactement le même sentiment. Mais c'est aussi parce que la compréhension de ces structures est complexe, même avec un simple diagramme statique. On préfère créer une forme esthétique, mais aller voir plus loin et faire l'effort de comprendre le comportement structural, de rationaliser la construction, de limiter les pertes… peu de gens pensent à tous ces aspects. Je l'ai d'ailleurs constaté chez mes étudiants en architecture. Il y a un module d'extension de Grasshoper qui s'appelle Karamba[9] et qui permet de faire des calculs d'analyse structurale. Tous les étudiants étaient enthousiastes, mais quand je leur ai dit qu'il allait servir à développer des structures mécaniques, à évaluer les conditions d'appuis, à déterminer la charge, les sections, les types de calculs à effectuer, etc., ils ont tout de suite trouvé ça moins « glamour ». Il faut se poser beaucoup de questions, faire des hypothèses et les examiner. Ces programmes ne fournissent pas de solutions simples et prêtes à l'emploi. Ce que beaucoup de gens ont tendance à oublier, c'est qu'il n'y a que 180 ans environ qu'on a commencé à comprendre la mécanique des structures. Galilée s'était demandé comment on pouvait déterminer les contraintes d'une poutre en porte-à-faux, mais il n'a pas trouvé de réponse. Pourtant, Galilée était un pionnier dans son domaine, il a été à l'origine d'une révolution intellectuelle dans toute l'Europe. Malgré cela, il n'a pas su résoudre un simple problème de poutre en porte-à-faux ! Cela prouve clairement que c'est un problème compliqué, et pas forcément accessible à tout le monde. Je ne suis pas surpris par ce que vous décrivez. Nous voyons beaucoup de choses, mais nous ne les expliquons pas suffisamment. En tout cas, c'est un problème : nous vendons une image sans en comprendre vraiment le contenu.

Y. W. : Quand nous nous sommes rencontrés en 2009 au congrès de l'IASS à Valence, nous avons constaté que des ingénieurs commençaient à s'intéresser aux formes. Effectivement, un ingénieur ne devrait pas rester indifférent ou neutre devant la forme proposée par l'architecte. Il est important qu'il donne clairement son avis sur la forme. Il devrait s'intéresser à la forme globale avec son regard d'ingénieur. Certains ingénieurs prétendent pouvoir calculer n'importe quelle forme ! C'est peut-être vrai, mais ça me laisse un peu sceptique. Je préfère aller voir du côté de travaux qui présentent une véritable cohérence entre forme et structure, comme ceux de Felix Candela par exemple, ancien membre de l'IASS. Certaines nouvelles tendances de l'IASS, dans lesquelles je vois des faiblesses, ne recherchent pas cette synthèse à laquelle j'aspire et à laquelle j'aimerais rallier plus de monde – et en particulier des ingénieurs.

O. B. : Oui, je suis d'accord. Mais restons prudents dans nos comparaisons. Pensons par exemple à l'IASS des années 1970. Les réalisations médiocres sont toutes tombées dans l'oubli et seules celles qui sortaient du lot sont restées en mémoire. À propos du calcul des formes, l'ingénieur n'a certainement pas encore acquis toute

cette culture du questionnement critique de la forme qui lui serait nécessaire. Pour ma part, quand je discute avec un architecte, j'essaie de comprendre les intentions qu'il y a derrière son projet. Je ne m'intéresse pas seulement à la forme en soi. C'est un travail qu'architectes et ingénieurs doivent mener ensemble. L'important, c'est de faire comprendre le projet de l'architecte, et non de se focaliser sur l'objet formel qu'il a conçu, tout en reconnaissant que ses outils ne lui permettent pas de représenter exactement la forme qu'il souhaite.
D'ailleurs, à propos des outils de représentation, avec Nurbs, il est pratiquement impossible de créer des plis, des ruptures sur des courbes ou des singularités locales sur des surfaces. En fait, pour le moment, l'architecture est prisonnière d'un univers de formes qui ne représente pas toutes les formes possibles, mais seulement celles de Nurbs. Il existe aujourd'hui beaucoup d'autres possibilités mais nous ne nous autorisons pas à les réaliser parce que nous ne disposons pas des outils de représentation adéquats. Ceux qui croient pouvoir tout représenter avec Nurbs se leurrent. Nous avons tous encore beaucoup à faire pour développer de nouveaux outils de représentation. Il y a deux ans, nous avons commencé une thèse sur ce thème. Nous avons bien avancé et nous sommes maintenant capables de décrire des formes à structures particulières, « non-Nurb ». (…)
Parlons aussi de l'impact considérable des robots dans la production architecturale. J'aimerais avoir votre opinion là-dessus. Chez vous, plusieurs thèses sont en cours sur ce sujet, n'est-ce pas ?

Y. W. : Oui, mais je ne suis pas convaincu que tous les systèmes doivent être évolutifs. Nous savons aussi que les robots manquent de précision. Il y a des aspects séquentiels à respecter. Je m'intéresse aux processus de construction modernes en architecture. Ces processus ne relèvent pas seulement de la robotique mais de toutes les technologies disponibles dans le secteur de la construction et de l'architecture. Nous aimerions bien pouvoir plier activement des panneaux en utilisant plusieurs robots, mais je ne suis pas sûr que ce travail doive être fait par des robots. On peut toujours essayer, mais on trouvera peut-être d'autres moyens. L'histoire des coques nervurées montre qu'il existe d'autres approches. Ma question est la suivante : comment pourrait-on intéresser des partenaires industriels à ce type de structures pour avancer dans ce domaine ?

O. B. : À mon avis, pour cela, il vous faudrait rechercher un partenaire à long terme. À propos des robots, je suis très heureux de diriger la thèse d'un jeune chercheur qui développe à partir de Grasshopper un outil d'utilisation des robots. Les robots vont nous aider à réfléchir à la manière de fabriquer les structures complexes d'aujourd'hui. Un jour ou l'autre, un nouvel outil technologique apparaîtra. Les uns en feront une religion, d'autres y verront une abomination. La thèse en question porte sur des systèmes de coffrage à béton fabriquées avec une technologie robotisée très particulière, qui serait inconcevable sans robot. Je pense que beaucoup de techniques ont été abandonnées parce qu'elles demandaient trop de temps et d'argent. Mais avec la robotique, on peut à nouveau se poser la question de leur faisabilité. Par exemple, on pourrait s'inspirer de la menuiserie japonaise et construire en bois sans aucun raccord métallique, pour un coût plus raisonnable.

Y. W. : C'est justement ce que nous avons prévu dans nos prochains sujets de recherche. Je suis fasciné par le fait que la réinterprétation de la menuiserie japonaise pourrait influencer l'évolution des concepts logistiques de l'industrie du bois.

Références

1 « Conception de structures », département d'architecture, 3ème année, EPFL.

2 Colonel Emy, *Traité de l'art de la charpenterie,* 1878.

3 Hetzer, Otto,1906.

4 Rhino est un programme d'images en 3D de conception et de modélisation graphiques.

5 Grasshopper ® est un éditeur graphique d'algorithmes en 3D entièrement intégré aux outils de modélisation de Rhino. À la différence de RhinoScript, Grasshopper ne nécessite aucune connaissance de la programmation ou du scripting, mais permet aux designers de créer des générateurs de formes, de la plus simple à la plus élaborée.

6 Nabaei, Sina*, Mechanical Form-Finding of Timber Fabric Structures,* thèse n° 6436, EPFL, Lausanne, 2014.

7 Le Pôle de recherche national (PRN) Digital Fabrication – Advanced Building Processes in Architecture est hébergé à l'ETH de Zurich. Dirigé par Matthias Kohler, il réunit 13 laboratoires – : huit laboratoires de l'ETHZ, deux de l'EPFL, deux de l'EMPA et un laboratoire de la BFH. Il comprend aussi le Laboratoire de la construction en bois (IBOIS), que dirige Yves Weinand.

8 IASS 2015 Annual International Symposium on Future Visions, 17–20 août 2015 : le développement continu des techniques de conception, d'analyse et de construction pour l'environnement bâti, les structures en coques et les structures spatiales. http://www.iass2015.org

9 Développé par Bollinger + Grohmann ingénieurs

4.6

Structures tressées : application de principes textiles en architecture

Marielle Savoyat

Conception **IBOIS – Laboratoire pour la construction en bois / EPFL, École polytechnique fédérale de Lausanne, Suisse, Pr Yves Weinand et Dr Markus Hudert (chercheurs)**

Recherches et réalisation **2007–2013**

Les recherches effectuées entre 2007 et 2013 par Markus Hudert à l'IBOIS, le Laboratoire pour la construction en bois de l'École polytechnique fédérale de Lausanne, étudient l'utilisation des techniques textiles en architecture. Il est vite apparu que les principes du tricot, du tressage et du tissage offraient à l'architecture un grand potentiel d'applications aux structures porteuses.

Le dénominateur commun de toutes ces techniques textiles est un principe tout simple : celui de l'entrelacement de deux fils. Ce principe de base peut être transposé à deux planches de bois. Pour mettre en pratique ce concept, un premier prototype, appelé module textile, a été créé. Il a démontré que l'utilisation de techniques textiles, associées aux propriétés du bois, permettait de réaliser une structure autoportante particulièrement efficace.

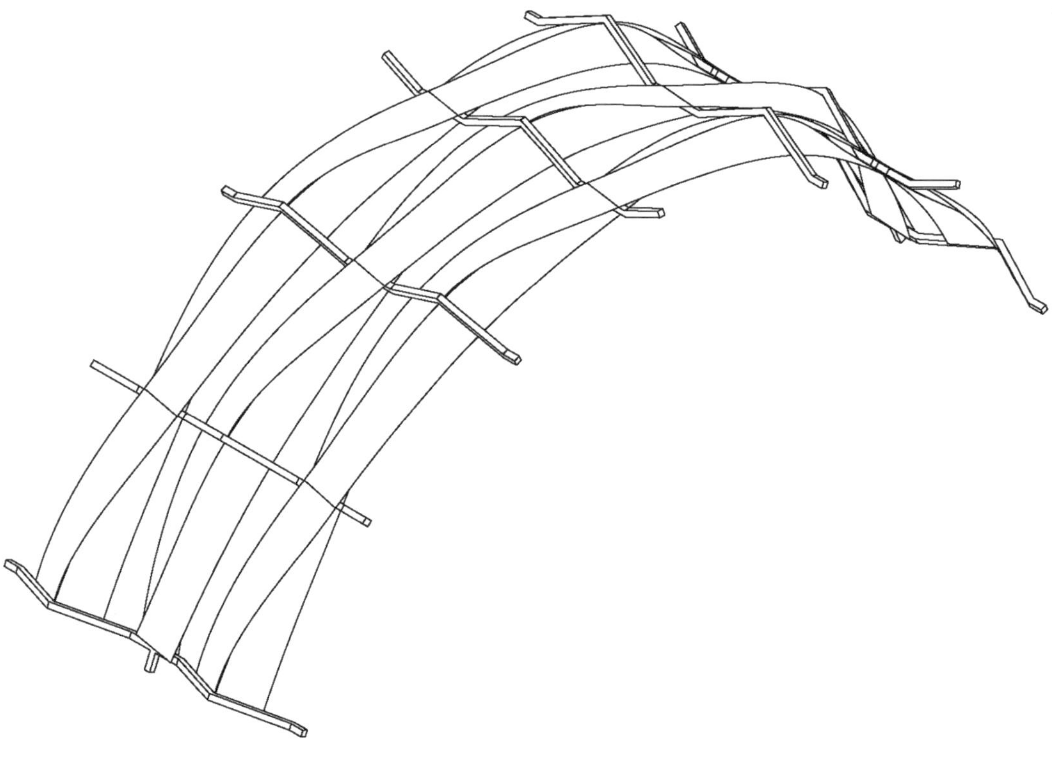

Ill. 1 Représentation axonométrique d'un arc tressé

III. 2 Vue de dessous du modèle

La géométrie de l'ensemble a été automatiquement déterminée par les techniques d'assemblage. Par ailleurs, quand une pression est exercée sur la structure[1], celle-ci s'allonge et s'aplatit, tandis que la section médiane du module de base gagne en hauteur, rendant ainsi la structure plus rigide. De fait, la superposition de deux minces planches de bois et l'alignement vertical des trous de vis creusés à chaque extrémité génèrent automatiquement la courbure sans besoin de recourir à un moule. La structure présente alors une résistance manifeste. Pour assurer cette capacité structurale, les couches les plus fines doivent être fixées ensemble.

L'un des avantages structuraux du textile est qu'il est composé d'un grand nombre de petits éléments interconnectés qui forment un tout. Ainsi, si l'un des éléments présente une faiblesse, l'ensemble de la structure n'en est pas n'affecté. Pour obtenir le même effet sur un plan architectural, il est nécessaire de créer une structure stable composée d'une multitude d'éléments, de sorte que la déformation de certains éléments ne compromette pas le bâtiment dans son ensemble.

Les recherches de Markus Hudert ont porté sur les moyens d'utiliser le module textile comme unité de base d'une structure de grande taille. En alignant plusieurs modules sur le même axe, on crée une structure en forme d'arc. La juxtaposition de plusieurs de ces arcs produit une structure en voûte. L'inconvénient de ce procédé réside dans le fait que les modules restent indépendants les uns des autres. Pour réaliser de grandes structures, des liaisons devraient être ajoutées aux points inférieurs et supérieurs du maillage. Les principes textiles présentent donc un intérêt à la fois sur le plan structural et architectural. La torsion subie par le matériau crée des tensions internes et la rigidité s'accroît. Les éléments tressés ne sont pas seulement hautement esthétiques, ils donnent aussi à la construction une grande force structurale et leur potentiel en termes de qualité spatiale est considérable.

La cohérence entre la structure et l'espace produit une architecture de haute qualité. À noter cependant que ces structures restent limitées à des bâtiments de plain-pied. Reste à savoir comment l'on pourrait recouvrir ces structures pour en élargir la forme architecturale. Les éléments de liaison pourraient aussi servir à fixer une membrane de recouvrement. S'il reste un grand nombre de pistes à explorer, ces premières recherches sont très prometteuses et leurs résultats constituent déjà un excellent tremplin.

Références

1 Hudert, M., *Timberfabric: Applying Textile Assembly Principles to Wood Construction in Architecture,* thèse n° 5553, EPFL, Lausanne, 2007.

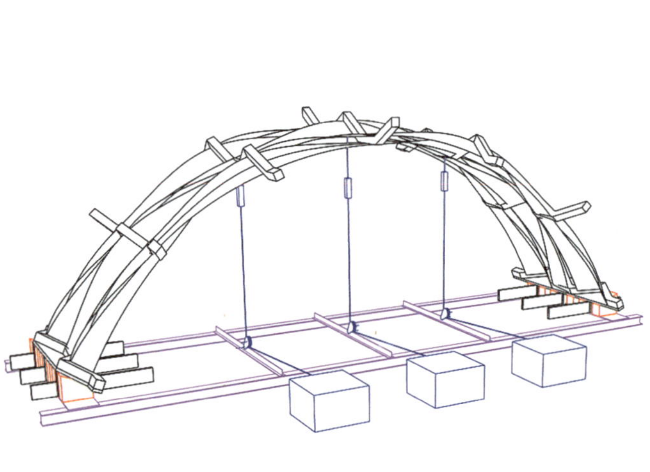

Ill. 3

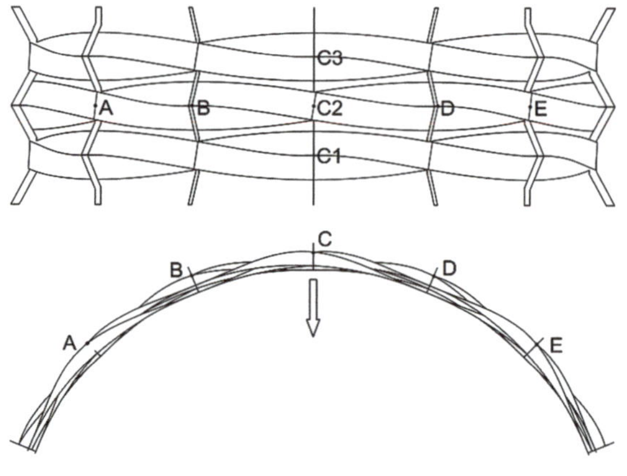

Ill. 4

Ill. 3 Procédure de test

Ill. 4 Définition spatiale des points de contrainte

Ill. 5 Le grand modèle pendant un test de compression

Ill. 6 Le modèle présenté lors de l'exposition Projet Bois à l'EPFL

Ill. 5

Ill. 6

5 Fabrication numérique

5.1

Liaisons bois-bois innovantes

Yves Weinand

Dans tous les processus constructifs, la technique de liaison utilisée est d'une importance capitale. En construction bois, les coûts relèvent pour moitié de la quantité de matériau utilisée, et pour moitié de l'assemblage et des liaisons. Contrairement aux systèmes porteurs en béton armé ou en acier, la construction bois requiert une plus grande attention à la planification intégrée. Cette dernière doit tenir compte de la technique de raccordement choisie, avec sa géométrie spécifique, dès la phase de planification. En construction bois, les techniques de raccordement recourent à des liaisons collées (forces chimiques), à des liaisons soudées (forces physiques) et à des liaisons mécaniques ou intégrales (forces mécaniques).

Dans cette dernière catégorie de liaisons mécaniques intégrales, comprenant par exemple les liaisons à queue droite ou à queue d'aronde, Christopher Robeller a montré que les liaisons à queue droite européennes se distinguent de leurs équivalents japonais par le plan d'insertion choisi. Tandis que dans la tradition européenne l'insertion des liaisons bois-bois à queue d'aronde se fait le long de l'enture, elle s'effectue, dans la tradition japonaise, de biais à travers celle-ci. Il est donc intéressant de se pencher sur l'angle d'insertion, mais aussi sur le principe de liaisons intégrales différentes, déterminées par diverses contraintes géométriques.

Si la liaison possède certaines propriétés géométriques, l'idée suivante vient compléter la réflexion : on peut définir des successions ou des séquences d'assemblage qui auront pour conséquence de bloquer définitivement certains éléments, à certains endroits, à un moment donné de l'assemblage. Selon le type de séquence, on voit apparaître des « schémas de blocage » qui décrivent le blocage d'un élément dans le système global.

En s'appuyant sur l'ensemble de ces connaissances, l'IBOIS s'est engagé dans de multiples recherches qui étudient les relations entre la géométrie globale, l'assemblage des éléments et le processus d'insertion des différentes liaisons. Ces

Ill. 1

Ill. 2

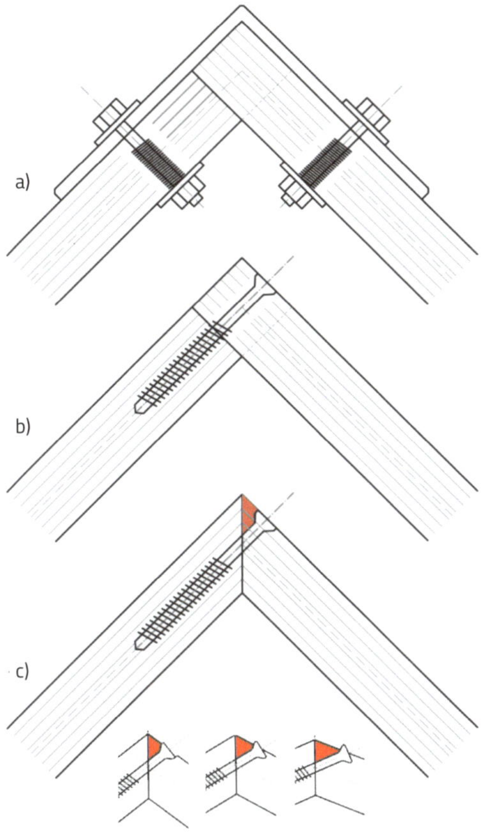

Ill. 3

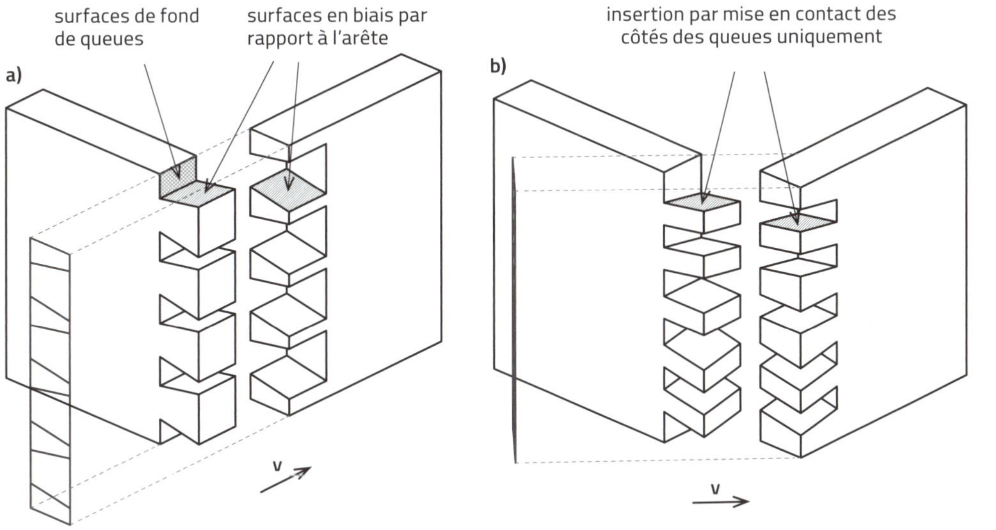

Ill. 4

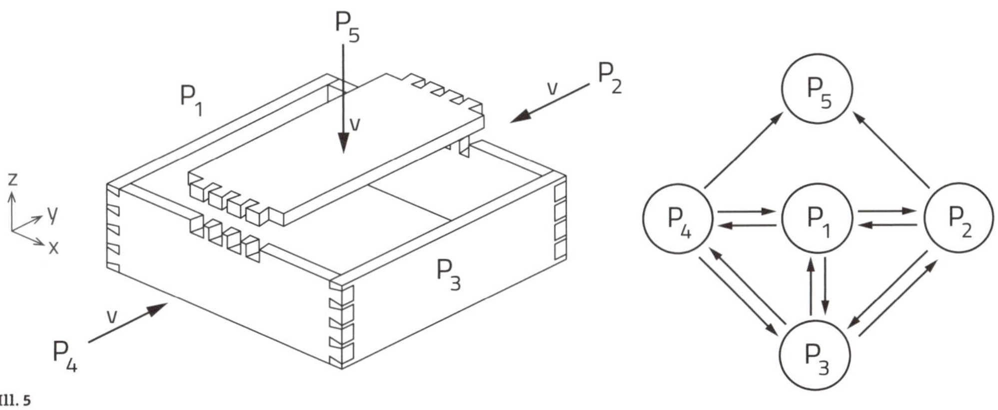

Ill. 5

Ill. 1 Structure plissée développée à l'aide de l'outil origami

Ill. 2 Mécanisme de rupture de la coque : ouverture des joints ou liaisons vissés

Ill. 3 a) Liaison par plaque d'acier pliée de deux panneaux perpendiculaires ; b) liaison vissée en angle de deux panneaux perpendiculaires ; c) liaison en coupe d'onglet avec vis de deux panneaux, avec variantes d'angles

Ill. 4 Schéma du vecteur d'insertion,
a) tradition européenne; b) tradition japonaise

Ill. 5 Schéma de blocage

Ill. 6 a

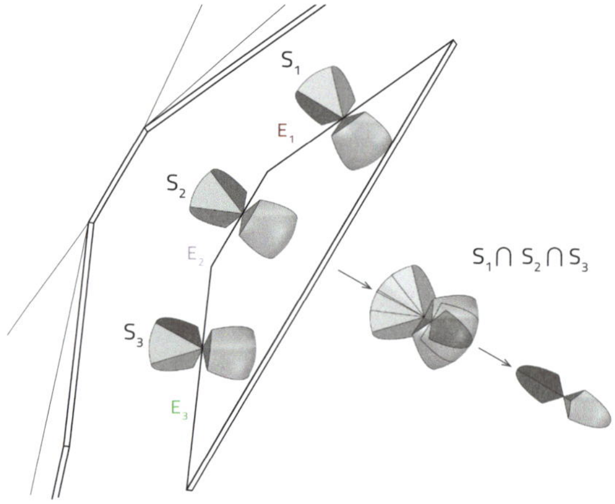

Ill. 6 b

Ill. 6 a–d Récapitulatif des grands axes des recherches menées à différentes échelles à l'IBOIS

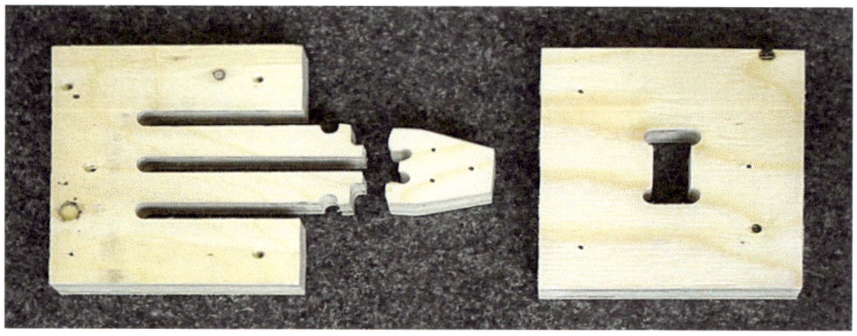

Ill. 6 c

Ill. 6 d

investigations portent sur les angles d'insertion, le nombre de degrés de liberté, les contraintes imposées par les outils au fraisage et les propriétés mécaniques de ces constructions d'un genre nouveau. En associant des panneaux stratifiés contreplaqués performants et des liaisons bois-bois d'une bonne efficacité mécanique, et en définissant des espaces qui prévoient les angles d'insertion possibles pour un ou plusieurs panneaux, il est possible de réaliser des structures porteuses durables et innovantes. Idéalement, celles-ci sont exclusivement composées de bois, ce qui présente aussi l'avantage de simplifier le tri lors de la mise au rebut.

Rétrospectivement, on a assisté ainsi à l'émergence d'un concept nouveau de planification de structures porteuses. Traditionnellement, la première étape consiste à proposer une forme qui est ensuite discrétisée ou subdivisée. Ensuite, une forme globale est proposée, généralement par l'architecte. La dimension des éléments et le type de liaison des éléments entre eux sont ensuite habituellement déterminés par l'ingénieur. Les méthodes de subdivision et d'assemblage sont donc subordonnées à la création de la forme globale. Enfin, le processus d'assemblage consiste à additionner des éléments. La forme globale résulte de l'assemblage des différents éléments et de leur liaison mécanique. Lorsqu'il s'agit de réaliser des formes architecturales non standardisées, ce processus montre ses limites dans la mesure où les structures porteuses ainsi construites ont toujours été extrêmement coûteuses. Cependant, dans la conception de structures porteuses que nous décrivons ici, ce processus est inversé. Les réflexions ne sont pas engagées les unes après les autres au fil de phases distinctes qui vont du global au local. Au contraire, ces deux échelles (l'échelle locale de la liaison et l'échelle globale de la forme finale) sont envisagées dans leur interaction et leur interdépendance. Les contraintes géométriques localement définies entraînent des types de liaison qui portent préjudice à la forme globale. L'intérêt de l'ingénieur pour la forme globale et la conception ciblée de chaque élément dans le cadre de la création de l'ensemble permet d'obtenir des constructions « intégrées », dans lesquelles la relation entre forme et structure se fait plus intense, plus étroite, l'une devenant indissociable de l'autre. Cet « entrelacement », gage de qualité, confère une beauté particulière aux structures porteuses ainsi créées.

Hommage à Eladio Dieste
L'architecte et ingénieur uruguayen Eladio Dieste (1917–2000) a prouvé, à travers de nombreuses constructions, que forme et structure pouvaient collaborer efficacement. Pour son entrepôt du port de Montevideo, il a conçu une construction en coque à double courbure à l'aide d'éléments discrets (en l'occurrence des briques). Des armatures métalliques ont été placées dans les joints pour absorber les forces de traction. L'évolution de la coupe d'une arche, partant d'une ligne au

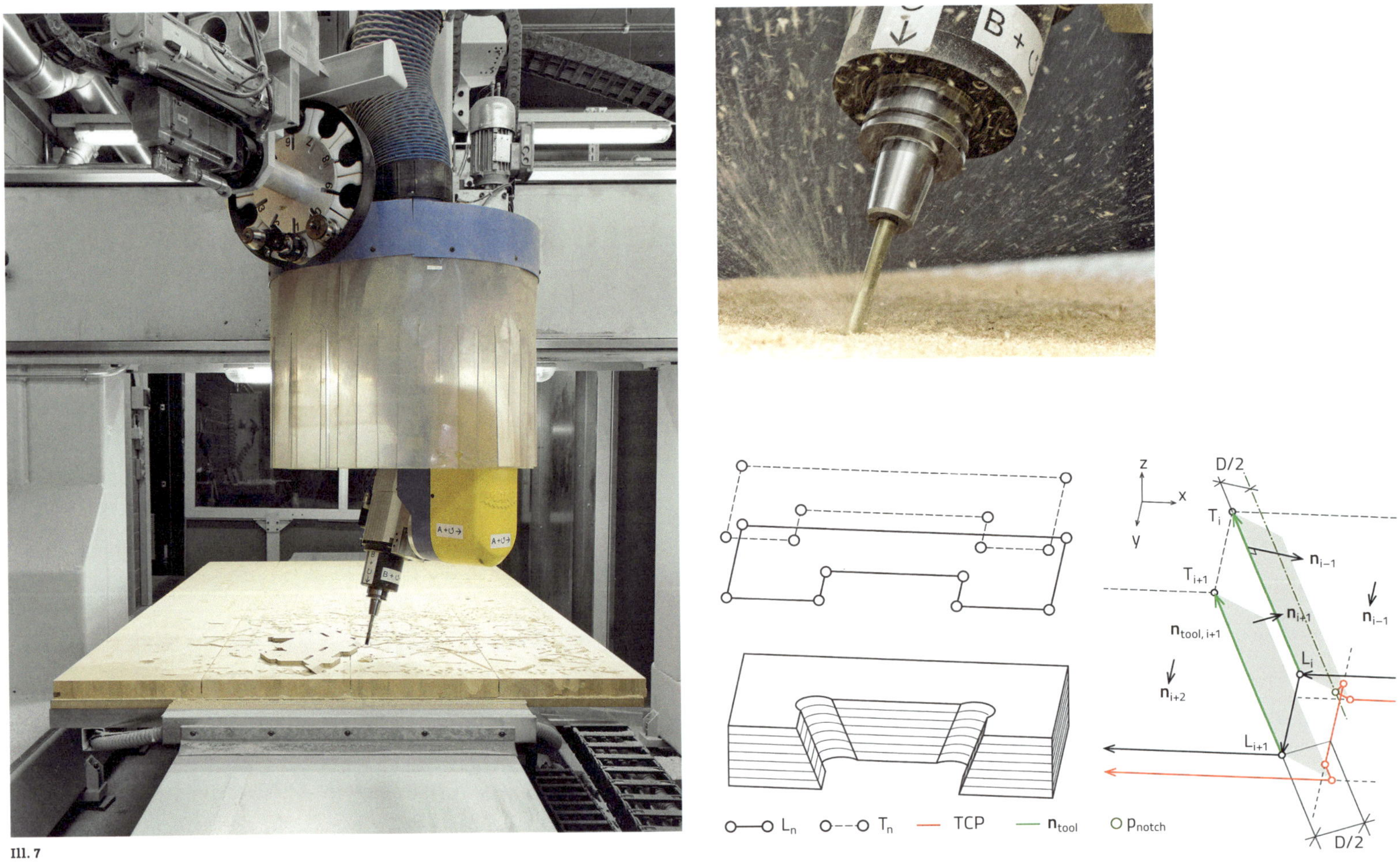

Ill. 7

Ill. 8

Ill. 7 Fraisage, description géométrique du parcours d'outil, définition de l'angle de la tête de fraisage par rapport au panneau

Ill. 8 La fabrication d'une coque de géométrie complexe nécessite moins de temps ; **a)** éléments de la coque avec liaisons bois-bois préfraisées ; **b)** coque ; **c)** coque en béton fibré après décoffrage

Ill. 9 Développement de l'idée avec passage d'un coffrage à béton perdu à une coque mixte bois-béton. L'idée d'une structure à surface porteuse au potentiel pleinement exploité se concrétise dans la superposition d'une strate de bois et d'une strate de béton, qui présentent l'adhésion nécessaire par le simple jeu des contraintes géométriques. Comme les jonctions bois-bois, le long des arêtes des panneaux, pénètrent dans le béton, ces dentelures assument la fonction de liaison habituellement dévolue aux chevilles.

Ill. 10 Représentation axonométrique et en coupe de la coque à double courbure proposée par Dieste

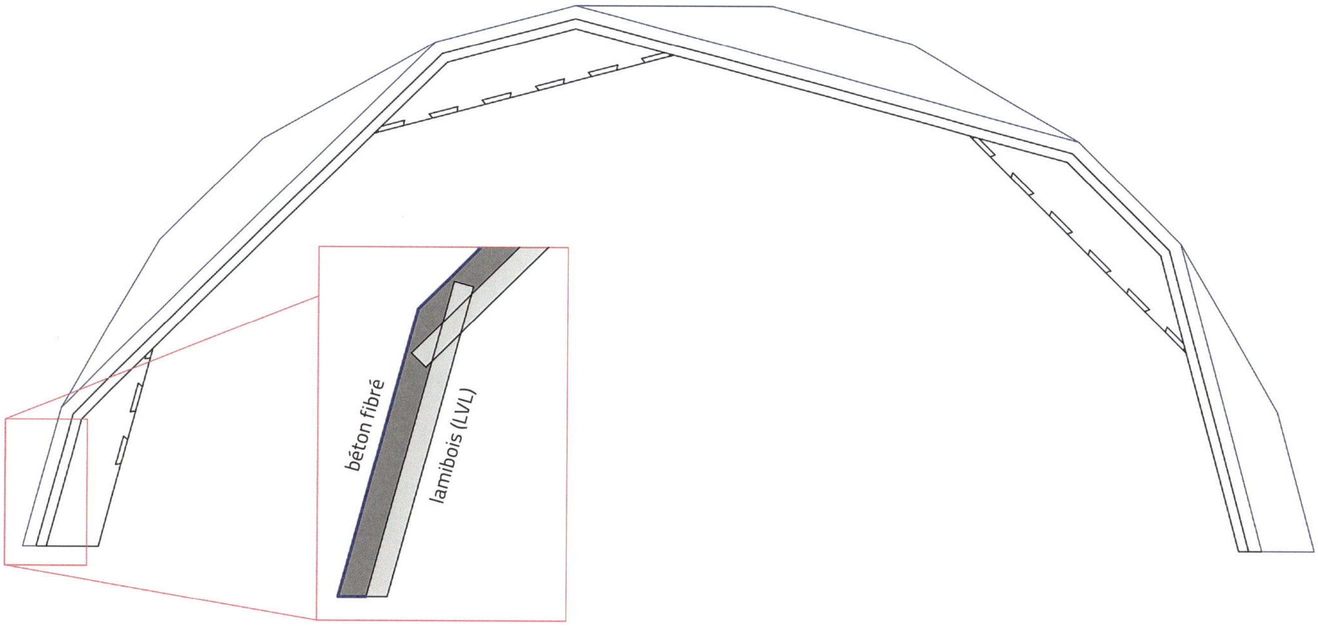

Ill. 9

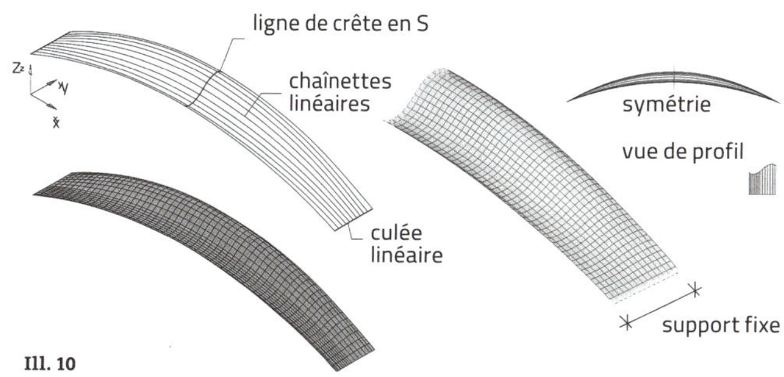

Ill. 10

niveau de l'appui pour aboutir à une forme de S au sommet de l'arche, découle de cette double courbure. Cette coupe en S offre un moment d'inertie plus important, et donc une meilleure résistance à la plicature au sommet de la voûte.

La fabrication de surfaces à double courbure est aussi un défi en construction bois. Dans le projet présenté ici, les briques de Dieste ont été remplacées par des caissons de bois réalisés en stratifié contreplaqué. Les armatures de fer ont cédé la place à des liaisons à queue d'aronde qui assurent la cohésion des caissons. On note une différence géométrique fondamentale avec l'entrepôt de Dieste, dans lequel la courbure est obtenue par des variations de l'épaisseur des joints de ciment entre les briques. Toutes les briques ont les mêmes dimensions, les joints compensant la variation des rayons de courbure. Ici, les éléments discrétisés doivent absorber précisément, au niveau local, les angles formés par les éléments, dans la largeur et la longueur. C'est pourquoi la géométrie des éléments subit de légères variations pour suivre cette courbure.

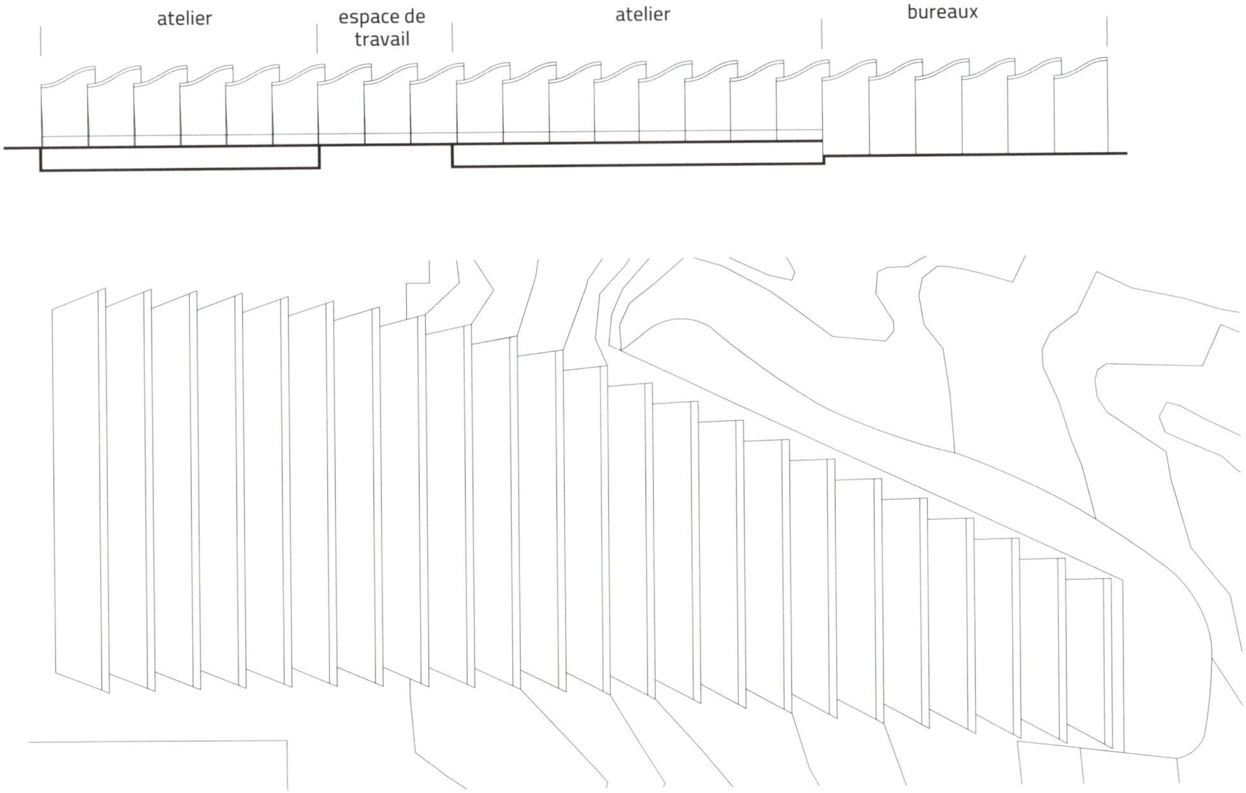

Ill. 11 Section longitudinale et plan à l'échelle 1 : 1000, maquette

Ill. 12 Planarisation des surfaces

Ill. 13 a) Représentation axonométrique et surface paramétrisée du système d'emboîtement, b) code de fraisage, c) assemblage d'un prototype à l'IBOIS

Ill. 11

L'objectif est de réaliser au total 23 arches d'environ 6,5 m de largeur, avec une portée variant de 32 à 52 m, et une hauteur maximale de 13 m. La longueur du bâtiment est de 170 m.

La subdivision des arches en segments a été réalisée au moyen d'un plug-in et de l'outil Grasshopper. Pour commencer, les surfaces ont toutes été disposées dans une trame orthogonale, avec toutes les surfaces nervurées en position verticale. De cette manière, des plans verticaux peuvent être indiqués pour l'assemblage : ils situent clairement le début et la fin de chaque arche. Ensuite, le programme informatique a planarisé toutes les surfaces, la construction devant être composée de panneaux plans. Cette planarisation consiste à calculer la position optimale des surfaces planes dans l'espace de manière à ce que les différentes facettes suivent aussi fidèlement que possible la double courbure.

Un système d'emboîtement exigeant une succession séquentielle de l'assemblage d'abord été développé : un caisson n'est pas un élément isolé, mais touche son voisin. Au moins l'une des faces latérales fait donc partie d'au moins deux caissons (ou dépasse d'un caisson pour être intégrée au caisson suivant). De cette manière, on obtient un système entièrement intégré. Cependant, du point de vue de l'assemblage, un point a été jugé négatif : les modules ne sont pas préfabriqués. La structure a été créée par un système

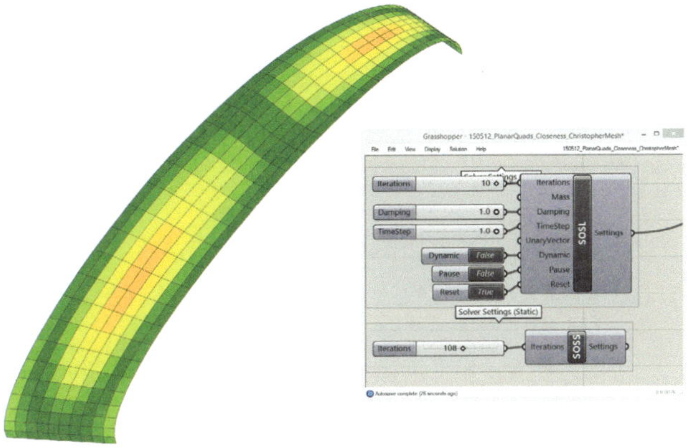

Ill. 12

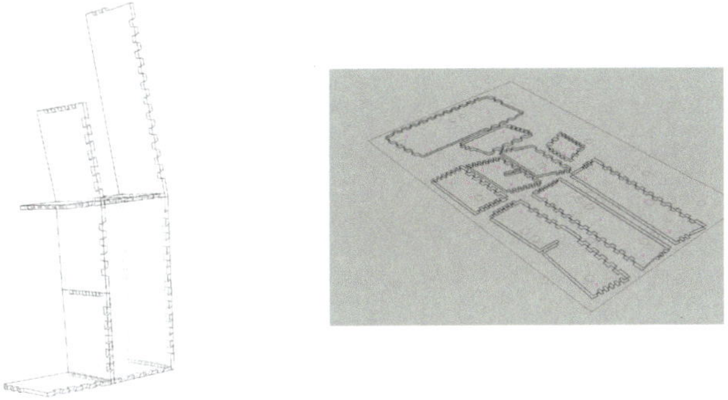
Ill. 13 a

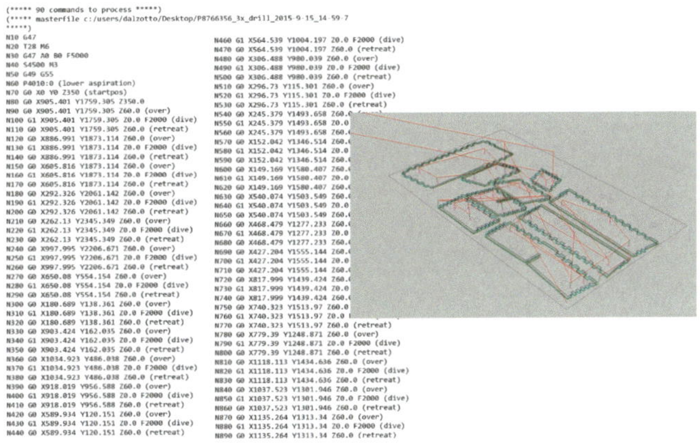
Ill. 13 b

Ill. 13 c

d'emboîtement intégral, que l'on peut aussi ranger dans la catégorie des structures réciproques.

D'où l'idée de combiner ces deux besoins : d'une part, le développement d'un système modulaire simplifiant l'assemblage et d'autre part, le développement d'un système qui repose aussi intrinsèquement sur l'imbrication. La géométrie d'ensemble a alors fait l'objet d'une nouvelle subdivision, non pas en modules parallélépipédiques, c'est-à-dire en caissons « rectangulaires », mais sur la base d'un principe de subdivision en « arête de poisson ». Les plans verticaux ont été conservés. Le nouveau principe de subdivision choisi s'applique au niveau du plan.

L'insertion ne se fait plus perpendiculairement à l'une des faces latérales mais en diagonale, si bien qu'elle porte simultanément sur deux surfaces latérales d'un caisson. Cet angle d'insertion en diagonale rappelle la tradition japonaise des liaisons à queue d'aronde présentée plus haut, dans laquelle l'angle d'insertion est aussi choisi en dehors de l'espace orthogonal. Ce procédé permet de combiner efficacement le principe rationnel, très répandu en Occident, de juxtaposition de modules à assembler, avec le principe oriental d'emboîtement de ces mêmes modules. L'emboîtement est d'une grande importance puisque, en traction comme en compression, les efforts de membrane sont absorbés par cette coque à double courbure. Cet emboîtement rend impossible tout déplacement ou déboîtement local d'un caisson par rapport à son voisin.

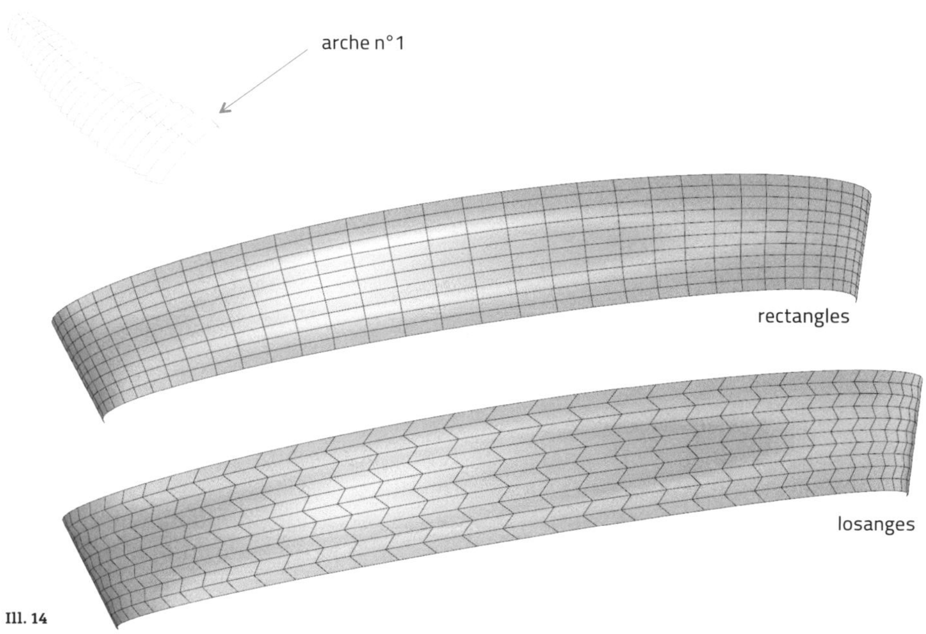

Ill. 14

Ill. 14 Outil de design paramétrique permettant d'obtenir le motif en arête de poisson

Ill. 15 Outil de design paramétrique permettant de créer le système de subdivision des caissons inspiré du motif en arête de poisson. L'angle d'insertion en diagonale met en jeu au moins deux faces du même caisson simultanément.

Ill. 16 Visualisation du motif en arête de poisson à partir de l'exemple de trois arches principales

Ill. 17 Visualisation des caissons avec leurs dentures. Les degrés de liberté des dentures doivent respecter la séquence d'assemblage globale.

Ill. 18 Prototypes de caissons à l'échelle 1:1. Ici, deux caissons sont reliés ou imbriqués.

Ill. 19 Corps d'épreuve mécanique. Le test porte ici sur la résistance des dents au cisaillement.

Ill. 20 Vue du dessous des coques

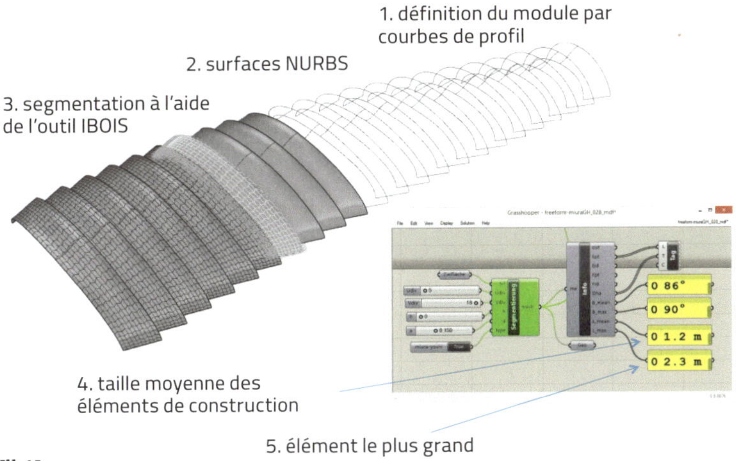

Ill. 15

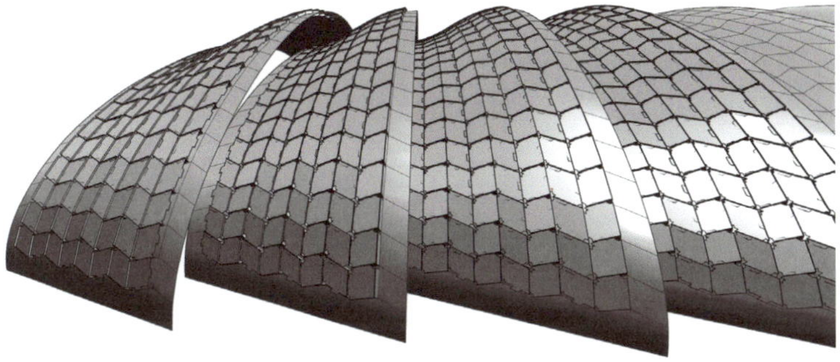

Ill. 16

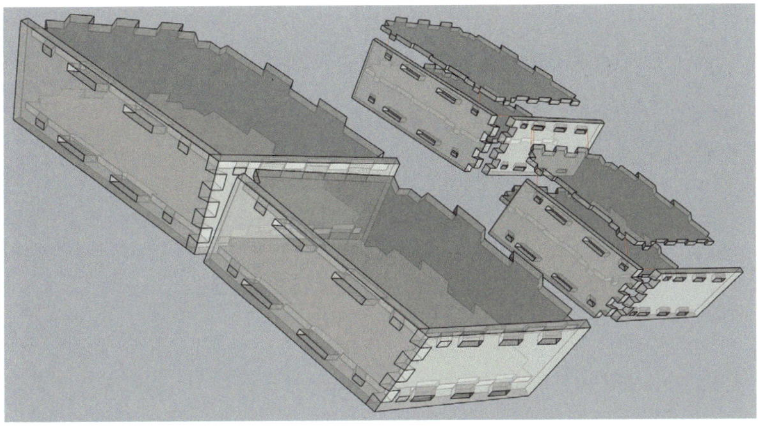

Ill. 17

Ill. 18

Ill. 19

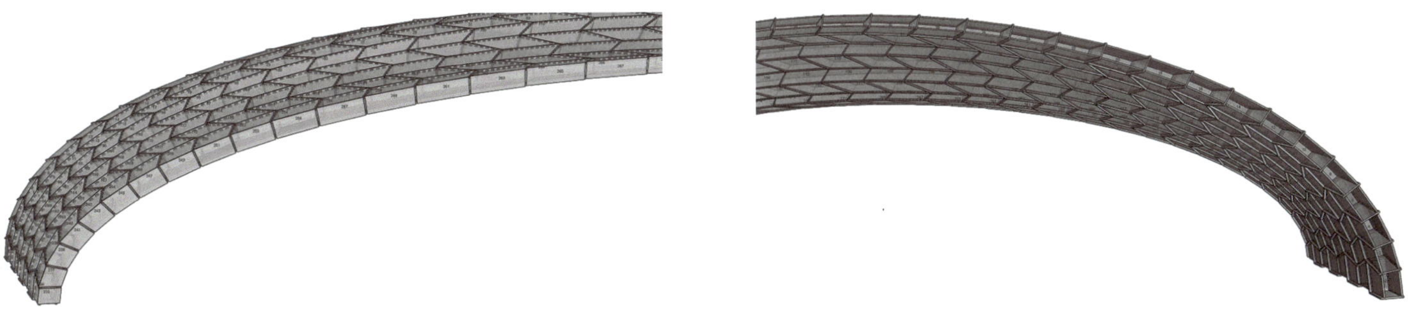

Ill. 20

5.2.

Structures plissées d'éléments assemblés par imbrication – liaisons mécaniques intégrales pour constructions en panneaux de bois

Christopher Robeller et Yves Weinand

La fabrication automatisée de connecteurs bois est aujourd'hui très courante dans l'assemblage de poutres pour la construction de charpentes et de toitures. Elle a remis au goût du jour des techniques ancestrales de charpenterie telles que les jonctions par tenons et mortaises. En revanche, la fabrication automatisée de ces assemblages mécaniques issus de la menuiserie pour des constructions en coques de panneaux de bois est beaucoup plus récente. De premiers prototypes ont été construits avec ces connexions intégrées, qui permettent de positionner les éléments. Un collage supplémentaire permet de renforcer les assemblages porteurs. Les assemblages collés ne peuvent toutefois pas être mis en œuvre sur site, les conditions requises n'étant pas forcément réunies. Il en résulte d'autres contraintes pour la conception.

Dans cet article, des joints à queue d'aronde non-collés, testés dans le cadre d'une étude de cas sur une structure plissée en panneaux de bois, sont présentés. En raison de leur géométrie, ces joints possèdent un seul degré de liberté. Par conséquent, le mouvement relatif des deux éléments n'est autorisé que dans une direction. Cela permet d'assembler des panneaux par imbrication, mais constitue également un véritable défi pour le montage des coques plissées puisque pour chaque panneau plusieurs arêtes non-parallèles doivent être assemblées simultanément.

Mots clés *connexions intégrales, structures plissées en bois, principes de fabrication numérique, constructions en coque, montage*

1 Introduction

Les créations architecturales sont souvent inspirées par les formes plissées comme celles de l'origami japonais. Cependant, ce genre de pliage peut rarement s'appliquer directement aux bâtiments. Dans les années 1960, de nombreuses plaques plissées ont été construites à partir d'éléments fins en béton. Celles-ci nécessitaient un travail important et des coffrages complexes pour le moulage sur site. Toujours dans les années 1960, des constructions en éléments préfabriqués réalisés à partir d'éléments discrets en matière plastique fibrée ont fait l'objet de recherches.[1]

Les constructions plissées en panneaux stratifiés ont été présentées par Regina Schineis[19] (Glulam) et Hans Ulrich Buri[2]. Ces créations combinent l'élégance et l'efficacité des coques de bois avec les avantages des panneaux bois de construction, par exemple le stockage du CO_2, et un excellent rapport poids/solidité. Cela étant, les joints sont l'un des défis majeurs des constructions plissées en panneaux de bois. Ces panneaux ne pouvant être pliés, les nombreuses arêtes le long desquelles se font les liaisons doivent remplir deux fonctions : la première est d'assurer la portance, avec des joints suffisamment rigides et solides, la seconde, dans le cadre de l'assemblage des éléments de construction, est de servir de repères intégrés pour un positionnement et un montage rapides et précis des différentes pièces.

Benjamin Hahn[5] a examiné le comportement structural de la première coque de bois plissé, construite en contreplaqué et assemblée par onglets vissés. Il en a conclu que la performance de charge pouvait être nettement améliorée en augmentant le nombre de connexions résistantes.

Pour procéder à ces améliorations, l'inspiration peut être trouvée dans les techniques d'assemblage mécanique intégrales, les plus anciennes connues, dont la géométrie même des parties entrave le déplacement relatif des éléments les uns par rapport aux autres.[13] Ces liaisons intégrées ont été redécouvertes récemment par le secteur de la construction bois. Les assemblages par tenons et mortaises n'étaient plus utilisés depuis 1985 pour les constructions à ossature bois.[7] Ce n'est que depuis peu

Ill. 1

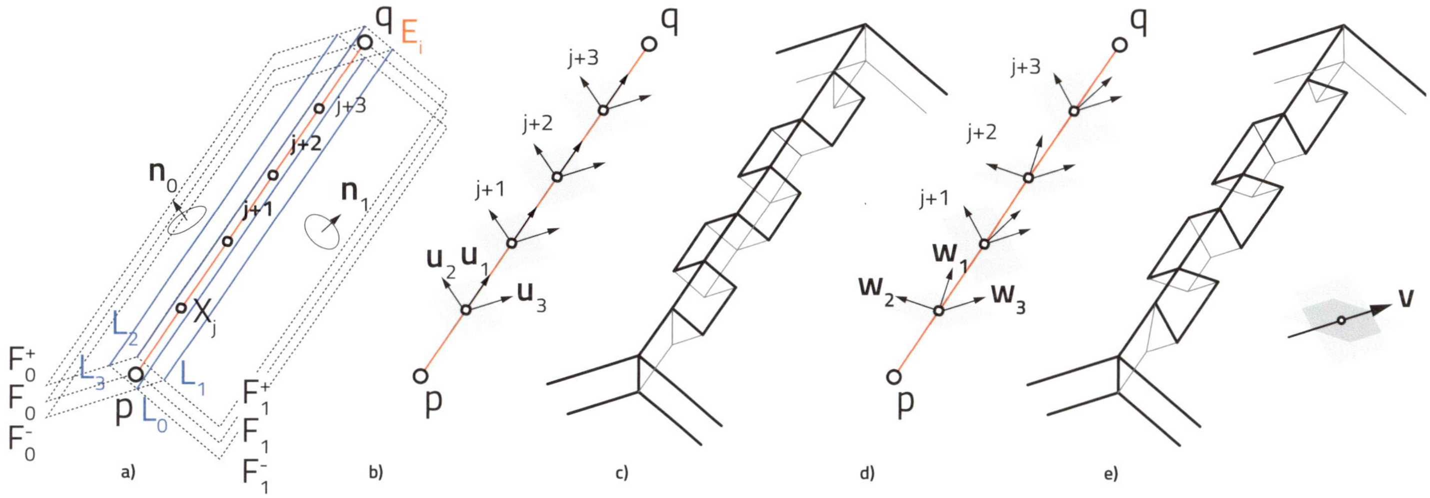

Ill. 2

Ill. 1 Prototype de coque mince plissée construite en panneaux de lamibois LVL de 21 mm d'épaisseur assemblés par liaisons à queue d'aronde à un seul degré de liberté sans collage. Les éléments s'imbriquent les uns dans les autres.

Ill. 2 Géométrie des assemblages a) paramètres basiques b) plans d'intersection (gris) perpendiculaires à $\overrightarrow{pq}$, c) joint à trois degrés de liberté d) plans d'intersection après rotation (gris) perpendiculaires à $\overrightarrow{w_j}$ e) joint à un degré de liberté

que l'on recourt à nouveau aux liaisons intégrées pour relier des panneaux de bois par leurs arêtes. Dans les pavillons de recherche ICD/ITKE de 2011[12] et 2013[11], des joints à entures multiples ont servi à assembler des panneaux de contreplaqué. Pour les panneaux de bois lamellé-croisé du Curved Folded Wood Pavilion de l'IBOIS en 2013[18], des liaisons à queue d'aronde ont été utilisées. Sur ces prototypes, les liaisons intégrées ont joué un rôle essentiel dans le montage des composants. Elles ont également été employées afin de créer des jonctions portantes entre les éléments, même si un collage supplémentaire a été nécessaire. À quelques exceptions près[6], ces jonctions collées ne peuvent être réalisées sur site car elles ne durcissent correctement que dans des conditions spécifiques de température et d'humidité ambiantes.[15] De ce fait, elles ne peuvent être utilisées que pour l'assemblage en usine d'éléments de taille relativement importante, ce qui complique le transport et la manipulation – sachant que des connexions supplémentaires seront de toute façon nécessaires pour l'assemblage final. L'utilisation de l'assemblage à queue d'aronde sans collage supplémentaire tel qu'il a été étudié dans un prototype de coque de bois plissé est ici proposée (ill. 1).

Grâce à leur géométrie à un seul degré de liberté, ces joints n'autorisent le mouvement relatif des deux éléments que dans une direction. Cela permet d'assembler des panneaux par imbrication, mais c'est aussi un véritable défi pour le montage des coques plissées puisque pour chaque panneau, plusieurs arêtes non-parallèles doivent être assemblées simultanément.

1.1 Géométrie de la queue d'aronde et performance mécanique

À l'aide d'un logiciel de maillage polygonal, nous décrivons une jonction d'arête le long d'une arête E. À partir de la connectivité de maillage, nous obtenons les sommets de l'arête p et q et les faces adjacentes F_0 et F_1 avec les normales aux surfaces n_0 et n_1. Le maillage de polygones sert à représenter la surface médiane des panneaux de bois d'épaisseur t et à décaler les surfaces F_1 et F_2 de $\pm\frac{t}{2}$ de manière à obtenir les lignes L (ill. 2a). Par subdivision de E, on obtient les points X_j dans le système de coordonnées $\{u_1, u_2, u_3\}$, où $u_1 || \vec{pq}$ et $u_2 || n_0$ (ill. 2b). La géométrie des entures résulte d'une intersection des plans en X_j, perpendiculaires à u_1, le long des quatre lignes L.

En l'absence de liaisons supplémentaires, les assemblages à entures, appelés aussi joints plans, sont une paire cinématique à trois degrés de liberté. Ils peuvent résister à des forces de cisaillement parallèles à l'arête et à des forces de compression dans le plan. Néanmoins, en fonction de la géométrie des panneaux, de leur épaisseur et surtout de la rigidité en rotation des éléments de liaison, des moments de flexion sont aussi transmis d'un panneau à l'autre. De plus, en raison de la rotation de l'arête causée par la flexion, des efforts de traction dans le plan apparaissent perpendiculairement à l'arête, et leur magnitude augmente en cas de charge asymétrique. De telles forces, causées par des charges appliquées en dehors du plan, ne peuvent être reprises uniquement par les liaisons résistantes aux forces de cisaillement et de compression dans le plan.

Dans le cas de la liaison à queue d'aronde (ill. 2d, e), les plans d'intersection aux points X_j sont perpendiculaires à un vecteur de rotation w_1. Celui-ci résulte de la rotation du référentiel $\{u_1, u_2, u_3\}$ de u_3 selon un angle alternant de $\pm\theta_3$. Les surfaces adjacentes qui en résultent réduisent le nombre de degrés de liberté de la liaison à queue d'aronde à la simple translation w3 (un seul degré de liberté). Simek et Sebera[20] ont recommandé un angle de $\theta_3 = 15°$ pour des panneaux de contreplaqué de bouleau. De telles liaisons prismatiques ne peuvent être assemblées et démontées que dans une seule direction, $\vec{v} = \vec{w_3}$. Si les assemblages à queue droite résistent aux efforts de cisaillement et de compression, les liaisons à queue d'aronde peuvent absorber en plus les moments de flexion et les efforts de traction non-parallèles à $\vec{v}$, même sans collage supplémentaire. L'inclinaison des faces latérales améliore nettement la résistance à ces forces. Les surfaces inclinées jouent ici le même rôle que la colle dans les assemblages à queue droite (ill. 4).

1.2 Contraintes de fabrication

L'une des principales raisons du retour en grâce des assemblages à queue droite et à queue d'aronde est la

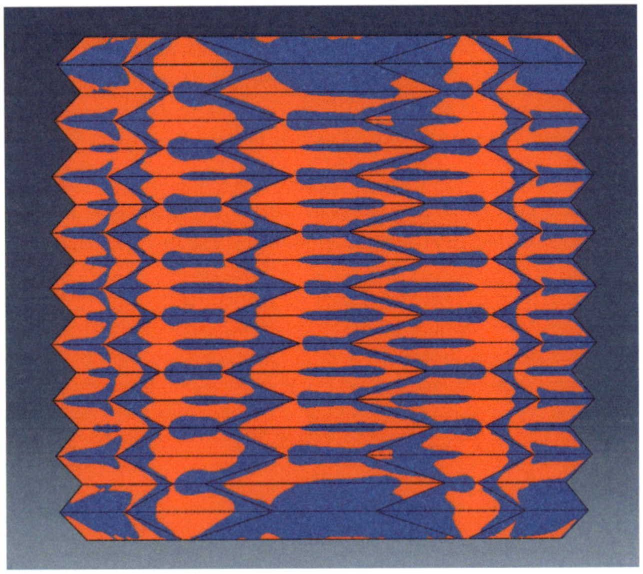

Ill. 3

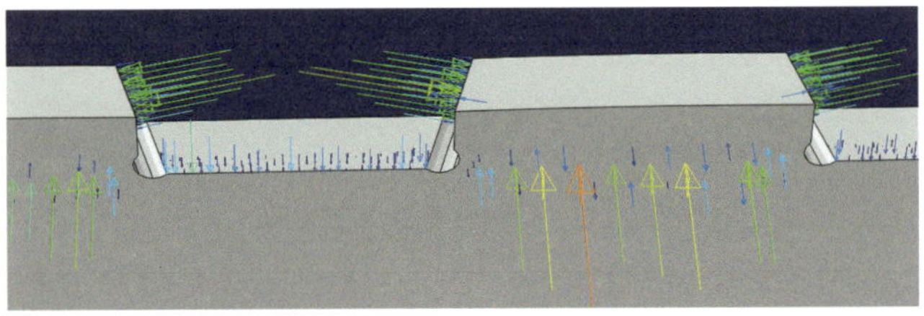

Ill. 4

Ill. 3 Analyse par MEF (vue en plan) d'une coque de 3 m × 3 m en panneaux Kerto-Q plissés avec hypothèse de joints parfaitement rigides. Distribution des forces de traction (rouge) et de compression (bleu) dans la direction y. En haut : situation de charge correspondant au poids propre de la structure. En bas : charge de neige asymétrique.

Ill. 4 Simulation par MEF de la flexion subie par un joint à queue d'aronde connectant deux panneaux de lamibois Kerto-Q de 21 mm. Les efforts de flexion appliqués sont transformés en forces de compression, forces normales et forces de cisaillement parallèles aux faces de contact inclinées.

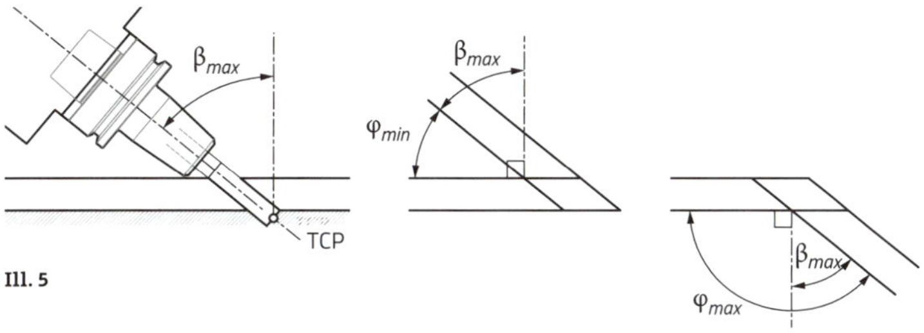

Ill. 5

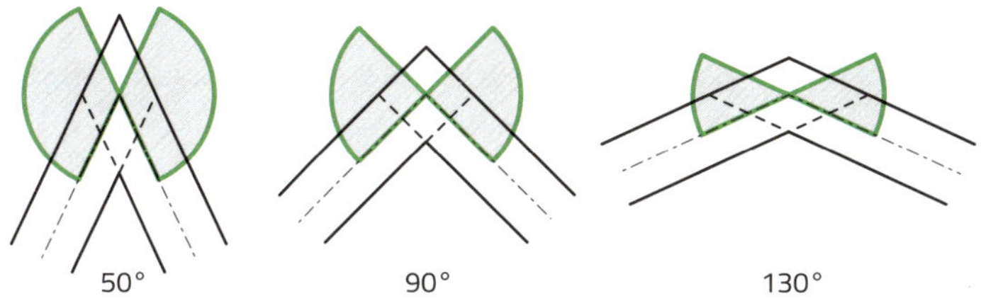

Ill. 8

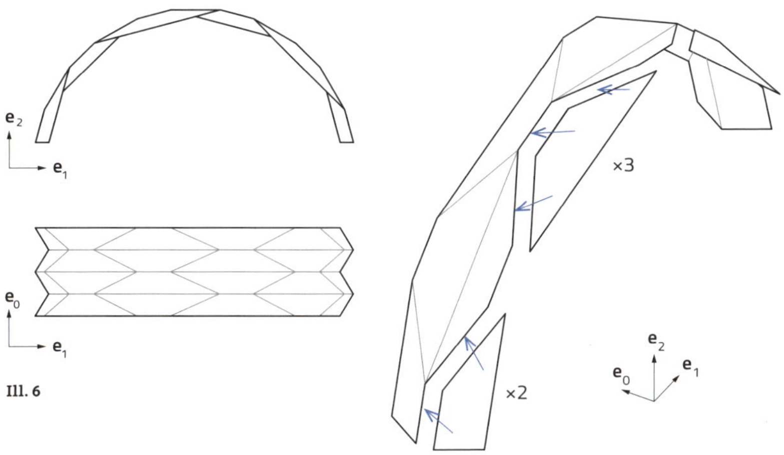

Ill. 6

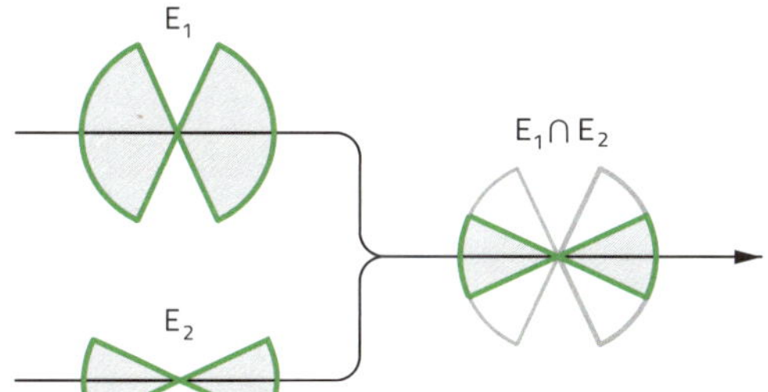

Ill. 9

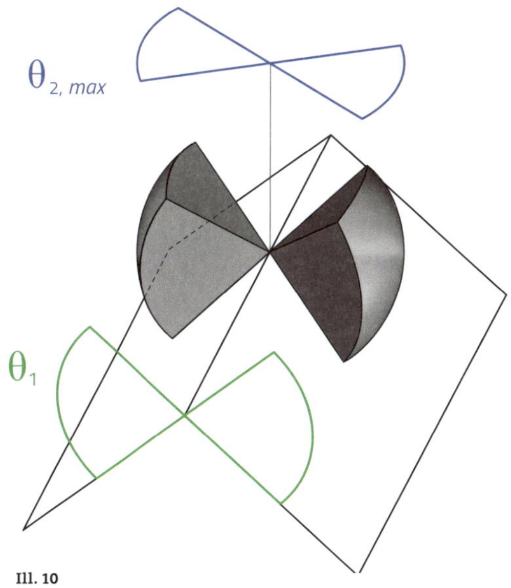

Ill. 10

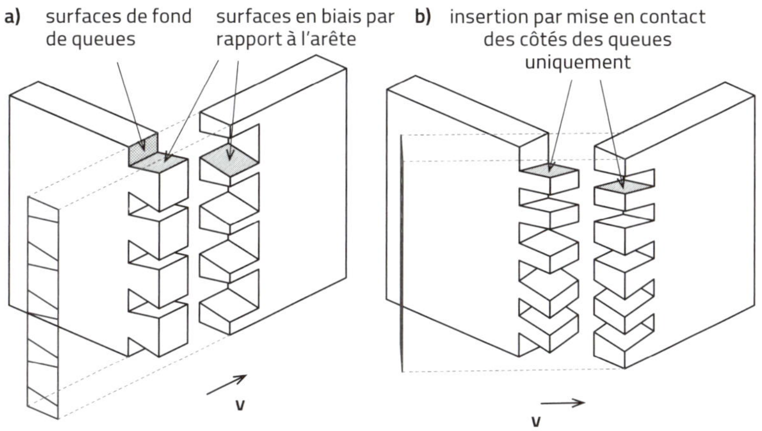

Ill. 7

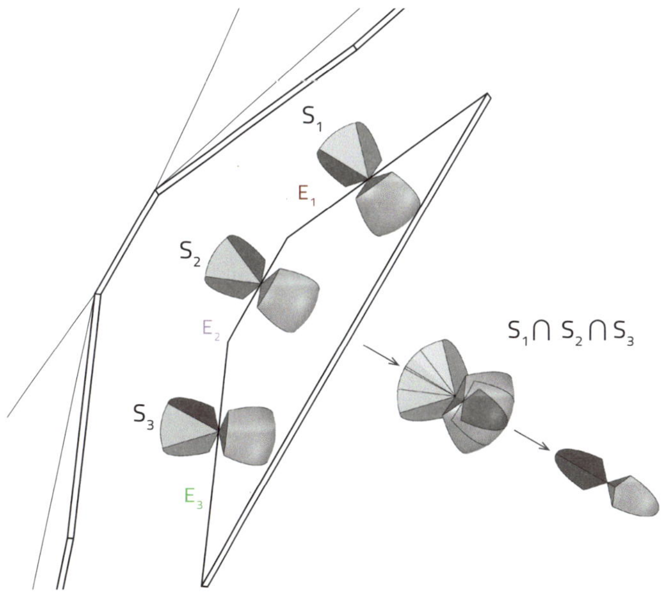

Ill. 11

Ill. 5 Contraintes de fabrication. Techniques de découpe des arêtes utilisées pour la fabrication automatisée des liaisons en arêtes à un degré de liberté à l'aide d'une fraiseuse CNC à cinq axes. L'inclinaison maximale de l'outil β_{max} découle de la géométrie de l'outil et du porte-fraise. À partir de ces données, on obtient le spectre des angles dièdres entre panneaux.

Ill. 6 L'assemblage d'un panneau plissé à partir d'éléments discrets (à gauche) nécessite d'assembler simultanément des arêtes non-parallèles (à droite). La direction d'insertion des joints à un degré de liberté subit une rotation de manière à ce que les vecteurs d'insertion des arêtes assemblées simultanément soient parallèles. Nous avons choisi un motif hexagonal qui ne nécessite que des rotations modérées.

Ill. 7 **a)** Joint à queue d'aronde, **b)** joint Nejiri Arigata

Ill. 8 Espace vectoriel en 2D

Ill. 9 Assemblage simultané en 2D

Ill. 10 Espace vectoriel en 3D

Ill. 11 Assemblage simultané en 3D

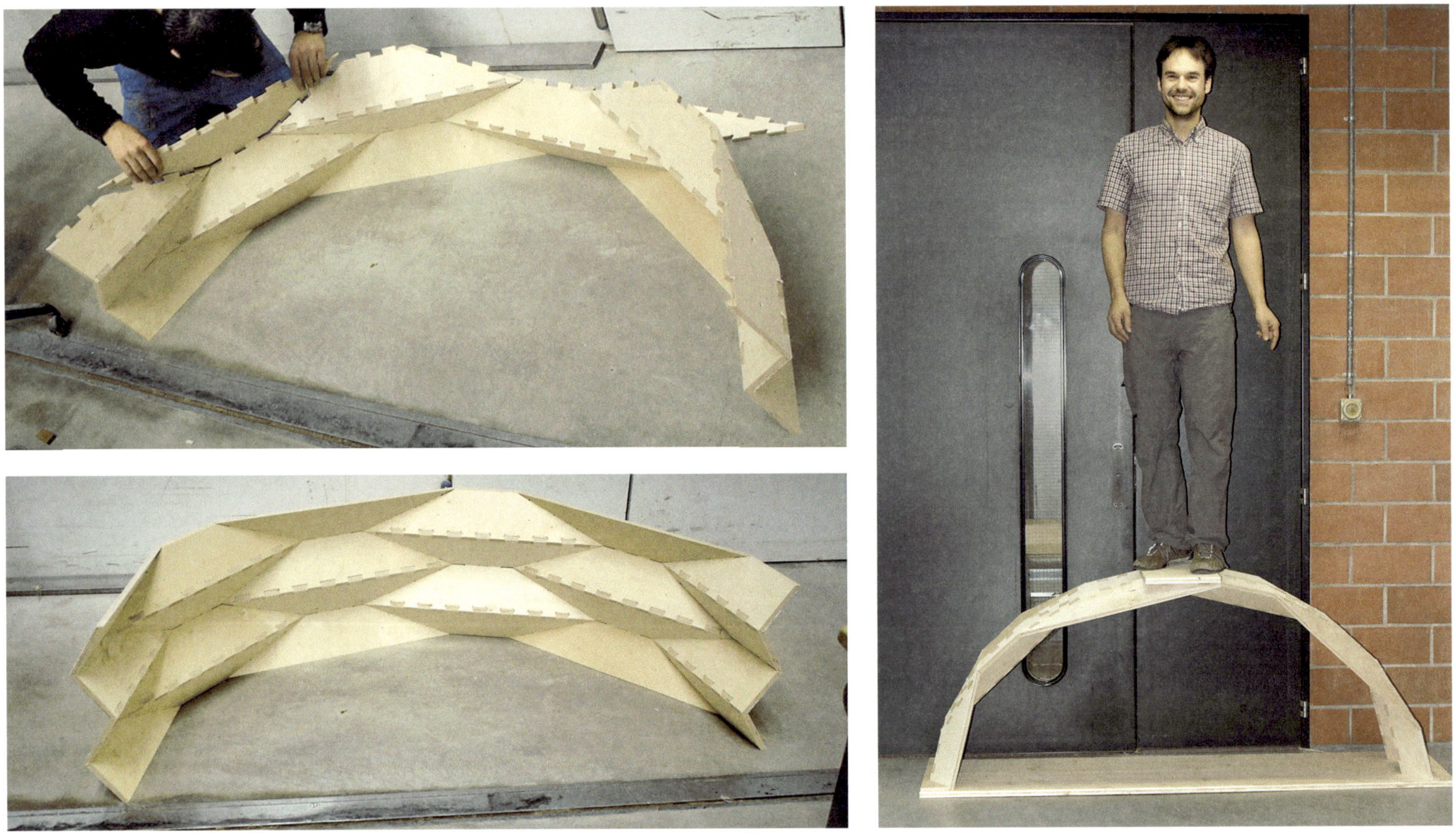

Ill. 12

Ill. 12 Prototype d'arche en panneaux plissés réalisée en contreplaqué de bouleau de 12 mm (neuf couches, I-I-I-I-I). Assemblage sans colle ni fixations métalliques. Portée : 1,65 m, poids propre: 9,8 kg).

Ill. 13 Série de tests de flexion 3 points sur petit prototype d'arche en éléments imbriqués réalisée en contreplaqué de bouleau de 12 mm Metsä Wood.

Ill. 14 Structure plissée à double courbure : le rayon (R=17 m) de la courbure transversale est déterminé par l'amplitude maximale h^2 des panneaux, qui est inversement proportionnelle au nombre de segments m de la polyligne (en gris) de la section transversale.

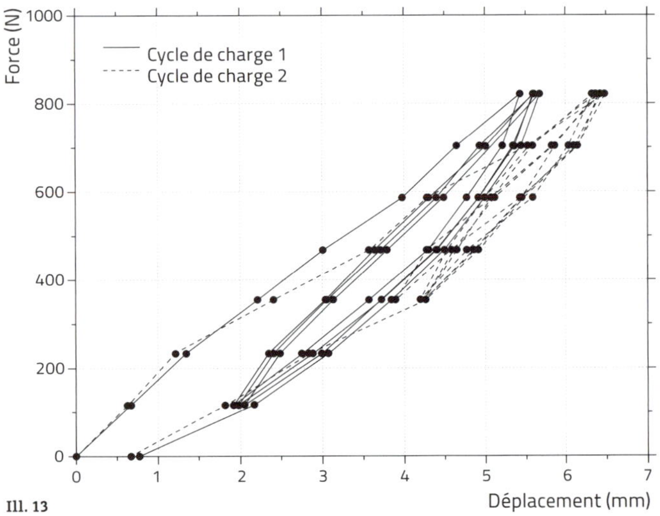

Ill. 13

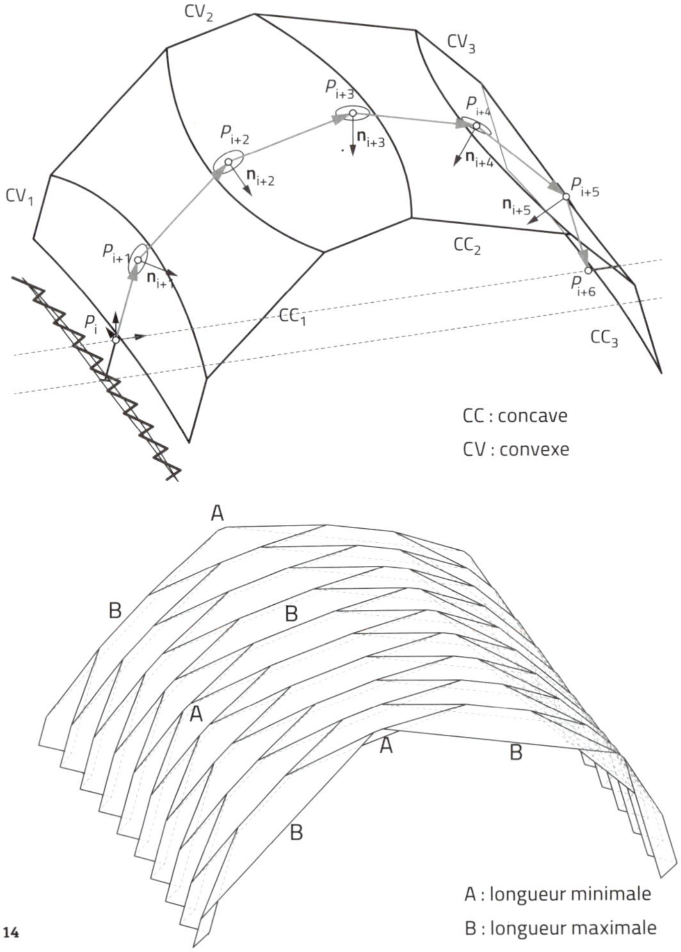

Ill. 14

possibilité d'automatiser leur fabrication. La performance mécanique de ces assemblages dépend de la précision de leur fabrication, mais il est important aussi que la vitesse d'alimentation de la machine soit élevée pour que la production soit efficace et rentable. Des liaisons de ce type ont été fabriquées avec un robot de fraisage et une fraiseuse à portique : la précision a été meilleure avec la fraiseuse à portique, plus rigide et plus exacte dans la répétition des opérations.

Le guidage de la coupe selon cinq axes sur les fraiseuses modernes permet de créer des liaisons très variées. Traditionnellement, les liaisons sur arête étaient utilisées en menuiserie pour les assemblages perpendiculaires. Les liaisons à queue droite et à queue d'aronde peuvent pourtant toutes deux servir pour des assemblages en angles pliés non-orthogonaux, ce qui était capital dans le cadre des projets mentionnés plus haut. Cependant, il existe certaines contraintes de fabrication pour les liaisons à queue d'aronde réalisées à la machine. Afin d'intégrer directement la fabrication des jonctions dans le formatage du panneau, nous utilisons une technique de coupe latérale[8] qui est limitée par l'inclinaison maximale de l'outil β_{max}. Cette limite résulte de la géométrie spécifique de l'outil, de son support et du porte-fraise utilisés pour la fabrication (ill. 5).

Comme on le voit sur l'ill. 5, les éléments peuvent être assemblés de deux manières, ce qui autorise un spectre plus large de valeurs pour l'angle d'ouverture ϕ. À partir de là, la valeur du plus petit angle aigu possible peut être calculée : $\phi_{\min} = 90° - \beta_{max}$ et du plus grand angle obtus possible pour un pli : $\phi_{max} = 90° + \beta_{max}$. Avec les outils standard de découpe, cette technique permet d'assembler des panneaux en angle aigu jusqu'à $\phi = 50°$, ce qui est idéal pour les structures plissées. Les angles très obtus, $\phi \geq 140°$, nécessaires à la fabrication des segments de coque à courbure légère, ne peuvent pas être obtenus par cette méthode.

1.3 Assemblage simultané de plusieurs arêtes

Le montage de panneaux plissés à double rainurage nécessite l'assemblage simultané de multiples arêtes pour chaque élément (ill. 1). Cela a des conséquences sur la coque, mais aussi sur la géométrie des liaisons.

En cas de pluralité de jonctions avec un seul degré de liberté, l'assemblage simultané n'est possible que si les directions individuelles d'assemblage v sont parallèles. Avec une géométrie de queue d'aronde normale (ill. 7a), ce n'est pas le cas. Seules des arêtes parallèles peuvent être assemblées simultanément, ce qui ne permet que des constructions à angle droit comme des tiroirs ou des armoires.

Afin de pouvoir aussi assembler simultanément des arêtes non-parallèles, les directions d'assemblage des liaisons doivent subir une rotation pour devenir parallèles. Cette technique est connue en menuiserie japonaise[14], où certaines pièces comme le Nejiri Arigata (ill. 7b) sont assemblées en diagonale selon un vecteur qui n'appartient à aucun des deux plans. Contrairement aux assemblages à queue d'aronde européens, qui présentent des surfaces à la fois parallèles à l'arête et de biais par rapport à celles-ci, avec des entures toutes identiques, le joint Nejiri Arigata forme un prisme en utilisant de multiples entures de formes différentes.

Cette technique japonaise peut s'appliquer à une multitude de directions d'insertion possibles. L'illustration 8 montre que la rotation autour de l'arête est limitée à $180° - \varphi_i$. Pour les angles aigus, l'ensemble vectoriel des directions d'insertion est large, tandis qu'il est petit pour les angles obtus. Ce point est d'une grande importance quand il s'agit d'assembler simultanément de multiples arêtes, puisqu'il faut trouver une intersection entre de nombreux sous-ensembles vectoriels (ill. 9). Si cette intersection existe, les éléments peuvent être assemblés simultanément selon n'importe quelle direction comprise dans l'intersection des sous-ensembles.

Ce concept peut être transposé à une rotation tridimensionnelle (ill. 10). Cela est possible grâce à une deuxième rotation θ_2, dont la valeur maximale est de $\pm\theta_{2;max}$. La limitation découle de différents autres paramètres comme θ_1 et β_{max}. L'ensemble de vecteurs tridimensionnels qui en résulte est appelé « fenêtre de rotation ». Grâce à cette méthode, on peut alors chercher une solution d'assemblage pour le prototype de l'illustration 6. Les fenêtres de rotations S_1, S_2, S_3 sont calculées pour les arêtes E_1, E_2, E_3, et superposées en leur centre. L'illustration 11 montre l'ensemble vectoriel $S1 \cap S2 \cap S3$ commun à ces trois arêtes, dans lequel une direction d'assemblage peut être choisie.

Du fait de la limitation des rotations, l'angle entre les arêtes voisines assemblées simultanément ne peut pas être très aigu. Les motifs de pliage en arêtes de poisson, en losanges ou en hexagones, que nous avons choisis pour nos prototypes (ill. 6), conviennent bien à cette technique d'assemblage. Autre caractéristique décisive de ces types de pliage : les angles aigus des plis respectent facilement les contraintes des valeurs définies pour l'angle d'ouverture, compris entre $\varphi_{min} = 50°$ et $\varphi_{max} = 140°$.

2 Prototype d'arche en éléments assemblés par entures multiples

Dans un assemblage d'éléments multiples (ill. 12), il convient de prévoir une séquence précise d'insertions. La structure achevée ne peut être démontée que pièce par pièce, dans l'ordre inverse. Les éléments assemblés se bloquent réciproquement, comme dans un casse-tête chinois en bois[22].

Chaque assemblage fait intervenir deux éléments qui doivent être parallèles pendant le montage. Une géométrie de pliage à arêtes relativement courtes a donc été choisie. Le montage manuel des arêtes longues est un peu plus délicat, mais peut être simplifié en modifiant la géométrie des joints. Il est important de connaître la direction approximative d'insertion de chaque élément car il n'est pas facile de la deviner en observant la géométrie des

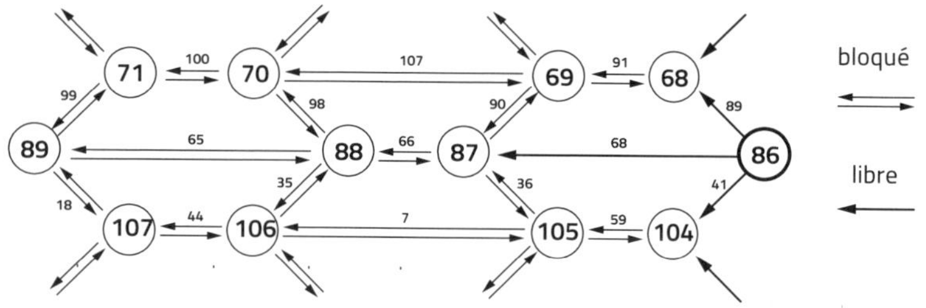

Ill. 15

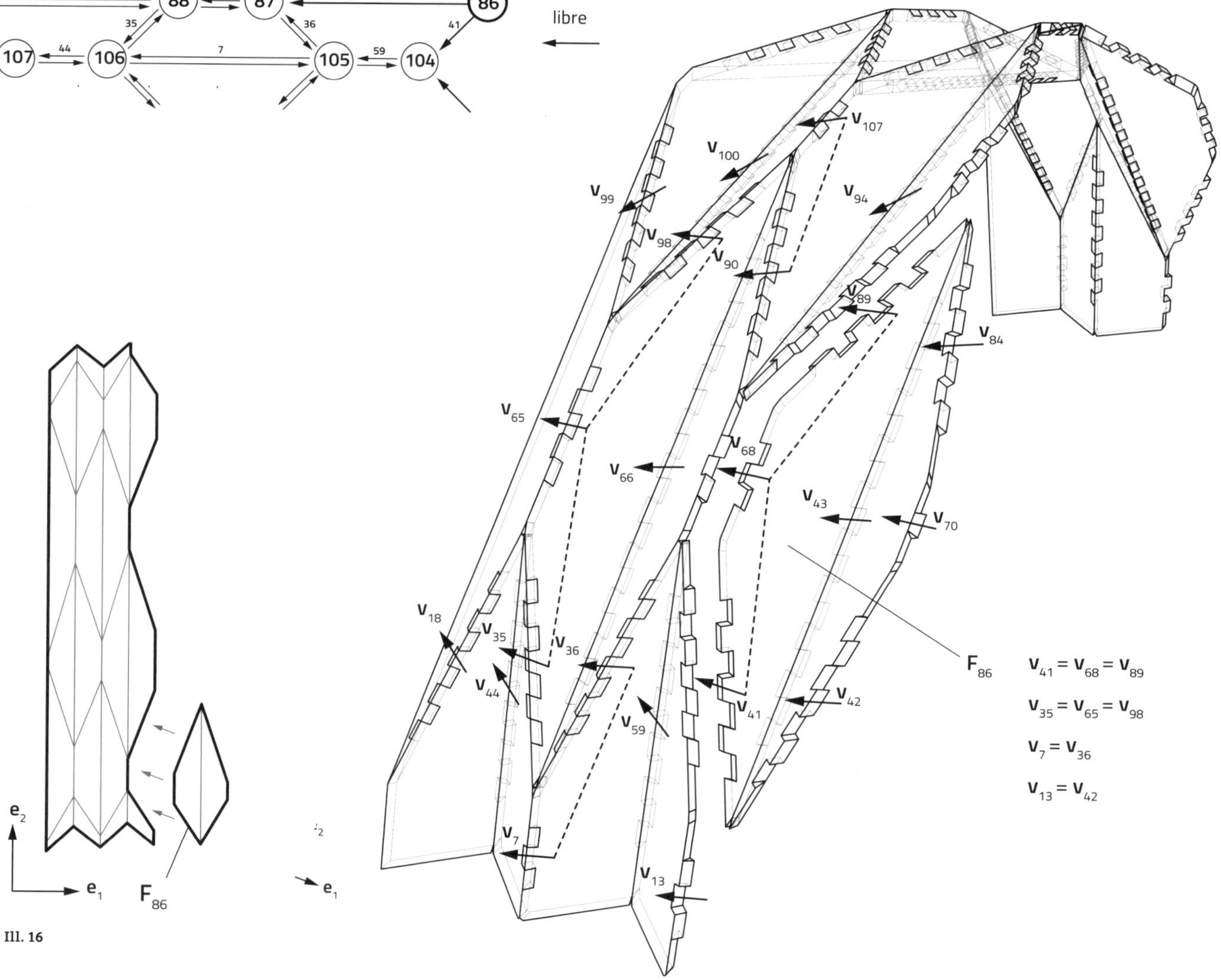

Ill. 16

Ill. 15 Détail d'un schéma de montage montrant la connexion, l'assemblage et le blocage du prototype de coque plissée en panneaux de bois (assemblage de la gauche vers la droite). Les nombres de grande taille représentent les faces du maillage, les nombres de petite taille les arêtes du maillage.

Ill. 16 Assemblage de la gauche vers la droite du prototype de coque plissée en panneaux de bois, réalisé en panneaux lamibois structurels Kerto-Q (sept couches, I-III-I).

joints. Il faut minimiser les déformations de l'arche pendant le montage, c'est pourquoi nous avons assemblé ce premier prototype à plat au sol. Il est possible que des assemblages de plus grandes dimensions nécessitent des supports ponctuels temporaires. Même si les panneaux de Kerto-Q ont une excellente stabilité dimensionnelle dans le plan, ils peuvent parfois être légèrement déformés, ce qui implique alors de forcer un peu au montage. Dans le cas présenté, nous n'avons utilisé qu'un maillet mais il est possible d'employer des techniques plus avancées.

Pour comprendre le comportement mécanique du prototype construit, une charge verticale a été appliquée au milieu de l'arche et la déflexion verticale a été mesurée en ce point. La charge totale de 821 N a été appliquée en deux cycles de charge identiques, composés chacun de quatre chargements et déchargements. Pour commencer, une charge verticale de 117 N a été appliquée en sept étapes. Puis, la charge correspondant aux quatre dernières étapes a été retirée. Le chargement et le déchargement des quatre dernières étapes a été réitéré trois fois, après quoi on a retiré la charge totale et mesuré la déflexion résiduelle **(ill. 13)**.

Sous une charge verticale équivalente au poids mort de l'arche, qui est de 9,8 kg (98 N), la déflexion mesurée au milieu de l'arche est de 2 mm. Ce qui donne un rapport portée-déflexion de *L*/750, tandis que l'efficience structurelle de l'arche est de 8,6 lorsqu'elle est exposée à une charge de 821 N (quotient de la charge maximale et du poids propre de l'arche).

3 Prototype de coque avec éléments imbriqués

3.1 Conception automatisée de la géométrie

À l'aide de l'interface de programmation de l'application RhinoPython, un outil informatique permettant de générer instantanément la géométrie des composants individuels ainsi que le G-Code requis pour l'usinage par fraiseuse a été développé. L'outil fournit des maillages polygonaux arbitraires et génère des joints à un degré de liberté pour toutes les arêtes non-libres, dont l'angle de pli φ est supérieur à φ_{min} et inférieur à φ_{max}, comme le montre l'illustration 5 (maillages non-réguliers). Il est aussi nécessaire d'indiquer les paires d'arêtes devant être assemblées simultanément et d'entrer une valeur pour l'épaisseur des panneaux de lamibois. Cette liberté de conception a été utilisée pour créer à l'aide de notre programme de mesures un prototype de coque plissée à courbure transversale alternativement convexe et concave. Cette coque a une portée de 3 m et elle est fabriquée en panneaux lamibois Kerto-Q (sept couches, I-III-I) **(ill. 14)**. Si l'on compare ce panneau plié à double courbure avec une construction plane (comme dans les tests effectués par Hans-Ulrich Buri[2]), on arrive à la conclusion que la légère double courbure a un effet très bénéfique sur des déflexions globales comme celles causées par le vent. Par rapport à une construction plane, les déflexions de la coque à double courbure sont réduites jusqu'à 39 % dans le sens vertical et 13 % dans le sens horizontal.

3.2 Assemblage

En raison des différentes directions d'assemblage des 239 liaisons existantes sur ce prototype, ses 107 éléments s'imbriquent les uns dans les autres à la manière d'un casse-tête chinois[22]. L'ill. 15 présente un détail d'un schéma de montage (« *non directional blocking graph* », NDBG) développé par Wilson et Latombe[18].

Sur ce diagramme NDBG, les flèches simples signalent les éléments qui peuvent être retirés de l'assemblage. Deux flèches opposées entre éléments indiquent l'existence d'une liaison bloquée. Pour pouvoir retirer un élément bloqué, il faut tout d'abord retirer les éléments bloquants. Le diagramme présente une séquence de montage s'effectuant de la gauche vers la droite. L'élément 86 est inséré du côté droit. Il est connecté à trois autres panneaux et bloque tous les autres. Dans une telle configuration, l'élément final, appelé la clé, reste amovible.

L'ill. 16 montre les éléments de la figure 15 en trois dimensions et indique comment s'insère l'élément ayant la surface F_{86}. Ses trois liaisons sur arêtes, E_{41}, E_{68} et E_{89}, doivent être assemblées simultanément. Les trois vecteurs d'assemblage des arêtes $\vec{v}_{41}$, $\vec{v}_{68}$ et $\vec{v}_{89}$ ont subi une rotation de manière à être parallèles. Idem pour les arêtes adjacentes sur le côté gauche des faces F_{67}, F_{69}, F_{88}, F_{103} et F_{105} **(ill. 15)**. À l'intérieur de la fenêtre de rotation de l'arête, on peut librement faire tourner $\vec{v}$ pour ces arêtes (l'idéal étant d'avoir un angle maximal entre $\vec{v}$ et la direction principale de traction e_1).

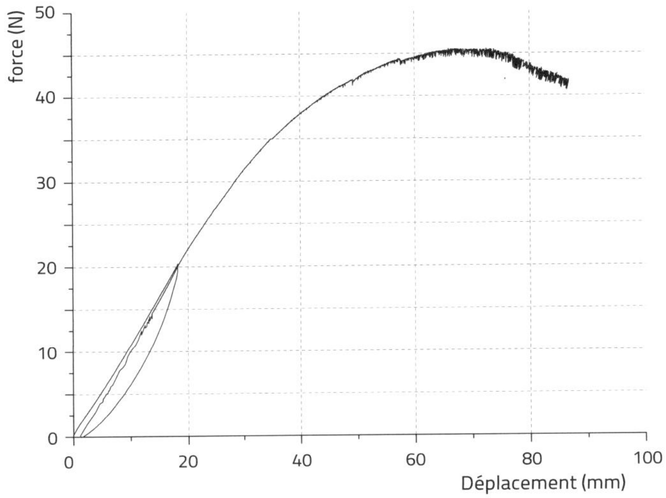

Ill. 17 Courbe de déplacement de la charge du prototype de coque. Une charge linéaire longitudinale a été appliquée au sommet de la coque. Le déplacement vertical a été mesuré au point central.

3.3 Prototype achevé et test de charge

L'illustration 17 montre le prototype achevé de cette coque plissée dont la portée est de 3 m pour une épaisseur de paroi de 21 mm. Des deux côtés, le déplacement des appuis est empêché dans les deux directions mais la rotation est possible. Une charge linéaire a été appliquée longitudinalement sur le dessus de la coque et la déflexion verticale a été mesurée au centre **(ill. 18)**.

La structure du prototype a aussi été modélisée dans un logiciel de calcul par éléments finis (ABAQUS) avec des charges identiques. Les panneaux ont été modélisés au moyen d'éléments dont la surface médiane sert à représenter le panneau tridimensionnel. Les déformations dues aux forces de cisaillement ont été négligées. Les jonctions entre les éléments ont été considérées comme étant parfaitement rigides de manière à obtenir un déplacement minimal de la structure. La déflexion sur la construction aux jonctions supposées rigides a ensuite été comparée à la déflexion mesurée sur le prototype. Ces tests ont ainsi montré que les joints sont en réalité semi-rigides. Les résultats des tests effectués sur le grand prototype ont montré qu'une charge de 25 kN, correspondant à la limite de proportionnalité de la courbe de déflexion sous charge, entraînait une déflexion verticale de 23 mm. Dans le modèle par éléments finis, les charges appliquées de manière identique ont produit une déflexion verticale de 2,6 mm.

4 Conclusion

La coque plissée en bois conjugue les avantages structurels des panneaux de bois avec l'efficience des constructions plissées. Il faut toutefois que les nombreuses liaisons semi-rigides qui unissent les éléments discrets d'une telle construction soient suffisamment solides pour que le système présente une portance adéquate. Cet aspect, très délicat, réserve encore un potentiel d'optimisation certain.[5]

Les joints intégrés le long des arêtes représentent une alternative intéressante aux techniques d'assemblage modernes. Contrairement au collage, l'assemblage peut être réalisé sur site, rapidement. Par ailleurs, la fabrication des liaisons intégrées n'augmente pas les coûts de production, à la différence des plaques et des connecteurs métalliques, très chers, et pour lesquels une quantité importante est souvent nécessaire.[14] Le remplacement total ou partiel des fixations métalliques par des assemblages intégrés au matériau a plusieurs avantages : il améliore l'esthétique, facilite le recyclage et homogénéise la conductivité thermique des éléments, pouvant réduire la condensation et l'apparition de moisissures.[22] Un autre avantage de cette méthode est qu'elle permet d'assembler des panneaux de faible épaisseur. Selon l'homologation actuelle des panneaux de Kerto-Q en construction, les panneaux dont l'épaisseur est inférieure à 60 mm ne peuvent être assemblés par vissage.[3]

Les récents projets expérimentaux présentés en section 1 ont déjà montré une première série d'applications de joints intégrés le long des arêtes de panneaux de bois. La présente contribution poursuit cette démarche en mettant en lumière les avantages, les possibilités et les difficultés particulières présentées par des liaisons à un degré de liberté sur des coques en bois plissées. Nous avons mis en évidence la manière dont la géométrie de ces liaisons contribue à absorber les forces à l'œuvre dans ce genre de structures. Non seulement ces assemblages contribuent à la portance de la structure, mais ils servent

Ill. 18 Prototype de coque plissée en panneaux de bois en panneaux lamibois de 21 mm.
Ce prototype, dont la masse est de 192 kg et la portée de 3 m a été testé avec une charge linéaire maximale de 45 kN.

aussi d'aide au positionnement et à l'alignement des éléments, ce qui facilite et accélère le montage.

D'autre part, une solution pour l'assemblage simultané de plusieurs arêtes par panneau a été présentée, ce qui est essentiel pour l'utilisation des assemblages à un seul degré de liberté dans une structure en panneaux plissés. La « fenêtre de rotation » propre à chaque arête (voir section 1.3) prend en compte les contraintes d'assemblage et de fabrication de chaque joint. Elle peut être calculée au moyen d'algorithmes et indique si certaines arêtes non-parallèles peuvent être assemblées simultanément ou pas. On dispose ainsi d'un outil permettant d'étudier de nombreuses autres géométries de coques plissées en panneaux de bois. Les prototypes présentés ici suggèrent déjà certains motifs et mettent en évidence les liens réciproques entre la géométrie des panneaux et les jonctions. Les deux structures construites ont permis de tester et de mettre à l'épreuve les méthodes de fabrication et d'assemblage proposées tout en fournissant des informations précieuses sur la capacité porteuse des assemblages intégrés.

Dans la perspective de constructions à grande échelle, il sera toutefois nécessaire d'effectuer des recherches supplémentaires afin de déterminer si ces assemblages intégrés peuvent remplacer les fixations habituelles ou en réduire le nombre. Le hall d'exposition du salon régional d'horticulture LaGa[10] a démontré qu'il était possible d'associer des joints intégrés et des fixations métalliques. Une autre possibilité serait de combiner les joints à un degré de liberté avec des assemblages élastiques à entures intégrées.[17]

Remerciements

Nous tenons à exprimer toute notre gratitude à Andrea Stitic et Paul Mayencourt pour le soutien qu'ils nous ont apporté pour la modélisation par éléments finis et les tests de portance des prototypes, ainsi qu'à Gabriel Tschanz et François Perrin pour leur aide à la fabrication et l'assemblage des prototypes. Nous tenons aussi à remercier Jouni Hakkarainen et le Metsa Group pour nous avoir fourni de précieuses informations et des matériaux de construction.

Références

1 Benjamin, B. S. et Makowski, Z. S., « The Analysis of Folded-Plate Structures in plastics », in *Proceedings of a conference held in London,* p. 149–163, Londres, Pergamon Press, 1965.

2 Buri, H. et Weinand, Y., « eBSP Visionen – Faltwerkkonstruktionen aus BSP-Elementen », in *Grazer Holzbau-Fachtage,* 2006.

3 *DIBt. Allgemeine bauaufsichtliche Zulassung Kerto-Q Z-9.1-100,* paragraphe 4.2 et annexe n° 7, tableau 5, Deutsches Institut für Bautechnik, 2011.

4 Graubner, W., *Holzverbindungen. Gegenüberstellung von Holzverbindungen Holz in Holz und mit Metallteilen,* Stuttgart, Deutsche Verlags-Anstalt, 1986.

5 Hahn, B., *Analyse und Beschreibung eines räumlichen Tragwerkes aus Massivholzplatten*, EPFL, thèse de master, Lausanne, 2009.

6 HESS. *Hess limitless,* 2014. http://www.hess-timber.com/en/products/

7 Hundegger, H., *Hans Hundegger Maschinenbau GmbH,* Hawangen, Allemagne, 2014. www.hundegger.de/en/machine-building/company/our-history.html.

8 Koch, P., *Wood Machining Processes. Wood Processing,* The Ronald Press Company, 1964.

9 Kondo, T., *Dento kanehozo kumitsugi : Sekkei to seisaku no jissai,* LLP Gijutsushi Shuppankai, Tokyo, Seiunsha, 2007.

10 Krieg, O., Schwinn, T., Menges, A., Li, J.-M., Knippers, J., Schmitt, A. et Schwieger, V., « Computational Integration of Robotic Fabrication, Architectural Geometry and Structural Design for Biomimetic Lightweight Timber Plate Shells », in *Advances in Architectural Geometry,* Springer Verlag, 2014.

11 Krieg O. D., Christian, Z., Correa, D., Menges, A., Reichert, S., Rinderspacher, K. et Schwinn, T., « Hygroskin : Meteorosensitive pavilion », in *Fabricate 2014 Conference Zurich,* p. 272–279, 2014.

12 La Magna, R. et al., « From Nature to Fabrication : Biomimetic Design Principles for the Production of Complex Spatial Structures », *International Journal of Spatial Structures,* vol. 28, n° 1, p. 27–39, 2013.

13 Messler, R. W., *Integral Mechanical Attachment : A Resurgence of the Oldest Method of Joining,* Butterworth Heinemann, 2006.

14 Neuhaus, H., *DIN EN 1995 (Eurocode 5) – Design of timber structures,* DIN Deutsches Institut für Normung e. V., 2004.

15 Purbond, *National Technical Approval Z-9.1-711 / Single-Component Polyurethane Adhesive for the Manufacture of Engineered Wood Products,* Deutsches Institut für Bautechnik, 2011.

16 Robeller, C., Integral Mechanical Attachment for Timber Folded Plate Structures, thèse de doctorat, ENAC, Lausanne 2015.

17 Robeller, C., Mayencourt, P. et Weinand, Y., « Snap-t joints : Integrated mechanical attachment of structural timber panels », in *Proceedings of the 34th International Conference of the Association of Computer-aided Design in Architecture ACADIA,* Los Angeles, 2014.

18 Robeller, A., Nabaei, S. S. et Weinand, Y., « Design and Fabrication of Robot-Manufactured Joints for a Curved-Folded Thin-Shell Structure made from CLT », in *Robotic Fabrication in Architecture, Art and Design,* 2014, Wes McGee et Monica Ponce de Leon (éd.), p. 67–81, Berlin, 2014.

19 Schineis, R., « Gefalteter Klangkörper Musikprobensaal Thannhausen/Thannhausen Rehearsal Room », in *10. Internationales Holzbau Forum (IHF),* Garmisch-Partenkirchen, 2004.

20 Sebera, V., et Simek, Milan, « Finite Element Analysis of Dovetail Joint made with the use of CNC Technology », in *Acta Universitatis Agriculturae et Silviculturae Mendelianae Brunensis,* vol. LVIII, p. 321–328, 2010.

21 Wilson, R. H. et Latombe, Jean-Claude, « Geometric reasoning about mechanical assembly », in *Artificial Intelligence,* 71(2) : p. 371–396, 1994.

22 Wyatt, E., *Puzzles in Wood,* Bruce Publishing Co., 1928.

5.3

Rigidité rotationnelle aux nervures de structures plissées en panneaux de bois

Stéphane Roche, Geoffroy Mattoni et Yves Weinand

Les structures plissées en minces panneaux de lamibois forment des constructions efficaces. Inspiré de la menuiserie japonaise, un joint à rainures-languettes multiples a été développé. Il permet d'assembler plusieurs panneaux aux arêtes non parallèles sans colle ni fixations métalliques. L'analyse globale de nos structures en origami ayant révélé que la rigidité rotationnelle au niveau des nervures affectait le comportement global, nous avons décidé d'effectuer une étude expérimentale et numérique de cette liaison linéaire par emboîtement. La géométrie est déterminée par trois angles qui orientent les surfaces de contact. Nous avons analysé neuf combinaisons de ces angles et mesuré la rigidité rotationnelle dans deux scénarios de pliage différents: fermeture ou ouverture d'un pli formé par deux panneaux. Nous avons également reproduit numériquement le comportement non linéaire en utilisant la méthode des éléments finis et la mécanique de l'endommagement des milieux continus.

Mots-clés ***semi-rigide, assemblage, relation moment-rotation, plaque pliée, lamibois***

1 Introduction

Les premiers toits en plaques plissées ont été construits en contreplaqué au milieu des années 1950.[1] Toutefois, des problèmes techniques sont apparus en raison de variations des propriétés structurales du contreplaqué. L'esthétique de la couche externe était primordiale mais sa rigidité caractéristique ne pouvait pas être contrôlée précisément. Les toits à pli simple se comportent comme une succession de poutres en V. La couche de contreplaqué transmet les forces de cisaillement comme un diaphragme et transfère les forces dans le plan vers les arêtes du toit, où les parois et les renforts transversaux absorbent respectivement les composantes de charge verticales et horizontales.[1, 2] Cinquante ans après les premiers toits plissés[1], Jaksch et al.[3] ont proposé un toit similaire, non pas en contreplaqué mais en bois lamellé-croisé (CLT) léger. Pour créer une liaison rigide au niveau de la nervure, des essais plus récents ont recouru à la colle et aux clous, voire à de minces plaques d'acier formées à froid.. Aujourd'hui, pour les constructions fortement sollicitées, on utilise généralement le lamibois (LVL), le CLT et les panneaux en bois massif (SWP). Ces panneaux hautes performances ont amené d'autres architectes et chercheurs à développer de nouvelles solutions pour renouer avec la construction de structures plissées. En 2008, lors de la 10ème conférence internationale sur la construction en bois qui s'est tenue au Japon, Buri et al. ont décrit la manière dont ils ont appliqué les principes du pliage papier origami aux structures plissées en bois.[4] Leur construction se composait de panneaux en contreplaqué de 21 mm, raccordés au niveau des joints à onglet par des vis autoperceuses de 5 mm disposées en rangées décalées. Les chants des panneaux étaient biseautés à 60° pour former un pli à 120°. Comme la position relative des pièces devait être fixée avant le vissage, il était nécessaire de procéder à un pré-assemblage en utilisant des gabarits. Mais la liaison étant plutôt fragile, une rupture par déchirement des plis concaves et convexes s'est produite pendant un essai de charge.[5]

Les ossatures plissées inspirées de l'origami sont des structures complexes très prometteuses, mais les liaisons entre leurs minces panneaux doivent être encore

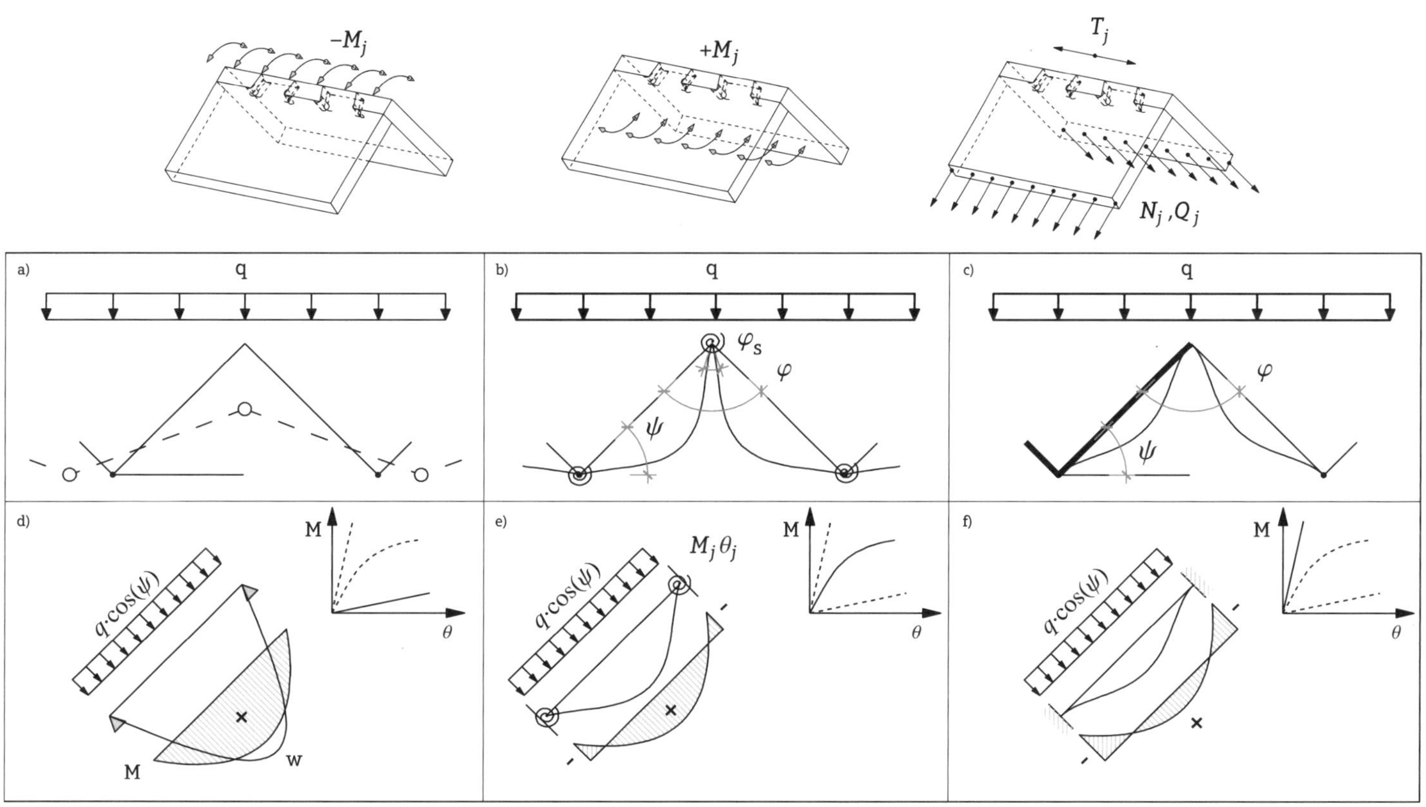

Ill. 1 a) prototype d'une structure plissée à double courbure en origami, étudiée par Robeller et al.[6] **b)** moments de flexion sur la nervure, **c)** forces le long de et perpendiculaires à la nervure, **d)** liaison articulée au niveau de la nervure, **e)** liaison semi-rigide au niveau de la nervure, **f)** liaison rigide au niveau de la nervure

améliorées. Robeller et al. ont décrit en 2014 une première solution pour résoudre le problème.[6] Un prototype de structure plissée à double courbure a été construit à l'aide d'une fraiseuse CNC à cinq axes. Les rainures et languettes nécessaires à l'assemblage des panneaux en lamibois sont générées directement au contour de ces derniers lors de la découpe automatisée. À l'instar des liaisons linéaires utilisées en ébénisterie (par ex. la queue d'aronde ou les joints Nejiri Arigata japonais), ces joints à rainures-languettes multiples (JRLM), sans colle, permettent d'assembler simultanément jusqu'à trois plis concaves ou convexes. Ensuite, les panneaux peuvent être directement emboîtés sur leur lieu d'assemblage définitif. Toutes les études menées jusqu'ici ont mis en évidence un déficit dans le modèle de rigidité des liaisons, susceptible d'affecter le comportement structural global. La littérature scientifique traite rarement du comportement structural des liaisons entre panneaux dans la construction bois. La plupart des recherches effectuées sur ces liaisons au cours des trente dernières années se sont intéressées à la rigidité des articulations dans les structures-telles que charpente, portique et poteau-poutre. Parmi beaucoup d'autres, H.J. Larsen, A.J.M. Lejiten, A. Kevarinmaki et D.B. Engstrom, membres scandinaves du groupe de travail sur les assemblages bois de la Coopération Européenne en Science et Technologie (action COST C1, comportement semi-rigide des liaisons structurelles du génie civil), ont publié le résultat de leurs recherches sur la rigidité rotationnelle des assemblages bois.[7] Leur travail montre qu'en incluant des liaisons semi-rigides dans l'analyse structurale, on obtient des valeurs de déformation et de déflexion des structures en barres plus réalistes. Ceci met en évidence l'importance de leur impact sur la stabilité. Avant l'introduction de règlements d'états-limites comme l'Eurocode (EC) dans les projets de structures, les liaisons étaient généralement considérées comme articulées ou rigides. Or les fixations habituellement utilisées dans les structures en bois ou en acier ont un comportement plutôt semi-rigide.[7,8] À la suite de ces travaux, l'EC59 a pris en compte la rigidité des connexions dans la conception des structures en bois. Mais les nouvelles règles ne sont toutefois pas adaptées aux liaisons traditionnelles utilisées en charpente. Le Ministère tchèque de la Culture conduit un des programmes de recherche sur le comportement moment-rotation de ces liaisons. Ce projet, lancé en février 2012, est consacré à l'étude des assemblages en bois dans les bâtiments historiques (« Design and Assessment of Timber Joints of Historical Structures »). Une étude de la rigidité d'une liaison angulaire en queue d'aronde pour panneaux en contreplaqué a également été analysée. Là aussi, le frottement a été intégré au modèle d'éléments finis, solide, tridimensionnel, mais le matériau orthotrope étudié (utilisé pour les meubles) n'a été examiné qu'à l'état élastique, le déplacement final étant limité à 2 mm.[10] Robeller et al.[6] ont présenté une liaison linéaire de panneaux par emboîtement pour l'assemblage *in situ* de coques plissées. Ils ont mis au point une solution géométrique qui permet d'assembler simultanément des panneaux à plusieurs arêtes non parallèles. Ils ont calculé les performances mécaniques de la construction en effectuant une analyse fondée sur la méthode des éléments finis (MEF), en partant de l'hypothèse que les liaisons étaient parfaitement rigides. Pour finir, la flexion a été simulée localement sur une liaison à queue d'aronde entre deux panneaux. Le moment de flexion a été transformé en forces de compression, en forces normales et en forces de cisaillement parallèles aux surfaces de liaison. Roche et al.[11] ont effectué conjointement des analyses numériques et expérimentales pour vérifier que ces liaisons avaient bien un comportement semi-rigide. Des poutres-caissons, dont les parois verticales sont assemblées avec les membrures supérieures et inférieures par des liaisons à queue d'aronde présentant différentes largeurs et différents angles de dépouille, ont été soumises à des essais de flexion trois points et chargées jusqu'au point de rupture. En matière de rigidité translationnelle, la liaison a montré des résultats prometteurs. Par exemple, un tenon en queue d'aronde de 110 mm de largeur était plus rigide que des vis espacées de 110 mm. Les résultats ont confirmé le bon rapport résistance/rigidité du JRLM en cisaillement. Le cisaillement induit par le glissement entre couches est transmis par compression aux surfaces de contact des queues d'aronde. Les performances de rigidité en flexion décrites par Robeller[6] devront également être confirmées.

Cet article présente une étude de la rigidité rotationnelle d'un JRLM utilisé comme liaison structurale en architecture. Une plieuse spéciale a été développée pour tester le modèle de JRLM japonais lorsqu'il est sollicité en flexion. La rigidité rotationnelle a fait l'objet d'une étude paramétrique expérimentale qui a envisagé différentes combinaisons des trois angles sur lesquels repose la géométrie des liaisons. Le comportement non linéaire a été reproduit par une analyse par éléments finis qui s'est appuyée sur le modèle d'endommagement des milieux continus de Sandhaas.[12]

2 Le joint à rainures-languettes multiples comme liaison structurale entre panneaux

2.1 Forces agissant sur les plis convexes et concaves

Quand une structure plissée est soumise uniformément à une charge verticale, l'action des plaques et des panneaux produit des forces transversales et longitudinales dans les plis.[3] Les plis convexes subissent généralement des moments de flexion, M_j **(ill. 1b)**, des forces perpendiculaires au pli dans le plan du panneau, N_j, et hors plan du panneau, Q_j **(ill. 1c)**, ainsi que des forces le long du pli, T_j **(ill. 1c)**. Cette étude se limite au comportement en flexion et laisse pour le moment de côté l'impact des forces transversales. Le modèle de cette liaison étant supposé semi-rigide **(ill. 1e)**, une rotation supplémentaire est produite au niveau des plis, contrairement au modèle rigide où l'angle initial φ entre les panneaux reste inchangé après déformation **(ill. 1f)**. Le JRLM fournit une liaison semi-rigide qui ne peut pas être assurée par une articulation **(ill. 1d)**. Nous cherchons ici à comprendre comment cette géométrie, et en particulier les angles entre les panneaux, affecte cette semi-rigidité.

2.2 Description du JRLM

Le travail de Robeller contenant déjà une description détaillée de cette « fixation mécanique intégrée »[6], cette section se contentera de présenter brièvement les paramètres géométriques de la liaison. Le joint utilisé ici au niveau du pli convexe (ou concave) est une liaison à un degré de liberté (pour les besoins de l'assemblage) consistant en des tenons insérés dans des mortaises **(ill. 2e)**. « Multiple » renvoie à la succession de tenons et de mortaises qui, une fois emboîtés les uns dans les autres, forment l'arête commune de deux panneaux reliés. La géométrie de la liaison détermine la position relative des panneaux et autorise entre eux un certain transfert de charge. L'assemblage des deux panneaux s'effectue selon le vecteur d'insertion. Après l'assemblage, les surfaces de liaison de chaque pièce appartiennent au même plan de contact. Le vecteur d'insertion et le vecteur normal aux surfaces de contact sont obtenus par une série de rotations **(équ. 1)** qui suivent la convention des angles de Bryant **(ill. 2a–d)**.

$$
\begin{gathered}
\{P_i, F=(\boldsymbol{u}_1, \boldsymbol{u}_2, \boldsymbol{u}_3)\} \\
R(\boldsymbol{u}_1, \theta_1)\downarrow \\
\{P'_i, F'=(\boldsymbol{u}'_1=\boldsymbol{u}'_1, \boldsymbol{u}'_2, \boldsymbol{u}'_3)\} \\
R(\boldsymbol{u}'_2, \theta_2)\downarrow \\
\{P''_i, F''=(\boldsymbol{u}''_1, \boldsymbol{u}''_2=\boldsymbol{u}'_2, \boldsymbol{u}''_3)\} \\
R(\boldsymbol{u}''_3, \pm\theta_{3;i})\downarrow \\
\{\mathrm{P}'''_i, F'''=(\boldsymbol{u}'''_{1;i}, \boldsymbol{u}'''_{2;i}, \boldsymbol{u}'''_{3;i}=\boldsymbol{u}''_3)\}
\end{gathered}
\quad \text{équ. 1}
$$

Si n_0 et n_1 sont les normales des deux panneaux, le système de coordonnées de la liaison $F=(u_1, u_2, u_3)$ peut être calculé comme suit : $u_1 = n_0 \times n_1$, $u_2 = n_0$, et $u_3 = u_1 \times u_2$. Ensuite, la ligne d'intersection des deux plans médians des panneaux peut être divisée de façon régulière en N points $(X_i)_{(i=1\ldots N)}$. La distance entre ces points correspond à la largeur des languettes L_j de cette liaison. Le plan P_i est normal à u_1 et contient le point X_i **(ill. 2a)**. Trois rotations successives du plan P_i et de son système de coordonnées F **(ill. 2a–d)** permettent alors d'obtenir la géométrie définitive de la liaison. Elle définit les plans P'''_i comme surfaces de liaison pour les languettes et les rainures, et les vecteurs $u'''_{1;I}$, et $u''_3 = u'''_{3;i}$ respectivement comme leurs normales et leur vecteur d'insertion **(ill. 2d)**. Cette succession élémentaire de rotations est représentée par les angles de Bryant θ_1, θ_2 et

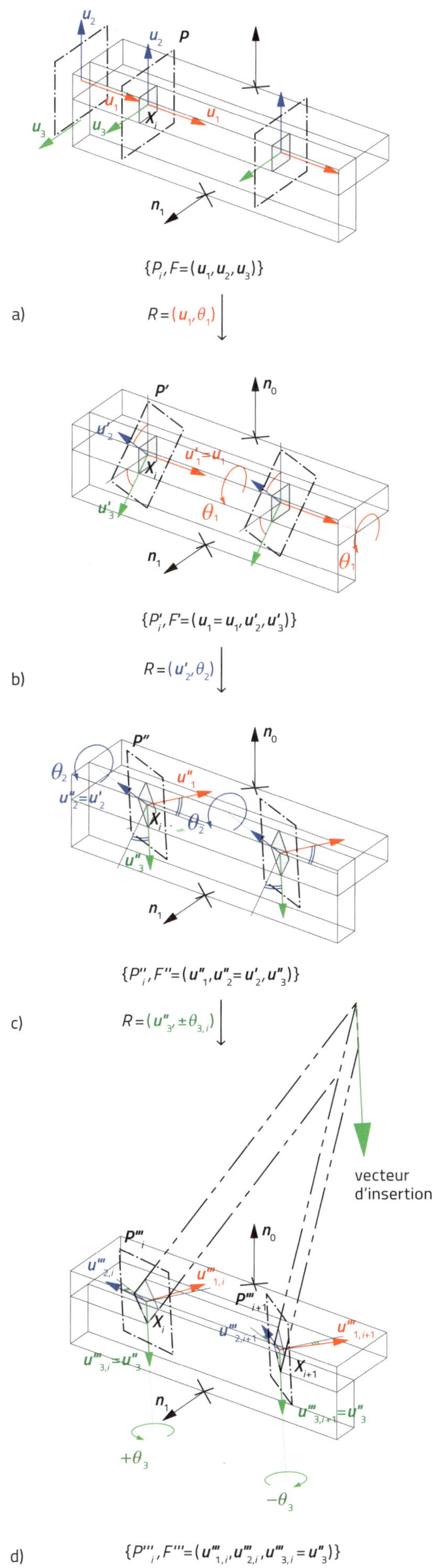

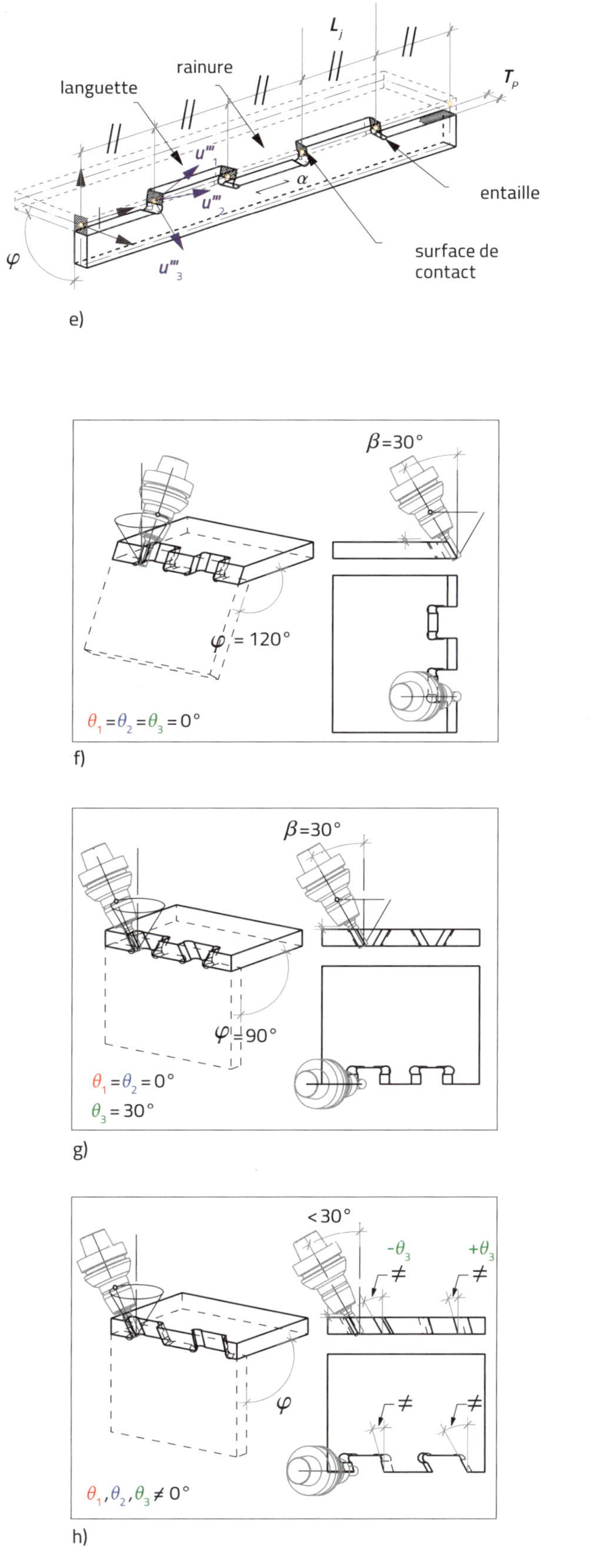

Ill. 2 a–d) Suite de rotations visant à définir les surfaces de contact, **e)** terminologie des éléments d'un JRLM, **f)** contrainte de fabrication induite par l'angle entre panneaux, **g)** contrainte de fabrication induite par l'angle de la languette, **h)** combinaison restreinte des angles θ_1, θ_2 et θ_3.

θ_3. Dans la présente étude, nous avons repris le principe de la liaison Nejiri Arigata décrit par Robeller[6, 13], sachant que $+\theta_3$ est applicable de P_1 à $P_{N/2}$ et $-\theta_3$ de $P_{N/2}$ à P_N.

Cette géométrie permet l'assemblage simultané sur l'arête voisine de chacun des trois panneaux adjacents. Considérons quatre panneaux k ($k = 0$; 1 ; 2 ; 3) de la structure plissée inspirée de l'origami (ill. 3a et b). Le panneau 0 (c.-à-d. $k=0$) a une arête commune 01, 02 et 03 avec, respectivement, les panneaux 1, 2 et 3. Pour chaque arête, le sous-ensemble admissible de vecteurs d'insertion est défini comme E^{01}, E^{02} et E^{03} (ill. 3c). La contrainte de fabrication βmax, qui correspond à l'inclinaison maximale de l'outil, fixe les limites de l'angle dièdre φ^{0k} et des angles θ_1^{0k}, θ_2^{0k} et θ_3^{0k}, qui influencent respectivement les sous-ensembles de vecteurs d'insertion et l'angle des languettes.[6, 13, 14] Par exemple, pour une fraiseuse d'un diamètre de 12 mm de diamètre et d'une longueur de coupe de 28 mm, β_{max} s'élève à 30°, ce qui empêche la collision de la broche lors de l'usinage des panneaux de 21 mm. Si l'angle dièdre φ est fixé à 120° (ill. 2f) ou θ_3 à 30° (ill. 2g), alors l'inclinaison maximale de l'outil est déjà atteinte, et θ_1 et θ_2 doivent nécessairement être nuls. À noter pour finir que θ_1, θ_2 et θ_3 ne peuvent avoir de valeurs non nulles que si $\beta_{max} < 30°$ et $60° < \varphi < 120°$. Comme l'a montré Geoffroy Mattoni, l'interdépendance des angles de Bryant, de l'angle dièdre et de l'inclinaison de l'outil limite les combinaisons possibles.[14] Par l'intersection des trois sous-espaces vectoriels locaux, on obtient finalement un seul sous-espace vectoriel, à partir duquel on doit choisir le vecteur d'insertion.

Notre intention étant d'analyser la rigidité rotationnelle de la liaison, l'angle θ_3 doit être d'au moins 10°. Alors, les surfaces de liaison ne sont clairement pas parallèles et offrent une certaine résistance aux mouvements de rotation autour de l'axe de la nervure. Mattoni explique en détail la détermination des paramètres de notre échantillon.[14]

3 Étude expérimentale

3.1 Description des échantillons

Onze séries de deux panneaux en lamibois Kerto-Q de 21 mm (0-90-0-0-0-90-0) ont été assemblées suivant onze typologies différentes du système JRLM à rainure ouverte. Les propriétés géométriques de ces échantillons sont résumées au tableau 1 et à l'ill. 5. Aucune colle n'a été utilisée pour l'assemblage des échantillons (a) à (i), qui correspondaient à neuf combinaisons caractéristiques des angles de Bryant.[14] Tous avaient une même longueur de languette de 50 mm, le long de la nervure. Les deux panneaux F0 et F1 mesuraient 200 mm de long (le long de la nervure) et 150 mm de large, et possédaient respectivement deux et une languette(s) entière(s). Une série (j) a été assemblée par trois vis Würth ASSY (4 mm × 70 mm) espacées de 50 mm. La dernière série (k) a été collée à la colle PUR. Les deux dernières séries ont été assemblées face contre chant.

3.2 Méthode

Quatre exemplaires de chaque échantillon ont été testés au moyen d'une plieuse dédiée (ill. 5). Pour refléter l'asymétrie de la liaison le long du plan médian des panneaux assemblés, les tests de charge sur les panneaux F0 et F1 ont été répétés deux fois chacun. Un cylindre de 20 kN actionnant deux câbles servait à entraîner en rotation les deux poulies de transmission de moment. La presse rotative supportant deux cellules de charge de 5 kN a agi comme un bras de levier sur le panneau vertical F0 (ou F1) de l'échantillon. Le panneau horizontal F1 (ou F0) était fixé rigidement sur le châssis fixe. L'emplacement du centre de rotation du dispositif a pu être défini de manière à coïncider avec le centre de rotation de la liaison. Pour la mesure de la rotation, on a enregistré la moyenne des valeurs fournies par deux inclinomètres. Pour celle des charges, on

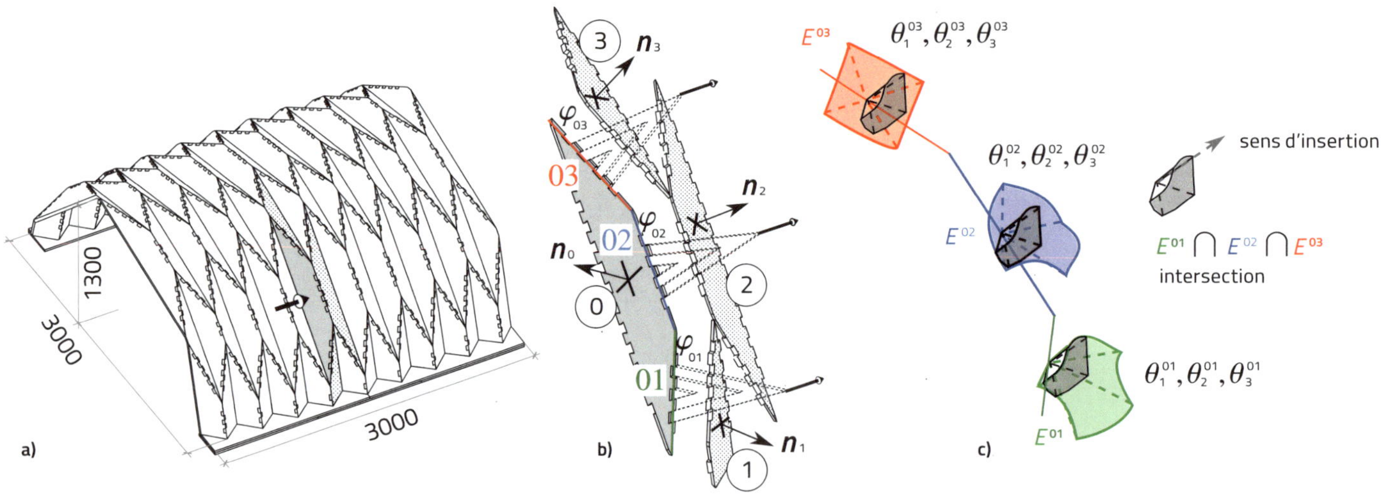

Ill. 3 Conditions d'assemblage a) panneaux intégrés dans la géométrie globale
b) assemblage simultané de trois arêtes c) sélection du vecteur d'insertion dans l'espace d'intersection

Paramètre	Symbole	Unité	Valeur
Angle d'insertion angle (1)	θ_1	°deg	→
Angle d'insertion angle (2)	θ_2	°deg	
Angle de languette	θ_2	°deg	
Angle entre panneaux	ϕ	°deg	90
Largeur de tenon	L_t	mm	50
Épaisseur du panneau	T_p	mm	21
Épaisseur du panneau	ρ_k	kg/m³	480
Angle entre arête et fil du bois	α	°deg	0
Entaille 12-mm	r	t ou b	b
Inclinaison de l'outil T241	β	°deg	30

Tableau 1 Paramètres des échantillons

Propriété	Symbole	Valeur	Unité
Module élastique 11	E_{11}	6200	Mpa
Module élastique 22	E_{22}	210	Mpa
Module élastique 33	E_{33}	210	Mpa
Module de cisaillement 12	G_{12}	350	Mpa
Module de cisaillement 13	G_{13}	200	Mpa
Module de cisaillement 23	G_{23}	40	Mpa
Coefficient de Poisson 12	V_{12}	0,61	
Coefficient de Poisson 13	V_{13}	0,60	
Coefficient de Poisson 23	V_{23}	0,50	

Tableau 2 Propriétés élastiques de l'épicéa

Ill. 4 Combinaison des angles de Bryant

Ill. 5 Contact réduit à l'endroit des liaisons

Ill. 6 Tests de pliage : **a)** en fermeture **b)** en ouverture **c)** échantillons de géométries

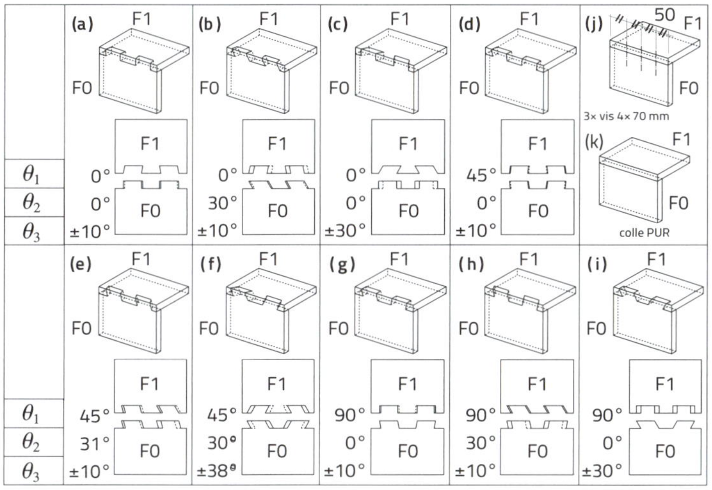

Ill. 4

Ill. 5

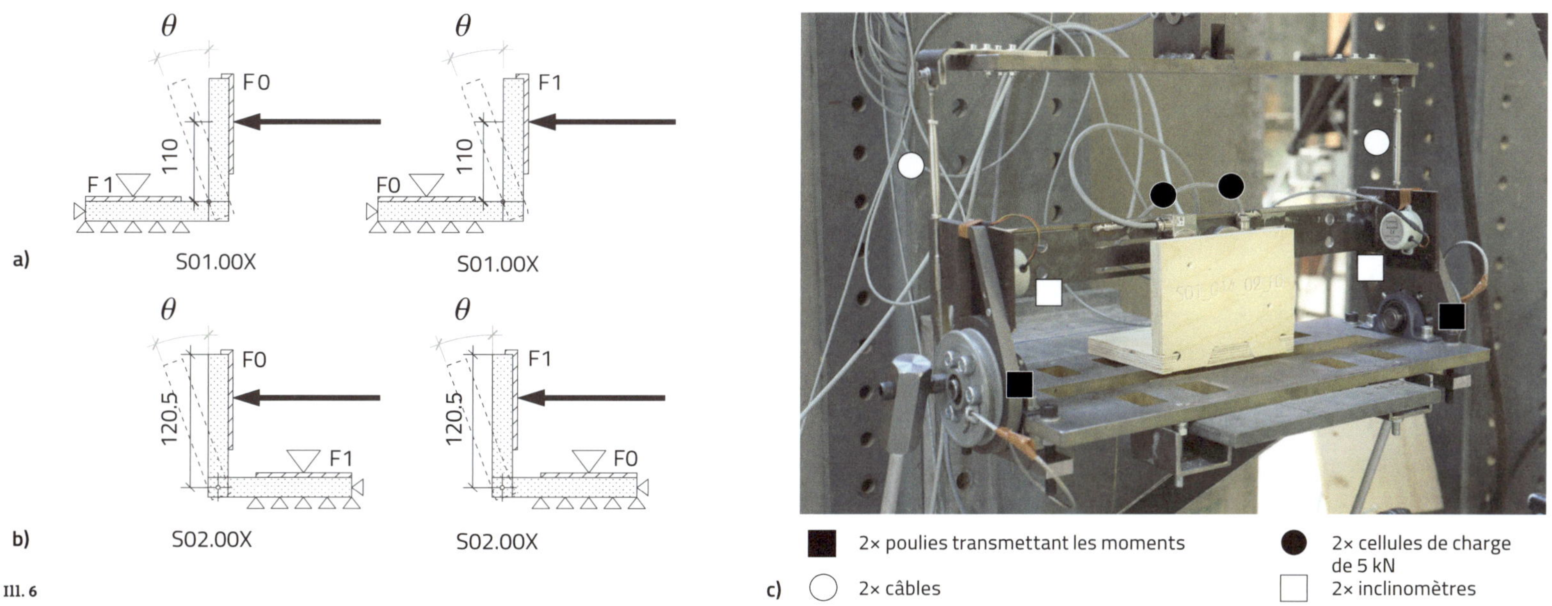

Ill. 6

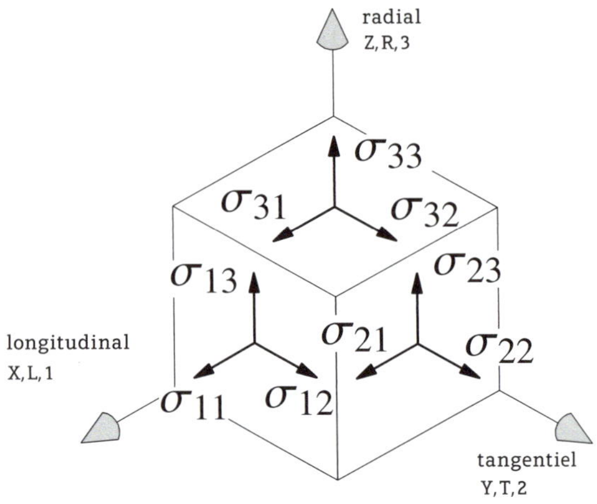

$$\underline{\varepsilon} = (\varepsilon_{11}, \varepsilon_{22}, \varepsilon_{33}, 2\varepsilon_{12}, 2\varepsilon_{13} 2\varepsilon_{23})^T$$
$$\underline{\sigma} = (\sigma_{11}, \sigma_{22}, \sigma_{33}, \sigma_{12}, \sigma_{13}, \sigma_{23})^T$$

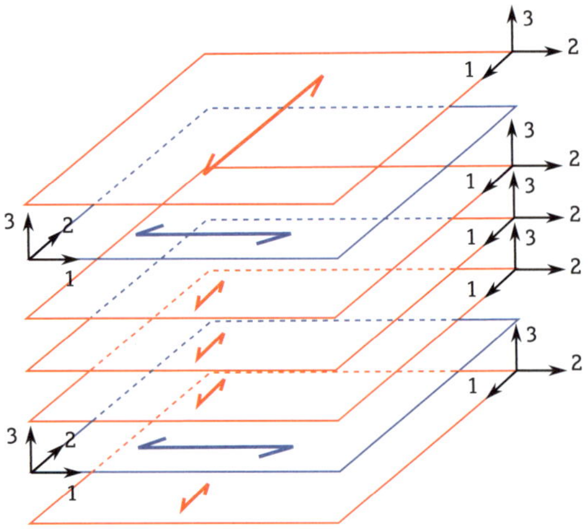

Ill. 7 Système de coordonnées et orientation de la pièce

Propriété	**Symbole**	**Valeur**	**Unité**
Résistance en traction //au fil du bois f^t_{11}	$f_{t;0}$	78	Mpa
Résistance en compression // au fil du bois f^c_{11}	$f_{c;0}$	50	Mpa
Résistance en traction ⊥ au fil du bois f^t_{22}	$f_{t;90}$	2,2	Mpa
Résistance en compression ⊥ au fil du bois f^c_{22}	$f_{c;90}$	10	Mpa
Résistance en traction ⊥ au fil du bois f^t_{33}	$f_{t;90}$	2,2	Mpa
Résistance en compression ⊥ au fil du bois f^c_{33}	$f_{c;90}$	10	Mpa
Résistance au cisaillement longitudinal f_{12}	f_v	6,9	Mpa
Résistance au cisaillement longitudinal f_{13}	f_v	6,9	Mpa
Résistance au cisaillement roulant f_{23}	f_{roll}	2,5	Mpa
Énergie de rupture traction // au fil du bois	$G_{f;0}$	1,6	N/mm
Énergie de rupture traction perpendiculaire au fil du bois	$G_{f;90}$	0,5	N/mm
Énergie de rupture cisaillement longitudinal	$G_{f;v}$	1,2	N/mm
Énergie de rupture cisaillement roulant	$G_{f;roll}$	0,6	N/mm

Tableau 3 Propriétés mécaniques de l'épicéa

a additionné les valeurs des cellules de charge. Cette méthode a été appliquée pour les tests de fermeture (S01) et d'ouverture (S02). Au total, 88 échantillons ont été testés.

4 Modèle numérique

4.1 Modèle matériau

Le lamibois Kerto-Q est un matériau multicouche, mais du fait de l'encoche circulaire **(ill. 6)** nécessaire à l'usinage numérique du contour denturé, la surface de contact est réduite à quelques couches. Les contraintes dans le sens de l'épaisseur ne pouvant être ignorées, le modèle est composé d'éléments linéaires hexaédriques à intégration réduite (C3D8R). Chacune des sept couches a une orientation qui lui est propre (0-90-0-0-0-90-0). Le coefficient de frottement de Coulomb est fixé à 0,3.

4.2 Comportement élastique

Un placage d'épicéa nordique est généralement considéré comme orthotrope et se comporte de manière élastique dans son système de coordonnées local **(ill. 7)**. Les surfaces de contact sont considérées comme rigides. La rupture interlaminaire n'est donc pas abordée. Les propriétés élastiques sont résumées au tableau 2.[15,16] Dans la littérature spécialisée, il est rare de trouver des valeurs fiables concernant le placage d'épicéa.

4.3 Approche basée sur la mécanique d'endommagement

Pour étudier le comportement non linéaire de la liaison, nous utilisons un modèle du matériau bois basé sur la mécanique d'endommagement des milieux continus (généreusement fourni par C. Sandhaas et décrit en détail[12,15]). L'une des caractéristiques principales de ce modèle est qu'il pénalise le module d'élasticité. La matrice d'endommagement C^{dam}, dérivée de la matrice de souplesse élastique, définit le comportement modifié des éléments endommagés **(équations 2–5)**.

$$\varepsilon = C^{dam}\sigma \qquad \text{équ. 2}$$

$$\begin{bmatrix} \varepsilon_{11} \\ \varepsilon_{22} \\ \varepsilon_{33} \\ 2\varepsilon_{12} \\ 2\varepsilon_{13} \\ 2\varepsilon_{23} \end{bmatrix} = \begin{bmatrix} C_1^{dam} & 0 \\ 0 & C_2^{dam} \end{bmatrix} \begin{bmatrix} \sigma_{11} \\ \sigma_{22} \\ \sigma_{33} \\ \sigma_{12} \\ \sigma_{13} \\ \sigma_{23} \end{bmatrix} \qquad \text{équ. 3}$$

$$C_1^{dam} = \begin{bmatrix} \frac{1}{(1-d_{11})E_{11}} & \frac{-\nu_{12}}{E_{22}} & \frac{-\nu_{31}}{E_{33}} \\ \frac{-\nu_{12}}{E_{11}} & \frac{1}{(1-d_{22})E_{22}} & \frac{-\nu_{32}}{E_{33}} \\ \frac{-\nu_{13}}{E_{11}} & \frac{-\nu_{23}}{E_{22}} & \frac{1}{(1-d_{33})E_{33}} \end{bmatrix}$$ équ. 4

$$C_2^{dam} = \begin{bmatrix} \frac{1}{(1-d_{12})G_{12}} & 0 & 0 \\ 0 & \frac{1}{(1-d_{13})G_{13}} & 0 \\ 0 & 0 & \frac{1}{(1-d_{23})E_{23}} \end{bmatrix}$$ équ. 5

d_{ij} sont les variables d'endommagement, qui dépendent de l'état de déformation. On se rappellera ici les modes de rupture F_m[15] déterminant le début de l'endommagement.

4.3.1 *Comportement fragile*

– en traction:

$$F_{t,1} = \frac{\sigma_{11}}{f_{t,0}} \leq 1$$ équ. 6

– en traction et en cisaillement :

$$F_{t,2} = \frac{(\sigma_{22})^2}{(f_{t,90})^2} + \frac{(\sigma_{12})^2}{(f_v)^2} + \frac{(\sigma_{23})^2}{(f_{roll})^2} \leq 1$$ équ. 7

$$F_{t,3} = \frac{(\sigma_{33})^2}{(f_{t,90})^2} + \frac{(\sigma_{13})^2}{(f_v)^2} + \frac{(\sigma_{23})^2}{(f_{roll})^2} \leq 1$$ équ. 8

– en cisaillement et en compression :

$$F_{v,2} = \frac{(\sigma_{12})^2}{(f_v)^2} + \frac{(\sigma_{23})^2}{(f_{roll})^2} \leq 1$$ équ. 9

$$F_{v,3} = \frac{(\sigma_{13})^2}{(f_v)^2} + \frac{(\sigma_{23})^2}{(f_{roll})^2} \leq 1$$ équ. 10

4.3.2 *Comportement ductile*

– en compression:

$$F_{c,1} = \frac{-\sigma_{11}}{f_{c,0}} \leq 1$$ équ. 11

$$F_{c,2} = \frac{-\sigma_{22}}{f_{c,90}} \leq 1$$ équ. 12

$$F_{c,3} = \frac{-\sigma_{33}}{f_{c,90}} \leq 1$$ équ. 13

En traction ou en cisaillement, le comportement est fragile (*Ft, 1, Ft, 2, Ft, 3, Fv, 2, Fv, 3*), tandis qu'il est ductile en compression ($F_{c;1}$; $F_{c;2}$; $F_{c;3}$). Quand $F_m \leq 1$ *ou* $(F_m - \kappa_m) \leq 0$, le matériau se trouve dans la plage élastique et le paramètre d'endommagement s'élève à d_m ($\kappa_m \leq 1$) = 0. Pour le mode m, l'endommagement commence quand $F_m \geq 1$. Il y a alors accroissement du paramètre d'historique κ_m, et par conséquent du paramètre d'endommagement d_m. Quand d_m ($\kappa_m \to \infty$) se rapproche de 1, le matériau est complètement endommagé. Le calcul dépend du mode de rupture. L'illustration 9 montre qu'en comportement ductile, la contrainte reste constante après le début de l'endommagement, d_m se calculant alors comme suit :

$$d_m = 1 - \frac{1}{\chi_m}$$ équ. 14

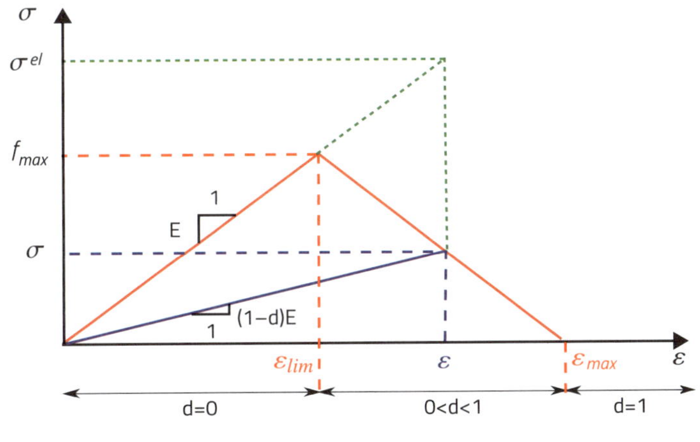

Ill. 8 Comportement fragile

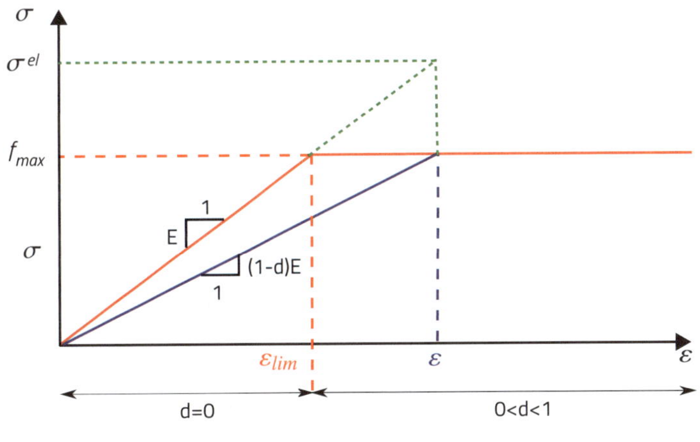

Ill. 9 Comportement ductile

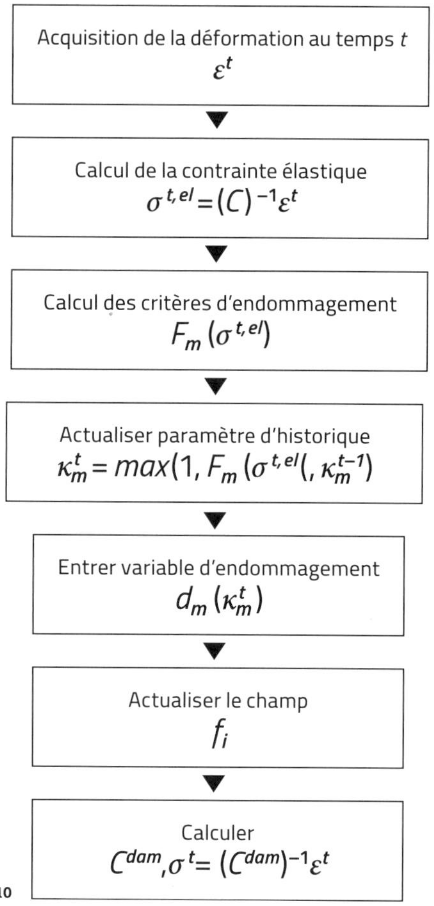

Ill. 10

Ill. 11

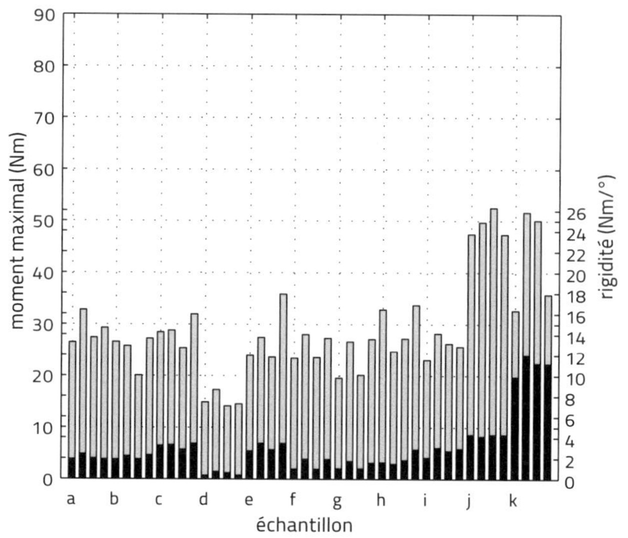

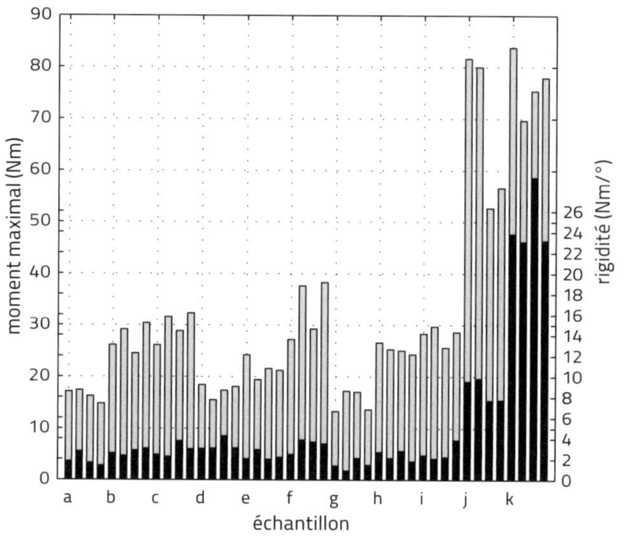

Ill. 12

Ill. 10 Algorithme de la sous-routine USDFLD

Ill. 11 S01 – moment maximal ▢ et rigidité ■

Ill. 12 S02 – moment maximal ▢ et rigidité ■

En revanche, en comportement fragile, la contrainte diminue avec l'incrément de déformation (ill. 8). Cette diminution est définie par l'énergie de rupture (zone située sous la courbe). Dans ce cas, le paramètre d'endommagement d_m se calcule ainsi :

$$d_m = 1 - \frac{f_{\max}^2 - \frac{2g_f E}{\sqrt{\chi_m}}}{f_{\max}^2 - 2g_f E}$$ équ. 15

Ici, l'énergie de rupture est

$$g_f = \frac{G_f}{l_e} G_f$$ équ. 16

et le la longueur caractéristique de l'élément dans le modèle numérique (paramètre CELENT dans ABAQUS). En remplaçant G_f par g_f dans l'équation 15, on réduit la dépendance du maillage.[15] κ_m est le paramètre de suivi de l'historique de charge, défini par $\kappa_m^t = _{max}(1; F_m; \kappa_m^{t-1})$. Les propriétés mécaniques sont indiquées dans le tableau 3.[15,16]

4.4 Zone définie par l'utilisateur (User-defined field ou USDFLD) dans ABAQUS

Pour modifier la matrice de souplesse, nous traduisons notre modèle de matériau bois basé sur la mécanique d'endommagement des milieux continus en sous-routine USDFLD, alors que Sandhaas avait développé une sous-routine UMAT. Les propriétés élastiques du matériau ont été décrites dans ABAQUS comme «field dependent». Pour représenter l'endommagement, six champs ont été définies : $E_{ii} = (1-f_i)\ E_{ii}^0$ pour $1 \le i \le 3$, $G_{ij} = (1-f_{i+j+1})\, G_{ij}^0$ pour $1 \le i \le j \le 3$, $V_{ij} = (1-f_i)\, V_{ij}^0$ pour $1 \le i < j \le 3$, étant établi que $f_1 = d_{11}$, $f_2 = d_{22}$, $f_3 = d_{33}$, $f_4 = d_{12}$, $f_5 = d_{13}$ et $f_6 = d_{23}$. La sous-routine fixe la valeur du champ en fonction de l'état de contrainte et de déformation. L'illustration 10 présente l'algorithme simplifié de cette sous-routine.

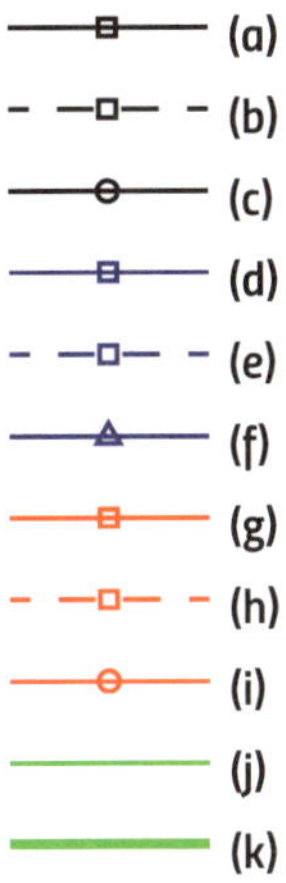

III. 13 S01 – Courbes moyennes non linéaires moment-rotation de flexion en fermeture

III. 14 S02 – Courbes moyennes non linéaires moment-rotation de flexion en ouverture

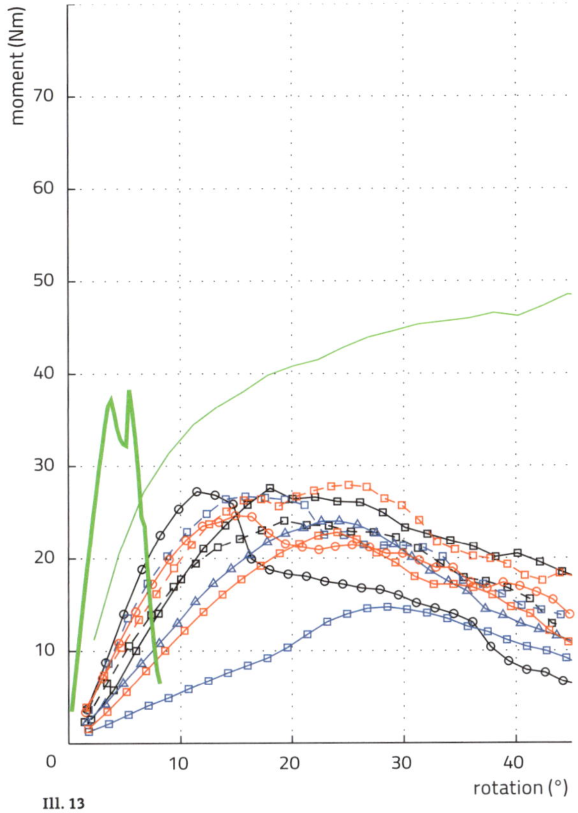

III. 13

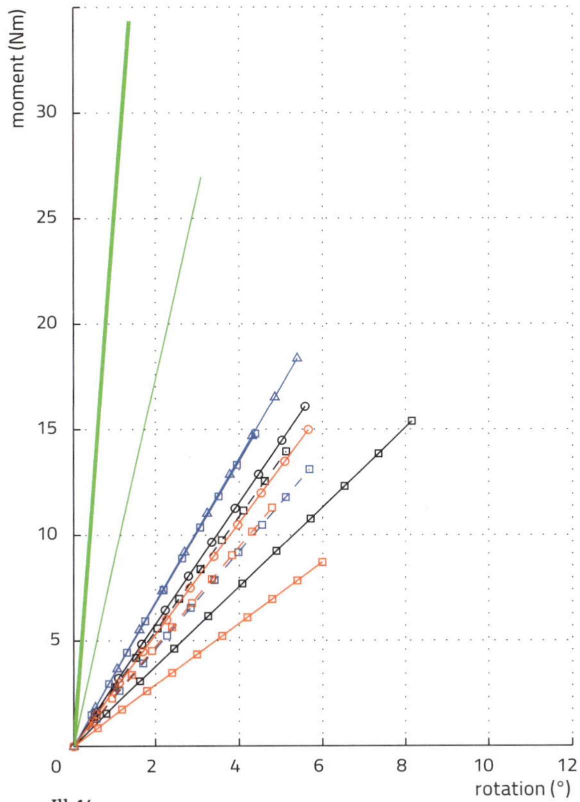

III. 14

III. 15 S01 – Courbes moyennes linéaires moment-rotation (entre 10 % et 40 % de M_{max}) de flexion en fermeture

III. 16 S02 – Courbes moyennes linéaires moment-rotation (entre 10 % et 40 % de M_{max}) de flexion en ouverture

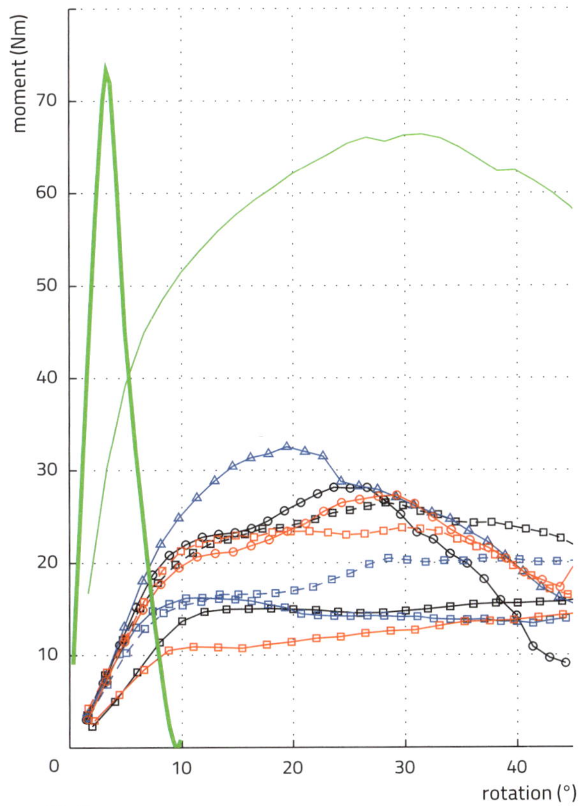

III. 15

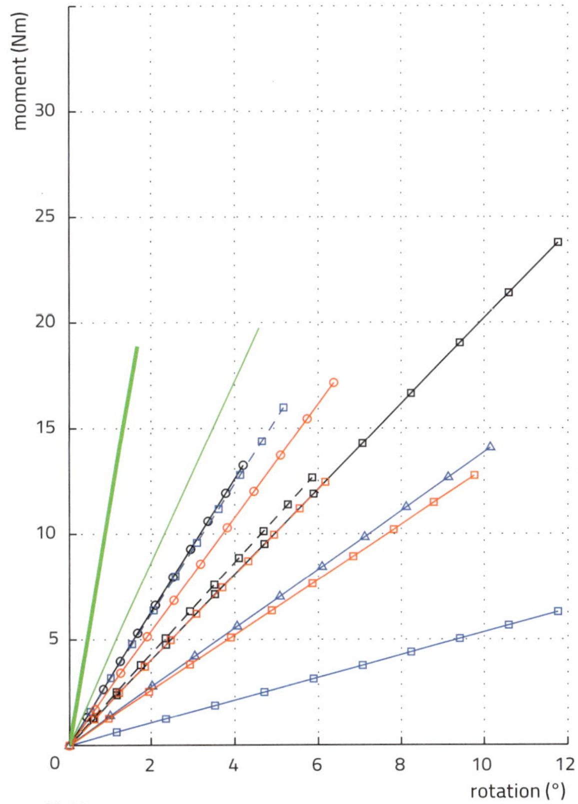

III. 16

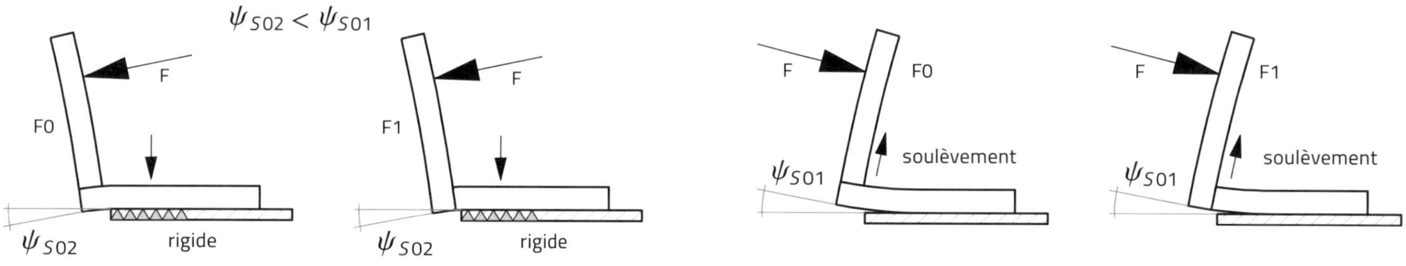

ILL. 17 Effet de la rigidité élevée sur les liaisons collées et vissées

échantillon	θ_1–θ_2–θ_3	moment max. moy. Nm/°	moment max. écart type	rigidité moy. Nm/°	rigidité écart type
a	00-00-10	29	2,8	2,0	0,2
b	00-30-10	25	3,3	2,2	0,3
c	00-00-30	29	2,7	3,1	0,2
d	45-00-10	15	1,4	0,5	0,1
e	45-31-10	28	5,7	3,1	0,4
f	45-00-38	26	2,4	1,4	0,6
g	90-00-10	23	4,1	1,3	0,3
h	90-30-10	30	4,3	2,0	0,5
i	90-00-30	26	2,1	2,7	0,4
JRLM		25,5	4,4	2,04	0,9
j	vissés	49	2,5	4,3	0,1
k	collés	43	9,7	11,3	1,0

Tableau 4 S01 – Moyenne et écart type

échantillon	θ_1–θ_2–θ_3	moment max, moy, Nm/°	moment max, écart type	rigidité moy, Nm/°	rigidité écart type
a	00-00-10	16	1,2	1,7	0,6
b	00-30-10	28	2,7	2,8	0,4
c	00-00-30	30	2,9	2,8	0,8
d	45-00-10	17	1,3	3,2	0,7
e	45-31-10	22	2,0	2,4	0,4
f	45-00-38	33	5,7	3,0	0,6
g	90-00-10	15	2,1	1,6	0,7
h	90-30-10	25	0,9	2,4	0,5
i	90-00-30	28	1,7	2,6	0,7
JRLM		23,8	6,41	2,5	0,6
j	vissés	68	15,2	8,9	1,1
k	collés	77	5,8	25,3	2,9

Tableau 5 S02 – Moyenne et écart type

série	échantillon	θ_1	θ_2	θ_2	moy. S01 N m/°	écart %	moy. S02 N m/°	écart %
1	a,b,c	0			2,44	20	2,44	−2
2	d,e,f	45			1,67	−18	2,86	14
3	g,h,i	90			2,01	−2	2,21	−12
4	a,c,d,f,g,i		0		1,85	−9	2,50	0
5	b,e,h		30		2,42	19	2,52	1
6	a,b,d,e,g,h			10	1,86	−9	2,35	−6
7	c,f,i			30	2,41	18	2,82	13
8	a,c	0	0		2,59	27	2,26	−10
9	b	0	30		2,16	6	2,82	13
10	a,b	0		10	2,09	2	2,25	−10
11	c	0		30	3,15	54	2,83	13
12	d,f	45	0		0,97	−53	3,11	24
13	e	45	30		3,09	51	2,36	−6
14	d,e	45		10	1,82	−11	2,78	11
15	f	45		30	1,39	−32	3,02	21
16	g,i	90	0		2,00	−2	2,12	−15
17	h	90	30		2,02	−1	2,39	−5
18	g,h	90		10	2,00	−2	2,12	−15
19	i	90		30	2,69	32	2,62	5
20	a,d,g		0	10	1,29	−37	2,17	−13
21	c,f,i		0	30	2,41	18	2,82	13
22	b,e,h		30	10	2,42	19	2,52	1

Tableau 6 Analyse comparative des différentes combinaisons d'angles de Bryant

5 Résultats et discussion

5.1 Résultats expérimentaux

5.1.1 *Comparaison des échantillons*

La succession des rotations sur lesquelles repose la géométrie finale de chaque échantillon a entraîné une asymétrie dans le plan bissecteur des deux panneaux reliés. Quatre exemplaires de chaque échantillon ont été étudiés. On a exercé une pression sur le panneau F0 pour les deux premiers échantillons et sur le panneau F1 pour les deux derniers. Les illustrations 11 (S01, fermeture) et 12 (S02, ouverture) montrent le moment maximal et la rigidité de chaque exemplaire. Que la pression soit exercée sur F0 ou sur F1, malgré l'asymétrie de la liaison, nous n'avons pas constaté de grande différence, en fermeture (S01) comme en ouverture (S02). La suite de l'analyse s'intéresse donc à la moyenne des valeurs des quatre exemplaires.

5.1.2 *Courbes moment-rotation non linéaires*

Les illustrations 13 (S01, fermeture) et 14 (S02, ouverture) montrent les courbes moyennes complètes moment-rotation. Les noms d'échantillons figurant dans la légende correspondent à ceux des tableaux 4 et 5.

Après défaillance, les échantillons conservent tous un moment résiduel. Il n'est jamais inférieur à 50 % du moment maximal, sauf pour l'échantillon (c), là aussi dans les deux sens de charge (S01 et S02). En termes de rigidité, c'est cet échantillon qui a présenté par la suite le meilleur compromis de rigidité entre fermeture et ouverture (0°, 0°, 30°). En général, les échantillons aux liaisons

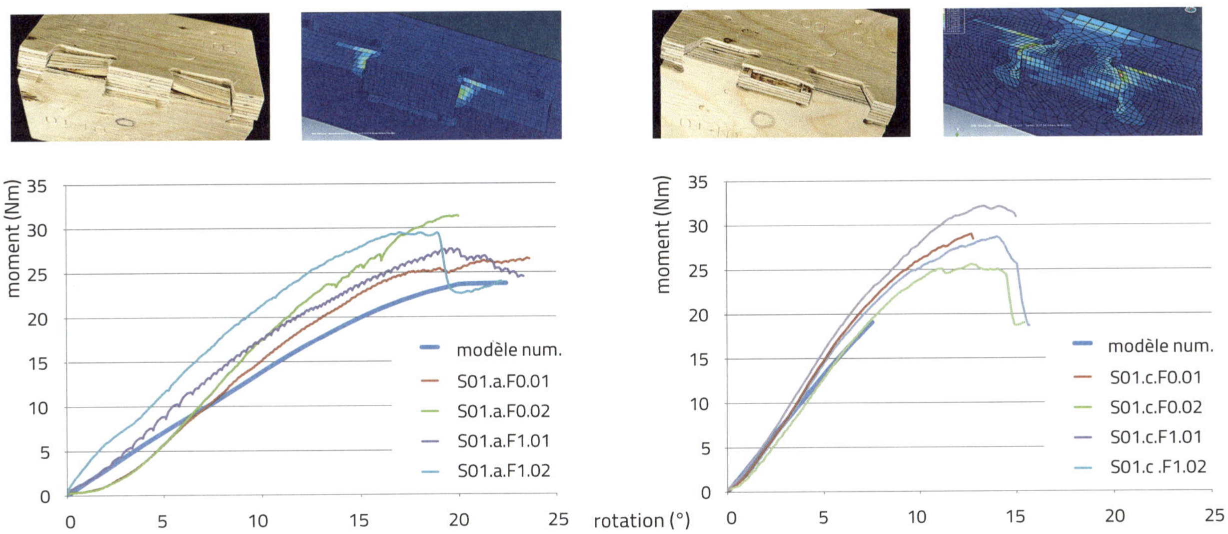

Ill. 18 S01 – Résultats numériques versus résultats expérimentaux, **a)** échantillon a (0°; 0°; ±10°), **b)** échantillon c (0°; 0°; ±30°)

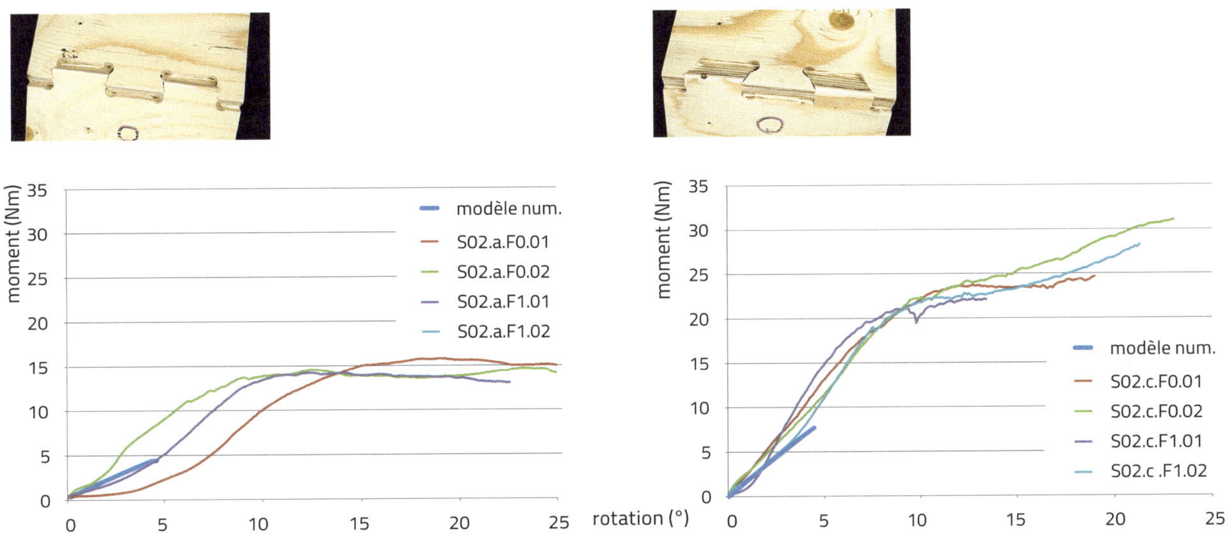

Ill. 19 S02 – Courbes numériques versus résultats expérimentaux, **a)** échantillon a (0°, 0°, ±10°), **b)** échantillon c (0°, 0°, ±30°)

III. 20 JRLM : liaison à queue d'aronde (à gauche), liaison à languettes et rainures fermées (à droite).

les plus rigides sont ceux qui montrent le plus vite un affaissement du moment après endommagement. Quant au niveau de ductilité, il a été variable selon les échantillons : il a concerné un seul échantillon (h) en fermeture (S01) et tous en ouverture (S02), à l'exception de (f) et (d). Dans l'ensemble, le JRLM est largement ductile, même si sa rigidité en rotation est beaucoup plus faible que celle des liaisons par vissage et par collage. En fermeture et en ouverture, les résultats expérimentaux ont été différents pour les échantillons vissés et collés. Ces liaisons sont beaucoup plus rigides que les JRLM ; leur résistance et leur rigidité sont supérieures à celles des panneaux pendant la déformation. Une déformation en flexion s'est produite sur les panneaux F0 et F1. L'ill. 17 explique cet effet dans le cas d'une liaison rigide.

En S02, le panneau sous charge est maintenu au contact de la plaque du châssis fixe, continuellement supporté, ce qui a réduit la flexion locale à proximité de la liaison. En S01, le panneau sous charge a été soulevé par la charge et a pu se déformer librement. Soumis à la même charge, l'échantillon s'est déformé davantage en S01 qu'en S02. Dans les deux cas, la colle a été soumise à un effort de traction, ce qui n'est pas favorable aux liaisons par collage. Les échantillons collés et vissés étant plus rigides en S02, leurs moments en S02 étaient plus élevés qu'en S01 pour une même rotation. La rupture très fragile de la liaison collée apparaît clairement dans les illustrations 13 et 14. La liaison vissée, moins rigide, s'est comportée de manière analogue, mais avec des différences moindres entre S01 et S02. Ces deux types de liaison ont été testés dans un but de comparaison. Après les tests, les échantillons assemblés par JRLM n'ont présenté aucune déformation des panneaux. La faiblesse relative de la liaison n'a pas entraîné d'effet de rigidité élevée. Le reste de l'analyse se concentrera seulement sur les JRLM.

Échantillon	θ_1–θ_2–θ_3	Rigidité modèle num. Moy. Nm/°	Rigidité exp. Moy. Nm/°	écart type
a	00–00–10	1,4	2,0	0,2
b	00–30–10	1,7	2,2	0,3
c	00–00–30	2,6	3,1	0,2
d	45–00–10	0,6	0,5	0,1
e	45–31–10	1,4	3,1	0,4
f	45–00–38	1,1	1,4	0,6
g	90–00–10	0,7	1,3	0,3
h	90–30–10	1,0	2,0	0,5
i	90–00–30	1,8	2,7	0,4

Tableau 7 S01 – Rigidité : valeurs numériques et valeurs expérimentales

5.1.3 *Courbes moment-rotation linéaires*

Les illustrations 15 et 16 reproduisent la moyenne des parties linéaires (élastiques) obtenue à partir de l'examen des quatre exemplaires de chaque échantillon. Les limites de la plage linéaire ont été choisies entre 10 % et 40% du moment maximal. Les courbes présentées correspondent à cette plage. Les noms d'échantillons figurant dans la légende sont identiques à ceux des tableaux 4 et 5.

5.2 Analyse globale

La rigidité moyenne globale en fermeture (2,04 N·m/°) était de 18,5% inférieure à la rigidité en ouverture (2,5 N·m/°), tandis que les moments maximaux n'étaient pas foncièrement différents (25,5 N·m ⟷ 23,8 N·m, moins de 8 %). La plage de rigidité était aussi plus étroite en ouverture (S02) qu'en fermeture (S01), ce que confirment les écarts-types listés aux tableaux 4 et 5. Dans les tableaux, « JRLM » renvoie au groupe des neuf échantillons de JRLM (36 échantillons par cas de charge), excluant les échantillons juste collés ou vissés.

5.3 Analyse comparative de rigidité

Pour évaluer l'influence des angles de Bryant et de leurs combinaisons sur la semi-rigidité du JRLM, les valeurs moyennes de rigidité sont indiquées au tableau 6. Pour chaque groupe d'échantillons possédant les mêmes valeurs pour θ_1, θ_2 ou θ_3, ou toute combinaison de ceux-ci, la rigidité moyenne est comparée à la valeur moyenne de tous les échantillons (voir tableaux 4 et 5) en fermeture (S01) comme en ouverture (S02). Les déviations par rapport aux moyennes globales sont indiquées dans les colonnes « dév.% ». Elles sont considérées comme importantes quand elles dépassent 10 %. Les combinaisons complètes (θ_1 θ_2 θ_2) figurent aux tableaux 4 et 5, mais aucune tendance ne peut en être clairement déduite. Nous analysons ici les t endances qui se dégagent des résultats expérimentaux. Chaque échantillon a été testé à quatre reprises. Pour plus de clarté, les combinaisons sont écrites comme suit dans le texte : (θ_1 θ_2 –), (θ_1 – θ_3) et (– θ_2 θ_3). Toute valeur supérieure ou égale à 30° est notée 30° entre parenthèses. Quand $\theta_1 = 0°$, la rigidité en fermeture (S01) est la plus élevée, tandis que $\theta_1 = 45°$ réduit la rigidité en ouverture (S02). Des liaisons d'une valeur $\theta_1 = 90°$ sont peut-être plus faibles, surtout en ouverture (S02). L'effet de θ_3 est évident : si on augmente la valeur à 30° ou plus, on accroît aussi la rigidité dans les deux sens de charge. Pour θ_2, qui semble améliorer la rigidité en S01, il faut compléter l'analyse en la combinant avec θ_1. (00 00 –) et (45 00 –) donnent des résultats inverses, ce qui veut dire que pour (00 00 –) la rigidité augmente en S01 et diminue en S02, et inversement pour (45 00 – . En revanche, la combinaison (00 30 –) était plus rigide en S02 et la combinaison (45 30 –) en S01. La combinaison de θ_2 avec $\theta_1 = 90°$ n'a pas foncièrement modifié les résultats relatifs à la moyenne globale. Les combinaisons (– θ_2 θ_3) ont confirmé l'effet positif de θ_3 sur la rigidité, sauf pour l'échantillon (f) ($\theta_3 = 38°$), qui a montré une rigidité assez basse en fermeture. Dans cette configuration et en S01, les languettes étaient plustendus perpendiculairement au fil du bois. Au-delà d'une certaine valeur (>30°), la normale des surfaces de liaison prend une direction où la tension perpendiculaire au fil du bois réduit la solidité et la rigidité. L'impact de grands angles θ_3 pourrait faire l'objet de travaux ultérieurs. (– 00 30) et (– 30 10) ont tous deux un effet semblable sur S01. Ils mettent une nouvelle fois en évidence l'effet bénéfique de $\theta_3 = 30°$. Toutefois, $\theta_2 \geq 30°$ n'a pas eu d'effet majeur pendant l'ouverture (S02). Enfin, on constate que la meilleure combinaison pour ces neuf échantillons est $\theta_1 = 0°$, $\theta_2 = 0°$, $\theta_3 = 30°$, car c'est elle qui tire le mieux parti des effets positifs décrits plus haut. Si l'on en croit les tendances examinées dans cette étude, une liaison présentant des angles $\theta_1 = 0°$, $10° \leq \theta_2 \leq 30°$, $15° \leq \theta_3 \leq 30°$ serait efficace. Comme décrit dans la partie 2.2, les combinaisons possibles sont limitées par l'inclinaison de l'outil et par les contraintes d'assemblage multi-arêtes. La plage d'inclinaison de l'outil pourrait être élargie en modifiant la longueur de tige de la fraiseuse et la géométrie du porte-outil.

5.4 Comparaison du modèle numérique et des études expérimentales

Le modèle numérique a cherché à reproduire le plus fidèlement possible la configuration expérimentale. Pour l'analyse de la rigidité rotationnelle, la plage d'élasticité aurait été suffisante. Mais comme le moment maximal de la liaison a été détrminé expérimentalement, il serait utile de le comparer avec un résultat numérique. C'est pour cela qu'a été implanté un modèle d'endommagement. Voici quelques résultats provisoires :

En S01 comme en S02, les résultats expérimentaux sont semblables à la déformation numérique et à la cartographie numérique des éléments endommagés. Prenons par exemple l'échantillon (a) de l'ill. 18 : en fermeture, les courbes du modèle numérique correspondent bien à celles de l'expérience. Mais en ouverture, l'expérience s'est interrompue avant d'atteindre la limite d'élasticité (ill. 19), empêchant ainsi d'observer le moment de ruine. Le modèle d'endommagement continu a bien fonctionné mais des problèmes de convergence sont apparus pendant la phase de contact. Par conséquent, seules les valeurs de rigidité du modèle en S01 ont été listées au tableau 7 et comparées aux valeurs expérimentales. En général, elles étaient nettement inférieures aux moyennes des résultats expérimentaux. La raison en est probablement que les propriétés du matériau ainsi que le coefficient de frottement (fixé à 0,3 dans notre cas) divergeaient des valeurs réelles. Le développement du modèle numérique est toujours en cours. D'autres problèmes doivent encore être résolus :

- en redéfinissant la phase de contact et le coefficient de frottement de Coulomb
- en affinant les valeurs des propriétés élastiques et mécaniques par des tests sur des panneaux Kerto-Q
- en identifiant les éléments disloqués à rotation et à modification de maillage importantes
- en adaptant l'incrément de temps
- en optimisant le maillage
- en passant d'ABAQUS/Standard à ABAQUS/ Explicit.

6 Conclusion

La réalisation de liaisons rigides bord à bord sur des panneaux minces est un vrai défi. La distance au bord n'est généralement pas suffisante pour des fixations classiques comme les vis. Le JRLM présenté dans cet article constitue une solution innovante. Il permet un assemblage spatial des panneaux par emboîtement multi-arête. Les rainures et languettes sont directement taillées pendant la découpe sur chacun des panneaux à assembler. Les performances en cisaillement de telle connections ont déjà été vérifiées mécaniquement[11] et, grâce à sa semi-rigidité, le JRLM présente des propriétés comparables aux vis à bois. Nous nous sommes intéressés ici à la rigidité en rotation au niveau des nervures des structures plissées. Les premières recherches sur la rigidité rotationnelle des JRLM de type Nejiri Arigata ont révélé un comportement ductile avec une rigidité relativement basse comparé aux liaisons par vissage et par collage. Les liaisons ont été testées dans leur configuration minimale, avec une ou deux languettes par panneau. L'angle de languette θ_3 joue un rôle capital, et sa combinaison avec les autres angles, objet d'autres recherches, est très prometteuse. L'échantillon à angles $\theta_1 = 0°$, $\theta_2 = 0°$, $\theta_3 = 30°$ se comporte bien, mais des liaisons à angles $\theta_1 = 0°$, $10° \leq \theta_2 \leq 30°$, $15° \leq \theta_3 \leq 30°$ pourraient être encore plus efficaces. Un modèle numérique basé sur la mécanique d'endommagement des milieux continus a donné des résultats prometteurs, mais il a aussi montré des limites sur lesquelles il faudra se pencher. Ces résultats préliminaires vont faciliter le développement de liaisons plus rigides. De nouvelles recherches sont déjà en cours. L'ill. 20 présente un développement de JRLM à rainures fermées. Pour comparaison, l'échantillon (a) ($\theta_1 = 0°$, $\theta_2 = 0°$, $\theta_3 = 30°$) assemblé est également représenté. Des expériences similaires à celle de cette étude ont déjà montré que sa rigidité est équivalente à celle d'une liaison vissée. Ces liaisons à rainures fermées ont déjà été utilisées sur une coque incurvée double couche.

Références

1 Wardle, T., « Old Growth : Our Timber Engineering Heritage. Design Notes for Plywood Folded-Plate Roofs », in *New Zealand Timber Design Journal,* Issue 1, vol. 19, p. 548–551, 2001.

2 McDowall, M., Leigh, M. et Punton, M., « Exotic Structural Forms – Folded plates », in *Structural Plywood & LVL Design Manual,* chapitre 12, Engineered Wood Products Association of Australasia, p. 154–158, 2007.

3 Jaksch, S., Fadai, A. et Winter, W., « Folded CLT structures – Developments in Design and Assembly Strategies », in *World Conference on Timber Engineering,* vol.1, p. 18–22, 2012.

4 Buri, H. et Weinand, Y., « Origami – Folded Plate Structures, Architecture », in *10th World Conference on Timber Engineering,* Miyazaki, Japon, 2008.

5 Buri, H., *Origami – Folded Plate Structures,* thèse, EPFL, Lausanne, 2010.

6 Robeller, C., Stitic, A., Mayencourt, P. et Weinand, Y., « Interlocking Folded Plate – Integrated Mechanical Attachment for Structural Wood Panel », in *Advances in Architectural Geometry,* University College London, Londres, Springer, 18 septembre 2014.

7 Haller, P., Cost C. (éd.), *Semi-rigid Timber Joints, Structural Behaviour, Modelling and New Technologies,* Commission Européenne, 1999.

8 Jaspart, J.P., « General Report : Session on Connections », in *Journal of Constructional Steel Research,* vol. 55, p. 68–89, 2000.

9 EN 1995-1-1, Eurocode 5 : *Design of Timber Structures, Part 1-1: General-Common Rules and Rules for Buildings.* Comité européen de normalisation, Bruxelles, 2004.

10 Sebera, V. et Simek, M. « Finite Element Analysis of Dovetail Joint Made with the Use of CNC Technology », in *Acta Universitatis Agriculturae Et Silviculturae Mendelianae Brunensis,* vol. LVIII, n° 3, p. 321–328, 2010.

11 Roche, S., Robeller, C., Humbert, L. et Weinand, Y., « On the Semi-Rigidity of Dovetail Joints for the Joinery of LVL Panel », in *European Journal of Wood and Wood Products,* 2015.

12 Sandhaas, C., « 3D Material Model for Wood, Based on Continuum Damage Mechanics », in *Stevinrapport* 6-11-4, Stevin II Laboratory, University of Technology Delft, 2011.

13 Robeller C., *Integral Mechanical Attachment for Timber Folded Plate Structures,* thèse, EPFL, 2015.

14 Mattoni, G., *Folded Plate Structure, Design and Analysis of Woodworking Joints for Structural Timber Panels,* thèse de master, ENPC et EPFL, 2014.

15 Sandhaas, C., *Mechanical Behaviour of Timber Joints With Slotted-In Steel Plates,* thèse, University of Technology Delft, 2012.

16 Ivanov, I., Sadowski, T., Filipiak, M. et Knec, M., « Experimental and Numerical Investigation of Plywood Progressive Failure in CT Tests », in *Budownictwo i Architectura,* p. 79–94, 2008.

Réimpression de *International Journal of Space Structures,* vol. 30, N° 2, 2015.

5.4

« La fabrication numérique ouvre la voie à une nouvelle culture de la construction »

Entretien entre Matthias Kohler (chaire d'architecture et de fabrication numérique, ETHZ, Zurich) et Yves Weinand, 17 février 2015

Yves Weinand : Quand je regarde votre travail, ce qui est frappant, c'est l'intérêt que vous portez au processus et à son illustration. Bien entendu, vous n'éludez pas le problème des contraintes, par exemple celles d'un panneau plan ou d'une feuille de papier. Notre principal objectif est la recherche d'une forme structurale, d'un lien entre structure et forme. Je ne sais pas exactement comment le décrire, j'aurais donc tendance à parler d'une « relation étroite » entre structure et forme. Nous avons bien conscience que les liens se renforcent quand nous intégrons des observations locales. En général, nous pensons en termes d'outils de recherche de forme globale. Mais je crois que la situation géométrique d'ensemble (les paramètres géométriques) a un rapport avec la situation locale. Nous avons des angles d'approche différents. Pourriez-vous d'abord décrire l'orientation du processus dans votre travail et ensuite préciser comment on pourrait réaliser une synthèse architecturale ?

Matthias Kohler : C'est intéressant, car je pense que cette relation renouvelée entre forme globale et performances locales – qui dans notre cas concerne particulièrement le processus de fabrication – est un sujet qu'il faudra bientôt aborder plus souvent dans nos discussions sur l'architecture. Notre recherche se concentre sur la question de savoir comment les principes de fabrication numérique en architecture pourraient ouvrir la voie à une nouvelle culture de la construction. Avec l'utilisation des nouvelles méthodes de conception numérique qui transmettent sans problème les données de fabrication aux nouvelles machines de production, la conception des détails devient une composante essentielle du projet architectural. Vous avez évoqué notre intérêt pour la question du processus –c'est vrai, nous commençons par sélectionner un matériau et par étudier ses propriétés. Nous le mettons en rapport avec certaines méthodes de fabrication et certains systèmes de construction pour voir comment ceux-ci interagissent avec les capacités intrinsèques du matériau. Au final, nous essayons de comprendre les limites de ce que nous pouvons réaliser avec lui. Par une analyse méticuleuse des processus à commande numérique, nous cherchons à élargir les possibilités de conception, qui sont différentes de ce qu'on peut faire avec les techniques de construction traditionnelle. Ce mode de pensée extrêmement productif, qui nous permet d'associer le processus de conception et les technologies numériques, est au cœur de nos recherches. Mais notre objectif n'est pas seulement d'aboutir à un résultat, il est aussi de contrôler précisément chaque étape de notre progression. Il arrive donc souvent que les contraintes locales, c'est-à-dire les détails, jouent un rôle décisif dans la recherche de processus de création entièrement nouveaux. La fabrication numérique nous permet donc d'établir un lien direct entre le matériau et son traitement. Pour être plus précis, cette élaboration des processus – autrement dit de la façon de fabriquer les choses – crée de nouvelles possibilités en matière de conception architecturale. Mais ne soyons pas naïfs : ni ces nouveaux processus ni le contrôle des données numériques ne sont la garantie d'un projet de qualité. Mais ils ouvrent quand même des possibilités intéressantes en matière de planification ou d'invention de nouvelles procédures car, grâce à l'informatique, ils permettent d'élaborer des projets architecturaux en tenant compte aussi bien de petits détails particuliers que de l'intention de conception générale.

Y. W. : Quand on voit les projets de façades en briques auxquels vous avez travaillé dans le passé, et quand on voit ensuite le travail d'Eladio Dieste, un ingénieur en structure qui utilisait la brique (il a aussi créé des murs courbes d'une conception structurale très aboutie et très résistants), je me demande dans quelle mesure votre travail est influencé par Dieste. Vous ne commencez pas par vous intéresser à la forme globale mais à la finalité. C'est pareil pour les ingénieurs : la forme globale ne les intéresse pas.

M. K. : Vous vous intéressez d'emblée à la forme globale ?

Y. W. : Oui, bien sûr. L'important pour Dieste, c'est la manière dont la position géométrique des briques donne une efficacité structurale au mur. Vous, vous observez le processus et vous vous demandez comment il influence le matériau et la forme. Je voudrais clarifier ce point et voir comment on pourrait réunir ces idées. Dieste ne parle pas non plus de la forme globale. Je trouve son travail très impressionnant car il intègre forme globale, géométrie locale et structure. Cet aspect, qui relève de la recherche d'une synthèse, sera l'un des axes principaux de nos recherches au PRN.

M. K. : Notre intérêt pour la forme globale reste relativement fort. Une grande partie de notre travail touche à la recherche d'une qualité formelle et expressive. Mais ce qui nous intéresse vraiment, c'est de savoir comment nous pouvons explorer et développer cette expression. Il n'est pas question de la forme en soi, ni comme approche narrative préconçue, ni même comme approche picturale. En fait, je pense que vos structures en origami n'en sont pas si éloignées. Vous ne commencez pas non plus par dessiner la forme globale. Mais avec l'origami, l'expression est intrinsèquement définie. Vous travaillez avec un système beaucoup plus contraint et il faudrait donc poser la question inverse : pourquoi choisissez-vous des systèmes aussi contraints, alors que nous aspirons toujours à plus de liberté de conception ?

Y. W. : Bon, il est vrai que j'avais déjà deux idées en tête quand nous avons lancé le projet origami. D'abord, j'ai toujours été fasciné par les structures plissées. Quand j'ai commencé mes études d'ingénieur civil, j'ai tout de suite été séduit par les structures plissées. J'ai toujours été intéressé par ces structures et par leur « aspect origami ». J'aime intégrer dans le processus subjectif de conception des éléments objectifs, qui proviennent de la nature ou de l'observation scientifique. Avec l'outil de recherche de forme développé, les projets peuvent être représentés à plat.

M. K. : Quand vous concevez des structures particulières et que vous mettez au point les outils nécessaires à leur réalisation, avez-vous d'emblée une idée de ce à quoi elles devraient ressembler ? Ou êtes-vous surtout intéressé par l'exploration des possibilités qu'offre un espace abstrait et limité ?

Y. W. : Disons que nous procédons par essais et erreurs, en tâtonnant dans différentes directions. Géométriquement parlant, il n'y a pas de cadre général. Sur ce point, il n'y a toujours pas de solution. Ça me contrarie qu'on ne puisse comprendre la synthèse comme une synthèse géométrique. Le problème reste ouvert – il s'agit plus d'un ensemble de travaux présentés sous un angle particulier.

M. K. : En tant qu'architecte, on révise généralement ses priorités pendant le processus de conception. On a certaines hypothèses de départ et puis on choisit des contraintes particulières qui semblent importantes selon la situation. C'est là-dessus qu'on se concentre ensuite et puis, un peu plus tard, peut-être après quelques croquis initiaux, d'autres aspects attirent l'attention et passent au premier plan. Des problèmes qui pouvaient paraître intéressants au départ sont relégués au second plan par de nouvelles perspectives en constante évolution. Je me pose donc une question : comment conciliez-vous ce cheminement avec l'utilisation de programmes informatiques dans le processus de conception ? Car en général, dans ce type de programme, on définit son système une fois pour toutes. On peut affiner certains paramètres mais, fondamentalement, le système est fixé. Soit on reprogramme le système entier, soit on développe le système de départ. Aujourd'hui, je me demande si c'est un facteur limitant. Nous limitons-nous nous-mêmes artificiellement en ne changeant pas nos perspectives pendant le processus de conception ? Ou disposerons-nous un jour de programmes de conception qui le permettront ?

Y. W. : Je ne crois pas, car ce qu'il y a d'intéressant justement, c'est que ça nous permet de faire quelque chose qui ressemble à des études de cas.

M. K. : Qu'est-ce que vous ne croyez pas ?

Y. W. : Qu'on aura un jour un cadre numérique qu'on pourra modifier au cours du processus de conception. En fait, il s'agit plutôt de choisir l'outil adapté à une tâche spécifique, comme un menuisier.

M. K. : Mais là, vous parlez de toute une série d'outils ?

Y. W. : En effet.

M. K. : Mais si tel était le cas, ce serait en contradiction avec l'idée qu'on pourrait disposer d'un processus de conception numérique plus complet et plus cohérent au sein d'un bureau.

Y. W. : Mark Pauly a parlé de cette contradiction à propos d'une étude de cas. Bien qu'il ait trouvé le principe très intéressant, pour lui, ce serait bien trop complexe de l'analyser de manière globale.

M. K. : En tant qu'informaticien, il dit que c'est impossible, et vous, en tant qu'architecte, vous pensez aussi qu'il n'est pas judicieux de surcharger les programmes informatiques de génération en misant trop sur eux.

Y. W. : Mon but, ce serait de trouver une espèce de cadre géométrique.

M. K. : Pourquoi géométrique ?

Y. W. : Je crois que cela permettrait de mettre un peu d'ordre. Mais cet ordre ne serait pas dicté par un outil numérique. Quand on construit, on en revient toujours à la géométrie.

M. K. : Pour vous provoquer un peu, je dirais que c'est là une déformation professionnelle, un préjugé qui découle de votre profession. Car, en définitive, on en revient toujours à la construction concrète et aux matériaux, pas à la géométrie.

Y. W. : Bon, si vous voulez, appelons cela déformation professionnelle, mais j'ai quand même l'impression que les contraintes géométriques permettent de faire la synthèse entre structure et forme. Quand on regarde l'histoire de la construction architecturale, il y a toujours certains points qui sont très importants. Parfois, c'est la géométrie qui nous les révèle, parfois, c'est autre chose. Ça a souvent été la géométrie.

M. K. : Il est évident que la procédure géométrique permet un haut niveau de contrôle, dans la conception architecturale mais aussi dans l'analyse structurale. Mais je me demande quand même si la relation entre le calcul géométrique – avec la géométrie comme base des décisions prises en matière de conception – et l'architecture n'est pas dépassée et supplantée par l'ordinateur, qui travaille avec des processus numériques, et qui crée donc une relation différente entre le technicien et le monde réel et matériel. Par exemple, si des machines sont capables de calculer le comportement des matériaux et qu'en même temps on travaille avec ces matériaux, l'idée d'ontologie géométrique est-elle encore un modèle central et puissant pour l'architecture ?

Y. W. : J'aurais aimé que cela soit possible. J'ai parlé de notre travail avec quelques mathématiciens français et ils m'ont expliqué qu'on pourrait ordonner ces éléments dans une sorte de cadre géométrique, mais cela n'a pas encore été fait.

M. K. : Ce ne serait donc qu'un idéal ?

Y. W. : Oui, c'est un idéal. La démarche était très intuitive.

M. K.: Dans votre travail, vous êtes très attentif aux détails, mais en même temps vous dites qu'il ne s'agit finalement que d'un modèle géométrique. Après avoir visité votre laboratoire et vu toutes vos maquettes et toutes vos expériences physiques, je voudrais un peu contester cette affirmation. Quel rôle joue pour vous la recherche physique et empirique ? Parce qu'on pourrait aussi dire que vous vous concentrez sur la théorie et sur l'étude de l'espace géométrique, même si je ne crois pas que cela vous intéresse tant, n'est-ce pas ?

Y. W.: Oui, ma motivation est clairement d'ordre architectural. Mais la forme doit nécessairement reposer sur des bases structurales. Parfois, je dois indiquer que notre architecture a un fondement structural, et que nous avons pu le démontrer.

M. K.: Quel rôle joue pour vous l'esthétique ? Dans quelle mesure vos décisions sont-elles animées par un souci des performances ou par un souci de l'esthétique ?

Y. W.: Nous sommes bien évidemment conscients de l'importance de l'esthétique. Mais je pense que c'est plutôt par la synthèse de la structure et de la forme que nous parvenons à réaliser quelque chose de plus puissant, par exemple sur le plan de l'expression. Je n'aime pas le terme de « tectonique ». Il est lié à la mécanique mais n'a rien à voir avec la tectonique dont on parle en architecture, qui est plutôt un critère esthétique objectif permettant de jouer avec la géométrie locale et globale. Nous avons quelque chose qu'encore une fois je ne peux pas expliquer.Mais s'il le fallait, j'en reviendrais à la géométrie. Le projet « géométrie fractale », par exemple, était une série d'hypothèses sur des similitudes entre différentes échelles. Je trouve cette idée fascinante.

M. K.: Je suppose que vous mettez délibérément l'accent sur la recherche des limites de ces espaces architecturaux mais qu'en même temps vous souhaitez explorer les possibilités esthétiques correspondantes. C'est toute la différence avec nos recherches, qui s'intéressent moins aux limitations et plus à la maximisation des degrés de liberté dans la conception. Franchement, nous ne sommes par obsédés par l'optimisation structurale. Nous cherchons des facteurs particuliers qui présentent un intérêt pour la conception des projets. Quand nous travaillons avec nos partenaires, nous nous rendons compte que certains aspects qui nous intéressent ne sont pas disponibles. Par exemple, quand nous avons conçu le mur de briques construit ensuite par un robot pour la Biennale d'architecture de Venise (2007/08), nous voulions savoir s'il était possible de dégager certains principes sur le comportement structural de cet objet à double courbure. Mais avec l'ingénieur, nous n'avons pu établir qu'une seule règle générale. Du point de vue design, c'est justement ce savoir détaillé sur le comportement effectif de ces structures complexes qu'il serait intéressant d'analyser.

Y. W.: (en regardant le pavillon modulaire en bois) Nous avons conçu et construit cette structure murale comme un prototype, et je m'en suis ensuite servi comme base pour un de mes cours d'ingénierie civile dont l'objectif était d'étudier les possibilités d'optimisation structurale de la conception et de la géométrie. À la fin, certains étudiants étaient capables de modifier la géométrie globale pour optimiser la structure. J'ai demandé à Mark Pauly si on pouvait arriver à ce résultat par une autre méthode que la méthode itérative. M. Pauly m'a répondu que nous devrions passer par une sorte de processus itératif, ce qui est en contradiction avec ce que vous recherchez. Vous voulez vous appuyer en amont sur des informations, sur un ensemble de données.

M. K.: Pour moi, c'est juste une question de curiosité intellectuelle. Les processus de conception informatisés peuvent-ils être radicalement différents des procédures itératives classiques ? Si l'on définit les possibilités qu'un tel « processus synthétique » doit inclure et qu'on structure ce processus de manière exhaustive et logique, sera-t-il toujours réalisable ? Ou risque-t-on de faire dériver l'architecture vers des procédures de conception technocratiques, déterministes et axées sur l'optimisation, qui laisseront de côté des aspects essentiels de la créativité ? Ce sont des questions délicates.

Y. W. : Bon, clarifions d'abord le vocabulaire : qu'entendons-nous par « contraintes », « degré de liberté », etc. ? Je pourrais dire : « On a un maximum de six degrés de liberté. » En tant qu'ingénieur, on se réfère aux degrés de liberté locaux. Mais je suis sûr que vous prenez « degré de liberté » dans une acception plus large, comme vous l'avez déjà indiqué précédemment. Il faut donc impérativement clarifier les termes. Par exemple, « contraintes » ne veut pas dire la même chose pour un ingénieur civil et pour un mathématicien.

M. K. : Je suis d'accord. Quand je parle de « degré de liberté », c'est dans un sens très général et très ouvert ou alors, comme architecte, dans un sens conceptuel. Pour la Biennale de Venise par exemple, nous n'avions pas de forme définitive jusqu'au jour où la construction a commencé. La forme peut être créée à n'importe quel moment. Ce « degré de liberté » était intégré à notre concept. Mais les questions architecturales exigent une réponse : à quoi ressemblera l'installation? Qu'en pensera le public ? Que donnera la combinaison de la forme et des performances structurales ? Il fallait prévoir soigneusement tous ces aspects, même si on laissait encore délibérément ouverte la géométrie définitive de la forme globale. C'est un exemple de ce que j'entends par « degré de liberté conceptuel ». Et c'est cela qui m'intéresse particulièrement. Mais il y a aussi des degrés de liberté physiques que nous devons déterminer. C'est le problème des nouvelles technologies de fabrication. Où pouvons-nous nous libérer de certains modèles ou contraintes traditionnels ? Cette libération n'a-t-elle qu'un intérêt limité ou est-elle susceptible de bouleverser vraiment toute la pratique de la construction, la culture du bâtiment et la conception ? Mais revenons-en au point précédent : qu'en est-il de la structure du pavillon ?

Y. W. : Elle était flexible.

M. K. : Qu'entendez-vous ici par « flexible » ?

Y. W. : Eh bien, à cause de la charge de vent, nous avons dû la renforcer en ne changeant qu'un seul point de contact, et ensuite nous l'avons analysée. Mais j'aurais préféré observer la géométrie globale et modifier la position de chaque pièce pour leur permettre de s'interpénétrer beaucoup plus, et augmenter ainsi la hauteur statique. Il s'agissait donc de manipuler la forme globale pour optimiser la structure. C'était un projet itératif.

M. K. : J'aimerais bien que nous parlions plus en détail du bois. Mais je voudrais d'abord savoir où vous pensez que votre travail pourrait trouver une application pratique ?

Y. W. : Les endroits les plus appropriés sont les infrastructures publiques et sportives. Je collabore depuis peu à un projet de construction de droneports (des aéroports pour drones) dans toute l'Afrique. J'ai pensé que nous devions créer au Rwanda un bâtiment modulaire en bois en utilisant des outils de conception paramétrique inspirés du style et des modèles locaux.

M. K. : Vous parlez des aspects esthétiques et décoratifs ou des qualités constructives ?

Y. W. : Il n'y a pas qu'une seule solution. Même sur le plan structural, il en existe plusieurs. On peut adapter des fixations mécaniques – esthétiquement parlant –aux modèles locaux. De cette façon, on réunit les deux aspects : elles fonctionnent et elles s'adaptent bien. C'est fascinant de pouvoir faire d'une pierre deux coups. Le design paramétrique low-tech pourrait être utilisé dans toute l'Afrique. On pourrait alors adapter le modèle aux conditions locales particulières. Je pense que c'est une bonne stratégie architecturale.

M. K. : Sur le plan conceptuel, vous recourez donc aussi aux degrés de liberté et à l'adaptation. Je trouve cela intéressant, car c'est vrai qu'on pourrait utiliser ces nouvelles technologies à de multiples niveaux. Penchons-nous un peu plus sur les recherches que vous effectuez sur le matériau. Vous utilisez du bois grand format, surtout des panneaux en lamibois (LVL) et en lamellé-croisé (CLT). Le bois est foncièrement une ressource renouvelable, un matériau naturel, mais en même temps, vous l'utilisez sous une forme très travaillée et très élaborée. Comme vous l'avez dit, vous êtes intéressé par les produits de masse de grande dimension et par la manière de les utiliser avec efficacité. Quelles sont selon vous les voies de développement importantes, et quel est l'avantage principal de ces produits de grande dimension ?

Y. W. : Je pense qu'ils permettraient de construire de manière très efficace, par exemple en raccourcissant les délais de construction.

M. K. : On utilise ces panneaux au Rwanda ?

Y. W. : Non, pas encore.

M. K. : Pouvez-vous m'en dire un peu plus sur les avantages de ces produits en bois manufacturés par rapport aux ressources locales, dont les qualités structurales sont certainement inférieures ? Vous intéressez-vous à la question des ressources, et où voyez-vous des avantages et des possibilités de développement ?

Y. W. : Je crois que tout le potentiel du bois n'a pas encore été exploité à cause de l'instabilité formelle du bois massif qu'on utilise. En Suisse, certains s'en servent depuis des siècles. Ils savent très bien comment assembler les pièces et les modifier au fil du temps pour prévenir les dommages causés aux bâtiments par les mouvements du bois. Mais pour l'isolation thermique et les systèmes de ventilation d'aujourd'hui, ça ne suffit pas. Je crois que ces produits, par exemple les panneaux LVL, sont la bonne solution pour assurer une stabilité formelle. Et puis j'apprécie les performances mécaniques de ces éléments. Ils ont supprimé le problème des anomalies naturelles du bois massif. Leurs valeurs de résistance sont le triple de celles du bois massif.

M. K. : Pensez-vous que l'utilisation des panneaux de bois va augmenter dans les pays développés et qu'on s'en servira comme composants structuralement intégrés ?

Y. W. : Oui, et des architectes les intégreront dans des projets architecturaux adaptés au matériau.

M. K. : Avez-vous déjà songé à intervenir dans la chaîne de traitement du matériau ? Est-ce que cela vous intéresse de parler de la manière dont ces produits sont faits et peut-être de personnaliser leur fabrication ?

Y. W. : Bien sûr. Nous avons essayé de produire des panneaux soudés en stratifié croisé. La soudure par frottement assure une résistance satisfaisante. La résistance au cisaillement est moins importante que sur une poutre en lamellé-collé. Notre angle d'approche est celui de la construction, pas de la science des matériaux.

M. K. : Quel est le rôle des techniques personnalisées d'assemblage du bois dans toutes vos recherches à l'IBOIS ? Avez-vous l'intention d'approfondir cette question, dans le sillage de la thèse de Christopher Robeller ?

Y. W. : Quand je regarde le travail de Markus Hudert sur les structures en bois, nous avons passé beaucoup de temps à essayer de trouver et comprendre la géométrie de la liaison de ces deux panneaux. Nous voudrions développer tout cela en bois d'une manière très simple.

M. K. : Je trouve moi aussi cette simplicité très séduisante. Quelle stratégie suivez-vous dans vos recherches, et quelles sont vos nouvelles découvertes ?

Y. W. : Quand on regarde des structures d'ingénierie civile comme celles qu'on trouve dans les manuels, on voit des poutres massives en acier ou en béton, des plaques d'acier, etc. L'idée est de se passer de tout cela. On paie pour la poutre mais aussi pour la fixation, où tant de problèmes apparaissent. Dans la construction bois, nous enlevons le prix de la poutre. Quand on construit une halle de sport en poutres lamellées collées, on divise par deux le prix du mètre cube de bois lamellé et celui de l'assemblage, sans parler des coûts et des problèmes des fixations. Mais pour cela, il faut une liaison intégrale qui fasse partie du système et qui ne soit pas quelque chose qu'on rajoute. Une fois qu'on a le plan de construction et le plan d'exécution, il faut supprimer tout ce qui est superflu pour pouvoir les fusionner en un seul plan. Mais reste à convaincre l'industrie.

M. K. : Dans la fabrication robotisée, nous essayons de rassembler la plupart des étapes en une seule procédure robotisée continue. Et donc, par des moyens différents, nous recherchons aussi plus d'efficacité et plus de simplicité en intégrant ces processus dans un produit complexe. De ce point de vue, les grands panneaux ne me convainquent pas entièrement. Comment comptez-vous vérifier l'efficacité de l'assemblage ?

Y. W. : Je suis encore en train d'analyser la manière dont l'industrie actuelle fabrique de petites fixations. Sur ce plan, je suis pragmatique : je ne sens pas vraiment la nécessité de concevoir en amont une procédure d'assemblage, et de ne se demander qu'après ce qu'on veut réellement construire.

M. K. : Pour le mur de briques courbe que nous avons construit pour la Biennale d'architecture, nous avons dû par exemple réinventer une nouvelle technique de fixation et de support à cause du processus de fabrication. Ce n'était pas prévu dans le projet de départ. Ne faudrait-il pas considérer l'assemblage comme un aspect essentiel du développement des fixations intégrées ?

Y. W. : Bien sûr que si ! Nous voulons utiliser des panneaux minces. On ne peut pas les visser parce que la distance au bord est insuffisante et donc tout casse ou se déchire. Les fixations sur lesquelles nous travaillons actuellement éliminent ces problèmes.

M. K. : Je parlais des joints affleurants, qui nécessitent l'introduction de pièces supplémentaires pendant la fabrication. Devant ce constat, vous êtes réaliste et pragmatique par rapport à ce qui est disponible.

Y. W. : Matthias, ne pensez-vous pas que le programme du pavillon est dépassé ?

M. K. : Tout à fait !

Y. W. : Que proposez-vous à la place ?

M. K. : Je propose de concentrer nos énergies sur des constructions à plusieurs étages réalisables. Sinon, comment pourrions-nous réussir à nous imposer dans le secteur de la construction ? Par ailleurs, votre travail – comme le nôtre – est avant tout mono-matériel. Bien sûr, nous savons tous qu'on ne construit pas un bâtiment avec un seul matériau. Je suis donc curieux de savoir comment on pourrait intégrer des matériaux et des sous-systèmes techniques différents. Ce sont des questions importantes parce que beaucoup de gens ne voient encore que les aspects formels de ce genre de pavillon expérimental. L'impact réel de ces nouvelles technologies utilisées à plus grande échelle est une question encore plus fondamentale qui, à mon avis, reste ouverte.
Mais revenons-en aux robots et à ce qui est de l'ordre du possible. Nous avons parlé de panneaux très minces. Comme nous travaillons avec de petites pièces comme les briques ou les morceaux de bois, que des robots sont tout à fait capables de traiter, nous nous intéressons particulièrement à leur assemblage automatisé. Vous, en revanche, vous vous intéressez surtout au traitement géométrique des grands panneaux. D'où ma question : comment pourrait-on créer des synergies entre ces deux domaines de recherches ?

Y. W. : Nous avons souvent parlé des éléments discrets, par exemple des briques, et de la manière de les relier. Dans la construction bois, nous avons aussi un certain nombre d'éléments discrets qui doivent être assemblés. Nous devons comprendre comment chaque pièce doit être montée. Les robots peuvent nous y aider. Prenons l'exemple de nos structures tressées. Elles sont autoportantes et on pourrait donc imaginer deux ou trois bras de robot : deux s'occuperaient de relier la structure à un point pendant que le troisième exécuterait une autre tâche à côté, etc. Autrement dit, la recherche de forme ne serait qu'une étape du processus de construction. On pourrait alors confier aux robots des tâches très différentes.

M. K. : Dans nos recherches, la question fondamentale est toujours de savoir si les robots apportent quelque chose au processus de construction ou s'ils ne font que remplacer l'homme. Pour les éléments pliés, par exemple, les robots pourraient vraiment apporter un plus à ce processus. Ils pourraient sentir la déformation, la confirmer, et adapter le panneau suivant en fonction de la déformation réelle. Dans ce cas précis, les robots peuvent vraiment améliorer le processus. J'ai encore une question à propos de la culture de la recherche : quels sont, selon vous, les caractéristiques de la culture de la recherche des architectes et des ingénieurs, en quoi sont-elles différentes ? Sur quels aspects faudrait-il, selon vous, mettre l'accent dans la recherche architecturale ?

Y. W. : Je pense que c'est en rapport avec ce que vous évoquiez tout à l'heure. Par exemple, le fait que vous vous autorisiez différentes interprétations des degrés de liberté. Cela ouvre la discussion et cela permet aussi une collaboration interdisciplinaire. J'ai écrit un court article à ce sujet dans la revue « Best of », où j'explique à la communauté scientifique de l'EPFL les avantages du travail interdisciplinaire au niveau scientifique. C'est comme si on extrayait certains paramètres, dont le sens varie selon les disciplines, et qu'on essayait de les relier d'une manière différente, plus naturelle et parfois empirique. La communauté scientifique a beaucoup à apprendre sur la manière dont les architectes travaillent à un certain niveau.

M. K. : Vous avez également parlé de ce qu'on pourrait apprendre des ingénieurs et des qualités particulières dont on a besoin dans la recherche quand on est architecte. Quand jugez-vous que quelque chose est digne d'intérêt pour la recherche en architecture ? En ingénierie, il semble qu'il y ait des critères clairs, qui nous manquent en architecture. Qu'en pensez-vous personnellement ?

Y. W. : Il est vrai que, dans la conception, les architectes sont inspirés par un éventail plus large d'éléments. Mais la manière de juger la production architecturale ou de s'identifier avec elle est en train de changer. Je m'identifie aux architectes et j'accepte leur ouverture à de nombreuses influences. Je pense qu'il y a une attitude des architectes qui est liée au fait que leur position individuelle est plus souvent remise en question par les techniques existantes.

M. K. : C'est une manière de s'adapter au contexte et aussi d'apprendre à se positionner dans un monde plus complexe.

Y. W. : Oui, et j'en vois vraiment l'opportunité.

Références

1 Le Pôle de recherche national (PRN) Digital Fabrication – Advanced Building Processes in Architecture est hébergé à l'ETH de Zurich. Dirigé par Matthias Kohler, il réunit 13 laboratoires – huit laboratoires de l'ETHZ, deux de l'EPFL, deux de l'EMPA et un laboratoire de la BFH. Il comprend aussi le Laboratoire de la construction en bois (IBOIS), que dirige Yves Weinand.

2 Stotz, I., *Iterative geometric design for architecture,* thèse n° 4572, EPFL, Lausanne, 2009.

3 Hudert, M., *Timberfabric : Applying Textile Assembly Principles for Wood Construction in Architecture,* thèse de doctorat n° 5553, EPFL, Lausanne, 2013.

4 Weinand, Y., « The Architecture Studio as a model ? », in Veillon, C. et Maillard, N. (éd.), *Best of 2012,* éditions Archizoom, Lausanne, 2011, p. 15–16.

5.5

Le pavillon en panneaux de bois incurvés

Marielle Savoyat

Conception IBOIS – Laboratoire pour la construction en bois / EPFL – École polytechnique fédérale de Lausanne, Suisse / Pr Yves Weinand, Christopher Robeller, Sina Nabaei et Hans Buri

Exécution du projet Merk Timber GmbH, Allemagne

Réalisation 2013

Localisation Accademia di architettura (Académie d'architecture), Università della Svizzera Italiana (Université de la Suisse italienne), Mendrisio, Suisse

III. 1 Détail de raccordement

Un récent projet de recherche mené à l'IBOIS, le Laboratoire de construction en bois de l'École polytechnique fédérale de Lausanne, a porté sur les géométries complexes et leur application au bois, et en particulier sur la possibilité de courber ce matériau.

Afin d'étudier ces questions, un délicat prototype de pavillon en panneaux de bois (épicéa) lamellé-croisé a été construit à l'automne 2013 dans les jardins de l'Académie d'architecture de Mendrisio, en Suisse. À cette échelle, on n'avait encore jamais obtenu un aspect aussi élancé avec des panneaux. Le niveau de résistance et de luminosité atteint grâce à la courbure était tout à fait inédit. Véritable prouesse technique, ce projet a ouvert la voie à de nouvelles formes architecturales. La construction légère avait une portée de 13,5 mètres pour des panneaux de seulement 77 millimètres d'épaisseur. Le pavillon était aussi présenté dans le cadre de l'exposition Timber Project qui s'est tenue dans la galerie de l'Accademia du 20 septembre au 27 octobre 2013.

L'idée de ce pavillon est née de la thèse sur l'origami présentée en 2010 par Hans Buri. Le chercheur y concluait à la possibilité de transposer l'art du pliage japonais aux plis courbes et d'ouvrir ainsi de nouvelles voies à la construction en bois. Bien que le bois ne se prête à priori pas à la réalisation des doubles courbures, des surfaces d'un nouveau genre peuvent être créées à partir de lignes courbes. Les chercheurs Christopher Robeller et Sina Nabaei ont montré par la suite qu'en remplaçant deux polylignes en zigzag par deux lignes ondulées, il était possible de créer de nouvelles formes applicables aux constructions en bois. Ce constat a soulevé d'autres questions et donné lieu à de nouvelles recherches, qui se sont concrétisées par l'étude et la construction d'un prototype de pavillon en bois. Un logiciel développé à l'origine pour l'origami a permis de générer des structures déformées ou pré-déformées. Grâce à ce programme, différents paramètres comme le rayon de courbe, les dimensions générales ou le nombre de liaisons ont pu être analysés. Il en a résulté une meilleure compréhension de la géométrie. Pendant la simulation numérique, les processus de

III. 2 Le pavillon, de nuit

déformation ont été étudiés de près, y compris ceux causés par des facteurs naturels comme le vent ou la gravité. Les différentes mesures recueillies ont permis d'établir un large spectre de variations pour déterminer la forme définitive.

Outre la résistance élevée de sa structure courbe plissée, ce pavillon présente une autre nouveauté : ses joints en queue d'aronde en bois, qui assurent un assemblage plus précis des éléments courbes sans utilisation de raccords métalliques. La géométrie des courbes, et par conséquent la forme des liaisons, sont obtenues numériquement. Une étroite collaboration entre l'IBOIS et l'entreprise de construction allemande Merk a permis de repousser les limites de la technologie : le laboratoire de recherche a fourni les résultats théoriques des calculs et des simulations numériques, tandis que l'entreprise de construction a confirmé la faisabilité du projet en le mettant en œuvre. L'élégance élancée du pavillon repose sur une esthétique contrôlée, les paramètres géométriques assurant la cohérence entre la forme et la structure.

Le laboratoire de recherche IBOIS de l'EPFL

La domination de l'acier, puis du béton armé dans la recherche, l'ingénierie civile et la science des matériaux au cours des deux derniers siècles est la cause de graves lacunes en matière de recherche sur le bois comme matériau de construction. Le savoir intuitif des charpentiers et de tous nos prédécesseurs s'est perdu depuis que s'est développée au 18ème siècle la profession « d'ingénieur des ponts et chaussées ». Aujourd'hui, nombreux sont les ingénieurs qui n'utilisent pas le bois comme matériau de construction, jugé a priori moins performant que l'acier et le béton armé.

Mon double profil d'architecte et d'ingénieur civil me permet de me concentrer sur les aspects interdisciplinaires de la conception et de la construction architecturales et de créer ainsi des synergies. Ayant mené des recherches novatrices aussi bien en ingénierie structurale que dans le bâtiment, j'ai sur certains aspects une vision différente de celle de la plupart des théoriciens et des praticiens spécialisés dans un seul de ces domaines. Étant à la fois praticien, enseignant et chercheur, je suis à même de communiquer aux étudiants des compétences revendiquées par les architectes, comme la subjectivité et l'esthétique, et de leur transmettre en même temps un vaste savoir en matière de structures et de techniques de construction. Mes recherches se concentrent sur des questions de technique, de conception, de matériau et de structure qui -à quelques exceptions près depuis la Renaissance - ont été négligées ou déléguées par des architectes n'aspirant qu'à la réalisation de leurs objectifs esthétiques. Elles tiennent compte des liens fondamentaux existant entre l'art et la science, ainsi que des contraintes spécifiques des phénomènes observés et de leur mise en œuvre concrète. Dans le domaine de l'analyse structurale pour la construction de bâtiment, l'effet d'échelle est souvent purement ignoré. Dans mon approche, je considère les exigences mécaniques de la forme et de la structure comme des attributs qui ne peuvent prendre tout leur sens et toute leur importance que dans le contexte du phénomène géométriquement proportionné dont ils dépendent. Je considère l'utilisation de la représentation numérique de l'architecture comme un outil inestimable qui doit renforcer l'intégration de la structure, de la forme et du matériau dans nos projets. Toutefois, la modélisation numérique ne saurait remplacer l'étude de la réalité physique, primordiale dans la conception de la forme et de l'espace, et à partir de ceux-ci, de la structure.

Depuis 2004, je suis professeur et directeur de l'IBOIS, le Laboratoire de construction en bois de l'École polytechnique fédérale de Lausanne (EPFL), où je dirige un groupe interdisciplinaire d'architectes, d'ingénieurs, de mathématiciens et d'informaticiens, qui effectuent des recherches dans les domaines des coques nervurées en bois, des structures plissées en bois, des structures tressées en bois, des liaisons mécaniques intégrales bois-bois et des structures en bois assemblées par des robots.

Je tiens à remercier mes étudiants en doctorat Claudio Pirazzi, Hani Buri, Johannes Natter, Ivo Stotz, Markus Hudert, Sina Nabaei, Christopher Robeller, Andrea Stitic et Stéphane Roche pour leur précieux travail.

Yves Weinand, octobre 2016

Yves Weinand est professeur et directeur de l'Institut du bois (IBOIS) de l'EPFL. Il a également fondé le Bureau d'Études Weinand à Liège, en Belgique. Il travaille actuellement sur le projet du Théâtre de Vidy, utilisant le bois pour la construction d'une structure plissée à double couche (p. 29).

Sauf mention expresse contraire, les illustrations proviennent de l'IBOIS, le Laboratoire de construction en bois de l'EPFL.

Alain Herzog : ill. 11, p. 55 ; ill. 4, p. 73 ; ill. 2, p. 123.
Architecture collective Valentiny-Weinand : ill. 11, p. 196.
Barnsley M. F., Fractals Everywhere, Academic Press, 1988 : ill. 4, p. 60.
Barthel, Eladio Dieste : Form und Konstruktion, 2001 : ill. 10, p. 195.
Bureau d'Etudes Weinand : ill. 8, p. 10 ; ill. 4, 5, p. 15 ; ill. 6, p. 16 ; ill. 10 (a, b, c), p. 20 ; ill. 2, 3, 4, p. 93.
Christopher Robeller / IBOIS : ill. 16, p. 133.
C. Robeller et Y. Weinand, RobArch 2016 : ill. 33, p. 29 ; ill. 34, 35, p. 30 ; ill. 12, p. 197.
C. Robeller et Y. Weinand : ill. 6b, p. 128 ; ill. 14 (a, b, c, d, e), p. 132 ; ill. 14, p. 198 ; ill. 15, 16, 17, 18, 20, p. 199.
M. Dedjier et Y. Weinand : ill. 19, p. 199.
Fred Hatt / IBOIS : ill. 16, 17, 18, 19 (a, b), p. 22 ; ill. 2, p. 45 ; ill. 3, 4, 5, p. 46 ; ill. 6, p. 47 ; ill. 6, p. 187 ; ill. 1, p. 230 ; ill. 2, p. 234.
Gloss 1999 : ill. 2, p. 8.
Group of architects : Local Architecture / Danilo Mondada architecture firm et Shel-Architecture, Engineering, and Production Design : ill 1, p. 44 ; ill. 7, 8, p. 47.
H. Buri, C. Robeller et Y. Weinand : ill. 17, p. 133.
H. Buri et Y. Weinand : ill. 28, p. 26 ; ill. 30 (a, b, c, d), p. 28 ; ill. 31, p. 29 ; ill. 6a, 7, p. 128 ; ill. 13, p. 131.
Ivo Stotz / IBOIS : ill. 8, p. 61 ; ill. 21 (a, b), p. 67.
I. Stotz et Y. Weinand : ill. 3, 4, p. 52 ; ill. 5, 6, 7, p. 53 ; ill. 5, p. 128.
I. Stotz, H. Buri et Y. Weinand : ill. 8, p. 130.
L. Humbert et Y. Weinand : ill. 9, p. 130 ; ill. 10, 12, p. 131.
Markus Hudert / IBOIS : ill. 2, p. 89 ; ill. 11, 12, 13, 16 (a, b), p. 98 ; ill. 19–22, p. 99 ; ill. 1–13, p. 110–116 ; ill. 1, p. 122 ; ill. 1, p. 135 ; ill. 1, p. 184 ; ill. 2, p. 185.
P. Niemz, 1993, et P. Gloss, 1981 : Tableau 1, p. 8.
Thèse de doctorat C. Robeller, 2015 : ill. 32, p. 29 ; ill. 7, 8, 9, 10, p. 38 ; ill. 3, 4, 5, p. 191 ; ill. 6 (a, b, c, d), p. 192 ; ill. 7 (a, b, c), p. 194.
Thèse de doctorat H. Buri, 2010 : ill. 22 (a, b), p. 23 ; ill. 26, 27, p. 25.
Thèse de doctorat I. Stotz : ill. 2, p. 51.
Thèse de doctorat J. Natterer, 2010 : ill. 6, 7, p. 94 ; ill. 8, 9, p. 96.
Thèse de doctorat M. Hudert, 2013 : ill. 20 (a, b, c), 21 (a, b, c), 22, p. 99.
Philibert de L'Orme, Traités d'architecture : *Traités d'architecture : Nouvelles inventions pour bien bastir et a petits fraiz (1561) ; Premier tome de l'architecture (1567) :* ill. 6, p. 10.
P. Mayencourt, C. Robeller, Y. Weinand 2015 : ill. 8 (a, b, c), p. 194.
S. Nabaei et Y. Weinand : ill. 10, p. 55 ; ill. 23, p. 100 ; ill. 3, 4 (a, b), p. 127 ; ill. 16, p. 132.
S. Nabaei, F. Del Zotto, C. Robeller et Y. Weinand : ill. 13 (a, b, c), p. 197.
Shel Architecture, Engineering, and Production Design : ill. 7, 8, 9, p. 19 ; ill. 10 (b, c), p. 20 ; ill. 14, 15, p. 21.
Schickhofer 2004 : ill. 3, 4, p. 9.
W. Feyferlick, S. Fritzer et Y. Weinand : ill. 21, p. 23.
Yves Weinand / IBOIS : ill. 8, p. 10 ; ill. 2, 3 (a, b), p. 15 ; ill. 36, 37 a, p. 30 ; ill. 1 (a, b), p. 92.

Couverture : thèse de doctorat de C. Robeller, 2015 ; Anna Lena Walther

Conception Yves Weinand
Traduction de l'allemand et de l'anglais François Mortier et Aurélie Duthoo
Révision Justine Chevigny
Coordination éditoriale Alexander Felix et Lisa Schulze
Production Heike Strempel
Maquette, conception graphique de la couverture et mise en page
Anna-Lena Walther
Papier 120 g/m² MultiOffset
Impression Grafisches Centrum Cuno GmbH & Co. KG, Calbe,
imprimé en Ultra HD print

Library of Congress Cataloging-in-Publication data
A CIP catalog record for this book has been applied for at the Library of Congress.

Information bibliographique de la Deutsche Nationalbibliothek
La Deutsche Nationalbibliothek a répertorié cette publication dans la Deutsche Nationalbibliografie ; les données bibliographiques détaillées peuvent être consultées sur Internet à l'adresse http://dnb.dnb.de.

Cet ouvrage est la traduction des versions originales allemande (ISBN 978-3-0356-0560-0) et anglaise (ISBN 978-3-0356-0561-7). Il est également paru en e-book (ISBN PDF 978-3-0356-1402-2; ISBN EPUB 978-3-0356-1400-8).

Case postale 44, 4009 Bâle, Suisse
Membre de Walter de Gruyter GmbH, Berlin/Boston

Imprimé sur papier sans acide,
composé de tissus cellulaires blanchis sans chlore. TCF ∞

Imprimé en Allemagne

ISBN 978-3-0356-1399-5

9 8 7 6 5 4 3 2 1 www.birkhauser.com